최강의 데이터 육아

지은이 에밀리 오스터Emily Oster

하버드대학교를 졸업하고 시카고대학교 MBA교수를 거쳐 현재 미국 브라운대학교 경제학 교수로 재직 중이다. 두 자녀를 낳고 키우면서 우리 주위에 산재한 임신·출산·육아 정보의 정확성에 의문을 품게 되었다. 그래서 통계와 팩트를 바탕으로 문제를 고민하고 육아의 방향을 결정하는 현명한 부모가 되기로 결심했다. 수백 건의 의학 논문과 다양한 데이터를 직접 분석하고 정리해, 2020년부터 뉴스레터 〈페어런트데이터ParentData〉를 발행해 전 세계 부모들과 육아의 지혜를 나누고 있다. '페어런트데이터' 시리즈의 '임신·출산' 편으로 미국에서만 10만 부 넘게 팔린 《산부인과 의사에게 속지 않는 25가지 방법》, '초등 자녀' 편인 《The Family Firm》 등을 펴냈으며 현재 '중학 자녀' 편을 집필하면서 최고의 데이터 육아 전문가로서의 명성을 이어 가고 있다.

옮긴이 노혜숙

이화여자대학교 수학과를 졸업하고 서강대학교 철학 대학원을 수료했다. 한국산업은행과 바클레이즈은행에서 근무했으며, 현재 전문 번역가로 활동 중이다. 《베이비 위스퍼 1, 2》 《베이비 위스퍼 골드》 《애착 육아》 《지금 이 순간을 살아라》 《타인보다 더 민감한 사람》 《해피어》 《위즈덤》 《너무 빨리 지나가버린, 너무 늦게 깨달아버린 1, 2》 《완벽주의자를 위한 행복 수업》 《애착 육아》 등을 우리말로 옮겼다.

CRIBSHEET
: A Date-Driven Guide to Better, More Relaxed Parenting, from Birth to Preschool

최강의 데이터 육아

하버드 경제학 박사가 알려 주는 안심 육아 솔루션

에밀리 오스터 지음 | 노혜숙 옮김

CRIBSHEET

A Data-Driven Guide to Better, More Relaxed Parenting, from Birth to Preschool

부·키

최강의 데이터 육아

초판 1쇄 발행 2022년 1월 14일

지은이 에밀리 오스터
옮긴이 노혜숙
발행인 박윤우
편집 김동준, 김유진, 성한경, 여임동, 장미숙, 최진우
마케팅 박서연, 신소미, 이건희
디자인 서혜진, 이세연
저작권 김준수, 유은지
경영지원 이지영, 주진호

발행처 부키(주)
출판신고 2012년 9월 27일
주소 서울 서대문구 신촌로3길 15 산성빌딩 5-6층
전화 02-325-0846
팩스 02-3141-4066
이메일 webmaster@bookie.co.kr
ISBN 978-89-6051-901-5 03590

만든 사람들

편집 최진우
디자인 서혜진

사랑하는 퍼넬러피와 핀에게

이 책에 쏟아진 찬사

부모가 되는 순간부터 선택하고 결정해야 하는 중요한 문제가 무수히 많습니다. 하지만 안타깝게도 육아 선배들과 이론들은 늘 상반된 의견을 제시하며 서로 옳다고 주장합니다. 그래서 부모는 더 혼란스럽기만 하지요. 육아는 그야말로 무한한 선택의 과정입니다. 아기용품을 고르는 일부터 모유와 분유, 함께 잠자기와 따로 잠자기 사이에서 도대체 무엇이 옳은지 망설여집니다. 예방 접종과 백신의 안정성은 어떤지, 동영상 시청은 어디까지 허용해야 하고, 올바른 배변 훈련 방법과 언어 발달을 위한 부모 역할을 가늠하기가 어렵습니다. 온갖 고민 끝에 겨우 선택하고 나서도 과연 최선이었는지, 잘못된 선택으로 아이를 힘들게 하는 건 아닌지 또다시 마음을 졸이는 게 부모입니다.

이런 부모의 답답함과 막막함에서 벗어날 수 있는 데이터 기반의 육아서를 추천하게 되어 무척 반갑습니다. 저자는 경제학자이자 두 아이의 엄마입니다. 어린 아기를 안고 어쩔 줄 모르는 자신을 바라보며, 아이를 잘 키우고 싶은 열망을 담아, 기꺼이 자신의 학문적 능력을 활용해 부모라면 꼭 알아야 할 중요한 연구 결과들을 잘 정리하여 우리에게 보여 줍니다. 연구 자료라고 해서 모두가 훌륭한 데이터를 제공하는 것은 아니라는 사실도 진솔하게 알려 줍니다.

수많은 부모를 만나면서, 정말 잘 키우고 싶지만 잘못된 육아 지식 때문에 아이를 망친 것 같아 마음 아파할 때가 가장 안타까웠습니다. 그래서 수많은 정보의 홍수 속에서 명쾌하게 방향을 알려 주는 책이 꼭 나오길 기다렸습니다.

저자는 잘 분석된 데이터를 기반으로 부모와 아이가 '얼마나 즐거운가? 얼마나 편안한가?'를 고민하고 용기 있게 선택하라고 제안합니다. 0~3세 엄마 아빠에게 망설임 없이 권할 수 있는 좋은 육아서를 만나 저도 무척 기쁩니다.

★ 이임숙, 아동·청소년 심리 치료사, 부모 교육 전문가, 《4~7세보다 중요한 시기는 없습니다》 저자

경제학자가 쓴 이 책은 육아 때문에 정신이 아득해질 정도로 혼란스러운 부모들이 더 현명해지도록 도와준다. ★**《이코노미스트》**

부모들의 기운을 북돋워 주는 매우 유용한 책. 너무 다양한 육아 방법론이 우리를 헷갈리게 만들지만 이 책은 그런 우리의 중심을 잡아 준다. ★**《LA타임스》**

저자는 독자들이 엄청난 양의 정보를 무리 없이 소화할 수 있도록 다듬어 이 책에 담았다. ★**NPR**

주변에 널린 근거 없는 무서운 이야기 때문에 걱정이 많았던 부모들은 이 책을 읽고 안심할 수 있다. 베스트셀러 작가이자 경제학자인 저자의 전작은 임신을 준비하는 부모라면 반드시 읽어야 한다. 그의 독창적인 육아 공식은 이번 책에도 계속된다. 이 책은 부모들에게 헬리콥터 육아나 제설기 육아를 멈추라고 이야기하지 않는다. 온라인과 소셜 미디어에 공유되는 모든 종류의 육아법이나 의학적 조언을 무시하라는 것도 아니다. 기존에 널리 알려진 육아법 중에서 근거가 희박하거나 과장된 부분을 깨우쳐 준다. ★**《워싱턴포스트》**

실용적이고 유용한 조언이 가득한 이 책은 아이가 태어나 학교에 가기 전까지 부모가 올바른 결정을 내릴 수 있는 도구가 될 것이다. ★**《미네소타먼슬리》**

부모들은 이 책을 읽으면 육아 정보를 얻기 위해 인터넷을 뒤지거나 친구와 가족들의 조언에 의존하지 않아도 된다. ★**CNBC**

통계와 데이터에서 위안을 찾거나, 말콤 글래드웰의 책을 즐겨 읽는 사람이라면 이 책을 반드시 읽어야 한다. ★**《북리스트》**

우리 가족에게 에밀리 오스터는 얼굴 한번 본 적 없는 이모나 마찬가지다. 그의 책들이 없었다면 나는 육아 때문에 훨씬 큰 스트레스를 받았을 것이다.
★**경제학자 애덤 오지맥, 《포브스》 서평 중에서**

브라운대학교 경제학자인 에밀리 오스터는 부모가 경제학에 대한 올바른 이해와 데이터에 기반하여 의사 결정을 할 수 있도록 돕는다. 저자의 전작은 임신한 친구 혹은 임신을 준비하는 친구끼리 너덜너덜해질 때까지 돌려 보는 임신 출산 바이블이다. 이 책은 임산부의 알코올과 카페인 섭취부터 운동과 휴식에 이르기까지 다양한 연구 조사를 이해하기 쉽도록 설명한다. 이번 신작에서 저자는 전작과 비슷한 방식으로 자녀의 출생 후 3년을 살피며 모유 수유, 포경 수술, 수면 훈련과 육아에 대한 부모들의 궁금증에 답한다. 하지만 정답은 결코 하나가 아니며 데이터와 각 가정의 상황, 취향을 고려해 결정해야 한다고 강조한다. ★**《타임》**

"이 책은 자녀를 위해 어떤 결정을 내려야 할지 알려 주지 않습니다. 대신 반드시 필요한 정보와 약간의 의사 결정 프레임워크를 제공합니다. 데이터는 우리 모두에게 동일하지만 결정은 전적으로 당신의 몫입니다." 슬기롭고 재치 있는 저자는 자신의 경험을 바탕으로 독자의 결정을 돕는다. 이 책은 자녀의 포경 수술이나 배변 훈련부터 출산 후 부부 관계나 가족 계획 등 여러 주요 문제를 다룬다. 어떤 문제에 직면했을 때 이 책을 펼치면 해결 방안을 쉽고 빠르게 얻을 수 있을 것이다.
★**《블룸버그》**

이 책이 소개하는 육아법은 기존 부모와 예비 부모 모두를 안심시킨다.
★**《퍼블리셔스위클리》**

자녀를 키우는 데 따르는 수많은 결정을 고민하는 부모에게 완벽한 책. 보건경제학 교수인 저자는 모유 수유, 수면 훈련, 알레르기, 어린이집과 같은 문제에 대한 데이터를 분석하고 맹목적 믿음을 깨부수어 궁극적으로 잘못된 선택을 했을까 봐 걱정하는 부모의 죄책감을 덜어 준다. ★**마더웰닷컴(Motherwell.com)**

차례

2부

0~12개월, 잔걱정이 많은 시기

3부 2~7세, 아이 장래를 고민할 시기

4부 부모가 된 부부가 꼭 알아야 할 것들

일러두기

'○세, ○살'로 표시된 연령은 서양식 나이(만) 기준을 따랐습니다.

들어가는 말

카더라와 오지랖 때문에 불안한 엄마들에게

우리 집 아이들은 둘 다 갓난아기 때 속싸개에 단단히 싸여서 자는 것을 좋아했다. 우리가 선택한 속싸개는 '마술 담요'라고 불리는 제품으로, 후디니(탈출 마술로 유명했던 미국의 마술사—옮긴이)가 아니라면 절대 빠져나갈 수 없을 정도로 꽁꽁 싸매는 복잡한 과정을 수반했다. 우리는 속싸개가 모자라서 응가가 묻은 채로 사용하는 불상사가 없도록 하기 위해 9개 정도를 가지고 있었다.

속싸개는 유용하고 갓난아기의 수면에 도움이 될 수 있다. 하지만 계속해서 사용할 수 없다는 단점이 있다. 아이가 자라면 어느 시점에 속싸개를 그만 사용해야 한다. 이번에 첫아이를 낳은 부모라면 잘 모르겠지만, 속싸개를 사용하던 습관을 버리는 것은 쉬운 일이 아니다.

우리 첫째 딸 퍼넬러피는 속싸개로 싸매지 않자 잠버릇이 나빠졌고 결국 흔들 침대에 오랫동안 의존했는데 아직도 그때의 기억이 악몽으로 남아 있다. 나는 다른 부모들로부터 대형 사이즈의 속싸개를 파는 온라인 쇼핑몰이 있다는 이야기를 들었다. 전자 상거래 사이트 엣시Etsy에 들어가 보면 18개월 된 아이에게 맞는 속싸개를 만들어 파는 여자들이 있긴 있다. 주의할 점은 온라인에 뭔가를 파는 시장이 형성되었다고 해서 그 물건이 반드시 요긴하다는 것은 아니다.

둘째 아이를 키우는 부모에게는 첫아이 때 했던 이런저런 실수를 만회할 기회가 주어진다. '경험자'로서 후회되는 점이 있으면 이번 라운드에서 바로잡을 수 있는 것이다. 적어도 나는 그렇게 생각했다. 그리고 그 목록의 맨 위에 속싸개가 있었다. 이번에는 제대로 해 볼 생각이었다.

그래서 둘째 아이인 핀이 생후 4~5개월이 되었을 때 미리 계획을 세웠다. 우선 며칠 동안 평소처럼 속싸개로 아이를 감싼 채 한쪽 팔을 밖으로 내놓는다. 며칠 후 아이가 그 방식에 적응했을 때 다른 쪽 팔도 밖으로 내놓는다. 그다음에는 두 다리를 내놓는다. 마지막으로 속싸개를 완전히 치워 버린다. 인터넷에서는 이렇게 하면 더 이상 속싸개를 하지 않아도 되고 어렵사리 배운 아이의 수면 습관도 전혀 나빠지지 않을 것이라고 장담했다.

마침내 시작 준비가 되었다. 달력에 날짜를 표시하고 남편에게 알렸다. 그런데 계획을 실행에 옮기기로 한 날은 유난히 더웠고 게다가 정전이 되면서 에어컨이 작동하지 않았다. 핀이 자는 방 온도는 35도까지 올라갔다. 아이를 재울 시간이 다가오고 있었고 나는 당황스러웠다. 속싸개로 감싼 아이는 천으로 여러 겹 둘둘 말려 있게 되니까 핀은 통구이가 될 것이다.

전기가 다시 들어올 때까지 아이를 깨어 있게 해야 하나? 전기가 언제 다시 들어올지 알 수 없었다. 덥겠지만 그냥 속싸개를 해 줄까? 이 결정은 무책임하고 무심한 것 같았다. 기온이 내려갈 때까지 안아서 재우다가 침대에 내려놓을까? 안겨 있는 것도 매우 더울 것이고 경험상 핀은 내 품 안에서 오래 자지 않았다.

곰곰이 생각하다가 기저귀와 원지(아래위가 붙은 파자마)만 입혀서 침대에 넣었다. 속싸개는 하지 않았다. 나는 땀에 흠뻑 젖은 채 아이를 달래면서 재웠다.

"핀, 오늘은 날이 너무 덥구나! 미안하지만 속싸개를 하면 안 되겠어. 걱정하지 마, 넌 그래도 잘 수 있어. 네가 할 수 있다는 걸 알아! 대신 손을 빨 수 있잖아! 어때, 좋지?"

그리고 환한 미소를 지으며 속싸개를 하지 않은 상태로 아이를 침대에 눕혀 놓고 방을 나왔다. 마음을 모질게 먹었다. 퍼넬러피였다면 그런 상황에서 악을 쓰고 울었을 것이다. 그런데 핀은 몇 번 칭얼거리더니 그대로 잠이 들었다.

정확하게 1시간 후 전기가 다시 들어왔다. 그때까지 핀은 자고 있었다. 나는 남편에게 지금이라도 아이 방에 가서 속싸개를 해 주는 게 좋겠다고 말했다. 그러자 그는 나에게 제정신이냐고 나무라면서 마술 담요를 모두 가져다가 자선 물품 상자에 넣어 버렸다.

그날 밤 나는 침대에 누워서 핀이 잠을 제대로 못 자는 것은 아닌지, 상자에서 마술 담요를 다시 꺼내 속싸개를 해 주어야 할지 고민했다. 벌떡 일어나 컴퓨터를 켜고 속싸개 때문에 생기는 수면 퇴행이나 수면 부족에 대한 이야기가 있는지 찾아보고 싶었다. 결국 계획한 대로 된 것은 아니지만 그날 이후로 자연스럽게 속싸개를 하지 않게 되었다.

부모로서 우리는 그 무엇보다 아이를 위해 옳은 일을 하고 최선을 결정할 수 있기를 바란다. 하지만 동시에 최선이 무엇인지 알기 어려울 수 있다. 둘째 아이를 키운다고 해도 전혀 생각지도 못한 일들이 일어나며, 아마 다섯째 아이여도 마찬가지일 것이다. 세상살이와 육아는 언제나 예측 불허다. 사소한 일도 예단하기 어렵다.

속싸개를 그만두는 것은 물론 아주 작은 일이었다. 그러나 그것은 육아의 어려움을 단적으로 보여 주는 예이기도 하다. 즉 육아는 마음먹은 대로 되지 않는다는 것이다. 이런 사정을 잘 알면서 뭐 하러 육아 책을 썼느냐고 물을지도 모른다. 이 질문에 답하자면, 비록 마음대로 되지 않는 일이지만 우리에게는 선택의 여지가 있으며 그러한 선택이 중요하기 때문이다. 문제는 육아를 둘러싼 분위기가, 부모들이 자율적으로 선택할 수 있는 환경을 제공하지 않는다는 것이다.

우리는 더 잘할 수 있으며 여기에는 의외로 데이터와 경제학이 도움이 된다. 내가 이 책을 쓴 목표는 올바른 육아 정보와 각자의 가족을 위해 최선의 결정을 내리는 방법을 알려 줌으로써 부모들의 스트레스를 조금이나마 덜어 주는 것이다. 또한 아이가 태어나서 첫 3년 동안 발생하는 주요 문제들에 대하여 데이터에 기초한 기본적인 지침을 제공할 수 있기를 바란다. 나 역시 그런 문제들로 인해 어려움을 겪었다.

우리 대부분은 부모 세대보다 늦게 아이를 낳아서 키운다. 이전 세대보다 늦게 부모가 되는 것이다. 이것은 단지 인구 통계학적 사실로 그치지 않는다. 그로 인해 우리는 자율에 익숙해져 있고, 또 기술의 발전 덕분에 의사 결정을 할 때 거의 무한한 정보를 접하는 데 익숙하다.

우리는 육아 문제에도 같은 방식으로 접근하지만 결정할 일이 너무 많아서 정보의 과부하가 일어난다. 특히 초보 부모는 하루하루가 도전의 연속이고, 조언을 구하면 모두 서로 다른 말을 해 준다. 그리고 다들 나보다는 많이 아는 것 같다. 산후 후유증에 시달리는 것도 충분히 힘든데 새 식구가 된 조그만 녀석은 젖을 제대로 빨지도 않고 밤낮없이 잠에서 깨어나 자지러지게 울어 댄다. 심호흡을 한번 하자.

결정을 해야 하는 중요한 문제는 무수히 많다. 모유 수유를 해야 할까? 수면 훈련은? 한다면 어떤 방법이 좋을까? 알레르기는 어쩌고? 누구는 땅콩을 피하라고 하고, 누구는 가능하면 빨리 먹이라고 하는데 누구 말이 옳지? 백신 접종을 해야 하는가? 한다면 언제 해야 할까? 그리고 좀 더 작은 문제들도 있다. 속싸개를 하는 것은 정말 좋을까? 아기에게 정해진 일과가 필요한가?

아이가 자라는 동안 문제는 계속 일어난다. 자고 먹는 것이 안정적이 되면 떼쓰기가 시작된다. 막무가내다. 훈육을 해야 하나? 어떻게? 마귀가 들었나? 가끔은 그런 것 같다. 아니면 단지 엄마에게 휴식이 필요한 것일 수도 있다. 아이에게 TV를 보게 해도 괜찮을까? 언젠가 아이들에게 TV를 보여 주면 나중에 연쇄 살인범이 될 수 있다는 글을 읽은 것 같다. 자세히 기억나지는 않지만 혹시 어떤 연관성이라도 있는 걸까? 하지만 잠깐 보여 주는 것은 괜찮지 않을까?

그리고 그 모든 질문들 위에 '우리 아이는 정상인가?'라는 끊임없는 걱정이 있다. 아기가 태어난 지 몇 주가 되면 쉬를 충분히 하고 있는지, 너무 많이 우는 것은 아닌지, 체중은 순조롭게 늘고 있는지 걱정된다. 잠을 충분히 자고 있는가? 뒤집기를 하고 있나? 잘 웃는가? 언제쯤 기고 걷고 달릴까? 말은 잘하는가? 충분히 많은 단어를 구사하는가?

이런 질문들에 대한 답은 어디서 구할 수 있을까? '올바른' 육아법을 어떻게 알 수 있을까? 그런 것이 존재하기는 할까? 소아과 의사가 도움이 되겠지만 그들은 실제 의학적 관심 분야에 (정확하게) 초점을 맞추는 경향이 있다. 우리 딸이 15개월이 되어도 걷지 않는다고 걱정하자 의사는 18개월까지 걷지 않으면 발달 지연 검사를 해 보자고 했다. 하지만 발달이 늦어서 조기 개입이 필요한 경우와 단지 평균보다 조금 느린 경우는 별개의 문제다. 그리고 그 검사는 발달 지연이 어떤 결과를 가져오는지는 알려 주지 않는다.

무엇보다 아무 때나 의사에게 물어볼 수 없다. 생후 3주 된 아이가 새벽 3시가 되어도 잠을 자지 않을 때 부모 침대로 데려와서 재워도 될까? 요즘 부모들은 가장 먼저 인터넷에서 답을 찾으려고 할 것이다. 아기를 안고 게슴츠레한 눈으로, 옆에서 코를 골며 자는 남편을 속으로 욕하면서, 웹 사이트와 페이스북의 육아 조언을 훑어본다.

하지만 그러다가 점점 더 혼란스러워진다. 인터넷에서 이런저런 의견을 제시하는 사람들은 대부분 우리가 믿고 의지하는 친구들과 이 문제에 대한 연구 결과를 알고 있다고 주장하는 엄마 블로거들이다. 하지만 그들은 서로 다른 말을 한다. 누군가는 부부 침대에서 아기를 데리고 자는 것이 좋다고 말한다. 그것은 아주 자연스러운 방식이고 흡연이나 음주를 하지 않는 한 위험하지 않다고 한다. 이 방법이 위험하다고 말하는 사람은 잘 몰라서 하는 말이고 '적절하지 않은 방법'으로 하니까 문제가 생기는 거란다.

반면에 공식적인 권고안들은 절대 아이와 같이 자면 안 된다고 말한다. 아이가 죽을 수도 있다는 것이다. 아기와 같이 자는 안전한 방법은 없다. 미국 소아과학회American Academy of Pediatrics는 부모 침대 옆에 아기 요람을 두라고 한다. 옆에서 아기가 울면 아빠가 금방 눈을 뜰 거라면서.

게다가 아무도 그런 의견들을 차분한 목소리로 전달하지 않는다. 나는 페이스북에서 아기를 재우는 방법에 대한 열띤 토론이 곧잘 누가 더 좋은 부모인지 가려내는 시험장으로 변질되는 것을 보아 왔다. 어떤 사람들은 부모가 아기를 데리고 자는 것은 단지 잘못된 결정일 뿐 아니라 아기가 어떻게 되든지 아랑곳하지 않는 행동이라고 비난한다. 이렇게 서로 부딪치는 정보를 앞에 두고 어떻게 해야 아기나 부모만이 아닌 가족 모두를 위해 적절한 결정을 내릴 수 있을까? 이것은 육아에서 중요한 문제다.

나는 경제학자이며 주로 보건경제학에 관한 강의를 한다. 내가 하는 일은 데이터를 분석해서 인과 관계를 찾아내는 것이다. 그리고 그러한 데이터를 사용함으로써 어떤 경제 구조 안에서 이루어지는 의사 결정에 따르는 비용과 편익을 신중하게 따져 보려고 노력한다. 이것이 내가 하는 연구와 강의의 초점이다.

또한 나는 사무실과 교실 밖에서도 의사 결정을 할 때 이 원칙들을 이용하려고 노력한다. 아마 내 남편 제시 역시 경제학자라는 것도 도움이 될 것이다. 부부가 같은 언어를 사용하면 가족에 관한 결정을 내리기가 좀 더 쉬워진다. 우리 부부는 가사에서 경제학을 많이 사용하는 경향이 있는데 초보 육아에서도 예외는 아니었다.

예를 들어 나는 퍼넬러피가 태어나기 전에 거의 매일 저녁 요리를 했다. 나는 그 시간을 진심으로 즐겼고, 내게는 하루를 편안하게 마무리하는 방법이기도 했다. 우리는 7시 30분에서 8시 사이에 느지막하게 식사를 하고 나서 조금 쉬다가 잠자리에 들었다.

퍼넬러피가 태어난 후에도 우리는 같은 일과를 유지했다. 하지만 아이가 자라서 우리와 함께 식사를 하게 되자 모든 것이 엉망이 되었다. 아이는 6시만 되면 먹으려고 했는데 우리는 5시 45분이 되어서야 집에 도착했다. 아이와 같이 식사를 하고 싶었지만 15분 안에 음식을 준비할 수는 없었다.

우리에게 저녁을 직접 만들어 먹는 것은 불가능한 도전이었다. 나는 다른 방법을 궁리했다. 테이크아웃을 하는 방법이 있었다. 아니면 따로 저녁을 먹는 방법도 있었다. 먼저 퍼넬러피를 먹이고 나서 아이를 재운 후 우리끼리 먹는 것이다. 그 무렵 나는 밀키트Meal Kit에 대해서도 알게 되었다. 미리 준비한 재료들을 정해진 조리법에 따라 익히기만 하면 되는 것이다. 심지어 집으로 배달해 주는 채식 제품도 있었다.

이 중에 어떤 방법을 선택할 것인가? 경제학자처럼 생각하기를 원한다면 데이터로 출발해야 한다. 이 경우 중요한 질문은 다음과 같다. 위에서 말한 대안들은 각각 내가 직접 재료를 준비하고 요리하는 것과 비교해서 비용이 얼마나 드는가? 테이크아웃이 좀 더 비쌌다. 퍼넬러피에게는 치킨너깃을 먹이고 우리는 따로 먹는 방법은 비용이 비슷하게 들었다. 밀키트는 그 중간 정도였는데, 재료를 사서 직접 준비하는 것보다는 다소 비싸지만 테이크아웃보다는 약간 비쌌다.

그러나 이것이 전부는 아니다. 시간의 가치를 고려하지 않았기 때문이다. 경제학자들이 즐겨 말하는 '기회비용'을 고려하지 않은 것이다. 나는 보통 아침에 15분에서 30분 정도의 시간을 음식 만드는 데 쓰고 있었다. 그 시간에 다른 일(책 쓰는 일을 더 빨리 끝내거나, 논문을 더 많이 쓰거나)을 할 수 있다. 시간은 중요한 가치가 있고 계산에서 빼놓을 수 없다.

일단 시간을 고려하자 밀키트가 아주 좋은 선택 같았고 테이크아웃도 괜찮은 방법으로 여겨지기 시작했다. 가격 차이는 크지 않았고, 시간 비용을 생각하면 이익이 더 컸다. 게다가 저녁을 따로 먹는 것은 요리하는 시간이 길어지므로 훨씬 더 불리해 보였다.

그러나 결정을 하기에는 아직 부족하다. 왜냐하면 취향을 고려하지 않았기 때문이다. 나는 제대로 만든 음식을 먹고 싶다. 많은 사람이 그럴 것이다. 이 경우 비용 면에서는 다른 방법이 더 나은 것처럼 보일지라도 직접 만들어 먹는 것이 타당할 수 있다. 기본적으로 나는 요리에 기꺼이 비용을 (경제학 용어로서) '지불'할 것이다.

비록 테이크아웃을 선택하면 시간이 가장 절약되겠지만, 어떤 가족은 요리를 해서 먹는 일에 진정한 가치를 둘 수 있다. 그리고 저녁을 따로 먹는 방법에 대해서, 어떤 부모는 매일 저녁 가족이 함께 식탁에 앉아서 먹기를 원하고, 또 어떤 부모는 아이를 먼저 먹인 후 부부가 오붓하게 식사하면서 대화를 나누는 시간을 갖기를 원한다. 아니면 두 방법을 섞는 것을 생각할 수 있다.

여기서 취향은 매우 중요하다. 같은 음식, 같은 시간, 같은 조건이라고 해도 취향이 다르면 다른 선택을 할 수 있다. 의사 결정에 대한 이러한 경제학적 접근은 우리 대신 선택을 해 주는 것이 아니라, 단지 어떤 식으로 선택해야 하는지 알려 준다. 다시 말해 올바른 선택을 위해서는, 요리에서 얼마나 즐거움을 얻는지와 같은 질문을 하라고 말한다.

우리는 퍼넬러피와 함께 식사를 하고 싶었고, 테이크아웃으로 먹을 수 있는 음식들은 마음에 들지 않았다. 또한 나는 요리하는 것을 좋아하지만 그 모든 과정을 직접 하기를 원할 정도는 아니라고 판단했다. 그래서 우리는 채식 밀키트를 주문하기로 했다(음식은 좋았다. 다만 케일이 좀 많았다).

이 사례는 모유 수유 같은 문제와 동떨어진 것처럼 보일 수 있지만, 결정을 내리는 방법에 있어서는 크게 다르지 않다. 우선 모유 수유의 장점에 관한 훌륭한 정보 같은 데이터가 필요하다. 또 가족의 취향을 감안해야 한다.

나는 퍼넬러피를 임신했을 때 이런 방식으로 접근했다. 그리고 많은 임신 규칙과 그 뒤에 있는 통계를 분석해서 《산부인과 의사에게 속지 않는 25가지 방법》을 집필했다. 퍼넬러피가 태어난 후에도 결정해야 할 일은 계속 생겨났고 더 어려워졌다. 이제는 내가 행복하게 해 줘야 하는 진짜 사람이 있었고, 아기라고 해도 나름의 의견을 가지고 있었다. 부모는 아이가 항상 행복하길 바란다! 하지만 때로는 아이를 위해서라도 힘든 선택을 해야 한다.

퍼넬러피는 흔들 침대에 애착을 보였다. 속싸개에서 벗어나자 이번에는 흔들 침대에서 잠을 자기로 결정한 것 같았다. 우리는 몇 달 동안 어디를 가든, 다소 계획이 어긋난 스페인 휴가 여행길에서도 그것을 계속 끌고 다녀야 했는데 그러다가 아이 뒤통수가 납작해질 뻔했다.

흔들 침대를 사용하지 않는 것은 우리 부부뿐 아니라 아이도 함께 결정해야 하는 일이었다. 어느 날 퍼넬러피를 흔들 침대에 넣지 않았더니 낮잠을 자지 않고 하루 종일 칭얼거리면서 보모를 힘들게 했다. 결국 퍼넬러피가 이겼다. 다음 날 우리는 어쩔 수 없이 다시 흔들 침대로 돌아갔고, 아이 체중이 무게 제한을 초과할 때까지 사용했다.

아이에게 항복한 게 아니냐고 말할 수 있다. 사실 그 결정은 책에서 권장하는 시간에 맞추어 아이를 유아용 침대로 옮긴 것이 아니라 가정의 평화를 우선한 것이다. 어린아이에게 억지로 뭔가를 강요하면 안 된다고는 하지만 사실 애매한 부분이 많다. 이럴 때 비용과 편익을 고려해서 선택한다면 어느 정도 결정 스트레스를 덜 수 있다.

이런 결정들을 놓고 고민하면서 나는 임신 중에 했던 것처럼 데이터로 출발하면 편하다는 것을 다시 한번 깨달았다. 모유 수유, 수면 훈련, 알레르기 등 우리가 해야 하는 대부분의 중요한 결정에는 그와 관련된 연구 자료들이 있다. 물론 그 모든 연구가 아주 훌륭하지는 않다는 문제도 있다.

모유 수유를 예로 들어 보자. 모유 수유는 종종 힘들기는 하지만 우리는 그 장점에 대해 끊임없이 들어 왔다. 가족들과 친구들은 말할 것도 없고 의료 단체나 온라인에서도 모유는 아기에게 완벽한 음식이라고 주장한다. 하지만 그들이 말하는 장점들은 모두 사실일까? 사실 이 질문에 답하기는 쉽지 않다.

모유 수유를 연구하는 목적은 모유를 먹은 아이들과 분유를 먹은 아이들이 어떻게 다른지, 어떤 아이들이 더 건강하고 똑똑한지 알아보는 것이다. 하지만 사실 부모들은 임의로 모유 수유를 선택하는 것이 아니다. 신중하게 생각해서 결정하는 것이고, 모유 수유를 선택하는 사람들은 그렇지 않은 사람들과 부류가 다르다. 미국에서 나온 최근 데이터를 보면, 모유 수유는 교육과 소득 수준이 높은 여성들이 더 많이 선택한다.

그 이유는 일부의 그런 여성들이 출산 휴가를 포함해 모유 수유를 할 수 있는 지원을 받을 가능성이 높기 때문이다. 또 일부는 아이를 건강하고 똑똑하게 키우려면 모유 수유를 해야 한다는 권고 사항을 좀 더 분명하게 인지하고 있기 때문일 것이다. 하지만 이유가 무엇이든 팩트체크는 필요하다.

이 문제는 데이터에서 알아봐야 한다. 모유 수유에 관한 연구들은 모유를 먹은 아이들이 더 나은 결과, 즉 학교 성적이 높고 비만 가능성은 낮다는 것을 계속해서 보여 준다. 하지만 그런 결과들은 엄마의 교육과 소득, 결혼 상태와도 연관이 있다. 아이가 공부를 잘하고 날씬한 것이 모유 수유 때문인지 아니면 양육 조건의 차이에서 비롯된 것인지 어떻게 알 수 있는가? 한 가지 답할 수 있는 것은 일부 데이터는 다른 데이터보다 낫다는 것이다.

그래서 나는 경제학 교육, 특히 데이터에서 인과 관계를 찾아내는 기법을 사용해서 훌륭한 연구와 그보다 못한 연구를 구분해 보려고 노력했다. 인과 관계는 단순하지 않다. 2가지 사이에 밀접한 관계가 있는 것처럼 보여도, 좀 더 깊이 들어가 보면 전혀 관련이 없는 것을 알게 되기도 한다. 예를 들어 에너지바를 먹는 사람들은 그렇지 않은 사람들보다 건강하다. 이것은 아마도 에너지바 때문이 아니라 그것을 먹는 사람들의 건강한 생활 습관과 관련이 있을 것이다.

여기서 나의 목표는 대체로 수백 건의 모유 수유 연구 중 어떤 연구가 우리에게 가장 훌륭한 데이터를 제공하는지 알아내는 것이었다. 훌륭한 연구들은 가끔 어떤 인과 관계를 뒷받침하는 데이터를 보여 준다. 예를 들어 모유 수유를 하면 일관되게 설사가 줄어드는 것으로 보인다. 하지만 훌륭한 연구라고 해서 항상 이처럼 확실한 결과를 보여 주지는 않았다. 또 다른 예로 모유 수유가 아이큐IQ에 확실한 영향을 미친다는 주장은 설득력이 없다.

모유 수유의 경우, 전부는 아니지만 믿을 만한 연구들이 있다. 하지만 다른 문제들에 대해서는 그마저도 없을 수 있다. 우리 아이들이 좀 더 컸을 때 나는 영상물이 아이들에게 미치는 영향이 궁금해졌다. 그래서 찾아보니 내 질문에 답을 해 주는 데이터가 거의 없었다. 3세 아이에게 글자를 가르치는 아이패드 앱은 세상에 나온 지 얼마 되지 않았기 때문에 그에 대한 연구 논문이 별로 없다.

그래서 때로 실망스럽기도 하다. 하지만 어떤 문제는 데이터에 답이 없다는 것을 확인하는 것만으로도 그 나름대로 위안이 된다. 적어도 불확실하다는 것을 알고 결정을 내릴 수 있기 때문이다.

식사 준비를 할 때와 마찬가지로 데이터는 퍼즐의 한 조각에 불과하므로 우리는 거기서 멈출 수 없다. 나는 데이터를 참고해서 선택을 했다. 그러나 같은 데이터를 보고 모든 사람이 같은 결정을 내리는 것은 아니다. 데이터를 참고할 수 있겠지만 우리 각자가 가진 취향 역시 고려해야 한다. 모유 수유 여부를 결정할 때 어떤 장점이 있는지 알면 도움이 되지만 비용에 대해서도 생각해야 한다. 어떤 엄마는 모유 수유를 싫어할 수도 있고, 직장에 다시 다녀야 하는데 펌핑Pumping을 하고 싶지 않을 수도 있다. 이런 것들은 모두 모유 수유를 하지 않을 이유가 될 수 있다. 우리는 종종 비용에 대해 생각하지 않고 장점에만 초점을 맞춘다. 그러나 장점은 과장될 수 있고 비용이 너무 클 수도 있다.

취향을 고려할 때 아기뿐 아니라 부모 자신도 생각해야 한다. 아이를 위한 적절한 양육 환경에 대해 생각할 때 주부, 어린이집, 보모에 대한 데이터를 보면 도움이 되지만, 우리 가족에게 어떤 선택이 도움이 되는지를 고민하는 것도 중요하다. 내 경우, 나는 다시 직장에 나가기로 마음먹고 있었다. 아마 우리 아이들은 내가 집에 있는 것을 더 좋아했겠지만 그것은 나를 위한 선택은 아니었다. 나는 데이터를 보고 결정을 내렸지만 궁극적으로 내 취향과 의사가 중요했다. 나는 정보에 입각해서 선택했지만 또한 나 자신에게 맞는 선택을 했다. 하지만 부모가 필요로 하거나 원하는 것을 고려해서 선택하는 것을 인정하고 싶지 않을 수 있다. 나는 이런 갈등이 '엄마들의 전쟁'을 불러오는 주원인이라고 생각한다.

우리 모두 좋은 부모가 되기를 원한다. 아이를 위해 적절한 선택을 하길 원한다. 그래서 선택을 한 후 그것이 완벽한 선택이라고 믿고 싶은 유혹을 느낀다. 심리학에서는 이것을 인지 부조화의 회피라고 부른다. 만일 모유 수유를 하지 않기로 결정했다면, 모유 수유가 가진 어떤 자그마한 장점도 인정하고 싶지 않을 수 있다. 그래서 모유 수유는 시간 낭비라는 입장을 고수한다. 반대로 3시간마다 가슴을 꺼내며 2년을 보내기로 결정했다면 모유 수유가 아이의 앞날을 보장해 줄 거라는 믿음을 버리고 싶지 않을 것이다.

이것은 매우 인간적인 유혹이지만 또한 역효과를 낳기도 한다. 우리가 하는 선택은 우리 자신에게는 옳을 수 있지만 어떤 사람들에게는 최선이 아닐 수 있다. 왜? 우리는 각자 서로 다른 사람이고, 형편과 취향이 다르다. 경제학 용어로 말하자면 '제약 조건'이 다르다.

경제학 용어로 '최적의 선택'은 항상 '제약 조건하에서' 문제를 해결하는 것이다. 샐리는 사과와 바나나를 좋아한다. 사과는 3달러, 바나나는 5달러다. 샐리에게 각각 몇 개씩 살 것인지 물어보기 전에 먼저 예산을 정해 주는 것이 제약 조건이다. 제약 조건이 없으면 샐리는 무한대의 사과와 바나나를 살 것이다(경제학자들은 사람들이 항상 더 많이 원한다고 가정한다).

육아에 관한 선택을 할 때도 마찬가지다. 쓸 수 있는 돈은 정해져 있고 시간이나 에너지도 제한적이다. 잠을 더 자려면 대신 포기해야 하는 것이 있다. 반대로 잠을 적게 잔다면 잠을 충분히 잤을 때의 혜택을 얻지 못한다. 직장에서 펌핑을 한다면 그 시간에는 일을 할 수 없다. 우리는 이렇게 주어진 조건하에서 각자 자신에게 맞는 선택을 해야 한다. 잠을 덜 자도 되는 사람이 있고 낮에 더 잘 수 있는 사람, 또는 펌핑을 하면서 직장을 다닐 수 있는 사람이 있을 것이다. 따라서 각자 다른 선택을 할 수 있다. 안 그래도 아이를 돌보는 일은 충분히 어렵다. 육아 결정의 스트레스를 다소나마 줄여 보자.

이 책은 부모가 아이를 위해 어떤 결정을 내려야 하는지 알려 주지 않는다. 대신 참고할 수 있는 정보와 의사 결정을 할 때 다소나마 도움이 되는 틀을 제공하고자 한다. 같은 데이터를 보더라도 결정은 각자에게 달렸다.

수면 문제부터 영상 보는 시간에 이르기까지, 부모가 결정해야 하는 중요한 문제들을 하나씩 살펴보면 아마 뜻밖의 데이터를 발견하게 될지도 모른다. 어쨌든 숫자를 직접 눈으로 확인하고 나면 믿음이 생긴다. 예를 들어 아이를 '울다가 잠들게' 해도 괜찮다는 사람들의 말이 미심쩍을 수 있는데, 일단 데이터에서 확인하면 아마 좀 더 안심이 될 것이다.

임신에 관한 전작 《산부인과 의사에게 속지 않는 25가지 방법》에서는 커피, 술, 태아 검사, 전염병 등에 대한 많은 데이터를 다루었다. 어떤 결정을 할 때 취향이 중요한 영향을 미치기는 하지만 대부분의 문제는 데이터가 분명했다. 대표적으로 임신 중에는 침대에서 휴식을 취하는 것이 바람직하지 않다. 하지만 임신 문제에 비해 육아 문제에서는 데이터가 우리에게 무엇을 해야 하는지, 무엇을 피해야 하는지에 대해 알려 주는 것이 더 적다. 그리고 데이터보다는 가족의 취향이 좀 더 중요하게 작용한다. 그렇다고 해서 데이터가 아예 도움이 안 되는 것은 아니고 종종 도움이 된다. 다만 임신 문제보다 육아 문제에서, 같은 데이터를 두고 각자 다른 결정을 할 수 있다.

이 책은 분만실에서 시작한다. 1부에서는 아이를 낳고 초기에 마주하는 문제들, 즉 포경 수술, 신생아 건강 검진, 신생아 체중 감소 등을 다룰 것이다. 그리고 집으로 돌아와 보내는 몇 주 동안에 대해 이야기할 것이다. 속싸개를 해야 할까? 세균 노출은 어떻게 피할 수 있을까? 아기에 대한 데이터를 지나치게 꼼꼼히 수집하고 있는 것은 아닌가? 또한 출산 후 산모의 신체 회복과 감정적 문제도 다룬다.

2부에서는 초기에 부모가 해야 하는 중요한 결정들에 초점을 맞춘다. 모유 수유(해야 할까? 한다면 어떻게?), 백신 접종, 수면 장소와 훈련, 일하는 엄마와 살림하는 엄마, 어린이집과 보모의 선택(그리고 이것 때문에 벌어지는 엄마들의 전쟁)에 대해서도 알아보겠다.

3부에서는 영아기에서 유아기까지, 영상 시청(보여 주는 게 좋은지 나쁜지, 얼마나 보여 줘야 할지), 용변 훈련, 훈육과 교육에 관한 선택에 대해 다룰 것이다. 아이가 언제 걷고 뛰는지, 말을 어느 정도 하는지, 그리고 말을 잘하는 게 정말 중요한지에 대한 데이터를 보여 주겠다.

마지막으로 4부에서는 부모에 대해 이야기한다. 아기가 태어나고 부모가 되면 많은 변화를 겪는다. 아이를 돌보는 스트레스가 배우자와의 관계에 미치는 영향과 아이들을 더 낳을 것인지, 그리고 언제 낳을 것인지 계획하는 문제에 대해 짚어 볼 것이다.

아이를 낳으면 많은 조언을 듣게 되지만 그런 조언들은 대부분 왜 그래야 하는지, 어디까지 믿을 수 있는지에 대한 설명이 없다. 이유와 근거를 설명해 주지 않는 조언은 우리 스스로 선택할 수 있는 능력과 각자가 가진 취향을 무시하는 것이다. 부모들도 역시 사람이고 그보다는 더 나은 대우를 받아야 한다.

이 책의 목표는 어떤 특별한 조언에 반대하는 것이 아니라 이유와 근거를 설명하지 않는 주장에 반대하는 것이다. 팩트와 데이터로 무장하면 우리 가족을 위해 보다 올바른 선택을 할 수 있다. 내 선택에 대해 만족한다면 우리는 아이를 키우면서 좀 더 행복하고 편안해질 수 있다. 그리고 바라건대, 좀 더 숙면을 취할 수 있을 것이다.

1부

생후 3일,
궁금한 게 많은 시기

출산이 예상에서 크게 벗어나지 않았든 아니면 어느 직장 동료의 말처럼 "마지막에 다소 겁에 질렸든" 어쨌거나 몇 시간 뒤면 산모는 회복실에 가 있을 것이다. 아마 회복실이나 분만실이나 비슷하겠지만, 일단 회복실에 도착했을 때는 몸에서 한 사람이 빠져나간 뒤일 것이다.

특히 첫아이를 낳았다면 출산 전후가 얼마나 다르게 느껴지는지 이루 말로 표현할 수 없다. 퍼넬러피가 태어나고 우리는 며칠 동안 병원에서 지냈다. 나는 목욕 가운을 입고 앉아서 아이에게 젖을 물리고, 아이가 여러 검사를 받고 돌아오기를 기다리고, 살금살금 주변을 걸어 다녔다.

당시 기억 중 어떤 것은 아주 생생하고 분명하다. 제인과 데이브는 보라색 곰 인형을 들고 왔고, 오드는 바게트를 가지고 왔다. 하지만 전체적인 느낌은 다소 꿈을 꾸고 있는 것 같았다. 퍼넬러피가 태어난 후 처음 며칠 동안 남편이 기록한 노트에는 "아내는 아기에게서 눈을 떼지 못한다"고 적혀 있다. 그랬다. 잠을 자려고 눈을 감아도 아이가 눈앞에서 어른거렸다.

병원에서 보내는 처음 몇 시간이나 며칠, 그러고 나서 집으로 돌아와 보내는 몇 주 동안은 안개 속을 걷고 있는 기분이 들 수 있다(수면 부족 때문일 수 있다). 사람들을 만나지도 않고(초대하지 않은 가족들이 찾아오지 않는다면), 집에서 나가지도 않고, 잠은 부족하고 입맛도 없는데 옆에는 새로 돌봐야 할 사람이 있다. 온전한 사람이다. 그 사람은 언젠가 차를 운전하고, 알바를 하고, 모두가 다 가는 밤샘 파티에 못 가게 하는 부모에게 자신의 삶을 망치고 있다며 원망을 쏟아 낼지도 모른다.

하지만 아기를 찬찬히 들여다보거나 삶의 의미에 대해 곰곰이 생각하는 동안에도 당장 결정을 해야 하는 문제들이 생긴다. 그런 문제들은 미리 생각해 두는 것이 낫다. 출산 후 며칠 동안은 모든 것이 혼란스럽고 제대로 생각을 하기가 어려울 수 있기 때문이다. 게다가 종종 보호자, 가족, 친구, 그리고 온라인 세계로부터 듣는 조언들이 서로 부딪치면서 혼란을 가중시킨다.

1부의 첫 번째 장에서는 병원에서 생길 수 있는 문제, 즉 병원에 있는 동안 진행되는 절차나 초기 합병증에 대해 논의한다. 두 번째 장에서는 집에 와서 보내는 첫 몇 주 동안에 대해 이야기하겠다. 모유 수유, 예방 접종, 수면 장소 등 육아에 관해 결정해야 할 중요한 문제는 매우 많기 때문에 이런 문제들에 대해 미리(혹은 경우에 따라 출생 전에) 생각해 두면 좋을 것이다. 처음 몇 주뿐 아니라 이후까지 영향을 미치는 이런 문제들에 대해서는 2부에서 다루겠다.

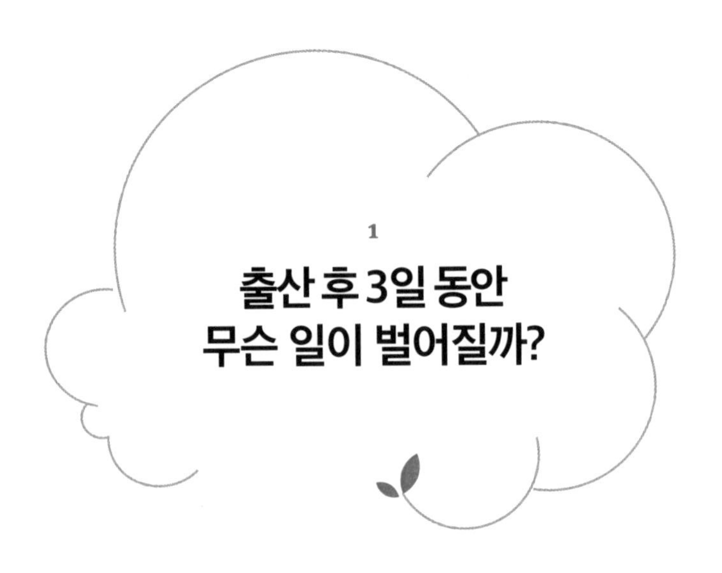

1
출산 후 3일 동안 무슨 일이 벌어질까?

자연 분만을 한다면 아마 병원에서 이틀 밤을 보낼 것이다. 제왕 절개를 하거나 합병증이 있다면 3박 4일 정도 입원할 수 있다. 한때는 출산을 하고 회복하기까지 일주일에서 열흘 정도 걸리기도 했지만 확실히 그런 시절은 지나갔다. 보험 회사에서 입원에 대한 보장을 아주 엄격하게 적용할 수 있으므로, 한 친구는 나에게 하룻밤 더 병원에서 보내려면 자정이 지날 때까지 기다렸다가 아기를 낳으라고 넌지시 귀띔해 주었다(때로 의사들이 그런 이유로 입원을 늦게 시키지만 나는 절대 그렇게 버틸 수 있는 자제력이 없었다).

병원 출산은 산모의 기질(그리고 병원)에 따라 적절한 선택이 될 수도 있고, 아니면 다소 불편할 수도 있다. 가장 큰 장점은 옆에서 산모를 돌봐주고 아기에게 일어나는 일들을 이해할 수 있게 도와주는 사람들이 있다는 것이다. 모유 수유를 한다면 대개 수유 상담사를 보내 주고, 간호사들은 산모의 출혈이나 아기의 상태가 정상적인지 살펴본다.

단점이 있다면 병원은 집이 아니라는 것이다. 내 물건이 없고, 좀 답답하고, 음식도 입에 안 맞을 수 있다. 퍼넬러피를 낳고 우리는 시카고의 한 대형 병원에서 이틀을 보냈다. 당시의 끔찍한 내 모습을 찍은 사진이 하나 있다. 남편은 내 옆에서 '나의 새로운 삶'이라는 제목의 브리트니 스피어스 기사가 실린 주간지를 들고 있는 사진을 찍으면 웃길 거라고 생각했다. 그렇게 나는 퉁퉁 부은 얼굴로 '나의 새로운 삶'을 시작했다.

병원에 있는 대부분의 시간 동안 산모는 그냥 우두커니 앉아서 아기를 살펴보거나 페이스북에 새 소식을 올리면서 빈둥거린다. 하지만 가끔 누군가가 와서 아기에게 뭔가를 한다. 청력 검사를 위해 거대한 기계를 굴리고 들어온다. 혈액 검사를 한다고 아기 발뒤꿈치를 찌른다. 그리고 때로 우리에게 무엇을 원하는지 묻는다.

"병원에 있는 동안 아기의 포경 수술을 하시겠어요?"

이 결정은 어떻게 내려야 하나? 많은 사람이 어떻게 해야 할지 잘 모른다. 이것은 의학적으로나 법적으로 반드시 필요한 절차가 아니므로 부모의 결정에 달렸다.

이런 상황에서 선택하는 방법은 여러 가지가 있다. 친구들이 하는 대로 따라 하거나, 의사가 추천하는 대로 할 수 있다. 인터넷에서 다른 사람들은 어떻게 했고 왜 그렇게 했는지 알아볼 수 있다. 하지만 포경 수술의 경우에는 아마 그런 식으로 결정하기가 쉽지 않을 것이다. 미국에서는 남자 아기들 중 절반가량이 포경 수술을 하고 절반가량은 하지 않는다. 따라서 의견이 반반으로 갈릴 것이다(왜 반반이냐고? 알 수 없다. 어떤 사람들은 종교적인 이유로, 어떤 사람들은 의학적인 이유로, 어떤 사람들은 아빠가 포경 수술을 했으므로 아들도 하기를 원한다).

이 책에서 나는 이런 선택을 할 때 좀 더 체계적으로 접근하자고 주장할 것이다. 첫째, 데이터를 볼 수 있다. 어떤 선택에 위험 요인은 없는지, 어떤 위험 요인이 있는지 알아봐야 한다. 장점이 있다면 그 장점은 어떤 것이고 얼마나 중요한가? 때로 장점이 있어도 너무 미미해서 의미를 부여할 가치가 없을 수 있다. 아니면 위험 요인이 있어도 우리가 매일 감수하고 사는 다른 위험 요인들보다 작을 수 있다.

그다음 두 번째는 그러한 증거를 본인의 취향과 결합하는 것이다. 양가 가족들이 강력하게 찬성하거나 반대한다면? 아들의 음경을 아빠의 것과 닮게 만드는 일이 중요한가? 이런 문제들은 데이터에서 답을 찾을 수 없지만 결정을 내리는 데 고려해야 할 중요한 요소다. 우리에게는 각자 취향이 있으므로 무조건 인터넷을 따라 할 수 없다. 우리 가족이 아니면 우리 아이의 음경을 어떻게 하는 것이 적절한지 알 수 없다.

계획할 수 있는 문제라면 미리 생각해 두는 것이 좋다. 산후에 병원에서 보내는 시간은 어리둥절하고 의사 결정을 하기에 적절한 때가 아니다(단지 집에 갈 때까지 기다리는 것도 힘들다!). 따라서 '새로운 삶'에 적응하는 동안 일어날 수 있는 일에 대해 미리 알아 둘 필요가 있다. 보통은 모든 것이 순조롭게 진행되면, 분만하고 2~3일 뒤에 아기를 카시트에 태우고 병원 문을 나서게 된다. 그러나 그사이에 황달이나 체중 감소와 같은 신생아 합병증이 나타날 수 있다. 이런 문제들에 대해 미리 알아 두면 그와 관련해 결정할 때 좀 더 능동적으로 참여할 수 있다.

예상할 수 있는 문제들
: 목욕, 각종 검사, 포경 수술

갓난아기의 목욕은?

아기는 태어날 때 온몸이 분비물로 덮여 있다. 간단히 말하면 그중 많은 부분이 혈액이다. 일부는 양수이고 태아를 감염으로부터 보호하는 왁스처럼 보이는 태지胎脂가 있다. 아기가 태어나면 어느 시점에서 누군가가 아기를 씻기라고 제안할 것이다.

퍼넬러피가 태어나서 하루 정도 지났을 때 한 간호사가 우리 부부에게 아기 목욕시키는 법을 보여 주었다. 우리는 주의 깊게 지켜보고 나서 우리가 직접 하는 것은 불가능하다고 판단하고 아이가 자라서 스스로 씻을 수 있을 때까지 기다리기로 했다. 우리는 2주를 버티다가 단단히 쥐고 있는 아이의 주먹 속에서 상한 젖을 발견하고는 결국 굴복했다. 우리는 그 목욕 장면을 기념사진으로 남겼는데, 퍼넬러피는 사진속 자기가 완전히 겁에 질려 있는 모습을 볼 때마다 우리를 용서하지 않는 것 같다.

요지에서 벗어났다.

과거에는 아기가 태어나면 곧바로 몇 분 안에, 아마 엄마에게 건네주기도 전에 씻기는 것이 일반적이었다. 지금은 2가지 이유에서 그런 방식에 반대하는 주장이 있다. 첫째, 점차 추세는 아기가 세상에 나온 즉시 엄마와 피부 접촉을 하도록 하고 (그 밑에서 더 많은 일이 일어나도록) 두어 시간 동안 엄마와 아기가 오붓한 시간을 보내게 하는 방향으로 가고 있다. 피부 접촉이 주는 이점 중 하나는 모유 수유에 성공할 확률이 높아진다는 것이다. 아마 이런 이유 때문인지, 아기 목욕을 몇 시간 후로 늦추면 모유 수유의 성공 확률이 높아지는 것으로 보인다.[1] 당장 아기를 씻겨야 하는 특별한 이유가 없다면 목욕을 늦추는 것은 충분히 합리적이다.

목욕을 빨리 시키는 것에 대한 또 다른 우려는 아기 체온에 영향을 미칠 수 있다는 것이다. 금방 세상에 나온 아기는 체온 유지가 어려울 수 있다. 목욕을 시키고 젖은 채로 물에서 꺼내는 과정이 부정적인 영향을 줄 수 있다는 것이다. 하지만 데이터로 충분히 뒷받침되는 가설은 아니다. 출생 직후의 목욕이 아기 체온에 지속적인 영향을 준다는 연구 결과는 없다.[2]

스펀지 목욕을 시키면 목욕하는 동안과 그 직후에 체온 변화가 더 크다는 것은 어느 정도 근거가 있는 것 같다.[3] 아기의 알몸이 물에 젖은 채로 공기에 노출되는 시간이 길어지기 때문이다. 체온 변화는 그 자체만으로는 그다지 큰 문제가 되지 않지만, 감염의 징후로 잘못 해석될 수 있고 따라서 다른 불필요한 검사를 받게 될 수 있다. 이런 이유로 대부분의 병원에서 스펀지 목욕보다 욕조 목욕을 선호한다.

따라서 목욕을 두려워할 일은 아니지만 사실 갓 태어난 아기를 목욕시키는 건 미관상의 이유 외에는 없다. 대부분의 혈액은 그냥 닦아내면 된다. 나도 허락하지 않았겠지만 핀은 병원에서 목욕을 시키지 않았고, 집에 와서도 우리 가족의 기준인 2주를 기다렸다가 목욕을 시켰다. 그로 인해 나쁜 일은 일어나지 않았고, 남편은 우리가 목욕을 시켰을 때 핀의 반응으로 미루어 보아 더 늦게 할 걸 그랬다고 생각한다.

포경 수술, 시켜야 할까?

포경 수술은 음경의 포피를 외과적으로 제거하는 시술이다. 그 기원은 고대 이집트까지 거슬러 올라가며 지금도 많은 곳에서 널리 행해진다. 처음에 어떻게 시작되었는지는 분명하지 않다. 이에 대해 다양한 이론이 있으며 다른 장소에서 각각 다른 이유로 시작되었을 것이다. 가장 내 마음에 드는 이론은 어떤 지도자가 포피 없이 태어났고, 그래서 다른 사람들도 모두 포피를 제거하도록 지시를 내렸다는 것이다.

포경 수술은 나이와 관계없이 할 수 있으며, 어떤 문화권에서는 전통적으로 사춘기에 성인식의 일부로 행해진다. 그러나 미국에서는 대체로 출생 직후에 포경 수술을 한다. 유대인들은 생후 8일째 되는 날 브리스Bris라 불리는 의식에서 행해진다. 그 외에는 일반적으로 퇴원하기 전이나 며칠 후에 외래 수술을 받을 수 있다. 원칙적으로 포경 수술은 음경이 제대로 작동하고 있는 것을 확인하고 나면, 즉 처음 소변을 본 후에 할 수 있다.

포경 수술은 선택이다. 어디에서나 일반적으로 하는 것은 아니다. 유럽인들은 대부분 하지 않는다. 미국에서는 옛날부터 아주 흔하게 했지만 세월이 흐르면서 점차 줄고 있다. 1979년에는 신생아의 65퍼센트가 했으나 2010년에는 58퍼센트로 낮아졌다.

종교적 전통으로 포경 수술을 하는 사회에서는 포경 수술을 하게 될 가능성이 매우 높다. 그 외에는 포경 수술이 좋은지 아닌지에 대해 건전한 논쟁이 있다. 위험한 신체 훼손이라고 생각해서 강하게 반대하는 쪽도 있고, 건강 면에서 유리하다고 찬성하는 쪽도 있다. 찬반 논쟁은 가열될 수 있으므로 데이터를 보는 게 도움이 된다.

다른 수술과 마찬가지로 포경 수술의 주요 합병증은 감염이다. 병원에서 행해지는 신생아 포경 수술의 경우 감염 위험이 매우 적다. 전체적으로 약 1.5퍼센트가 경미한 합병증을 겪으며, 사실상 심각한 부작용은 없는 것으로 보인다.[4] 이 수치는 개발 도상국들이 포함된 연구에서 나온 것이므로 미국에서는 경미한 부작용도 더 적을 것이다.

또 다른 위험은 '미관상의 부작용'으로 인해 남은 포피를 추가로 수술하는 경우다. 이것은 전체 합병증의 비율보다 다소 높은 것처럼 보이지만 정확히 어느 정도인지는 추정하기 어렵다.[5]

아주 드물게 아기의 요도(소변이 통과하는 관)가 눌려서 소변을 보기 힘든 증상인 외요도구 협착이 일어날 수 있다. 이것은 포경 수술을 받은 아이들에게 더 흔하기 때문에 포경 수술과 관계가 있는 것이 꽤 분명하지만, 아주 드물게 일어난다.[6] 외요도구 협착증은 충분히 회복되지만 2차 수술이 필요하다. 생후 첫 6개월 동안 음경에 바셀린 또는 아쿠아퍼 연고를 충분히 발라 주면 예방할 수 있다는 일부 제한적인 증거가 있다.[7]

특히 반대하는 쪽에서는 포경 수술이 음경의 감각을 떨어뜨릴 수 있다고 주장한다. 이것은 어느 쪽으로든 근거가 없다. 음경의 감응도에 대한 (음경을 뭔가로 찔러 보는) 간단한 연구들에서는 포경 수술을 한 남자들과 하지 않은 남자들의 비교에서 일관성 있는 결과가 나오지 않았다.[8] 연구원들은 또한 포피가 있거나 없거나 아무도 음경을 찌르는 것을 좋아하지 않을 것이라고 추론했다.

지금까지는 포경 수술의 위험 요인에 대해 이야기했다. 또 포경 수술은 몇 가지 장점이 있다. 첫째는 요로 감염Urinary Tract Infection, UTI 발병률이 훨씬 낮아진다. 포경 수술을 하지 않은 아이들의 약 1퍼센트가 요로 감염에 걸리는데, 포경 수술을 한 아이들은 0.13퍼센트에 불과한 것으로 추정된다.[9] 이것은 매우 큰 차이이므로 대체로 예방 효과가 인정된다. 하지만 절대치로 보면 장점이 작다고 말할 수 있다. 다시 말해 포경 수술의 예방 효과를 보는 사람은 100명 중 1명에 불과하다.

또 포경 수술을 받지 않으면 포피가 젖혀지지 않는 포경이라는 증상이 생길 수 있다. 이것은 일반적으로 스테로이드 크림으로 치료해야 하며, 나중에 포경 수술을 해야 할 수도 있다. 이 증상 또는 관련 증상들 때문에 뒤늦게 포경 수술을 해야 하는 경우는 1~2퍼센트로 추정되는데, 드물지만 아주 없지는 않은 것이다.[10]

포경 수술의 다른 2가지 이점은 인체 면역 결핍 바이러스HIV와 여러 성병 감염Sexually Transmitted Infection, STI 위험, 그리고 음경암 발병 확률이 낮아진다는 것이다. HIV와 다른 STI의 경우, 아프리카의 많은 나라에서 포경 수술을 받은 남자들의 발병률이 낮다는 것을 보여 주는 충분한 증거가 있다. 아프리카에서는 대부분의 HIV 전염이 이성 간에 일어난다. 하지만 미국에서는 대부분 남성 간의 성관계나 정맥 주사 약물 주입을 통해 전염된다. 데이터에서는 포경 수술의 예방 효과가 남성 간 성관계까지 확대되는지 여부는 분명하지 않으며, 당연히 정맥 주사와는 관계가 없다.[11]

음경암은 극히 드물어 10만 명 중 1명꼴로 발병한다. 특히 어렸을 때 포경 증상이 있었다면 포경 수술을 하지 않을 경우 침습적 음경암의 발병 확률이 높아진다.[12] 그러나 상대적인 발병률이 크게 증가하더라도 실제로는 아주 적은 수에 불과하다.

미국 소아과학회는 포경 수술이 건강에 주는 이익이 비용보다 많다고는 한다. 하지만 이 이익이나 비용은 매우 적다고 말할 수 있다. 포경 수술에 대한 결정은 종종 개인적인 취향, 특별한 문화, 또는 단지 아들의 음경을 특정한 방식으로 보이게 하겠다는 바람에 좌우될 것이다. 이런 이유들 때문에 포경 수술을 할 수도 있고 안 할 수도 있다.

만일 포경 수술을 하기로 했다면 통증 완화 치료를 염두에 두어야 한다. 과거에는 갓난아기들이 어른들처럼 통증을 느끼지 않는다고 믿었고 그래서 통증 완화 치료도 없이, 기껏해야 설탕물을 조금 먹이고 수술하는 것이 일반적이었다. 이는 잘못된 것이고, 실제로 포경 수술로 고통을 겪은 유아들은 4개월에서 6개월 후에도 예방 접종을 할 때 더 심한 통증 반응을 보이는 것 같다.[13]

따라서 요즘은 포경 수술을 할 때 어떤 식으로든 통증 완화 치료를 하기를 강력히 권장한다. 가장 효과적인 방법은 음경 신경 차단술(일반적으로 'DPNB'라고 불림)로 보이는데, 이것은 포경 수술 전에 진통제를 음경 아래쪽에 주사하는 것이다. 또한 국소 마취제를 함께 사용할 수도 있다.[14]

혈액 검사와 청력 검사

병원 의료진은 산모가 입원해 있는 시간을 이용해서 추가로 아기에게 적어도 2가지 검사를 할 것이다. 바로 혈액 검사와 청력 검사다. 신생아 혈액 검사는 매우 다양한 증상을 가려내는 데 사용되는데, 주州에 따라 검사하는 증상의 수가 다르다. 예를 들어 캘리포니아에서는 가장 많은 61가지 증상에 대해 검사한다. 그중 다수는 신진대사와 관련이 있으며 아기가 특정 단백질을 소화하지 못하거나 효소를 생산하지 못하는 장애가 있는지 검사한다.

대표적인 것으로 페닐케토누리아라고도 불리는 페닐케톤뇨증 Phenylketonuria, PKU이 있다. 아마도 신생아 혈액 검사로 가려내는 가장 흔한 장애일 것이다. PKU는 출생아 1만 명 중 1명꼴로 가지고 있는 유전 질환으로, 이 증상을 가진 사람들은 아미노산 페닐알라닌을 다른 아미노산으로 분해하는 특별한 효소가 부족하다. PKU 증상을 가지고 있다면 저단백 식단을 섭취하는 것이 중요하다. 단백질은 페닐알라닌을 많이 함유하고 있기 때문이다. PKU 환자는 뇌를 포함해서 몸속에 단백질이 축적될 수 있고 그로 인해 심각한 지적 장애와 사망에까지 이르는 중증 합병증이 생길 수 있다.

그러나 일단 PKU가 있다는 것을 알면 식단을 관리해서 부정적인 결과를 피할 수 있다. 문제는 태어났을 때 PKU가 있다는 것을 알지 못하면 모유와 분유 모두 단백질 함량이 높기 때문에 뇌 손상이 거의 즉시 발생할 수 있다는 것이다. 나중에 검사를 받으면 너무 늦을 수 있다. 이처럼 태어나자마자 검사를 해야만 예후를 개선할 수 있는 증상들이 있다. 혈액 검사는 아기 발뒤꿈치를 한번 찌르는 것이 전부이고 위험하지 않다. 아기에게 이런 증상들이 없다면(없을 가능성이 아주 높다) 병원에서는 아무 이야기도 없을 것이다.

또 의료진은 크고 복잡한 기계를 사용해서 아기의 청력 검사를 할 것이다. 때로는 아이가 있는 방으로 기계를 들여와서 검사를 한다. 청력 손상은 상대적으로 흔한 증상으로 1000명 중 1~3명의 아이들에게서 나타난다. 청력 손상은 조기 개입(보청기나 임플란트)으로 언어 습득을 개선하면 나중에 개입이 덜 필요하기 때문에 조기 발견의 중요성이 점점 더 부각되고 있다.

짐작하겠지만 아기에게는 성인에게 하는 것과 같은 방식으로 청력 검사를 할 수 없다. 아기들은 삐 소리가 날 때 손을 들지 않는다. 그리고 검사를 받는 동안에도 아마 잠들어 있을 것이다. 대신 머리에 센서를 붙이거나 귀에 탐침을 꽂는다. 센서나 탐침은 중이中耳와 내이內耳가 신호음에 반응하는지 여부를 감지한다.[15]

이 검사는 청력 손상을 잡아내는 데 상당히 효과적이지만(85~100퍼센트) 거짓 양성이 나오는 경우가 많다. 대략 영아의 4퍼센트가 이 검사에 불합격하는 것으로 추정되는데, 실제로는 0.1~0.3퍼센트만 청력 손상을 가지고 있다. 청력 검사에서 탈락하면 일반적으로 정식 검사를 의뢰하게 되는데, 이는 청력 문제를 조기에 발견해야 한다는 점에서 바람직하다. 그러나 청력 검사를 통과하지 못하는 아기의 대부분이 사실은 청력 장애를 가지고 있지 않다. 만일 1차 청력 검사를 통과하지 못하면 병원에 있는 동안 다시 검사를 해 보는 것이 좋다. 2차 검사에서 거짓 양성으로 밝혀질 수 있기 때문이다.

아기와 한방을 써야 할까?

산모는 병원에 있는 동안 아기를 자주 만날 수 있을 것이다. 하지만 아기와 한시라도 떨어지고 싶지 않을지는 알 수 없다. 출산으로 기진맥진해진 산모가 아기를 한방에서 데리고 있는 것은 쉽지 않다. 예전에는 신생아실에서 아기를 돌봐 주는 동안 산모는 몇 시간씩 휴식을 취할 수 있었다. 그러나 지금은 달라졌다. 수십 년 전부터 '아기 친화적인 병원'이 생겨나기 시작했다. 물론 모든 병원이 아기에게 친화적이어야 하지만, 아기 친화적 병원으로 지정된다는 것은 좀 더 구체적인 의미가 있다. 특히 아기 친화적 병원들은 모유 수유를 향상시키기 위해 설계된 십계명을 따라야 한다.

그중에는 병원의 지시가 없는 한 아기에게 분유를 먹이지 말아야 한다는 계율이 포함된다. 노리개 젖꼭지도 물리지 않는다. 그리고 주변의 모든 임산부에게 모유 수유의 장점을 알려야 하는 등의 요구 조건이 포함된다. 모유 수유에 대해서는 나중에 자세히 설명할 것이므로 지금은 다루지 않겠다. 그리고 특히 논란이 되는 노리개 젖꼭지 사용에 대해서도 모유 수유에 관한 장에서 좀 더 알아볼 것이다.

그런데 분유를 먹이지 못하도록 하는 것 외에도, 아기 친화적 병원의 요구 조건 중 하나는 산모가 아기와 한방을 써야 한다는 것이다. 아기에게 다른 의학적 문제가 없는 한 엄마와 아기는 하루 24시간을 한방에서 함께 지내야 한다.

엄마에게는 기쁜 일이다! 어떤 엄마가 아기와 떨어져 있고 싶겠는가? 그리고 실제로도 아주 좋을 수 있다. 내가 핀을 낳았을 때 우리는 커다란 침대가 있는 분만실에서 하루를 온전히 머물렀다(내가 입원했던 위민앤인펀츠 병원에 감사!). 침대는 남편과 내가 누울 공간이 충분했고 우리는 핀을 사이에 두고 교대로 잠을 잤다. 돌아보면 그곳에서 보낸

12시간은 핀에게 인생의 훌륭한 출발점이 되었다.

하지만 그것은 다소 이례적인 경우였다. 일반적인 회복실은 산모 옆에 아기 요람을 놓는데 이는 훨씬 더 불편하다. 아기들은 이상한 소리를 많이 내는데 그런 아기와 같이 있으면 산모는 전혀 잠을 잘 수 없을지 모른다. 내가 처음 퍼넬러피를 낳았을 때 동료 엄마들은 몇 시간이라도 아기를 신생아실에 보내고 잠을 좀 자라고 권했다(나는 그렇게 했는데, 시카고의 프렌티스 병원은 당시에 아기 친화적 병원 자격을 받지 못했기 때문이다).

산모와 아기가 한방을 쓰는 것을 정책으로 추진하는 문제에 대해서는 약간의 이견이 있다. 환자의 선택을 제한하는 정책은 언제나 민감한 사안이다. 한편, 아기와 한방을 쓰는 것이 일부 산모들에게는 매우 유익하다는 일부 증거가 있다. 산모가 임신 중 마약성 진통제인 오피오이드Opioid를 사용한 결과로 아기가 신생아 금단 증후군을 가지고 있다면, 엄마와 한방을 쓰는 것은 충분히 권장할 만하다.

그런데 이 책을 쓰는 입장에서 나는 정책에 대한 의견보다는 우리에게 선택권이 주어지면 어떻게 하는 게 좋은지 알려 주는 데이터에 관심이 있다. 즉, 아기 친화적 병원이 아닌 곳에 입원한다면 아기와 한방에서 지내는 게 좋은지 아닌지를 알아보거나, 아니면 처음부터 어떤 병원을 선택할지 생각해 볼 필요가 있다.

아기와 한방을 쓰는 것은 분명한 장단점이 있다. 산모는 수면에 방해를 받겠지만 아기를 위해서는 좋을 수 있다. 가장 먼저 생각할 것은 산모가 잠을 좀 덜 자더라도 감수할 만한 장점이 있는가이다. 이 질문에 답하기 위해서는 장점이 얼마나 큰지 알아야 한다. 그래서 데이터가 필요하다.

아이와 산모가 한방을 쓸 때의 가장 큰 장점은 모유 수유 성공 확률이 높아진다는 것이다. 이것을 뒷받침하는 근거는 그다지 많지 않다. 분명 상관관계는 있다. 산모가 아기를 데리고 있으면 모유를 먹일 가능성이 더 높아지지만, 엄마들이 각자 다른 조건을 가지고 있기 때문에 반드시 인과 관계가 있다고 보기는 어렵다. 무엇보다 모유 수유를 원하는 엄마들은 수유 방법을 배우기 위해 아기를 옆에 데리고 있을 가능성이 높다. 아기와 같이 있는 것이 모유 수유로 이어지는 게 아니라, 모유 수유를 위해 아기와 같이 있는 것이다.

지금까지 나온 증거를 보면 그 결과는 엇갈린다. 아기 친화적 병원에서 태어난 아기들과 다른 곳에서 태어난 아기들의 모유 수유 결과를 비교하는 대규모 연구를 스위스에서 진행했는데, 아기 친화적 병원에서 태어난 아기들이 모유 수유를 더 많이 하는 것으로 나타났다. 한편 그것이 산모와 아기가 한방에서 지낸 결과인지, 아니면 다른 이유가 있는지는 알 수 없다.[16] 아기 친화적 병원들은 여러 면에서 다른 점이 있었고, 그 연구는 그런 병원을 선택하는 사람들이 애초에 모유 수유 의지를 가졌을 수도 있다는 점을 고려하지 않았다.

이 문제를 연구할 때 결론을 도출하기 위해 사용하는 '표준'적인 방법은 무작위 실험을 하는 것이다. 무작위 실험은 다음과 같이 진행된다. 먼저 산모들 중에서 무작위로 절반을 선정해서 아기와 한방을 쓰게 하고, 다른 절반은 아기와 따로 방을 쓰게 한다. 그 외의 조건은 양쪽이 모두 같은 것으로 간주한다. 무작위로 선정했으므로 양쪽을 비교해서 믿을 수 있는 결과를 도출할 수 있다. 만일 아기와 같이 지낸 산모의 모유 수유 비율이 더 높게 나온다면, 그러한 결과를 엄마가 아기와 한방을 썼기 때문이라고 생각할 수 있다. 한편 모유 수유 비율에서 차이가 없다면, 한방에서 지내거나 따로 지내는 게 영향을 미치지 않는다고 볼 수 있다.

실제로 176명의 산모를 대상으로 한 무작위 실험이 있지만 그 결과는 썩 고무적이지 않다. 이 연구에서는 아이와 한방에서 지내는 것이, 아기가 생후 6개월이 되었을 때의 모유 수유 여부와 평균 모유 수유 기간에 영향을 전혀 미치지 않은 것으로 보인다.[17] 생후 4일 동안 모유 수유가 어느 정도 증가했지만, 연구원들이 일부 그룹에게 예정된 시간에 수유를 하도록 권장했고 다른 그룹에게는 하지 않았기 때문에 다소 해석이 어렵다.

아기와 한방을 쓰는 게 모유 수유에 도움이 된다는 것을 이 데이터가 뒷받침한다고 주장하기는 어렵다. 기껏해야 어느 정도 효과가 있음을 부정할 수 없다고 말할 수 있다. 그러나 아기와 한방 쓰기를 옹호하는 병원에서는 아기와 따로 있을 이유가 없다고 할 것이므로 그 장점이 불확실하더라도 따르게 된다.

하지만 아기와 따로 지낼 이유가 전혀 없는 것은 아니다. 아기와 한

방을 쓰지 않을 충분한 이유도 있다. 산모는 대부분 출산 후 며칠 동안 매우 피곤하다. 산모는 병원에 있는 동안 집에 있는 것보다 더 많은 도움을 받을 수 있으며, 아기를 신생아실에 보내면 산모 자신과 아기는 병원의 전문적인 보살핌을 받을 수 있다. 데이터가 한방을 쓰는 쪽으로 확실하게 기울지 않았다는 사실을 알면 좀 더 편안하게 아기와 따로 지내는 선택을 할 수 있다.

게다가 실제로 아기와 한방을 쓸 때 작은 위험이 있을 수 있다. 많은 산모가 수유 중에 잠이 든다. 피곤할수록 더 깊은 잠에 빠지므로, 지쳐서 잠든 엄마 때문에 아기가 위험해질 수 있다.[18] 병원에서나 집에서나 아기와 한 침대를 사용하는 것은 안전상 문제가 있다(6장에서 다시 이야기하겠다). 2014년의 한 논문은, 병실에서 산모와 한 침대에서 재운 것 때문에 18명의 영아에게 사망이나 사망에 가까운 사고가 있었다고 보고했다.[19] 하지만 전체적인 위험 수준에 대해서는 언급하지 않았다. 이러한 행동이 위험할 수 있음을 보여 주려고 단지 사례 보고서를 수집한 것이기 때문이다.

또 다른 연구는 아기 친화적 병원에서 태어난 아기들의 14퍼센트가 '침대에서 떨어질 위험이 있다'고 보고했는데, 그 원인은 대부분 수유를 하다가 엄마가 잠이 들기 때문이었다.[20] 하지만 실제로 아기가 침대에서 떨어진 것이 아니라, 단지 간호사들이 그럴 위험이 있다고 느낀 것이었다.

내 생각에 이 문제에서 가장 중요한 것은, 아이를 신생아실에 몇 시간 동안 보낼 수 있다면 그렇게 하되 죄책감을 느끼지 않아도 된다는 것이다. 그로 인해 모유 수유에 지장이 생긴다는 증거는 없다. 그리고 침대에서 아기를 안고 잠이 드는 일이 생기지 않도록 도움을 받아야 한다.

예상할 수 없는 문제들
: 체중 감소와 신생아 황달

체중이 급격하게 감소할 때

많은 초보 부모가 병원 의료진이 아기의 체중 증가나 감소에 큰 관심을 가지는 것을 예상하지 못한다. 비교적 순산해서 건강한 아기를 출산하면 다행스럽게도 의료진과 수유와 아기 체중에 대한 대화를 나누게 된다. 체중은 아기가 건강하게 자라고 있다는 것을 보여 주는 중요한 척도다.

하지만 산후에 처음으로 모유 수유를 시도할 때는 이런 대화를 나누면서 조마조마하게 느껴질 수 있다. 자신이 뭔가 제대로 못 하고 있다는 느낌이 드는 것이다. 배 속에 있을 때는 아주 잘 키웠는데, 이제는 완전히 형편없는 엄마가 된 것 같다(실제로는 그렇지 않다! 그렇게 느껴질 뿐이다).

병원에서는 신생아 체중을 상당히 주의 깊게 관찰한다. 12시간 마다 아기의 체중을 재고 어떤 변화가 있는지 산모에게 보고한다. 퍼넬러피가 태어난 지 이틀째 되는 날, 그들은 새벽 2시에 아이를 내게 돌려주면서 체중이 11퍼센트 줄었으므로 즉시 보충 수유를 해야 한다고 알려주었다. 당시 나는 혼자였고, 정신은 몽롱하고 혼란스러워서 결정을 내릴 준비가 되어 있지 않았다. 그때 얻은 교훈은 남편에게 집에 가서 자라고 하면 안 된다는 것이다. 언제 이런 문제가 생길지 알 수 없기 때문이다.

체중에 초점이 맞추어진다는 것을 알았으면 이 문제에 대해 미리 대비할 필요가 있다. 가장 먼저 알아야 할 것은 거의 모든 신생아는 출생 후 체중이 줄고, 모유 수유를 하는 경우 더 많이 줄어든다는 것이다. 이러한 메커니즘은 이해하기 쉽다. 아기는 태내에서 탯줄을 통해 영양분을 얻고 열량을 섭취한다. 그러다가 일단 밖으로 나오면 스스로 먹는 방법을 배워야 한다. 이것은 산모와 아기 모두에게 어렵고 처음 며칠 동안은 젖이 많이 나오지 않을 것이다. 초유는 수유 상담사들이 상상하는 것처럼 마법의 물질일 수도 있고 아닐 수도 있지만, 그 양은 많지 않다(특히 첫째 아기의 경우). 아기 체중이 감소할 수 있다는 것을 알고 있으면 이 문제에 주의를 기울이면서도 지나치게 전전긍긍하지 않을 수 있다.

체중을 모니터링하는 데에는 충분한 이유가 있다. 체중 감소는 그 자체로 문제가 되지 않지만, 체중이 과도하게 줄어든다면 아기가 잘 먹지 못하고 있는 것일 수 있다. 모유 수유가 제대로 되지 않는 것일 수도 있고, 그러면 아기는 충분한 수분을 얻지 못하고 그로 인해 탈수 현상이 생길 수 있다. 그리고 탈수가 되면 먹는 것이 더 힘들어지는 악순환에 빠진다. 원칙적으로 이것은 심각한 결과를 초래할 수 있지만, 실제로 일어나는 일은 드물다.

체중 모니터링을 하면 문제를 조기에 발견해서 해결할 수 있다. 효과적인 모니터링을 위해서는 보통 아기 체중이 얼마나 줄어드는지 알아야 한다. 일반적으로 정상 범위를 벗어나면 문제가 있다고 여긴다. 생물학적으로 체중의 10퍼센트가 줄어드는 정도로는 문제가 생기지 않는다. 그러므로 체중이 10퍼센트 줄어도 걱정하지 않아도 된다.

체중 감소의 정상 범위를 알기 위해서는 데이터가 필요하지만 최근까지도 쉽게 찾아볼 수 없었다. 그러다가 2015년, 《소아과학저널Pediatrics》에 아주 훌륭한 논문이 발표되었다. 병원에서 태어난 16만 명의 출생 기록 데이터를 가지고 출생 직후부터 몇 시간 후 모유를 먹인 아기들의 체중 감소를 도표로 만들었다.[21]

다음은 그 연구에 나오는, 모유를 먹는 아기들에 대한 그래프다(나중에 좀 더 자세히 설명하겠다). 이 논문은 자연 분만으로 태어난 아기와 제왕 절개로 태어난 아기를 구분해서 보여 준다. 가로축은 아기 연령(시간)이고, 세로축은 체중 감소율이다. 선들을 보면 아기 체중이 어떻게 변화하는지 알 수 있다. 맨 위쪽에 있는 선은 체중 감소가 50 백분위에 있는 아기의 시간 경과에 따른 체중 감소 경로를 보여 준다.

이 수치를 보면 평균적인 체중 감소와 그 범위를 알 수 있다. 예를

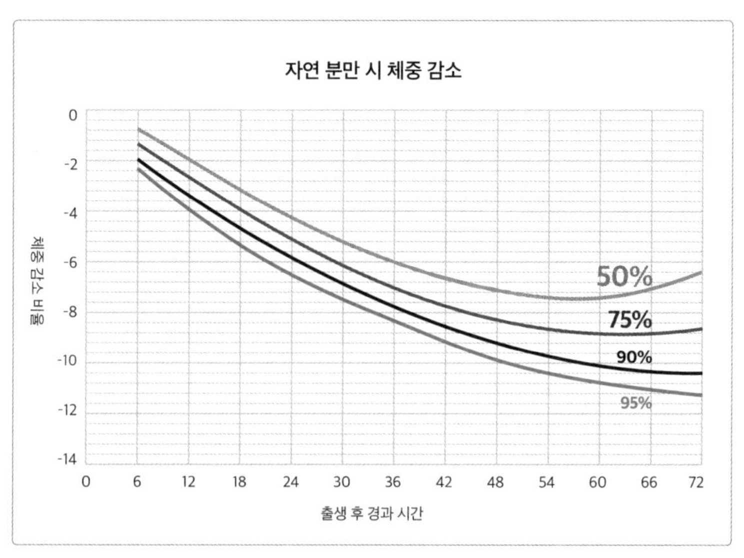
자연 분만 시 체중 감소
0
-2
-4
-6
-8
-10
-12
-14
체중 감소 비율
50%
75%
90%
95%
0 6 12 18 24 30 36 42 48 54 60 66 72
출생 후 경과 시간

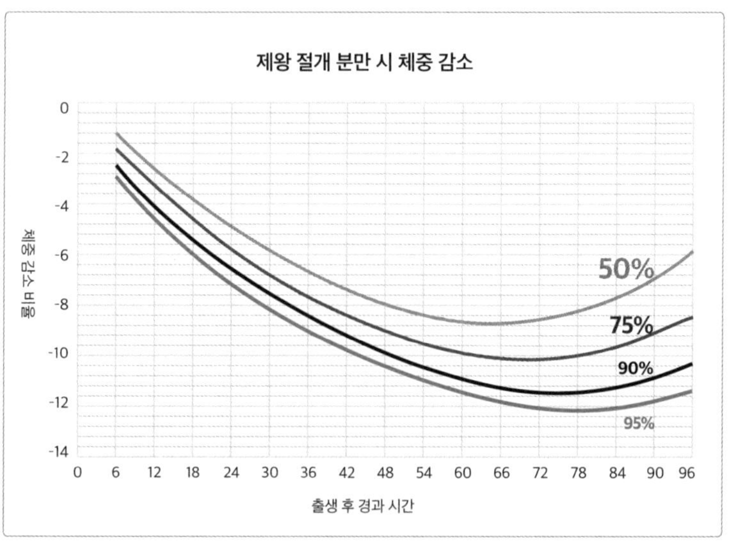
제왕 절개 분만 시 체중 감소
0
-2
-4
-6
-8
-10
-12
-14
체중 감소 비율
50%
75%
90%
95%
0 6 12 18 24 30 36 42 48 54 60 66 72 78 84 90 96
출생 후 경과 시간

들어 출생 후 48시간이 되었을 때 자연 분만으로 태어난 아기는 평균적으로 체중의 7퍼센트가 줄었고, 체중의 10퍼센트 이상 줄어든 아기들은 전체의 5퍼센트다. 적어도 일부 아기들은 체중 감소가 72시간까지 계속된다.

제왕 절개로 태어난 아기들은 평균적으로 처음에 체중이 약간 더 감소하는 것 같다. 제왕 절개 그래프가 자연 분만 그래프보다 관찰 시간이 더 긴 이유는 제왕 절개로 태어난 아기들이 보통 (엄마의 회복 때문에) 병원에 더 오래 머물기 때문이다.

이 데이터는 어디에 유용한가? 이것은 의사들(그리고 원칙적으로 부모들)이 아이의 체중 감소가 평균에 비해 어느 정도인지 평가할 수 있고, 따라서 내 아이가 표준 범위를 벗어나 있는지 물을 수 있다. 이 그래프에 의하면 제왕 절개로 태어난 아기는 체중이 조금 더 감소할 것으로 예상할 수 있다. 따라서 그런 경우에는 개입이 꼭 필요하지는 않을 수 있다. 이 논문의 필자들이 만든 'www.newbornweight.org'라는 웹 사이트에 가서 아기의 출생 시간, 출생 방법, 식사 방법, 출생체중, 현재 몸무게를 입력하면 체중 감소가 어디에 분포하는지 알 수 있다.

퍼넬러피가 태어난 병원의 규칙은 체중이 10퍼센트 이상 감소하면 보충 수유를 하는 것이었다. 그러나 이 그래프에 의하면, 그것이 타당한 컷오프인지 여부가 체중 측정 시기와 아기의 특별한 상황에 따라 크게 달라질 수 있음을 알 수 있다. 생후 72시간이라면 10퍼센트의 체중 감소는 정상 범위에 속한다. 하지만 생후 12시간 만에 체중이 10퍼센트 감소한다면 정상 범위에서 한참 벗어나는 것이다.

이 그래프들은 모두 모유를 먹는 아기들을 대상으로 만들었다. 분유를 먹는 아기들은 체중이 훨씬 적게 빠진다(모유와 달리 분유는 언제든지 먹일 준비가 된다). 비교해 보면 모유를 먹는 아기들은 생후 48시간이 되었을 때 체중이 평균 7퍼센트 감소한 반면, 분유를 먹는 아기들은 평균 3퍼센트밖에 줄지 않았다. 이 그룹에서는 7~8퍼센트 이상의 체중 감소가 매우 드물다. 모유 수유 아기들의 그래프를 만든 연구원들은 분유 수유 아기들의 그래프도 만들었으므로 웹 사이트에 가서 직접 계산해 볼 수 있다.

만약 아기의 체중 감소가 정상 범위를 벗어나면 어떻게 해야 할까? 나도 마찬가지였지만, 병원에서는 보통 분유나 기증받은 모유로 보충 수유할 것을 권고할 것이다. 과거에 그랬던 것처럼 물이나 설탕물을 먹이는 것은 좋은 방법이 아니다.

만일 분유나 기증받은 모유로 보충 수유를 하면 모유 수유가 더 어려워질 거라고 걱정할지 모른다. 나도 그랬으니까. 이에 대한 근거는 많지 않다. 적은 양의 보충 수유가 미치는 영향을 따로 구분해서 연구하기는 어렵기 때문이다. (모유 수유를 목표로 한다면) 잠깐 분유로 보충 수유하는 것이 궁극적으로 모유 수유의 성공에 영향을 미칠 거라고 여길 이유는 없다.[22] 생후 48시간이나 72시간 전에 보충 수유를 권하는 경우는 드물기 때문에 그전에 아기 체중에 주의를 기울이면 도움이 된다. 만일 체중이 급격히 줄고 있다면 그 이유를 알아내야 한다.

마지막으로 한마디 덧붙이자면, 체중 감소와 관련해서 가장 주의할 점은 탈수의 신호를 살피는 것이다. 이것 또한 부모가 직접 모니터링할 수 있다. 만일 아기가 꽤 자주 오줌을 누고 혀가 건조해지지 않았다면 탈수 가능성은 매우 낮다. 하지만 반대의 신호들이 보인다면 체중이 많이 줄지 않았더라도 보충 수유가 필요할 수 있다. 아기 체중과 수유에 대해 쏟아지는 관심은 나 자신을 포함해 초보 부모들에게 두려움을 안기기에 충분하다. 그럴 때 이 데이터를 보면 안심할 수 있다. 어느 정도의 체중 감소는 완전히 정상이고 충분히 예상된 것이다. 그러니 겁먹지 말자. 그리고 만일 보충 수유가 필요하다고 해도 그렇게 놀랄 일은 아니다.

신생아 황달

첫아이를 낳은 대부분의 부모에게는 모든 것이 당황스럽다. 어쨌든 한 번도 경험해 본 적이 없었기 때문이다. 지나치게 준비성이 철저한 나에게도 예상하지 못한 일들이 있었다. 예를 들어 나는 아기 탯줄이 떨어지고 상처가 아무는 동안 입힐, 배꼽을 덮지 않는 옷을 사 두지 않았다. 우리는 준비가 부족한 탓에 허겁지겁 타깃Target 매장으로 달려간 것이 다반사였다.

둘째 아이라면 무엇을 해야 할지 잘 아는 것처럼 여기기 쉽다. 핀이 태어나기 전에 나는 준비가 된 것 같았다. 적절한 옷가지를 사 두었고, 요람도 있었다. 산모의 체중 감소 데이터까지 가지고 있었다(그리고 나는 체중이 줄지 않았다). 아무런 준비도 하지 않은 부분에서 갑자기 문제가 생길 줄은 예상하지 못했다. 그런데 황당한 일이 일어났다. 우리가 집에 도착한 지 이틀 후 핀이 입원했던 병원에서 전화가 왔는데 핀이 황달이라고 했다. 나는 핀에게 서둘러 곰돌이 우주복을 입혀서 병원에 데려갔고 그곳에서 하룻밤 더 머물렀다. 믿는 도끼에 발등 찍힌다는 말이 바로 그런 거였다.

황달은 적혈구를 분해하는 부산물인 빌리루빈Bilirubin을 간에서 완전히 처리하지 못하는 증상이다. 아기가 아니라도 사람은 간에서 이 물질을 분해하며, 원칙적으로 누구나 황달에 걸릴 수 있다. 신생아는 몇 가지 이유로 출산 직후 황달에 걸릴 확률이 더 높다. 출생 직후에는 분해되는 혈액 세포가 많아지면서 간으로 보내는 빌리루빈이 증가한다. 갓난아기의 간은 아직 미성숙한 상태이므로 많은 양의 빌리루빈을 내장으로 배출하는 데 어려움을 겪는다. 결국 생후 처음 며칠 동안은 아기들이 많이 먹지 않기 때문에 빌리루빈은 내장에서 머물다가 다시 혈류로 흡수된다. 고농도 빌리루빈은 신경 독성이기 때문에(뇌에 독이 될 수 있다는 뜻이다) 황달이 심하면 매우 위험해질 수 있다. 치료를 하지 않으면 장기적 뇌 손상의 형태인 핵황달이라고 불리는 증상으로 이어질 수 있다.

이런 이유로 황달은 매우 중요하게 다루어지지만, 거의 모든 경우에 황달은 치료하지 않더라도 핵황달로 진행되지 않는다. 또 황달은 모유 수유를 하는 아기들에게 매우 흔하다. 신생아의 약 50퍼센트는 어느 정도 황달 증상을 가지고 있다. 주목할 점은 뇌 손상 효과가 계속 이어지지 않는다는 것이다. 저농도의 빌리루빈은 혈액과 뇌 사이의 장벽을 넘지 못하므로 따라서 뇌에 피해를 주지 못한다.

상대적인 위험을 알아보자면, 미국에는 매년 2~4건의 핵황달 사례가 있다. 하지만 매주 수만 명의 아기가 황달로 치료를 받는다. 치료 방침은 지극히 공격적이며 의사들은 단 1건의 뇌 손상 사례가 없도록 하기 위해 스스로 회복할 수 있는 아기들까지 기꺼이 치료한다. 따라서 가이드라인에 따라 치료를 받는 것은 바람직하지만 최악의 상황에 대해 걱정할 이유는 거의 없다.

황달의 주된 징후는 아기의 피부가 노랗게 변하는 것이다(좀 더 진한 오렌지색을 띠기도 한다). 그러나 아기가 노랗다고 해서 반드시 치료가 필요한 것은 아니며 색깔 자체로 진단하는 것도 아니다. 퍼넬러피가 생후 4일째 되는 날 병원에 갔을 때 소아과 주치의 리 박사는 말했다. "사람들이 아기가 노랗다고 말할 겁니다. 그런 말은 그냥 무시하세요."

많은 아기가 먹고 자라면서 황달은 저절로 해결된다. 황달이 문제 수준에 도달했는지 판단하려면 검사가 필요하다. 많은 병원이 우선 특별한 빛으로 피부에서 빌리루빈 수치를 측정하는 검사를 한 다음, 혈중 빌리루빈 수치를 알아보는 검사를 할 것인지 결정한다. 아니면 곧바로 혈액 검사를 할 수도 있다. 이 검사에는 많은 혈액이 필요하지 않기 때문에 보통 발뒤꿈치 등에서 한두 방울을 채취한다. 검사 결과는 숫자로(11.4나 16.1 같은 식으로) 표시하는데 숫자가 클수록 나쁘다.

체중 감소의 경우와 마찬가지로 이 검사를 해석하는 것은 아기의 나이에 따라 달라진다. 빌리루빈 수치는 일반적으로 출생 후 첫 며칠 동안 증가하므로 의사는 검사 결과를 아기가 태어난 지 몇 시간이 되었는지 계산해서 정상 범위와 비교한다. 의사는 최종적으로 빌리루빈 수치를 보고 푸른빛 상자라고도 하는 광선 치료가 필요한지 결정한다. 이 치료는 보통 병원에서 하는데 푸른 형광빛이 비추는 아기 침대 안에서 벌거벗은 채로 시간을 보내도록 하는 것이다. 그 광선은 빌리루빈을 다른 물질로 분해해서 소변으로 배출하게 만든다. 광선 치료 시간은 증상의 정도와 아기가 치료에 얼마나 빨리 반응하느냐에 따라 몇 시간에서 며칠까지 걸릴 수 있다. 의사는 매일(또는 더 자주) 혈액 검사를 해서 진행 상황에 대한 정보를 얻는다.

일반적으로 빌리루빈 수치가 높을수록 나쁘다. 하지만 얼마나 높아야 치료가 필요할까? 이에 대한 대답은 아기의 정확한 시간 단위의 나이와 다른 특징들에 따라 달라진다.

구체적으로 의사들은 아기가 저위험군(재태在胎 연령 38주 이상이거나 건강한 아기), 중간 위험군(재태 연령 36~38주의 건강한 아기나 재태 연령 38주 이상이고 다른 증상을 가진 아기), 고위험군(재태 연령 36~38주이고 다른 증상을 가진 아기)인지를 살펴보는 것으로 시작한다. 일단 위험 수준을 파악하면, 앞에 나온 것과 같은 그래프를 사용해서 광선 치료가 필요한지 여부를 결정한다. 빌리루빈 수치가 컷오프보다 높으면 광선 치료를 시작한다. 다음 그래프는 저위험군 아기에 대한 것이다. 이

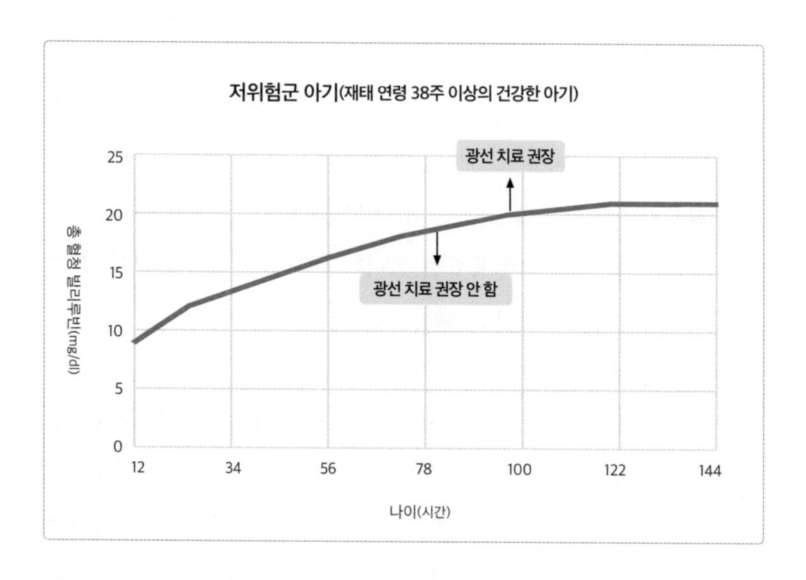

그래프에 따르면 생후 72시간 된 아기의 경우, 빌리루빈 수치가 17보다 높으면 치료가 필요하다.[23] 고위험군 아기의 경우에는 컷오프가 더 낮고 의사는 좀 더 공격적으로 치료를 한다.

또한 신생아의 체중 감소 위험도를 알아볼 수 있는 웹 사이트처럼, 'www.bilitool.org'에서는 빌리루빈 수치가 황달 치료가 필요한 수준인지 여부를 알 수 있다. 의사들을 위한 사이트이지만 궁금한 사람은 누구나 이용할 수 있다.

염두에 둘 점은 이러한 가이드라인들이 시간이 지나면서 진화한다는 것이다. 내가 이 글을 쓰는 지금, 가이드라인을 좀 더 관대하게 만들어서 황달에 대해 덜 공격적인 치료를 하자는 움직임도 있다. 만일 아이가 황달 치료를 받게 된다면 의사에게 어떤 가이드라인을 사용하는지 물어볼 수 있다. 매우 드물지만, 황달이 매우 심하거나 광선 치료가 듣지 않는 경우 그 이상의 치료가 필요할 수도 있다. 마지막으로 할 수 있는 치료법은 교환 수혈인데, 아기의 혈액을 빼내는 동시에 수혈로 대체하는 것이다. 이 방법과 훌륭한 모니터링 기술로 생명을 구할 수 있지만 필요한 경우는 매우 드물다.

아기들 중에는 황달에 좀 더 걸리기 쉬운 유형이 있다. 모유 수유를 하는 아기들이 좀 더 잘 걸리고, 아시아계 아기들은 더 많이 걸린다. 또 엄마와 아기의 혈액형이 다르면 걸릴 가능성이 좀 더 높다. 드물지만 신생아 황달을 악화시킬 수 있는 근본적인 혈액 질환도 있다. 아기의 과다한 체중 감소 역시 위험 요인이며 난산도 원인이 될 수 있다. 돌이켜 보면 핀을 낳을 때 꽤 힘이 들었는데, 아이는 온통 짓눌리고 새파랗게 질려서 나왔었다.

탯줄은 늦게 자를수록 좋을까

아기가 태어나면 보통 분만실에서 나오기 전에 곧바로 몇 가지 처치를 받는다. 탯줄 자르기를 늦출 수도 있고, 지혈을 촉진하는 비타민 K 주사를 맞거나, 치료를 받지 않은 산모의 성병이 감염되는 것을 막기 위해 아기의 눈에 안약을 넣을 수도 있다. 이러한 처치에 대해서는 《산부인과 의사에게 속지 않는 25가지 방법》의 마지막 장에서 자세히 다루었다. 하지만 아기가 태어난 뒤에 하는 것이므로 여기서 그 결론에 대해 다시 검토해 보겠다.

탯줄은 언제 잘라야 하나?

태내에서 아기는 엄마와 탯줄로 연결되어 있다. 세상에 나오면 탯줄을 자르지만 정확히 언제 잘라야 하는지에 대해서는 다소 논란이 있다. 표준 관행에 따라 당장 자를 것인가? 아니면 아기가 제대혈을 다시 흡수할 때까지 몇 분 정도 기다렸다가 자를 것인가? '탯줄 늦게 자르기'에 찬성하는 쪽은 태반에서 피를 다시 흡수하는 것이 중요하다고 주장한다. 미숙아의 경우 탯줄 자르기를 늦추어야 한다는 것을 보여 주는 매우 훌륭한 증거가 있다.[24] 무작위 실험에서 탯줄을 늦게 자르면 혈액량이 개선되고 빈혈이 감소하며 그 결과 수혈 필요성이 줄어드는 것으로 나타났다.

증거가 다소 엇갈리기는 하지만, 미숙아가 아닌 아기들도 탯줄을 늦게 자르는 것이 유리하다.[25] 특히 탯줄 자르기를 늦추면 나중에 빈혈 위험이 낮아지고 철분 저장소가 많아진다. 다만 황달 위험은 다소 증가한다. 권고안들은 가능하면 탯줄을 늦게 자르는 쪽으로 점차 기울고 있다.

비타민 K 주사 맞힐까?

수십 년 동안, 출혈 장애를 예방하기 위해 출생 후 1시간 안에 비타민 K 주사를 맞는 것이 일반적인 관행이었다. 비타민 K가 부족하면 신생아의 약 1.5퍼센트가 생후 첫 주에 예상치 못한 출혈을 일으킬 수 있으며, 드물기는 하지만 나중에 훨씬 더 심각한 출혈성 질환에 걸릴 수 있다. 비타민 K 보충제는 출혈을 예방한다.[26]

1990년대에는 이 주사가 소아암 발병률을 증가시킬 수 있다는 논란이 잠시 있었다. 하지만 그 우려는 방법이 의심스러운 아주 소규모 연구들에 근거하고 있었고, 그 이후의 연구들은 그러한 연관성을 기각했다.[27] 따라서 비타민 K 주사는 알려진 위험은 없고 분명한 이득이 있다(나의 훌륭한 의학 편집자인 애덤은 아기에게 이 주사를 꼭 맞히라고 당부한다).

항생제 안약 넣어야 하나?

치료를 받지 않은 성병(특히 임질)을 가진 산모가 자연 분만으로 아이를 낳았다면, 아기는 감염으로 인해 실명될 수 있는 위험이 크다. 그 결과 프로필락시스prophylaxis라는 항생제 안약을 아기에게 처방한다. 이 안약은 감염의 85~90퍼센트를 예방할 수 있으며, 알려진 단점은 없다. 다만 안약을 사용할 이유가 점차 줄어들고 있다. 현재 모든 임산부가 성병 검사와 치료를 받기 때문이다. 감염 위험이 없다면 항생제는 불필요하다. 이 치료는 미국의 많은 주에서 선택 사항이다.

✦ Bottom Line ✦

- 출생 직후의 목욕은 불필요하지만 해가 될 것은 없다. 욕조 목욕이 스펀지 목욕보다 낫다.
- 포경 수술은 약간의 이점이 있고 또 약간의 위험을 수반한다. 주로 각자의 선택에 달렸다.
- 아기와 한방을 쓰는 것은 어떤 식으로도 모유 수유 결과에 영향을 미치지 않는다. 아이를 곁에 두기로 했다면 아이와 함께 잠들지 않도록 주의해야 한다.
- 아기의 체중 감소를 모니터링해서 정상 범위와 비교해 볼 필요가 있다. 'www.newbornweight.org'에서 직접 해 볼 수 있다.
- 신생아 황달은 혈액 검사로 모니터링해서 정상 범위를 벗어나는 경우 치료를 받아야 한다. 'www.bilitool.org'에서 직접 확인해 볼 수 있다.
- 탯줄은 늦게 자르는 것이 좋을 듯하며 특히 미숙아에게 권장된다. 비타민 K 보충제 주사는 맞는 것이 좋다. 대부분의 아기에게 항생제 안약 처치는 불필요하지만 미국의 일부 주에서는 의무적으로 시행되고 있으며 알려진 단점은 없다.

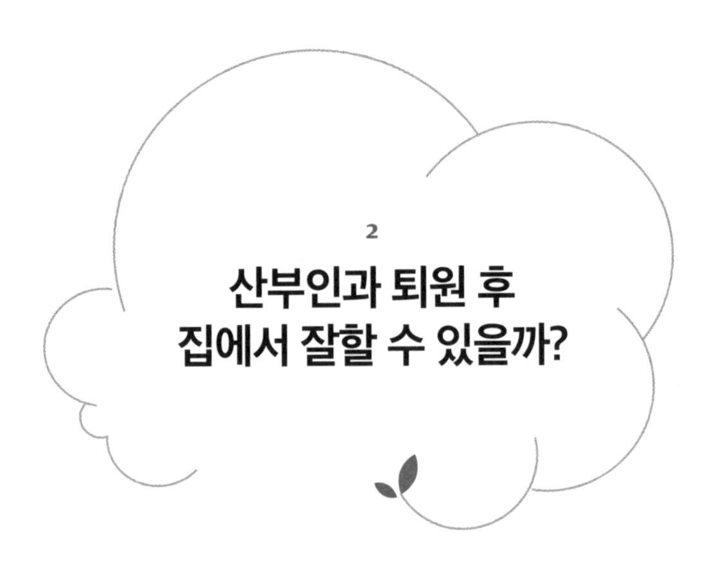

2

산부인과 퇴원 후 집에서 잘할 수 있을까?

퍼넬러피를 집에 데리고 와서 있었던 2가지 일이 지금도 생생하게 기억난다. 한 가지는 3주 정도 지났을 때 다시는 편히 쉬지 못할 거라고 생각하며 지하실 소파에 앉아 엉엉 울었던 일이다(일부는 사실이었다). 다른 한 가지는 퇴원해서 집에 도착한 순간이었다. 퍼넬러피는 오는 도중에 잠이 들었다. 우리는 뒷문으로 들어왔고 나는 카시트를 들고 있었다. 나는 카시트를 내려놓고 나서 생각했다. 이제 아이가 깨어날 텐데, 그럼 어떻게 하지?

아마 이처럼 모든 것이 오리무중으로 느껴지는 상황에서는 작은 걱정거리만 생겨도 속수무책이 될 수 있다(다행히 둘째 아이 때는 덜하다). 몸은 피곤하고, 일찍이 경험해 보지 못한 도전을 마주하고 있다. 그러니 모든 것이 다소 서툴러도 느긋하게 생각하자. 우리가 퇴원할 때 의사들은 퍼넬러피가 자신을 할퀴지 않도록 손에 벙어리장갑을 끼우라고 했다. 그런데 친정어머니가 와서 보더니 그렇게 하면 아이가 손을 사용하는 법을 배울 수 없다고 말했다.

지금 돌아보면 나는 그 문제에 대해 특별한 생각이 없었던 것 같다. 그러나 당시에 적어 둔 메모에 〈신생아가 벙어리장갑으로 인해 입는 부상: 쉽게 간과되는 이 문제에 대한 특별한 설명과 문헌 검토〉라는 논문 제목이 있다.[1] 그것은 내가 벙어리장갑으로 인한 부상에 대해 발견할 수 있었던 유일한 논문이다. 벙어리장갑이 부상을 예방하는 것이 아니라 오히려 부상을 입힐 수 있다는 것을 보여 준 것으로, 1960년대 이후 20건의 벙어리장갑으로 인한 부상 사례를 보고하고 있다. 나는 이런 부상은 드물다고 말하는 것이 옳다고 생각한다. 또한 벙어리장갑이 손놀림을 배우는 데 방해된다고 말하는 어떤 근거도 찾을 수 없었다.

아이의 발달을 방해한다는 우려와 부상 위험에도 불구하고 우리는 아이 손에 벙어리장갑을 끼웠던 것을 기억한다. 어머니는 나에게 계단을 오르내리는 횟수를 제한해야 한다며 의사의 조언과는 다른 주장을 함으로써 일찌감치 내 신뢰를 잃은 상태였다.

각각의 특별한 사례에서 보이는 온갖 우려를 다루는 것은 이 책(혹은 어떤 책이든)의 범위를 벗어난다. 그리고 내가 대답할 수 없는 질문들도 있다. 예를 들어 흰 잠옷에 묻은 응가 얼룩을 지우는 법은 무엇일까? 이것은 오래도록 이어져 온 질문이지만 여기서는 다루지 않는다. 이 장에서는 당장 해결해야 하는 몇 가지 우려에 대해 다룰 것이다. 세균 노출, 비타민 D, 배앓이, 마지막으로 데이터 수집의 가치(또는 무가치)에 대해서다. 이런 문제들은 대수롭지 않게 보인다. 하지만 초보 부모에게는 아주 큰 걱정거리가 될 수 있다. 죄수의 딜레마, 즉 속싸개를 예로 들어 보자.

속싸개는 언제까지 해야 할까

병원에서 아기가 간호사들의 품에 안겨서 어딘가 갔다가 돌아왔을 때 보면 어김없이 부리토Burrito처럼 작은 담요에 돌돌 말려 있다. 병원에서 아기를 감싸는 속싸개는 구속복 수준이다. 어떤 아기도 빠져나갈 수 없다. 병원에서는 퇴원해서 집에 가는 엄마에게 속싸개를 두어 장 건네준다. 그리고 그전에 간호사가 속싸개 사용법을 가르쳐 주는데, 쉬워 보인다! 접고, 접고, 끼우고, 접고, 끼우고, 미분 방정식을 풀고, 다시 한 번 끼우면 짜잔, 완성이다!

하지만 집에 가서 해 보면 똑같이 따라 하는 것은 불가능하다. 물론 아기를 둘둘 말아 놓을 수는 있지만 3분만 지나면 두 팔이 밖으로 나와서 도리깨질을 한다. 이상하다. 접고 접고 끼우는 건가, 아니면 접고 끼우고 접는 건가, 아니면 끼우고 접고 접고 끼우는 건가? 잠깐, 그 안에 방정식 같은 게 있었는데…… 내 상상이었나?

내가 제안하는 바는 먼저 해 본 사람들의 실수에서 배우라는 것이다. 만일 속싸개를 할 거라면 일반 담요로는 할 수 없다. 병원 간호사들은 할 수 있어도 우리는 할 수 없다. 다행히 시장은 이 문제를 해결했다. 아기가 빠져나가지 못하도록 단단히 싸맬 수 있는 속싸개가 다양하게 있는데, 이들은 접어서 끼우는 방식이다. 또 아주 길거나 벨크로가 붙어 있는 것도 있다. 우리는 '마술 담요'라고 불리는 제품을 사용했다.

물론 이렇게 물을지도 모른다. "속싸개는 왜 하는 거지?" 특별한 이유가 있을까, 아니면 그냥 사랑스러워 보이는 용도? 속싸개는 수면을 향상시키고 울음을 줄여 주는 것으로 알려져 있다. 그렇다면 속싸개를 할 만한 훌륭한 이유가 된다. 왜냐하면 아기들은 우는 것과 잠을 안 자는 것을 제일 좋아하는 것 같기 때문이다. 다행히 속싸개에 대한 연구는, 자는 모습을 잠시 지켜보면 되기 때문에 그다지 어렵지 않다. 아기에게 속싸개를 했을 때와 하지 않았을 때 어떻게 다른지 관찰해 보면 된다. 그러면 속싸개를 해야 하는지 아닌지에 대한 논란은 수그러들 것이다.

한 연구에서 생후 3개월 미만 아기 26명을 대상으로 속싸개를 했을 때와 하지 않았을 때의 수면을 관찰했다.[2] 속싸개는 아기의 움직임을 감지할 수 있도록 특별 제작한 것인데, 연구원들이 속싸개를 제대로 사용하기 어렵기 때문에 지퍼가 달린 가방 모양으로 만들었다. 그리고 아기들이 자는 모습을 비디오로 촬영했다. 연구 결과 속싸개는 수면에 큰 도움이 되는 것으로 나타났다. 속싸개를 한 아기들은 전반적으로 더 오래 잠을 잤고 렘REM수면 시간이 길었다. 또 이 논문은 속싸개가 각성을 제한해서 더 오래 자게 한다는 메커니즘을 규명했다.[3] 속싸개를 했을 때 아기의 '한숨'으로 측정할 수 있는 첫 번째 각성 단계를 거치는 것은 같지만, 두 번째 단계('놀람')나 세 번째 단계(완전히 깨어남)로 이동할 가능성은 낮아진다. 속싸개를 하면 뭔가가 두 번째와 세 번째 단계로 가지 못하게 막는 것이다. 그 효과는 크다. 속싸개를 하지 않으면 한숨이 놀람으로 바뀔 확률이 50퍼센트인 반면, 속싸개를 하면 단지 20퍼센트에 불과했다. 이러한 유형의 실험 증거는 관찰 데이터와 서술 연구들로 확인된다.

특히 미숙아나 신경학적 문제가 있는 신생아의 경우 속싸개를 하면 울음이 줄어들 수 있다. 뇌 손상이나 신생아 금단 증후군을 가진 아기에게 초점을 맞춘 몇몇 소규모 연구는 모두, 속싸개를 하면 울음이 줄어드는 것을 보여 준다.[4] 이 결과가 건강한 아기에게도 해당되는지 분명하지는 않지만 분명 개연성이 있다.

속싸개에 대해 몇 가지 우려와 주의 사항이 있다. 첫째, 북미 인디언 사회에서 크레이들 보드(지게식 요람)에 아기를 묶어 놓는 것처럼 아기를 항상 꽁꽁 싸매는 문화에서 자란 아기들은 고관절 이형증이 생길 위험이 있다.[5] 고관절 이형증은 볼기뼈 관절이 헐거워지는 증상으로 치료하지 않으면 만성 통증과 운동 장애로 이어질 수 있다. 멜대나 체형 깁스로 치료할 수 있지만 사소한 합병증은 아니다. 이 증상은 다리를 구부릴 수 없을 때 고관절에 생기므로, 속싸개를 해도 다리를 움직일 수 있도록 하는 것이 중요하다. 표준 속싸개는 일반적으로 다리를 움직일 수 있게 되어 있다.

때로 유아 돌연사 증후군Sudden Infant Death Syndrome, SIDS(영아 돌연사 증후군은 'SUID'라고 표기하는 것이 더 정확하지만 여기서는 대중에게 익숙한 'SIDS'라는 약어를 사용하겠다)을 속싸개와 연관시키기도 한다. 하지만 데이터를 보면 아기를 똑바로 눕혀서 재우는 한 이런 걱정은 근거가 없는 것 같다(속싸개와 무관하게 아기는 똑바로 재워야 한다).[6] 아기가 속싸개를 하고 엎드려 자면 그냥 엎드려 잘 때에 비해 SIDS의 위험이 더 높아진다. 하지만 확실하게 피해야 할 것은 아기를 엎드려서 재우는 것이지, 속싸개가 아니다.

마지막으로, 일부에서는 속싸개를 하면 체온이 올라갈 수 있다고 우려한다. 더운 방에서 아주 두꺼운 천으로 만든 속싸개로 아기의 머리까지 덮는다면, 특히 아이가 아플 경우에는 위험할 수 있다. 하지만 평소의 환경에서는 크게 걱정할 일이 아니다.

물론 아기가 크면 속싸개를 그만해야 한다. 일단 뒤집기를 하기 시작하면 분명히 속싸개를 하지 말아야 한다. 속싸개를 한 채 엎드려 있는 것은 바람직하지 않다. 뒤집기를 하지 않더라도 아기는 점점 커지고 힘이 세지면서 속싸개에서 나오려고 할 것이다. 탈출이 불가능하다는 속싸개 업체의 장담에도 불구하고 아침에 보면 속싸개에서 빠져나와 있을 것이다. 이 시점에서 이제 속싸개를 그만하면 된다. 아기는 며칠 울다가 적응할 것이다. 알다시피 핀은 정전 때문에 속싸개를 하지 못했을 때 조금 칭얼거리다가 말았다. 그래서 나는, 개인적으로 속싸개를 하는 쪽에 찬성한다.

배앓이를 가라앉혀 주는 것들

대부분의 부모는, 특히 초보 부모들은 아기가 많이 운다고 생각한다. 물론 나도 그렇게 생각했다. 처음 몇 달 동안 퍼넬러피는, 특히 오후 5~8시 사이에 칭얼거렸고 종종 달랠 수 없을 정도로 울었다. 나는 아이를 안고 이리저리 다니면서 흔들다가 때로는 같이 울었다. 한번은 호텔에서 숨이 넘어갈 듯 자지러지게 우는 아이를 안고 복도를 오르락내리락했다. 다른 방에 아무도 없기를 바라면서.

그러고 나면 파김치가 되고 온몸이 욱신거렸고 자괴감에 빠졌다. 나는 왜 제대로 못 하는 걸까? 주변 사람들에게 물어보면 온갖 종류의 제안을 했다. "그냥 젖을 물려 봐!" 먹이려고 하면 더 울었다.

"더 빨리 흔들어야지."

"좀 천천히 흔들어."

"더 크게 흔들어."

"흔들면 안 돼."

"어르면서 옆으로 흔들어."

친정어머니와 시어머니는 남편과 내가 갓난아기였을 때도 그렇게 울었다고 말했다. 시어머니는 아이를 데리고 퇴원할 때 간호사들이 '행운을 빈다'고 말했을 정도라고 했다. 그러면 유전이거나 일종의 세대 간 앙갚음일지도 모른다. 퍼넬러피를 낳았을 때 나는 서른한 살이었다. 그때까지 살면서 열심히 노력해도 안 되는 일은 별로 없었다. 일반 균형 이론이라는 것이 있지만, 그동안 아무리 노력해도 문제가 전혀 나아지지 않는 경우는 거의 처음이었다.

기본적으로 우는 아기를 노력으로 이길 수는 없다. 임기응변으로 할 수 있는 몇 가지 방법이 있을 수 있지만 아기들은 원래 울고, 일부는 많이 울며, 종종 할 수 있는 것은 아무것도 없다. 어떤 면에서 우리가 알아 둘 가장 중요한 사실은 그런 경험은 혼자만 하는 것이 아니며 아기가 운다고 해서 큰일 나지 않는다는 것이다. 나만 겪는 게 아니라는 걸 어떻게 알지? 그래서 데이터가 필요하다.

아기가 많이 울면 종종 배앓이를 한다고 말한다. 신생아 배앓이는 패혈성 인두염과 같은 생물학적 진단이 아니라 아기가 분명한 이유 없이 많이 우는 것을 일컫는다. 배앓이의 일반적 정의는 '3의 규칙'에 따라 3주 이상, 일주일에 3일 이상, 3시간 이상 이유를 알 수 없이 우는 것을 말한다.

이 정의에 의하면 실제 배앓이는 매우 드물다. 3300명의 아기를 대상으로 한 연구에서, 생후 1개월 된 아기들의 2.2퍼센트가 3의 규칙에 해당되는 배앓이를 하는 것으로 나타났다. 생후 3개월 아기들도 비슷했다.[7] 배앓이의 정의를 완화하면 그 비율은 올라간다. 예를 들어 일주일에 3일 이상, 하루 3시간 이상, 1주 이상 우는 것으로 범위를 넓히면 (3-3-1 규칙) 생후 1개월 된 아기들의 배앓이 비율은 9퍼센트가 된다. 그런데 부모들이 '아기가 많이 운다'고 보고하는 비율은 20퍼센트에 가깝다. 이런 보고로 배앓이 여부를 판단할 수는 없지만 부모들이 아기

울음을 어떻게 느끼는지 짐작할 수 있다.

정확히 3의 규칙에 맞든 안 맞든 배앓이 유형의 아기 울음은 초보 부모들을 지치고 우울하게 만든다. 배앓이를 정의하는 조건의 일부는 울음을 달래기 힘들다는 것이다. 배가 고프거나, 기저귀가 젖거나, 피곤해서 우는 울음이 아니기 때문이다. 아기는 종종 등을 뒤로 젖히거나 다리를 위로 들어 올리면서 괴롭고 고통스러워하는 모습을 보인다.

아기가 많이 울 때, 공식적인 정의에 맞는 진짜 배앓이든 아니든 가장 중요한 점은 부모 자신을 돌보는 것이다. 아기 울음은 산후 우울증, 불안과 관련이 있으며 부모는 휴식이 필요하다. 아기가 몇 분 동안 울더라도 시간을 내서 샤워를 하자. 아기는 괜찮을 것이다. 정말이다. 만약 우는 아기를 잠시라도 혼자 둘 수 없다면 친한 친구에게 전화해서 잠시 봐 달라고 부탁하자. 아이를 키워 본 경험이 있는 엄마한테 부탁하면 기꺼이 들어줄 것이다.

또 배앓이는 '자가 치료'가 된다는 것을 기억하자. 배앓이는 일반적으로 약 3개월 정도 지나면 사라진다. 한 번에 사라지지는 않지만 점차 나아지기 시작할 것이다. 배앓이를 개선하는 방법은 몇 가지 있지만, 원인을 제대로 파악하지 못하고 있기 때문에 확실한 해결책이 나오기 어렵다. 많은 이론이 장내 미생물의 불균형이나 모유 단백질 불내성과 같은 소화 기능과 연관을 짓는다. 아직은 이론에 불과하지만 지금까지 나온 대부분의 해결책이 이 이론에 기초하고 있다.

적어도 인터넷에서 일반적으로 제안하는 방법 중 하나는 가스 완화

제인 시메시콘Simethicone을 먹이는 것이다(거버Gerber에서 이 시럽을 팔고 있다). 이 약이 효과가 있다는 증거는 없다. 실험은 제한적이고, 위약과 비교한 2건의 실험에서는 울음에 아무런 영향을 주지 않는 것으로 나타났다. 각종 허브 치료나 그라이프 워터Gripe Water 같은 것도 마찬가지다.[8]

배앓이에 어느 정도 효과가 있는 것으로 알려진 2가지 치료법이 있다. 하나는 프로바이오틱스 보충제를 먹이는 것인데, 많은 연구에서 울음이 줄어드는 것으로 나타났다. 이 효과는 모유를 먹는 아기에게만 나타나는 것 같다.[9] 방법은 어렵지 않다. 프로바이오틱스는 시럽으로 복용하면 되며 거버나 다른 제품을 약국에서 쉽게 구할 수 있다. 알려진 단점은 없으므로 분명 시도해 볼 가치가 있다.

어느 정도 효과를 볼 수 있는 또 다른 방법은 아기의 식단을 관리하는 것이다. 분유의 종류를 바꾸거나, 모유를 먹인다면 엄마의 식단을 바꾸면 된다. 분유를 바꾸는 것은 비교적 간단하지만 배앓이에 적합한 분유는 가격이 약간 더 비싸다. 한 가지 권장 사항은 콩이 주원료인 분유나 가수 분해 단백질 분유로 바꾸는 것이다.[10] 시밀락Similac이나 앙파밀Enfamil 같은 대형 분유 제조업체에서 이런 종류의 분유를 제조한다. 분유 바꾸기에 대한 근거는 대체로 분유 회사들이 후원하는 연구에서 나온 것이지만 원한다면 한번 시도해 볼 수 있다.

모유 수유를 하고 있다면 아기 식단 바꾸기는 좀 더 복잡해진다. 엄마 자신의 식습관을 바꿔야 하기 때문이다. 이때 엄마가 '저알레르기 식품'을 먹으면 도움이 된다는 증거가 있다. 무작위 연구들에 의하면 엄마가 저알레르기 식단으로 바꾸자 아기 울음과 고통이 줄어들었다.[11] 표준 권장 사항은 모든 유제품, 밀, 달걀, 견과류를 먹지 않는 것이다. 따라서 식단을 완전히 바꿔야 할 수도 있다. 안타깝게도 효과를 보기 위해서는 먹지 말아야 하는 음식이 그중 한 가지인지 모두인지 아니면 몇 가지인지 알 수 없으며, 그 증거도 상당히 제한적이다(모든 사람에게 효과가 있는 것도 아니다).

저알레르기 식단으로 바꾸면 그 효과가 며칠 이내에 금방 나타나기도 하니까 일단 시도해 보고 효과가 있는지 확인해 볼 수 있다.[12] 분명한 단점은, 이러한 식단 변화는 엄마에게 전혀 즐겁지 않을뿐더러 칼로리를 충분히 섭취하지 못할 수 있다는 것이다. 따라서 무조건 따라 하는 데에는 적절한 주의가 필요하다. 또 새로운 식단을 개발하기에 적절한 시기가 아닐 수도 있다. 그래도 다른 선택이 없다면 한번 시도해 볼 수 있다.

어떤 방법을 사용하든지 아기는 여전히 울 것이다. 하지만 조만간 끝난다. 아기가 아무 이유도 없이 우는 것처럼 보이기 때문에 영원히 끝날 것 같지 않을 것이다. 하지만 지나고 나면 언제 그런 일이 있었는지 생각도 나지 않는다(그래서 다시 둘째 아이를 갖고 싶은 마음이 생긴다). 아기는 그 후에도 울겠지만 대부분은 원인을 알 수 있다. 적어도 아기의 울음을 관리하는 것만큼 부모 자신의 스트레스를 관리하는 것도 중요하다.

먹고 자고 싸는 것을 기록하라

우리가 퍼넬러피를 데리고 병원을 나설 때 의사와 간호사들은 집에 가서도 아기의 소변을 관찰하라고 말했다. 왜냐하면 소변이 멈추는 것은 탈수의 징후이기 때문이다. 이것은 좋은 충고이고 어렵지 않다. 남편은 거기서 한발 더 나아갔다. 그는 데이터를 입력하는 스프레드시트를 만들어서 수유와 기저귀와 관련된 모든 것을 입력했다. 다음은 퍼넬러피가 생후 4일째 되던 날의 기록이다.

표를 보면 입력한 수유 시간이 어떤 것은 좀 더 정확하고 어떤 것은 그렇지 않다. 덜 정확한 시간은 내가 입력한 것이다. 실제로 남편이 후

퍼넬러피의 수유 및 용변 시간(생후 4주)

날짜	횟수	시간	왼쪽	오른쪽	대변	소변
2011년 4월 12일	1	1:53:00	10	10	1	1
	2	3:50:00	20	10	1	1
	4	7:45:00		15	1	1
	5	10:00:00		10	1	1
	6	12:10:00	15	18		
	8	16:55:00	8	11	1	1
	9	17:55:00	15	6	1	1
	10	20:04:00	16	31	1	1

세를 위해 그 기간에 적어 둔 메모에는 이런 말이 있다.

"아빠는 네가 먹고 싸는 것에 대해 아주 정확하게 입력해서 데이터를 만들었어. 엄마는 아빠만큼 시간을 분까지 정확하게 기록하지 않았지. 엄마는 대충 반올림하는 경향이 있거든."

우리 부부가 둘 다 경제학자라는 사실을 기억하자. 우리 부부는 아무도 못 말린다. 퍼넬러피가 생후 2주가 되었을 때 건강 검진을 받으러 가서 우리는 그 스프레드시트를 의사에게 보여 주었다. 그러자 의사는 우리에게 이제 그만하라고 말했다. 사실 우리는 어떤 부모들에 비하면 아마추어였다. 내 친구인 힐러리와 존 부부는 아이가 먹는 것과 잠자는 시간의 관계까지 보여 주는 완전한 통계 모델을 개발했다.

데이터를 좋아하는 사람들은 데이터의 숫자에 집착하는 경향이 있다. 그들은 패턴을 찾는다. 어느 날, 아기가 7시간 동안 잠을 잤다. 어쩌다가 그랬지? 그전에 23분 동안 수유를 했기 때문인가? 다시 한번 정확하게 그 시간 동안 먹여 볼까? 데이터를 수집하는 이유는 몇 가지가 있다. 아기가 언제 먹는지 추적하는 것은 나름 필요하다. 마지막으로 언제 먹였는지 종종 잊어버리기 때문이다. 마지막으로 어느 쪽 젖으로 먹였는지를 기록하는 친절한 앱들이 있다. 설마 그걸 잊어버리겠느냐고? 분명 잊어버릴 것이다. 나는 셔츠에 안전핀을 꽂아 두고 이쪽저쪽으로 옮김으로써 다음에 어느 쪽 가슴으로 먹여야 하는지 표시해 두었다. 이 방법은 그다지 권장하지 않는다. 나는 종종 가슴을 찔렀으니까.

아기 체중이 늘지 않는 경우 얼마나 자주, 얼마나 많이 먹는지 추적하는 것(그리고 극단적인 경우 먹기 전후로 몸무게를 재는 것)이 반드시 필요할 수 있다. 그러나 대부분의 아기는 그럴 필요가 없다. 아기가 좀 더 크면 먹는 시간을 기록하는 것이 일과를 정하는 데 도움이 된다. 하지만 처음 몇 주까지는 수유 시간을 정하는 것이 다소 부질없는 꿈이다. 데이터를 수집하고 예쁜 그래프를 만들고 싶다면 그렇게 해도 좋다. 하지만 그것은 실제로 관리하는 것이 아니라 관리할 수 있다고 여기는 환상에 불과하다.

아기가 얼마나 아픈지 어떻게 알아챌까

위생 가설이라는 이론이 있다. 간단히 설명하자면 세월이 흐름에 따라 알레르기와 같은 자가 면역 질환이 증가하는 이유는 사람들이 어린 시절에 세균에 노출되는 기회가 적어진 결과이며, 어릴 때 미생물과 세균에 노출되면 면역 체계 확립에 도움이 되어서 병원균에 과민 반응하지 않게 된다는 것이다.[13]

이 이론이 맞는다는 확실한 근거는 없지만, 특정 세포에 대한 실험실 연구와 서로 다른 문화권에서 발생하는 질병 발병률을 비교한 결과가 뒷받침하고 있다. 이것은 아이가 크는 동안, 예를 들어 유아기까지 손 세정제로 모든 것을 닦아 내거나 식당에 식탁 매트를 가지고 다니는 것이 반드시 바람직하지는 않다는 것을 시사한다. 아이가 공항 바닥을

핥는 것을 내버려 두면 안 되겠지만 어느 정도 세균에 노출시키는 것은 유리할 수도 있다.

이러한 이유로, 많은 의사가 영아기 이후 세균에 노출되는 것에 대해 상당히 느슨하게 생각한다. 하지만 사실상 모든 의사는 생후 첫 두 달 동안 아기가 질병에 노출되지 않도록 하라고 주의를 준다. 그 이유는 아이가 작을수록 심각한 합병증에 걸릴 위험이 높기 때문이다. 두 번째 이유는 갓난아기, 특히 28일 미만의 아기가 병에 걸리면 의사들은 훨씬 더 공격적인 치료를 제안하기 때문이다.

이것은 무슨 의미일까? 생후 6개월의 건강한 아기가 열이 나서 병원을 찾으면, 상당히 고열이라고 해도 의사는 아기를 한번 훑어보고는 바이러스가 있다면서 타이레놀과 물약을 처방해 주고 집으로 돌려보낼 것이다. 게다가 많은 병원에서, 크게 걱정이 되지 않는 한 아이를 데려오지 말라고 할 것이다.

이와는 대조적으로, 생후 2주 된 아기에게 낮은 열이라도 있어서 병원에 데리고 가면 의사는 아이를 입원시키고 항생제를 투여하고 허리천자(수액 채취나 약액 주입을 위해 허리뼈에서 척수막 아래 공간에 긴 바늘을 찔러 넣는 것)를 포함하는 검사들을 받게 할 것이다. 영아들은 위험한 열과 위험하지 않은 열을 구별하기 어렵다. 또 세균 감염에 더 취약하며, 뇌 수막염은 매우 위험한 병이다. 열이 나서 병원을 찾은, 생후 한 달 미만의 영아 중 3~20퍼센트가 세균 감염 진단을 받는다.[14] 대부분은 요로 감염이지만 신속한 치료가 필요하다.

감염 위험이 더 높고 진단이 어렵다는 것은 공격적인 치료가 적절하다는 것을 의미하지만 대부분은 열이 있어도 사실 아무 문제가 없다. 아기가 좀 더 커서 생후 28일에서 2~3개월 사이에 열이 나서 병원에 가는 경우에는 치료가 더욱 애매하다. 일부 의사들은 허리 천자를 실시하지만 정말로 그 검사가 필요한지는 분명하지 않다.[15] 이 연령대나 그보다 더 어린 영아들을 관리하는 절차는 단계가 많고 다양하다.

여기서 중요한 2가지 요점은 아기가 아파 보이는지 여부(열이 있으면 당연히 아파 보일 것이다. 하지만 소아과 의사라면 분명하게 구분해야 한다)와 바이러스에 노출되었는지 여부를 구분하는 것이다. 감기에 걸려서 열이 조금 있는 것 외에는 건강에 문제가 없는 생후 45일 된 아기를 병원에 데려갔는데, 어린이집에서 감기에 걸린 두 살배기 형과 함께 갔을 때와 축 늘어진 아기만 데려갔을 때 의사는 다른 반응을 보일 것이다. 이것은 세균 노출 문제와 어떤 관계가 있을까?

생후 몇 주가 안 된 갓난아기가 세균에 감염되어 열이 나면, 게다가 다른 병이 있는 아기라면 가장 큰 단점은 여러 검사를 받게 된다는 것이다. 아이가 아프면 당연히 검사를 받아야겠지만, 단지 세균투성이 두 살배기 형에게서 감기가 옮은 것이라면 쓸데없이 많은 검사를 받는 것이다. 따라서 가능하다면 세균을 옮기는 두 살배기는 갓난아기에게서 멀리 떨어져 있게 하는 것이 좋다.

일단 생후 3개월이 지나고 특히 초기 예방 접종이 끝난 후에는 열이 났을 때 더 큰 아이들에게 하는 것과 비슷한 치료를 한다. 보통 타이레놀을 먹이고 수분을 공급하면서 열이 내릴 때까지 기다린다. 세균 감염으로 병이 난 아이에게 온갖 침습적 검사를 하지는 않는다.

◆ Bottom Line ◆

- 속싸개를 하면 아기가 덜 울고 더 잘 잔다. 속싸개를 할 때에는 아기가 다리와 엉덩이를 움직일 수 있도록 하는 것이 중요하다.
- 배앓이는 과도한 울음이 특징이다. 배앓이는 시간이 지나면서 나아지고 결국은 멈출 것이다. 분유나 엄마의 식단을 바꾸거나 프로바이오틱스를 먹이거나, 이 2가지를 같이 하면 어느 정도 효과를 볼 수 있다.
- 아기에 대한 데이터를 수집하는 것은 재미있다! 하지만 반드시 필요하거나 특별히 유용하지는 않다.
- 영아가 세균에 노출되면 병에 걸릴 위험이 있으며, 열이 있으면 허리 천자를 포함해서 공격적인 검사를 받을 수 있다. 이러한 검사를 피하기 위해서라도 세균에 노출되지 않도록 조심하는 게 바람직하다.

3
출산 후 엄마의 몸은 어떻게 달라질까?

퍼넬러피를 임신했을 때 남편과 나는 병원에서 제공하는 출산 수업에 참가했다. 수업이 끝나갈 때 그들은 수강생들에게 출산 후 사용할 물건을 한 봉지씩 나누어 주었다. 얼음찜질 팩과 거대한 생리대, 그리고 거대한 메시Mesh 소재의 속옷이 들어 있었다.

"아주 요긴한 거에요!"라고 진행자가 외쳤다. "꼭 집에 가져가야 해요." 자세히 살펴보니 낙하산처럼 생겼다. 내 엉덩이가 다른 신체 부위와 함께 커진 것은 의심의 여지가 없지만, 정말 이런 걸 입어야 한다고? 그것을 보니 출산에 대해 다시 생각해 보고 싶은 마음이 들었지만 이미 때는 늦었다. 알고 보니 메시 속옷을 입어야 하는 것이 맞았다. 그 속옷이 그렇게 큰 이유는 그 안에 병원에서 주는 것을 모두 담아야 하기 때문이다. 먼저 그 속옷을 입고 나서 대형 생리대 4개를 넣고 마지막으로 얼음찜질 팩을 넣는다. 일종의 얼음 기저귀인 셈이다.

이 책처럼, 아기가 세상에 나오면 어떤 일이 일어나는지 알려 주는 육아서는 많다. 그리고 임신 중에 일어나는 일을 자세히 알려 주는 책도 많다. 하지만 이상하게도 아기가 태어난 후 엄마의 몸에 일어나는 일에 대해서는 별다른 이야기가 없다. 아기가 태어나기 전까지 엄마는 소중히 간직하고 보호해야 할 그릇이다. 하지만 아기가 나오고 나면 젖을 먹이는 아기의 부속품처럼 된다.

출산 후 산모의 몸에 어떤 일이 일어나는지 모르면 난감해질 수 있다. 출산 후 육체적 회복이 항상 순조로운 것은 아니며, 아무리 예후가 좋아도 지저분한 것은 어쩔 수 없다. 그래서 얼음 기저귀가 필요하다.

이 장에서는 출산 후 첫날과 몇 주 안에 엄마의 몸이 어떻게 변하는지에 대해 이야기한다. 여기서 이루어지는 논의는 일반적인 회복에 대한 것임을 분명히 밝힌다. 그 이상으로 일이 잘못될 수 있을까 봐 걱정된다면 의사와 상담하는 것이 중요하다. 출산 후 산모의 몸에 어떤 일이 일어나는지에 대해 이야기를 듣지 못하면 문제가 생겨도 문제인지 모를 수 있다. 질문하는 것은 부끄러운 일이 아니다(내 친구 트리샤가 조언해 준 한 가지 주의 사항을 덧붙이자면, 만일 이 모든 것을 이미 겪었고 그 기억을 다시 떠올리고 싶지 않다면 4장으로 넘어가도 된다).

자연 분만이든 제왕 절개든 상처가 남는다

아기가 태어났다. 분만이 끝났다. 태반이 나왔다. 순산을 했다면, 자연 분만이든 제왕 절개든 의료진이 산모에게 아기를 건네주고 안아 보라고 권할 것이다. 그동안 의사는 마무리를 할 것이다. 제왕 절개를 했다면 의사는 절개한 부위를 꿰매고 붕대로 덮는다. 이것은 간단한 절차이며 누구나 비슷하다. 자연 분만을 하면 좀 더 차이가 있다. 아기가 나오는 동안 질이 찢어지는 것은 매우 흔한 일이다. 질과 항문 사이의 회음부가 주로 찢어지지만 클리토리스 방향으로 찢어질 수도 있다.

열상의 정도는 여성에 따라 크게 다르다. 일부 여성들은 찢어지지 않는다(대부분의 여성은 적어도 첫 번째 아기를 낳을 때 조금 찢어진다). 열상의 정도는 1도에서 4도까지 등급이 매겨진다. 1도는 경미한 정도로 꿰매지 않아도 저절로 낫는다. 2도는 회음부 근육이 손상된 것을 의미하지만 열상이 항문까지 이어지지는 않는다. 3, 4도는 질에서 항문까지 찢어지지만 정도의 차이가 있는데, 4도는 직장까지 연결된 것을 말한다. 3, 4도는 실로 봉합하며 이 실은 몇 주 후에 저절로 용해된다.

대부분 경미한 편이지만 산모의 약 1~5퍼센트가 3, 4도의 열상을 입는다.[1] 출산할 때 도구(겸자나 진공 흡착기)를 이용하면 정도가 좀 더 심해질 수 있다. 힘을 주는 진통 단계에서 회음부에 더운 찜질을 해 주면 심한 열상을 예방할 수 있다는 증거가 있다. 열상의 정도에 따라 봉합 시간은 달라진다. 경막외 마취를 하면 꿰매는 것을 느끼지 못할 것이다. 경막외 마취를 하지 않았다면 보통 국소 마취제를 사용한다.

출산 후에는 분만실에서 몇 시간 동안 계속해서 복부 마사지를 받게 된다. 출산 후 몇 시간 내로 자궁을 임신 전 크기로 축소시켜야 하기 때문이다. 안 그러면 출혈 위험이 증가한다. 자궁 마사지는 수축 과정을 돕고 출혈의 위험을 낮추는 것으로 알려져 있다. 힘센 간호사가 와서 배를 강하게 압박하는데 그냥 불편한 정도가 아니다(이것을 '마사지'라고 말할 수 있는지 모르겠다). 핀을 낳았을 때 내 배를 마사지해 준 간호사는 말했다. "산모들은 아무도 나를 보고 반가워하지 않아요." 제왕 절개 수술을 받았다면 매우 고통스러울 수 있다. 다행히 12~24시간이 지나면 복부 마사지가 필요하지 않다.

회복하는 동안 주의할 것들
: 출혈, 대소변, 후유증과 합병증

분만실에서 마무리가 되면 산모는 회복실로 가서 다시 일상으로 돌아가기 위한 노력을 시작할 것이다. 물론 예전과 같을 수는 없다.

출혈 문제는 전문가와 함께

어떤 방법으로 출산했든 처음 며칠 동안 많은 출혈이 있을 것이다. 퍼넬러피를 낳기 전에 나는 이 출혈이 외상에 의한 것인 줄 알았지만 실제로는 그렇지 않다(외상이 없어도 출혈이 있다). 사실은 태반이 분리되면서 나오는 것이다.

처음 하루 이틀 동안은 응고된 혈액이 나오므로 조금 무서울 수 있다. 변기에 앉아서 소변을 보거나 침대에서 일어나 앉을 때 변기나 패드에 다량의 응혈이 나올 것이다. 의사들은 '주먹보다 큰' 응혈이 나오는지 주의해서 보라고 말한다(어떤 의사들은 과일에 비유해서 자두나 작은 오렌지 크기의 응혈이 나오면 알려 달라고 한다). 부연 설명을 하자면 그보다 크기는 작지만 그렇다고 많이 작지는 않은 응혈이 일반적이다. 보통 통증은 없지만 신경이 쓰인다.

출혈이 너무 많으면 산후 합병증일 수도 있다. 하지만 어느 정도가 너무 많은 것인지 알기 어려울 수 있다. 잘 모르겠으면 물어보자. 응혈이 주먹만 한지, 그보다 작은지 잘 모르겠다면 혼자 고민하지 말고 간호사를 부르자.

응혈은 2~3일 후에 사라지지만 출혈은 몇 주간 계속된다. 생리가 처음에 많이 나오다가 줄어드는 것과 같다. 일단 집에 오면 시간이 지나면서 출혈은 줄어들 것이다. 그런데 갑자기 다시 많은 출혈이 시작된다면, 특히 피가 밝은 붉은색이라면 즉시 병원에 연락하자.

한동안 용변은 힘들 수 있다

많은 산모가 출산 중에 카테터Catheter(소변을 채취하기 위해 요도에 넣는 관)를 삽입한다. 제왕 절개를 하면 반드시 하게 되고, 경막외 마취를 했을 경우에도 종종 카테터를 삽입한다. 이것은 산후 몇 시간 후에 제거되며 그 후에는 스스로 대소변을 봐야 한다. 이후의 경험은 출산 방법에 따라 많이 달라진다.

자연 분만을 하면 소변을 볼 때 아플 것이다. 순산했다고 해도 아직 어느 정도 통증을 느낄 것이다. 탈수가 되면 소변이 농축되어서 고통은 더 심하다. 많은 병원에서 쥐어짜는 물통을 건네준다. 소변을 보는 동안 물을 뿌려서 소변을 희석시켜 통증을 줄이는 방법이다. 괜찮은 방법이지만 절대 찬물은 사용하지 말아야 한다.

대변을 볼 때도 아플 것이다. 이것도 역시 출산 경험에 따라 달라진다. 보통은 변연화제를 복용하는데, 산후 첫 배변을 용이하게 한다. 다행히 첫 배변까지는 2~3일 정도 걸릴 수 있다. 또 생각만큼 불편하지 않을 수도 있다. 그리고 어쨌든 해야 하는 일이다.

제왕 절개를 한 경우는 문제가 다르다. 우선 수술 후 방광이 '깨어날' 때까지 기다리는 동안 소변을 참기 어려울 수 있고 그래서 카테터를 더 오래 남겨 둘 수 있다. 소변을 볼 때 아픈 것은 진통과 출산 경험에 따라 달라진다. 수술 전에 오랫동안 진통을 했다면 불편함과 부기가 남아서 배뇨가 불편할 수 있다. 예정일에 제왕 절개를 했다면 이런 문제는 없을 것이다.

제왕 절개 후 의사들은 일반적으로 산모가 퇴원하기 전까지 배변을 하거나 적어도 가스를 내보내기를 원한다. 기본적으로 개복 수술 후에는 배변을 할 수 있는지 확인하는 것이 필요하다. 배변을 하기까지 며칠이 걸리기도 한다. 이런 경우 변연화제를 복용하게 된다. 제왕 절개를 하면 질에 외상이 없으므로 배변은 그다지 불편하지 않다. 다만 앉을 때 수술한 부위가 아플 수 있다.

그 외 후유증들

며칠 후에는 집에 돌아온다. 심한 출혈, 소변을 볼 때 통증과 같은 직접적인 증상은 사라졌을 것이다. 하지만 아직 정상적으로 돌아왔다고 느끼지 못할 것이다. 무엇보다 여전히 임신한 몸처럼 보인다. 이런 상태는 며칠 또는 몇 주 동안 지속된다. 그러고 나면 뱃살이 늘어진다. 이것은 결국 해결되지만(며칠이 아니라 몇 주나 몇 달 뒤에) 내려다보기 다소 민망하다. 늘어지지는 않더라도 많은 경우 소위 '똥배'가 되어 영원히 다시 들어가지 않을 것처럼 보인다. 이것에 관한 자료는 찾을 수 없지만, 장담하건대 필라테스를 어지간히 해서는 똥배를 없애기 어렵다(대부분 노년층 여성들로 구성된 반에서 일주일에 1시간씩 하는 것으로는 어림도 없다).

자연 분만의 경우 가장 오래가는 후유증은 질에 대한 것이다. 한 의학 설명에 따르면 '산후에는 질이 넓어진다.'[2] 모든 것이 전과 많이 달라졌을 것이다. 봉합을 했을지도 모른다. 부위 전체가 아프고 무감각하고 생소하게 느껴질 것이다. 치유되려면 시간이 걸린다. 그리고 대부분은 출산 전의 상태로 완전히 돌아가지 않는다(문제가 있는 것은 아니고 단지 전과 다를 뿐이다). 2주가 지나도 확실하게 정상으로 돌아오지는 않을 것이다. 이 무렵에는 나머지 다른 부위들은(불룩한 배, 피로감, 거대한 가슴을 빼면) 상당히 정상적으로 느껴지지만, 이 역시 시간이 더 걸릴 수도 있다. 40주 동안 늘어난 몸이 금방 제자리로 돌아오기는 어렵다.

제왕 절개를 했다면 다른 문제가 있다. 제왕 절개를 하게 된 상황에 따라 질은 외상이 거의 없거나 아예 없을 수 있다. 예정일에 제왕 절개 수술을 받은 한 친구는 말했다. "아무도 내 질 근처에는 손을 대지 않았어." 하지만 모두가 그렇게 운이 좋은 것은 아니다. 수술을 하기 전에 진통을 많이 하면 자연 분만을 했을 경우와 비슷한 회복세를 보일 수 있다. 그리고 모든 제왕 절개 수술은 계획했든 아니든 중요한 개복 수술이다. 복부 근육을 사용하는 어떤 움직임도 고통스러울 것이다. 걷기, 계단 올라가기, 앉기, 물건 줍기, 뒤집기, 모두 힘들다. 움직일 때마다 통증을 느낄 것이다.

예를 들어 침대에 누워 있는데 한밤중에 목이 마른다. 진통제 효과가 떨어지면 몸을 돌려 물병에 손을 뻗는 것조차 마음대로 되지 않는다. 통증과 불편함은 시간이 지나면서 점차 나아지겠지만 (평균적으로) 자연 분만을 했을 때보다 정상으로 느끼기까지 더 오랜 시간이 걸린다.

어떤 방식으로 출산을 했든 도움을 받는 것이 좋다. 특히 제왕 절개를 했다면 더욱 도움이 필요하다. 일어나서 화장실에 가는 것처럼 일상적인 일도 옆에서 도와줄 누군가가 필요하다. 아기는 엄마가 보살필 수 있다고 해도 엄마를 보살펴 줄 사람이 있어야 한다. 회복되기까지 1~2주 동안 아기를 안아 올리는 것도 힘들 수 있다. 게다가 출산 합병증이 있다면 일어나서 혼자 샤워를 할 수 있을 때까지 몇 주가 걸릴지도 모른다.

자연 분만과 제왕 절개는 예후가 서로 다르지만 대부분의 문제는 경미하고 오래가지 않는다. 대표적으로 치질이나 요실금이 있다. 많은 산모가 출산 후 기침을 하거나 웃을 때 소변이 새어 나온다. 이 역시 시간이 지나면서 개선된다. 어떤 방법으로 출산을 했든 산모는 회복 기간 동안 이런저런 경험을 하게 될 것이다. 나는 아이 둘을 낳을 때마다 매우 운이 좋았다.

핀을 낳았을 때 나는 12시간 후 카시트를 들고 퇴원했다. 하지만 누구나 그런 것은 아니며 나도 금방(혹은 영원히) 마라톤을 뛸 수 없을 것 같았다. 많은 것이 운이나 골반 모양에 의해 결정된다. 아마도 가장 중요한 점은 필요할 때 도움을 요청하는 것이고, 너무 성급하게 생각하지 않는 태도다. 많은 문화권에서 산모는 기본적으로 한 달 정도 아무것도 하지 않고 가족 중 나이 든 여자들이 돌봐 주는 전통이 있다. 이것만 보아도 그 시간이 얼마나 힘든지 짐작할 수 있다. 어떤 블로거가 출산하고 열흘 만에 크로스핏을 다시 시작했다고 해서 누구나 그렇게 할 수 있는 것은 아니다.

심각한 합병증들

출산 후 드물게는 심각한 합병증이 생길 수 있다. 과다 출혈, 고혈압, 감염 등이 있으며 이는 개인에 따라 다르다. 감염은 제왕 절개를 한 산모가 더 많이 걸린다. 의사는 분만 상황과 그로 인해 일어날 수 있는 합병증을 생각해서 산모에게 무엇을 조심해야 하는지 말해 줄 것이다. 다음은 주의해야 할 몇 가지 특정한 위험 신호다.

- 발열
- 심한 복통
- 출혈 증가, 특히 밝은 붉은색
- 악취가 나는 질 분비물
- 가슴 통증이나 숨 가쁨

또한 자간전증(임신 후반에 세균의 독소가 혈액 속에 들어와 생기는 병)이 있거나 위험성이 높은 경우 시력 악화, 심각한 두통, 부종(발목 등)에 주의를 기울여야 한다. 하지만 갓난아기를 돌보면서 정신이 없을 때 이런 주의 사항들을 떠올리는 것은 쉽지 않다. 만약 뭔가 불편함을 느끼면 의사에게 연락하자.

운동과 성관계는 언제부터 가능할까

물을 마시려고 몸을 돌리는 것도 힘들고 출혈은 아직 멈추지 않았고 시도 때도 없이 우는 아이를 돌봐야 하는 상황이라면 운동과 성관계는 우선순위에서 뒤로 밀려날 것이다. 하지만 출산 전에는 운동과 성관계를 했을 것이고, 예전의 나로 돌아가기 위한 일환으로 다시 그런 것들이 해보고 싶어질 수 있다. 그래서 이런저런 어려움이 있지만 문득 궁금해진다. 언제쯤 러닝 머신에 올라가도 될까? 침대에 똑바로 누워도 될까?

운동을 언제 시작해도 되는지에 대한 확실한 근거는 상대적으로 적다. 미국 산부인과학회에서는 정상적인 자연 분만을 했다면 '며칠 안에' 운동을 다시 시작해도 안전하다고 말한다. 이것은 일주일 후에 강도 높은 운동을 시작하라는 것이 아니라 어느 정도 걷는 것은 할 수 있다는 뜻이다. 하지만 제왕 절개를 했거나 심각한 회음부 열상을 입은 경우는 다르다. 제왕 절개의 경우 표준 권고 사항에는 2주 이내에 어느 정도 걸을 수 있고, 3주가 되면 배를 구부리는 운동을 할 수 있고, 6주쯤 지나면 '정상적인' 활동을 재개할 수 있다고 한다.[3] 다시 말하지만 회복 속도는 개인에 따라 다르고 이것은 단지 평균을 말하는 것이다.

자연 분만의 경우에는 회음부 열상이 문제이지만 운동을 다시 해도 되는 시간이 훨씬 더 빨라질 수 있고, 적절한 주의를 기울이고 괜찮은지 확인하면서 하면 된다. 프로 운동선수, 아마추어 운동선수, 운동을 위해 걷거나 달리는 일반인들을 포함해 거의 대부분은 산후 6주가 되면 임신 전 활동 수준으로 복귀할 수 있고, 그전에라도 방법을 보완하면 시작할 수 있다. 프로 운동선수라면 2주 동안 훈련을 쉬는 기간이 길게 느껴질 수 있으므로 상황에 따라 의사와 상담해서 좀 더 빨리 훈련에 복귀할 수도 있다. 하지만 솔직히 일반인들은 마음보다는 몸이 먼저 운동할 수 있는 준비가 될 것이다.

일단 운동을 할 수 있게 되더라도 시간을 내기 어려울 것이다. 하지만 운동이 필요하다고 생각되면 어떻게 해서든 시간을 내야 한다. 운동은 산후 우울증을 극복하는 데 도움이 되고 전반적으로 기분이 좋아진다. 물론 다른 할 일이 많지만 우리 자신을 돌보는 것도 중요하다.

출산 후 성관계에 대해서는 일반적인 규칙이 있다. 산후 6주까지는 성관계를 하지 말고 의사의 검진을 받은 후에 하라는 것이다. 나는 이 말을 자주 들어서 그 정도는 기다려야 하는 생물학적 이유가 있는 줄 알았다. 사실 이는 전혀 근거가 없다. 출산 후 성관계를 다시 할 수 있기까지 기다리는 시간은 정해져 있지 않다. 6주라는 규칙은 남편들이 성관계를 요구하지 못하게 하려고 의사들이 지어낸 것으로 보인다. 이런 다소 기묘한 전통은 여전히 유지되고 있다. 핀을 낳은 지 6주쯤 지나서 첫 산후 검진을 받았을 때 의사(내 출산을 도와준 의사가 아니라 그날 만날 수 있었던 의사)는 내 건강에 문제가 없다고 말하고 나서 남편에게 내가 아직 준비가 되지 않았다는 쪽지를 써 주길 원하는지 물었다. 나는 그 말이 매우 불편하게 느껴졌다.

하지만 언제 성관계를 다시 해도 되는지에 대한 실질적인 지침이 없다는 것은 아니다. 회음부 열상이 있다면 상처가 나을 때까지 기다리는 것이 중요하다. 정도에 따라 6주 전에 나을 수 있고 더 오래 걸릴 수도 있다. 첫 산후 검진(사실상 약 6주)에서 의사가 확인하겠지만 그전에 스스로 알 수 있을 것이다. 또 다른 2가지 고려 사항이 있다. 첫째는 피임이다. 모유 수유 중이고 아이를 낳은 지 3주밖에 되지 않았더라도 임신이 될 수 있다. 대부분 10개월 간격으로 아기를 낳을 생각은 하지 않으므로 그렇다면 어떤 식으로든 피임을 해야 한다(그리고 어떤 방법으로 할지 신중히 생각하자. 일부 피임법, 특히 피임약은 모유 생산에 지장을 줄 수 있다). 또 다른 고려 사항은 의료 지침에서 말하는 것처럼 '감정적 준비'가 되었는지 돌아보는 것이다. 성관계는 스스로 원해서 해야 한다. 출산 후 언제 준비가 되었다고 느끼는지는 개인과 배우자에 따라 큰 차이가 있다. 그리고 두 사람 모두 준비가 되어야 한다.

출산은 육체적으로 매우 힘들다. 순산을 해도 최소 몇 주 동안은 후유증을 겪는다. 또한 3~4주가 지나면 다른 가족들도 지치기 쉽다. 아기는 여전히 두세 시간마다 수유를 원할 것이고, 잠을 자거나 샤워를 하거나 식사할 시간도 없는 마당에 틈을 내서 성관계를 한다는 것은 우스꽝스러운 것 같다. 물론 누구나 그런 것은 아니다. 어떤 사람들은 몇 주 후에 성관계를 갖기를 원할 것이다. 몸과 마음이 준비되면 괜찮다.

데이터는 이 문제에서 별로 도움이 되지 않을 수도 있는데, 왜냐하면 실제로 본인이 언제 원하느냐가 중요하기 때문이다. 어쨌든 데이터를 보면 대부분 산후 8주가 되면 적어도 어느 정도 성관계를 재개한다. 자연 분만을 하고 합병증이 없다면 평균 약 5주, 제왕 절개를 한 경우에는 6주, 회음부 열상이 있으면 약 7주 후에 시작한다.[4] 임신 전과 같은 빈도로 하기까지는 평균 1년 정도 소요되며 그 후에도 많은 사람이 예전처럼 자주 성관계를 갖지 않는다.

마지막으로 덧붙이자면, 출산 후 성관계는 고통스러울 수 있다. 모유 수유를 하면 질이 건조해지고 성욕이 감소한다. 게다가 분만 과정에서 입은 부상은 지속적인 영향을 미칠 수 있다. 많은 여성이 아기와 거의 항상 붙어 있게 된 후에는 다른 누구의 손길도 닿는 것을 원하지 않는다. 출산 후 질이 건조해지므로 성관계를 재개하고 몇 번은 약간의 윤활제가 필요할지도 모른다. 그리고 처음에 천천히 시작하기를 원한다. 물론 이 모든 것은 질 성교에 초점을 맞춘 것이다. 처음에는 구강성교처럼 다른 방법이 더 쉽고 편할 수 있다.

많은 여성이 출산 후 한동안 성관계를 할 때마다 통증과 불편함을 느낀다. 이것은 무시해 버리거나 이를 악물고 참을 일이 아니다. 물리치료를 포함해서 도움이 될 만한 치료법이 있다. 만일 성관계가 고통스럽다면 의사와 상담하자. 만일 주치의에게 이야기하는 것이 불편하다면 편하게 상담할 수 있는 의사를 찾아가자.

정신적 케어도 중요하다
: 산후 우울증

지금까지는 출산 후 신체적 결과에 대해 이야기했다. 그러나 종종 산후에 심각한 감정적 결과를 겪을 수도 있다. 산후 우울증, 산후 불안증, 심지어 산후 정신증까지 증상은 다양하고 흔하다. 너무나 많은 여성이 침묵 속에서 이런 증상을 겪고 있는데 이제는 중단되어야 한다. 아기를 낳은 후에는 며칠이나 몇 주 동안 호르몬이 요동을 치는데, 대부분의 여성이 이 기간에 감정적으로 예민해진다. 이때에는 영화를 봐도 초반 15분을 넘기기 힘들다.

내 경우를 돌아보면, 퍼넬러피를 낳고 일주일 후 처음으로 외출해서 친구 집에 브런치를 먹으러 갔다. 나는 그 집의 손님방에 숨어서 아이에게 젖을 먹이다가 울다가 하면서 2시간을 보냈다. 아무 이유가 없었다. 그저 울음을 멈출 수 없었다. 아이에게 씌우려고 정성껏 짠 모자가 너무 크다는 것을 알았을 때 울음이 시작된 것 같다. 아이 머리에 그 모자가 맞을 때쯤 되면 너무 더워서 씌울 수 없을 것 같았다. 그것만으로도 몇 시간 동안 울기에 충분했다. 다행히 나에게는 브런치를 쟁반에 받쳐서 가져다준 좋은 친구들이 있었다. 물론 그래서 나는 더 많이 울었다.

이러한 산후 초기의 감정 상태를 일컬어서 '산후 우울감'이라고 부르는데, 출산 후 처음 며칠 동안 호르몬이 치솟았다가 점차 가라앉으면서 몇 주 후에는 자가 치유가 된다. 그러나 이 시기에 진짜 산후 우울증이나 산후 정신증이 나타날 수 있다. 아니면 나중에, 심지어 몇 달 후에도 나타날 수 있다. 많은 여성이 산후 우울증은 아기를 낳은 직후에만 일어난다고 생각하고 나중에 오는 우울증을 무시하는데 그렇지 않다.

산후 우울증의 발병은 진단을 받은 경우만 계산해도 매우 높다. 여성의 약 10~15퍼센트는 임신 중에 우울증을 경험하는 것으로 추정된다.[5] 산부인과 의사들은 임신 중 우울증을 알아내는 교육을 받지만, 데이터에 의하면 산후 우울증의 절반 정도가 임신 중에 시작된다. 많은 사람이 이런 사실을 모르고 있다가 깜짝 놀란다. 아니면 보통 첫 4개월 이내에 산후 우울증 진단을 받는다.

산후 우울증에는 중요한 위험 요인들이 있는데 주로 성향과 상황이라는 2가지 범주로 나눌 수 있다. 가장 큰 위험 요인은 개인 성향이나 과거의 우울증 병력이다. 정신 건강에 대해서는 생각보다 알려진 것이 많지 않지만 분명 우울증에 영향을 미치는 유전적 요인이나 후생적 요인이 있다. 이전에 우울증을 앓은 적이 있다면 임신 중이나 산후에 다시 나타날 가능성이 더 높다. 따라서 스스로 경계하고 신호가 보이면 도움을 받아야 한다.

다른 요인들은 대부분 상황과 관련이 있다. 상황적 요인들 중 일부는 바꿀 수 있지만 일부는 그렇지 않다. 주변의 도움을 받지 못하거나, 그 무렵 힘든 일이 있거나, 아기가 병이나 장애를 가지고 있는 경우 산모가 우울증에 걸릴 확률이 높아진다. 그리고 아기를 키우는 것 자체가 원인이 될 수도 있다. 아기가 잠을 잘 자지 않으면 엄마도 수면 부족이 되고 그로 인해 우울증에 걸릴 수 있다.

산후 우울증은 어떻게 진단하는가? 산후 6주가 되었을 때 방문해서 간단한 설문지에 답하는 방식의 검사를 받을 수 있다. 가장 널리 사용되는 설문지는 아마도 '에든버러 산후 우울증 검사Edinburgh Postnatal Depression Scale'이며 그 외에도 몇 가지가 있다.

측정 방법은 간단하다. 각각의 답에 대해 0부터 3까지 점수를 매긴다. 최악이 3점이다(1, 2, 4번 질문은 마지막 답이 3점이고 다른 질문들은 첫 번째 답이 3점이다). 총점이 10~12점이면 경미한 우울증 신호이고, 20점 이상이면 심각한 우울증의 신호로 본다.

어떤 질문은 너무 뻔해서 굳이 검사를 해야 하는지 의심스러울 수 있다. 그냥 슬픈 감정이 들고 아무 의욕이 없는지 물어보면 되지 않을까? 그러나 연구 결과를 보면 이 검사가 아주 효과적인 것 같다. 이 설문지를 사용해서 많은 여성이 산후 우울증을 발견하고 그에 따른 치료를 받았음을 알 수 있다.[6] 출산 후 병원에 가면 의사가 분명히 이 설문지를 주겠지만 자가 검진도 가능하다. 검사를 해 보면 전반적인 기분을 좀 더 분명히 이해할 수 있을 것이다.

산후 우울증 치료는 단계적으로 진행된다. 가벼운 우울증이라면 처음에는 약을 먹지 않고 상담을 받는다. 운동이나 마사지가 도움이 된다는 근거도 있다. 아니면 가장 중요한 것은 잠을 충분히 자는 것일 수 있다. 특히 초보 부모는 수면 부족으로 인해 가벼운 우울증을 겪을 수 있

에든버러 산후 우울증 검사

지난 7일 동안 어땠나요?

1. 큰 소리로 웃을 수 있고 유머를 이해한다.

□ 항상 그렇다 □ 대체로 그렇다 □ 자주는 아니다 □ 전혀 그렇지 않다

2. 즐거운 일이 기다려진다.

□ 언제나 그렇다 □ 크게 기대하지 않는다 □ 별로 기대하지 않는다 □ 전혀 아니다

3. 일이 잘못되면 불필요하게 자기 자신을 탓한다.

□ 대체로 그렇다 □ 그럴 때가 좀 있다 □ 자주 그러지는 않는다 □ 전혀 없다

4. 특별한 이유 없이 불안해하거나 걱정을 한다.

□ 전혀 없다 □ 거의 없다 □ 가끔 있다 □ 자주 있다

5. 특별한 이유 없이 두렵거나 겁이 난다.

□ 자주 있다 □ 가끔 있다 □ 거의 없다 □ 전혀 없다

6. 모든 일이 부담스럽게 느껴진다.

□ 대체로 그렇다 □ 가끔 그렇다 □ 대체로 잘 이겨 내고 있다 □ 전혀 힘들지 않다

7. 너무 불행해서 잠을 잘 수 없다.

□ 대체로 그렇다 □ 자주 그렇다 □ 자주는 아니다 □ 전혀 아니다

8. 슬프고 비참하게 느껴진다.

□ 대체로 그렇다 □ 자주 그렇다 □ 자주는 아니다 □ 전혀 아니다

9. 너무 우울해서 자꾸 울게 된다.

□ 대체로 그렇다 □ 자주 그렇다 □ 이따금 그렇다 □ 전혀 아니다

10. 자해에 대해 생각한다.

□ 자주 그렇다 □ 가끔 그렇다 □ 거의 없다 □ 전혀 없다

다. 어찌 보면 당연한 일이다. 아기가 없어도 며칠 동안 밤에 제대로 못 자면 무엇을 해도 즐겁지 않을 수 있다. 더구나 밤마다 자다가 깨서 아기를 돌봐야 한다면 감정적으로 고갈되고 우울증에 걸리는 것이 이상하지 않다.

물론 갓난아기를 돌보는 상황에서는 수면 부족에서 벗어나기 어렵다. 내가 아기의 수면 훈련에 적극 찬성하는 이유 중 하나는 엄마의 우울증을 경감시켜 주기 때문이다. 수면 훈련에 대해서는 나중에 다시 이야기하겠다. 만일 아기에게 아직 수면 훈련을 하지 않았거나, 하고 싶지 않거나, 아기가 너무 어리다면 잠을 좀 더 잘 수 있는 다른 방법을 찾아보자. 양가 부모나 친구에게 하루 이틀이나 며칠 동안 아이를 봐 달라고 도움을 청하자. 가능하다면 야간 보모를 고용하는 것도 좋다. 남편과 교대해서 이틀에 하루는 방해를 받지 않고 잘 수 있도록 하자. 우울증을 해결하는 것은 우리 자신뿐 아니라 아기를 위해서도 필요하다는 것을 스스로 상기할 필요가 있다.

수면 외에도 병원에서는 우선적으로 인지 행동 치료나 대화 치료를 통해 부정적인 생각을 재구성하고 긍정적인 행동에 초점을 맞추도록 유도한다. 우울증 검사에서 20점 이상이 나오면 심각한 우울증으로 보고 보통 항우울제를 처방한다. 항우울제는 모유를 통해 아기에게 전달되지만, 부작용의 증거는 나와 있지 않다(5장에서 더 자세히 설명할 것이다). 이것은 필요한 도움을 받는 것과 모유 수유 사이에서 선택을 고민할 필요가 없음을 의미한다.

많은 문헌과 대중의 담론은 산후 우울증에 초점을 맞춘다. 그러나 산후의 모든 정신 건강 문제가 우울증의 형태를 취하는 것은 아니다. 산후 불안증도 흔하게 일어난다. 산후 불안증은 여러모로 산후 우울증과 증상이 비슷하며 실제로 같은 선별 검사를 통해 진단하는 것이 일반적이다. 산후 불안증을 가진 여성들은 아기에게 무슨 일이라도 일어날까 노심초사하고, 잠을 설치고, 아기의 안전과 관련해서 강박적인 행동을 하는 경향이 있다. 불안증 역시 심리 치료나 심한 경우 약물 치료가 필요하다. 불안증의 경우에는 정상적인 부모의 걱정과 강박증 사이의 경계가 분명하지 않을 수 있다. 불안한 생각으로 인해 아이와 함께 즐거운 시간을 보내지 못하고, 걱정에 사로잡혀 잠을 자지 못한다면 선을 넘은 것이다.

드물지만 훨씬 더 심각한 것은 산후 정신증이다.[7] 여성 1000명 중 1~2명(산후 우울증의 경우 10명 중 1명)이 걸리는 것으로 추정되는데 조울증 병력이 있다면 발병 가능성은 훨씬 높다. 산후 정신증의 증상으로는 보통 환각, 망상, 조증이 나타나는데 입원 치료가 필요할 수 있고 매우 심각하게 받아들여야 한다.

출산을 하면 호르몬의 변화와 아이를 돌봐야 하는 부담감 때문에 이러한 정신 건강 합병증이 생길 위험이 높다. 그리고 우울증은 출산을 하지 않은 부모나 입양 부모도 걸릴 수 있다. 하지만 우울증 검사는 출산을 한 여성에게만 집중되는 경우가 많고 다른 가족들은 하지 않으므로 진단을 받지 않는 경우가 많다. 아기가 태어나고 몇 주 후에는 모든 성인 가족이 우울증 검사를 받아 볼 필요가 있고 그 후에도 주기적으로 검사를 받는 것이 바람직하다. 우울증이 있는지 걱정된다면 6주 후까지 기다리지 말고 의사에게 전화하자. 이 문제를 빨리 극복할수록 더 빨리 아기와 즐거운 시간을 보낼 수 있고, 가족 모두를 위해서도 좋은 일이다.

우리가 충분히 이야기하지 않는 출산 전후 문제는 많다. 내가 임신 출산에 대해 글을 쓰면서 가장 놀란 것은 유산 문제였다. 너무나 많은 여성이 유산을 하고 있지만 이 문제에 대한 이야기는 거의 들을 수 없다. 직접 유산을 경험하고 나서야 비로소 주변의 많은 여성이 유산을 했다는 사실을 알게 된다.

산후의 정신 건강과 신체 건강에 대해서 '아기를 낳았으니 행복하고 기분이 좋아야 하지 않은가?'라는 유사한 기대가 있다. 모두 "아기가 너무 예뻐요! 너무 감격스러워요!"라는 말을 듣고 싶어 한다. "우울하고 불안하고 회음부 3도 열상으로 힘들어요"라는 말은 듣고 싶어 하지 않는다. 그래서 많은 엄마가 혼자 어려움을 겪고 혼자 극복해야 한다고 생각하게 된다. 이것은 절대로 사실이 아니며, 나는 우리가 이런 이야기를 더 많이 할수록 다른 여성들에게 도움이 된다고 생각한다. 모두가 회음부 치유(나는 이 문제를 겪지 않았지만)에 대해 시시콜콜 트위터에 올리라는 것은 아니지만 이제는 출산 후 신체적, 정신적으로 겪는 어려움에 대해 좀 더 솔직한 대화를 나눌 때가 되었다.

✦ Bottom Line ✦

- 산후 회복에는 시간이 걸린다.
- 몇 주 동안 출혈이 있을 것이다.
- 질에 열상이 생길 수 있으며 아물기까지 몇 주가 걸릴 수 있다.
- 제왕 절개는 개복 수술이며 다시 평소처럼 움직일 수 있을 때까지 상당한 시간이 걸린다.
- 운동을 다시 시작해도 되기까지의 시간은 출산 경험에 따라 다소 달라지지만, 보통 1~2주 안에 가능하고 대부분 6주가 되면 임신 전과 같은 일상으로 돌아갈 수 있다.
- 성관계를 해도 되기까지의 시간은 정해져 있지 않다. 하지만 몸과 마음이 준비될 때까지 기다리자(다시 아이를 가질 생각이 아니라면 피임을 해야 한다).
- 산후 우울증(그 외 관련 증상들)은 흔하고 치료할 수 있다. 도움이 필요하면 즉시 손을 내밀자.

2부

0~12개월, 잔걱정이 많은 시기

모유 수유, 수면 훈련, 아기와 함께 자기, 예방 접종, 직장에 다시 나갈 것인가 말 것인가? 아이를 보육 시설에 보낼까, 보모를 고용할까? 부모가 되면 첫해에 이런 중요한 결정들을 하게 된다. 아마 전에는 이런 문제들에 대해 전혀 생각해 본 적이 없었을 것이다. 게다가 어느 것 하나 분명한 답을 모른다. 그래서 인터넷을 검색한다. 인터넷에서는 사람들이 답을 말해 주고, 그런 답들은 간단하고 이해하기 쉽다. 저마다 어떤 문제든지 자신이 말하는 대로 정확하게 따라 하라고 한다. 다른 선택을 하는 것은 아이를 늑대에게 맡기는 것과 같다고 한다.

엄마들의 전쟁에 합류한 것을 환영한다. 당신이 합세해 주어서 무척 기쁘다. 엄마들이 이 특별한 주제들을 놓고 티격태격 실랑이를 벌이는 이유는 무엇일까? 왜 그렇게 죽기 살기로 싸우는 걸까? 왜 그렇게들 불안해하고 서로를 비난하는 것일까? 내 짐작에 그 이유는 이런 문제에서 우리의 선택에 따라 육아 경험이 크게 달라지기 때문이다. 모유 수유를 할 것인지, 아이를 같은 방이나 같은 침대에서 재울 것인지, 아이에게 수면 훈련을 할 것인지, 부모들은 매일 이런 선택들을 놓고 고민한다.

그리고 그중 많은 선택이 우리의 삶을 더 어렵게 만들거나 아니면 적어도 불편하게 만든다. 모유 수유를 하면 나름의 행복한 순간들이 있다. 하지만 내가 모유 수유에 대해 이야기를 나눠 본 수백 명의 엄마 중에서 "어디를 가든 유축기를 들고 다니는 것은 여자로서 행복한 경험이었다!"고 말한 사람은 단 한 명도 없었다. 아이가 두 살이 될 때까지,

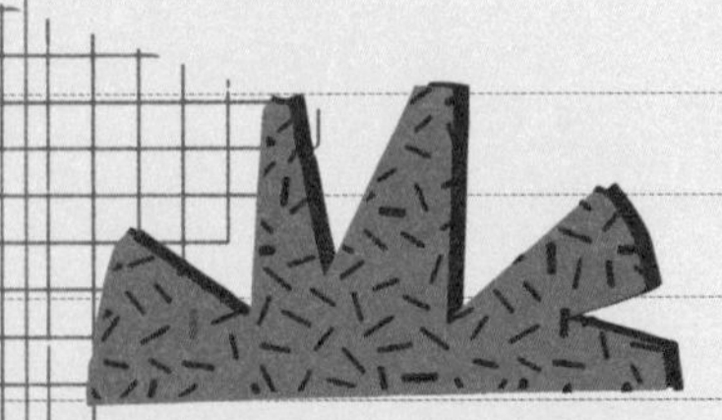

또는 두 살 반이나 세 살이 될 때까지 매일 밤 4번씩 일어나는 것은 지치는 일이다. 그로 인해 평소의 기분과 직장 생활과 대인 관계가 영향을 받는다.

반대로 모유 수유를 하지 않거나 아이가 울다가 잠들게 하는 수면 훈련을 선택해도 또 다른 힘든 면이 있다. 이런 결정을 한 엄마는 사람들의 비판을 듣게 되고 스스로 가책을 느낀다. 아이가 울다가 잠들게 하는 것은 효과가 있다. 대부분의 아이가 그렇게 잠이 들면 더 단잠을 잘 수 있다(부모도 같이). 그런데 이것은 아이를 위해서가 아니라 단지 부모가 편하기 위한 이기심은 아닌가?

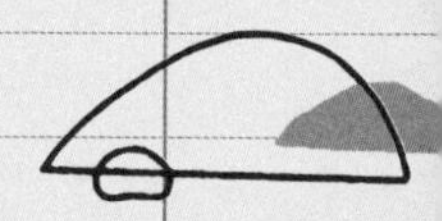

서문에서 내가 했던 말을 이쯤에서 다시 한번 반복하겠다. 세상 모든 일이 그렇듯이, 육아에서도 모든 사람에게 적용되는 완벽한 선택은 없다. 각자의 취향과 제약 조건을 고려해서 가장 적절한 선택을 할 수 있을 뿐이다. 만일 6개월 동안 육아 휴직을 하거나 다시 직장에 다니지 않는다면, 밤에 잠을 자지 못해도 대신 낮잠으로 보충하기 쉬울 수 있다. 직장에 다니더라도 그저 문을 닫고 바로 펌핑할 수 있는 개인 사무실에서 일한다면, 하던 일을 중단하고 근무 일지에 사인한 뒤 수유실(제발 화장실은 아니기를)에 가야 하는 환경보다 더 오래 모유 수유를 할 수 있다.

그러나 각자 형편이 다르다고 해서 팩트를 무시할 수는 없다. 데이터를 보지 않고 적절한 선택을 하기를 바랄 수는 없다. 같은 데이터를 보고 각자 다른 결정을 할 수 있지만, 일단은 데이터를 참고해야 한다. 경제학자로서 나는 중요한 뭔가를 결정할 때 데이터를 보는 것으로 시작한다. 데이터는 무슨 말을 하고 있는가? 그 결과는 얼마나 확실한가? 그다음에 그 데이터를 기초로 우리 가족에게 적절한 선택이 무엇인지 생각한다. 남편 역시 경제학자라는 것이 도움이 되지만 누구나 데이터와 취향을 같이 고려해서 선택할 수 있다. 굳이 경제학자와 결혼하지 않아도 누구나 그렇게 할 수 있다.

2부에서는 육아와 관련된 중요한 결정에 대한 데이터를 살펴볼 것이다. 이 책에서 하는 작업의 대부분은 사실 좋은 연구와 덜 좋은 연구를 구분하는 것이다. 우리는 어떤 결정을 내릴 때 단지 2가지 변수 사이의 관계뿐 아니라 한 변수가 또 다른 변수에 미치는 결과에 대해 알고자 한다. 모유를 먹은 아이와 먹지 않은 아이가 다르다고 말하는 것만으로는 부족하다. 모유 수유가 정말 중요한지 아닌지를 알아야 한다.

그러면 어떻게 좋은 연구를 구분할 수 있을까? 이것은 어려운 질문이지만 우리가 직접 확인할 수 있는 것들이 있다. 어떤 접근법은 다른 접근법보다 낫다. 예를 들어 무작위 실험은 보통 좀 더 설득력이 있다. 그리고 규모가 큰 연구일수록 평균적으로 더 정확한 결과가 나올 수 있다. 또한 같은 결과를 증명하는 연구가 많을수록 그 결과를 좀 더 믿을 수 있다. 하지만 항상 그렇지는 않다. 때로는 모든 연구 결과가 같은 편견에서 비롯된 것일 수도 있다.

나는 이 책을 쓰기 위해서만이 아니라 내가 하는 일을 위해 많은 연구 논문을 읽는다. 따라서 내가 내리는 결론은 일부 경험에서 나온다. 어떤 연구 결과를 보면 썩 수긍이 가지 않는데 그 이유는 서로 다른 그룹을 비교하거나 변수를 측정하는 방식이 왜곡되어 있기 때문이다. 아주 대규모 연구에서도 치명적인 결함이 발견되기도 한다. 소규모라고 해도 설계를 잘한 연구를 믿는 것이 낫다.

데이터를 사랑하는 사람들에게는 미안한 말이지만, 데이터는 결코 완벽하지 않다. 모든 데이터는 나름의 한계가 있다. 완벽한 연구는 없으며 따라서 모든 결론은 어느 정도 불확실한 면이 있다. 더구나 데이터가 하나밖에 없는 것은 곤란하다. 그 단 하나의 연구가 썩 훌륭하지 않을 수 있고, 하나의 연구만으로 어떤 연관성을 뒷받침할 수는 없다. 그래서 어떤 방법이 아기에게 좋다거나 좋지 않다고 장담할 수 없다. 물론 어떤 것은 다른 것보다 더 확실하다. 따라서 나는 어떤 데이터가 우리에게 어떤 연관성을 진실하게 보여 주는지, 그리고 어떤 데이터는 썩 믿음이 가지 않는지 구분할 수 있도록 도와주고자 한다.

2부를 다 읽고 나면 어느 정도 팩트로 무장할 수 있을 것이다. 그중에는 이미 알았던 것도 있고 여전히 잘 모르는 것도 있을 것이다. 잘 모르는 팩트는 데이터가 불확실하거나 설득력이 떨어지는 것이다. 이렇게 팩트로 무장하고 나면 적절한 선택을 향해 갈 수 있다. 모두가 같은 선택을 하는 것이 아니라 각자 자신에게 가장 적절한 선택을 할 수 있다.

4
아이에게 모유를 먹이는 게 좋을까?

모유 수유 유행은 왜 오락가락하는가

내가 퍼넬러피를 출산했던 병원에서는 다양한 출산 전 교육을 제공했는데 그중에 모유 수유 수업이 있었다. 나는 나보다 조금 먼저 아이를 낳아서 키우는 친구에게 그 수업을 들어야 하는지 물었다. 그녀는 얼굴을 찡긋하면서 말했다. “사실 인형을 갖고 연습하는 것은 실제와는 다르지.” 그 말이 맞았고, 이제 내가 진실을 말해 주겠다. 나를 포함한 많은 산모가 모유 수유를 어려워했다(수업을 들어도 도움이 되지 않는다는 것이 아니라 만병통치약이 아니라는 것이다).

퍼넬러피가 병원에서 체중이 줄었을 때 나는 분유로 보충 수유를 해야 했다. 보충 수유가 꼭 필요한지는 알 수 없었다. 그러나 더 이상했던 것은 간호사가 그 무섭다는 '젖꼭지 혼동'을 피할 수 있다고 알려 준 복잡한 수유 방식이었다. 간호사는 그냥 젖병을 건네주고 먹여 보라고 한 것이 아니라 내 가슴에 튜브를 테이프로 붙이고 머리 위로 젖병을 들고 먹이도록 했다. 그렇게 해서 분유가 튜브를 통해 나오도록 했지만 퍼넬러피도 나도 왜 그래야 하는지 이해가 되지 않았다. 병원에서는 우리에게 집에 가서 그런 방식으로 먹이라고 제안했지만 나는 거절했다. 퍼넬러피에게 분유를 먹여야 한다면 그냥 젖병을 물리겠다고 했다.

마침내 젖이 나오기 시작했지만 그것으로 끝이 아니었다. 젖을 먹일 때마다 충분하지 않고 모자라는 것 같았다. 퍼넬러피는 밤에 잠들기 전에 주로 젖병으로 분유를 먹고 먹고 또 먹었다. 미안하기 짝이 없었다. 모두 내게 말했다. "아이가 아직 배가 고픈 것 같은데 계속 젖을 빨려 봐요. 그러면 젖이 더 나올 거예요!" 그러나 우리 아이는 분명히 굶주리고 있었다(적어도 그렇게 보였다).

동시에 나는 직장에 일하러 갈 때를 대비해서 모유 생산을 늘려서 비축해 두기 위해 펌핑을 시도했다. 하지만 펌핑을 언제 해야 좋은지 알 수 없었다. 수유를 하고 나서 곧바로 해야 하나? 아이가 다시 먹으려고 하면 어떻게 해야 하지? 수유를 하고 나서 1시간 후에 아이가 낮잠을 잘 때 할까? 금방 펌핑을 끝냈는데 아이가 일어나서 다시 먹으려고 하면 어떡하지?

무엇보다 퍼넬러피는 모유를 싫어하는 것 같았고 젖을 물리려면 매번 씨름을 해야 했다. 퍼넬러피가 생후 7주가 되었을 때였다. 오빠 결혼식에 갔다가 레스토랑 뒤편에 있는 벽장에 들어가서 아이에게 젖을 물렸다. 벽장 안은 찜통이었고 퍼넬러피는 악을 쓰면서 울었다. 결국 거기서 나와 시원한 식당에서 젖병으로 먹였다.

나는 왜 모유 수유를 계속했을까? 나도 왜 그랬는지 모른다. 결국 퍼넬러피는 생후 3개월이 되자 내가 포기하지 않을 것임을 받아들인 것 같았다. 어느 날부터 그다지 거부하지 않고 젖을 먹기 시작했다. 모유 수유가 다 이렇게 힘든 것은 아니고 아이마다 다를 수 있다. 핀에게 젖을 먹이는 것은 식은 죽 먹기였다(물론 다른 문제들은 더 힘들었다). 모유가 더 일찍 더 많이 나왔고, 핀은 젖을 빠는 것을 힘들어하지 않았다. 하지만 어떤 엄마들은 첫아이부터 수월하게 젖을 먹인다.

게다가 주변에서 모유 수유의 여러 장점을 강조하기 때문에 엄마들의 고민은 더욱 깊어진다. 여기 모유 수유의 장점을 알려주는 목록이 있다(이 장점 목록은 분유가 안전하고 깨끗한 물로 만들어지는 미국이나 다른 선진국에서의 사례라는 것을 염두에 두기 바란다. 분유가 오염된 물로 만들어지는 개발 도상국에서는 모유 수유가 주는 장점이 더 크고 이유도 다르다).[1] 목록이 매우 길기 때문에 내가 나름대로 분류를 했다.

이 목록에서 '친구들과의 우정'을 확인할 수 있다. 과연 그럴까? 내 말을 오해하지 말기 바란다. 엄마가 되면 처음에 외롭고 고립된 감정을 느낄 수 있으므로 다른 엄마들을 만나는 것은 좋은 생각이다. 엄마들이

모유 수유의 장점들	
아기에게 주는 단기적 이익	• 감기와 감염병이 줄어든다. • 알레르기성 발진이 줄어든다. • 위장 장애가 줄어든다. • NEC(신생아 괴사성 장염) 위험이 낮아진다. • SIDS(유아 돌연사 증후군) 위험이 낮아진다.
아이에게 주는 장기적 이익 : 건강	• 당뇨병 위험이 낮아진다. • 소아 관절염 위험이 낮아진다. • 소아암 위험이 낮아진다. • 뇌 수막염 위험이 낮아진다. • 뇌염 위험이 낮아진다. • 요도 감염 위험이 낮아진다. • 크론병 위험이 낮아진다. • 비만 위험이 낮아진다. • 알레르기와 천식의 위험이 낮아진다.
아이에게 주는 장기적 이익 : 인지 발달	• 아이큐가 더 높아진다.
엄마에게 주는 이익	• 피임 효과가 있다. • 체중이 줄어든다. • 아기와의 유대감 형성에 도움이 된다. • 돈이 절약된다. • 스트레스 저항력이 생긴다. • 좀 더 잘 수 있다. • 친구들과의 우정이 깊어진다. • 암에 걸릴 위험이 낮아진다. • 골다공증 위험이 낮아진다. • 산후 우울증 위험이 낮아진다.
세상에 주는 이익	• 소들이 내뿜는 메탄가스가 줄어든다.

유모차 요가(유모차를 이용해서 하는 요가)를 하는 것도 그런 이유에서다. 하지만 나는 찜통 옷장에서 비명을 지르는 아이와 씨름하면서 젖을 물린다고 해서 친구들과의 우정이 더 깊어질 거라고 생각하지 않는다. 그리고 모유 수유를 통해 우정이 깊어진다는 것을 보여 주는 증거는 엄마들의 평가에서 찾아볼 수 없다. 그러나 앞에서 열거한 다른 장점들은 특별히 훌륭한 증거는 아니더라도 어느 정도 근거에 기초하고 있다.

특히 서문에서 언급했듯이, 모유 수유에 관한 대부분의 연구는 모유 수유를 하는 여성들이 대체로 모유 수유를 하지 않는 여성들과 다르다는 쪽으로 기울어져 있다. 미국과 대부분의 선진국에서, 교육을 더 많이 받고 경제적으로 여유가 있는 여성들이 모유 수유를 하게 될 가능성이 더 높다는 것이다.

하지만 항상 그런 것은 아니다. 모유 수유는 지난 세기를 포함해서 오랜 세월 동안 유행이 오락가락했다. 20세기 초에는 거의 모든 엄마가 몸이 허락하는 한 모유를 먹였지만 1930년대에는 좀 더 '현대적인' 분유가 나오면서 모유 수유 비율이 급격히 감소했다. 그 이유는 모유 수유가 항상 쉽지 않기 때문이기도 할 것이다. 1970년대까지 대다수의 엄마는 분유 수유를 했다. 그러다가 그 무렵에 시작된 공중 보건 캠페인에서 분유 수유 추세와는 반대로 모유 수유의 장점을 홍보하기 시작했다. 이러한 기류 변화에 동참해서 분유 제조업체들까지 어느 정도 모유 수유를 장려했다. 그 이후로 모유 수유 비율이 증가했다. 이러한 증가세는 특히 교육을 더 많이 받고 경제적인 여유가 있는 엄마들 사이에서

더 높았다.[2]

모유 수유와 교육, 소득, 기타 변수들 사이의 관계는 연구 대상이다. 모유 수유와는 별개로 부모의 교육 수준과 경제력은 유아와 아이들의 성취도와 관계가 있다. 이것은 모유 수유의 영향을 유추하기 매우 어렵게 만든다. 물론 모유 수유와 여러 긍정적인 결과 사이에는 상관관계가 있다. 하지만 그렇다고 해서 모유를 먹이면 아이가 더 훌륭하게 자란다는 의미는 아니다.

구체적인 예를 들어 보자. 1980년대 후반에 스칸디나비아에서 345명의 아이를 대상으로 모유를 3개월 이내로 먹은 아이들과 6개월 이상 먹은 아이들을 비교한 연구가 있다.[3] 그 결과 모유를 더 오래 먹은 아이들의 아이큐가 7점 정도 더 높은 것으로 나왔다. 그러나 모유를 더 오래 먹인 엄마들은 더 부유하고 더 많은 교육을 받았고 아이큐도 더 높았다. 이런 변수들 중 몇 가지만 조정해도 모유 수유의 효과는 훨씬 줄어드는 것으로 나타났다.

이 연구와 또 다른 연구들은 엄마들 사이의 차이를 반영하더라도 모유 수유가 긍정적인 영향을 미친다고 주장한다. 그러나 그렇게 조정을 하더라도 엄마들 사이의 모든 차이를 제거할 가능성은 지극히 낮다. 예를 들어 모유 수유에 관한 대부분의 연구는 엄마의 아이큐를 알아보지 않는다. 그보다는 엄마들의 교육 수준을 평가해서 아이큐와 연결한다. 평균적으로 대학을 졸업한 여성들이 고졸 이하의 여성들보다 아이큐 검사에서 더 높은 점수를 받는다. 그러나 교육 수준은 아이큐를 정확하게 측정할 수 있는 척도가 아니다.

교육 수준이 높은 엄마들 사이에서도 아이큐가 높은 엄마들이 모유 수유를 더 많이 하는 것으로 나타난다.[4] 또 교육 수준이 같다고 해도 엄마의 아이큐가 높으면(평균적으로) 아이의 아이큐도 높다.[5] 엄마들의 교육 수준을 반영해서 조정한다고 해도, 여전히 모유 수유 외에 아이의 성취도와 관련이 있을 수 있는 다른 특성들(엄마의 아이큐)이 있다.

이런 문제점은 어떻게 피해 갈 수 있을까? 어떤 연구들은 다른 연구들보다 나으므로, 우리는 더 나은 연구에서 답을 찾아야 한다. 나는 모유 수유의 효과에 대한 데이터를 보면서 더 나은 연구들을 찾아내려고 노력했고, 그런 연구들을 기초로 결론을 내렸다. 위에서 든 예와 관련해서 말하자면, 엄마의 아이큐를 반영한 연구가 좀 더 믿을 수 있는 결과를 보여 줄 것이다.

지금쯤 알고 있겠지만, 이 책은 데이터의 형태로 된 팩트와 데이터에서 무엇을 알 수 있는지에 초점을 맞추고 있다. 하지만 인터넷에서 많이 볼 수 있는 또 다른 형태의 증거들이 있다. 소위 '사람들이 하는 말'이나 '내 친구에게 일어난 일'이다. "내 친구는 모유를 먹이지 않았는데 아이가 하버드대학교에 갔어." "내 친구 아이는 백신 접종을 하지 않았는데 아주 건강해!" 이런 종류의 일화에서 우리가 배울 수 있는 것은 없다. 통계학에서 항상 하는 말이 있다. 일화는 데이터가 아니라는 것이다(나는 이 말을 새긴 티셔츠를 만들 수도 있다).

그러면 모유 수유에 관련된 데이터가 가진 문제에 대해 좀 더 자세히 알아보기 전에, 내가 이 책에서 인용하는 연구들의 유형에 대해 간단히 설명하겠다.

팩트를 알려 주는 육아 연구법들

연구원들은 모유 수유나 이 책에서 나오는 다른 문제에 대해 연구할 때, 다른 모든 요인을 상수로 두고 그들이 연구하는 것의 효과에 대해 알아보고자 한다. 모유 수유에 대한 연구에서 '이상적인' 실험 설정은 먼저 아이에게 모유를 먹인 후 어떻게 되는지 보고 나서, 같은 아이에게 모유를 먹이지 않으면 어떻게 되는지 보는 것이다. 다른 모든 것, 이를테면 시간대, 부모, 양육 방식, 가정 환경은 모두 정확하게 동일해야 한다. 이것이 가능하다면 그 아이가 나중에 자랐을 때와 비교해 보고 모유 수유의 효과를 알 수 있을 것이다.

물론 이것은 가능하지 않다. 그러나 연구원들은 이를 목표로 분석한다. 이 목표에 얼마나 가까이 다가가느냐 하는 것은 연구 방식의 질에 의해 크게 좌우된다.

무작위 대조 실험

연구 방식의 '정석'은 무작위 대조 실험이다. 이런 유형의 연구를 하기 위해서는 사람들을 모집해서(가능하면 많이) 무작위로 '실험군'이 될 사람들과 '대조군'이 될 사람들로 나눈다. 모유 수유에 대한 무작위 연구의 경우 실험군은 모유 수유를 하는 엄마들이고, 대조군은 모유 수유를 하지 않는 엄마들이다. 무작위로 선정하므로 두 그룹은 모유 수유 외의 다른 조건들은 평균적으로 같다. 그다음에 모유 수유 그룹에 일어나는 일과 대조군에서 일어나는 일을 비교한다.

이러한 연구의 문제점은 누군가에게, 특히 아이들에게 억지로 뭔가를 강요할 수 없다는 것이다. 그래서 내가 여기서 인용하는 대부분의 연구는 '권장 설계Encouragement Design' 방식을 사용한다. 한 그룹에게는 모유 수유, 수면 훈련, 훈육법 등을 권장하고 다른 그룹에게는 하지 않는다. 예를 들어 어떤 행동의 장점을 이야기해 주거나 그 행동을 성공적으로 수행할 수 있는 훈련이나 지침을 제공한다. 그리고 그러한 권장이 사람들의 행동을 변화시킬 수 있다는 가정하에 인과적 결론을 도출한다.

무작위 연구는 운용비가 많이 들고 특히 규모가 크면 시행하기 어려울 수 있다. 하지만 같은 아이를 2가지 방법으로 실험하는 이상적인 설정에 가장 근접할 수 있다. 따라서 나는 이런 연구들을 발견하면 그 결과에 큰 비중을 둔다.

관찰 연구

두 번째로, 매우 많은 연구가 '관찰 연구' 유형에 해당된다. 관찰 연구는 대상을 무작위 그룹으로 나누는 것이 아니라 모유를 먹는 아이와 모유를 먹지 않는 아이, 또는 수면 훈련을 받은 아이와 받지 않은 아이를 비교하는 것이다. 이러한 연구들은 기본 구조가 유사하다. 연구원들은 부모의 행동에 대한 정보와 함께 아이에게 미치는 단기적, 장기적인 영향에 대한 데이터에 접근(또는 수집)한다. 그다음에 서로 다른 그룹, 예를 들어 모유를 먹는 아이들과 먹지 않는 아이들을 비교 분석한다.

우리가 살펴볼 데이터 중 다수는 이러한 유형의 연구에서 나온 것이다. 이런 연구들이 질적으로 큰 차이가 나는 이유 중 하나는 연구 규모 때문이다. 어떤 연구는 다른 연구보다 규모가 큰데, 일반적으로 규모가 클수록 더 확실한 결과가 나온다. 그리고 그보다 더 중요한 사실은, 한 가지 변수에 대해 다른 조건들은 모두 동일한 상황에서 같은 아이를 비교하는 것처럼 이상적인 목표에 얼마나 가까이 가느냐에 따라 많은 차이가 생긴다는 것이다. 따라서 비교를 할 때는 서로 다른 선택을 하는 가족 간의 고유한 차이점들을 감안해서 조정해야 한다. 대부분의 연구는 부모나 아이가 가진 일부 조건들을 반영해서 조정하는데, 이를 잘 하려면 데이터의 질이 중요하다.

그 한쪽 끝에 '형제 연구'가 있다. 이것은 연구하고자 하는 변수에 대해 같은 가족 안에서 서로 다르게 키워진 두 아이를 비교하는 것이다. 예를 들어 형제 중 한 아이는 모유를 먹였고 다른 아이는 모유를 먹이지 않은 경우, 두 아이는 부모도 같고 함께 자랐기 때문에 모유 수유 외에 다른 조건들은 비슷하다고 주장할 수 있다. 하지만 이런 형제 연구도 완벽하지는 않다. 왜 한 아이는 모유를 먹이고 다른 아이는 먹이지 않았는지 물어야 한다. 그러나 관찰 연구가 가진 가장 큰 문제 중 일부를 제거했다는 점에서 많은 점수를 줄 수 있다. 모유 수유의 선택에는 아마 아기가 젖을 얼마나 잘 먹는지와 관련된 우연성이 일부 작용할 수도 있다(나 자신의 경험에 비추어 보면 그렇다).

다른 많은 연구가 형제를 비교한 것은 아니지만 부모에 대한 많은 정보를 감안해서 조정한다. 학력, 아이큐 검사, 소득, 인종, 가정 환경, 아이의 타고난 특성 등 이런 변수들을 반영하면 2명의 같은 아이를 비교한 결과에 더 근접해질 수 있다. 나는 이 책에서 종종 이런 변수들을 '조정'이라고 부를 것이다. 조정을 많이 할수록, 즉 아이들과 가족 간의 차이점들을 더 많이 상수로 유지할수록 모유 수유의 효과에 대해 좀 더 확실하게 알 수 있다. 그 반대편 끝에는, 한두 가지 변수만을 조정한 연구들이 있다. 예를 들어 아이들의 출생 시 체중 차이에 대해서만 조정하고 그 외에는 하지 않을 수 있는데, 이런 연구는 믿기 어렵다.

사례-대조군 연구

마지막으로 소위 '사례-대조군 연구'에서 나오는 결과가 있다. 이러한 연구들은 결과가 드물게 일어나는 경우에 사용된다. 아이에게 책을 읽어 주는 것과 아이가 아주 일찍(이를테면 3세 이전) 글을 읽는 것이 어떤 관련이 있는지 알고 싶다고 해 보자. 3세 이전에 읽기를 배우는 것은 매우 드문 결과다. 아주 큰 데이터 세트에서도 몇 가지 사례밖에 없을 수 있다. 이런 데이터는 무엇이 그런 결과를 만드는지 알기에 충분하지 않다.

사례-대조군 연구는 일군의 '사례들'을 구분하는 것으로 시작한다. 예를 들면 연구원들이 밖에 나가서 3세 이전에 글을 유창하게 읽는 아이들을 찾아내고 그들에 대해 이런저런 데이터를 수집한다. 그런 다음, 조건은 어느 정도 비슷하지만 더 나중에 읽기를 배우는 아이들로 이루어진 대조군을 찾아서 비교한다. 그들은 글을 빨리 읽기 시작한 아이들에게서 어떤 행동(이 사례에서는 부모가 아이에게 책을 읽어 주는 것)이 더 공통적으로 발견되는지 묻는다.

일반적으로 이런 연구는 다른 유형의 연구보다 더 부실하다. 무엇보다 관찰 연구가 가진 문제점을 모두 가지고 있다. 즉, 사례군 그룹은 대조군 그룹과 여러 면에서 다를 수 있고 그러한 차이들은 조정하기 어렵다. 또한 종종 대조군을 보통 실험군과 다른 방식으로 모집하기 때문에 문제가 더 심각하다. 또 다른 문제점도 있다. 이러한 연구들은 대개 부모들에게 먼 과거의 행동에 대해 물어보는 것에 의존한다. 하지만 지난 행동을 기억하는 것은 어려울 수 있고 그동안 아이에게 일어난 일들로 인해 기억이 변질될 수도 있다.

마지막으로, 이런 연구들은 규모가 작은 경향이 있고, 연구원들은 종종 그들이 연구하는 것과 관계가 있을 것 같은 변수들을 위주로 살펴보는데 그로 인해 결과가 왜곡될 수 있다. 우리는 참고할 수 있는 연구가 이런 유형밖에 없어서 그 안에 담긴 데이터를 활용해야 할 수도 있는데 이럴 때는 조심해서 접근할 필요가 있다.

모유 수유는 아이에게 어떤 영향을 미칠까
: 면역, 비만, 아이큐, 정서 안정

특히 모유 수유의 경우에는 앞에서 내가 소개한 모든 유형의 연구가 있다. 1990년대에 벨라루스에서 모유 수유에 대해 실시한 대규모 무작위 대조 실험이 있다.[6] 이 연구는 일부 엄마들에게 모유 수유를 권장했고 다른 엄마들에게는 하지 않았으며 두 그룹의 모유 수유 비율은 서로 달랐다. 이 연구에서는 모유 수유가 아이의 건강에 미치는 단기적인 영향과 아이의 키, 아이큐 같은 장기적인 영향에 대해 알아볼 수 있을 것이다.

또 매우 훌륭한 관찰 연구들이 있다. 형제들을 비교한 훌륭한 연구가 몇 건 있고, 형제들을 이용할 수는 없었지만 표본의 크기가 크고 아이들과 그들의 부모에 대한 많은 데이터를 관찰한 연구들도 있다. 마지막으로 소아암, SIDS와 같은 드물고 비극적인 결과에 대해서는 몇몇 사례-대조군 연구를 살펴보고 거기서 우리가 무엇을 배울 수 있는지 알아볼 것이다.

이 장의 나머지 부분에서는 모유 수유가 아이와 엄마에게 단기적, 장기적으로 주는 혜택에 대해 자세히 알아보겠다. 그러나 메탄가스 문제는 제쳐 두겠다. 다만 소들이 메탄가스를 방출하는 것은 사실이며, 분유는 유제품이기 때문에 그런 의미에서 모유 수유의 장점이라고 할 수 있다. 또 한 가지, 모유 수유를 하기로 결정했더라도 그 일이 항상 쉽지는 않다는 것을 말해 두겠다. 모유 수유에 도전하겠다면(찜통 벽장에 들어가는 것은 빼고!) 5장을 읽어 보자.

모유 수유와 유아기 건강

모유 수유와 유아기 건강의 관계에 대해서는 아주 많은 연구가 있다. 초기에는 앞에서 말한 대규모 무작위 연구가 집중적으로 이루어졌고, 또 설득력 있는 메커니즘의 관계가 밝혀졌다. 모유에는 항체가 포함되어 있으므로 모유가 일부 질병을 예방한다는 것은 충분히 개연성이 있다.

무작위 실험부터 시작하자. 프로빗PROBIT이라고 불리는 이 실험은 1990년대에 벨라루스에서 실시되었다. 그들은 벨라루스의 여러 지역에 사는 1만 7000쌍의 엄마와 아기를 추적했다. 우선 모유 수유를 원하는 엄마들을 표본으로 모집하고 그들 중 절반을 무작위로 선정해서 모유 수유를 권장하고 지원했다. 나머지 절반에게는 모유 수유를 제지하지는 않았으나 지원도 하지 않았다.

권장은 모유 수유에 큰 영향을 미쳤다. 엄마들에게 모유 수유를 권장한 아기들 중 3개월 후 완전히 모유만 먹는 아기들의 비율은 43퍼센트였으나 권장을 하지 않은 엄마들의 아기들은 6퍼센트에 불과했다. 또 그 시점에서 모유를 조금이라도 먹는 아기들의 비율도 차이가 있었다. 1년 후 모유를 조금이라도 먹는 아기들의 비율은 각각 20퍼센트와 11퍼센트로, 권장 효과가 지속되었음을 보여 준다.[7] 권유를 받은 엄마들이 모두 모유 수유를 한 것은 아니고, 권유를 받지 않은 엄마들이 모두 모유 수유를 하지 않은 것은 아니다. 그렇다면 두 그룹 간의 모유 수유 비율 차이가 더 클 때보다 권장 효과가 작게 나올 수 있다.[8]

이 연구는 모유 수유의 2가지 중요한 장점을 발견했다. 첫해에 모유를 먹은 아기들은 설사 같은 위장 감염이 적었고 습진과 다른 발진에 걸린 비율도 낮았다. 숫자로 보면 엄마에게 모유 수유를 권장하지 않은 그룹 중에는 적어도 한 번 설사를 한 아기들 비율이 13퍼센트였지만, 엄마에게 모유 수유를 권장한 그룹의 아기들은 9퍼센트에 불과했다. 발진과 습진 발병 비율 또한 모유 수유를 권유받은 그룹의 아기들은 3퍼센트였고 그렇지 않은 그룹의 아기들은 6퍼센트로 더 적었다.

이것은 의미 있는 결과이고 이러한 질병들의 전체 비율을 보면 상당히 크다. 예를 들어 발진과 습진은 반으로 줄었다. 그렇기는 해도 전체 비율은 거리를 두고 볼 필요가 있다. 모유를 적게 먹는 그룹에서도 발진이나 습진에 걸린 아이들은 6퍼센트에 불과했다. 또 상당히 가벼운 질병이라는 사실도 참고할 필요가 있다.

모유 수유의 영향을 받는 것처럼 보이는 질병으로 신생아 괴사성 장염Necrotizing Enterocolitis, NEC이 있다. 이 병은 미숙아가 걸리기 쉬운 심각한 장 질환이다(출생 시 몸무게가 1.5킬로그램 미만의 아기에게 가장 흔하다). 무작위 실험들은 모유(엄마나 기증자의 모유)가 이 병의 위험을 낮추는 것을 보여 준다.[9] 이 결과는 모유가 소화가 잘 된다는 일반적인 믿음을 확인해 줄 수 있다. 하지만 만기 출생아(또는 만기를 거의 채우고 태어난 아기)가 NEC에 걸리는 일은 매우 드물다.

또한 프로빗 실험에서는 호흡기 감염, 중이염, 크루프(급성 호흡 곤란 질환), 쌕쌕거림(천명)을 포함한 많은 질병이 모유 수유의 영향을 받지 않는 것으로 나타났다. 실제로 이런 문제를 가진 아이들의 비율은 모든 그룹에서 동일했다. 이것이 어떤 의미인지 분명히 해 둘 필요가 있다. 이는 모유 수유가 호흡기 질환에 전혀 영향을 미치지 않는다는 것을 의미하는 것은 아니다. 그 추정치들은 소위 '신뢰 구간'이라고 부르는 통계 오차로서 우리가 보고 있는 추정치가 얼마나 확실한 것인지를 알려 주고 있다. 이 특별한 연구에서는 모유 수유가 어느 쪽으로든 영향을 줄 가능성을 배제할 수 없다. 즉, 모유 수유는 호흡기 감염을 줄일 수도 있고 늘릴 수도 있다. 내가 말할 수 있는 것은 모유 수유의 결과로 호흡기 감염이 감소한다는 주장을 데이터가 뒷받침해 주지는 않는다는 것이다.

그렇다면 왜 모유 수유가 감기와 중이염을 감소시킨다는 '증거에 기반한' 주장이 계속 나오는 것일까? 그 주된 이유는 모유 수유가 이러한 질병에 영향을 미친다는 것을 보여 주는 많은 관찰 연구가 있기 때문이다. 특히 모유 수유가 중이염에 영향을 미친다고 주장하는 일련의 대규모 연구들이 있다.[10] 만일 무작위 실험이 있다면 이 증거에 무게를 둘 수 있지 않을까? 여기에는 답하기 어렵다. 한편으로 모든 것이 동일하다면 무작위 증거가 확실히 더 낫다. 우리는 모유 수유가 일시적인 기분으로 하는 일이 아니며, 모유 수유를 하는 엄마들은 그렇지 않은 엄마들과 상황이 다르다는 것을 알고 있다. 이것은 우리로 하여금 무작위 증거의 편에 서게 한다.

반면에 무작위 실험은 단 1건의 연구에 불과하다. 그리고 무한히 크지 않다. 모유 수유가 가진 작은 장점들이 있는데 무작위 실험에서는 그런 장점들이 유의미한 결과로 나타나지 않을 수 있다. 그리고 우리는 여전히 그런 장점들에 대해 알고 싶다. 따라서 특히 널리 연구되고 있는 중이염에 관한 것, 그리고 그 증거의 일부가 매우 크고 양질의 데이터 세트에서 나온 것이라면 비무작위 데이터를 살펴보는 것은 합리적일 것 같다.

2016년에 발표된, 7만 명의 덴마크 여성을 대상으로 한 연구에서는 6개월 동안 모유 수유를 하면 중이염 위험이 7퍼센트에서 5퍼센트로 감소하는 것으로 나타났다.[11] 이 연구는 매우 신중하고 철저하게 실시되었고, 연구원들은 엄마와 아이들 사이의 많은 차이점을 조정할 수 있는 훌륭한 데이터를 바탕으로 했다. 하지만 이와 같은 결과가 모든 연구에서 나오지는 않는다. 영국에서 실시한 유사한 연구에서는 모유 수유가 중이염의 발병을 줄여 주지 않는 것으로 나타났다.[12] 그러나 내가 보기에 전체적인 증거의 무게는 개연성이 있는 쪽으로 기울어진다.

그에 반해서 감기와 기침에 대한 연구들은 덴마크의 중이염 연구만큼 설득력이 없다. 이러한 증상에 대한 연구들은 규모가 작고 통계가 불확실하고 결과가 불안정하다. 이런 연구에서 배울 수 있는 것은 적은 것 같다. 그러면 남는 것은? 확실히 모유 수유가 영아 습진과 위장 감염을 감소시킨다는 결론은 타당해 보인다. 그 외에 가장 확실한 팩트는 모유 수유를 하는 아기들의 중이염 발병률이 다소 낮다는 것이다.

모유 수유와 유아 돌연사 증후군

모유 수유와 영유아기 건강을 다루면서 SIDS와의 관계를 빼놓을 수 없다. SIDS는 아기가 침대에서 갑자기 죽는 비극적인 사건을 말한다. SIDS와 모유 수유의 관계는 자주 제기되지만 풀기 어려운 숙제다. 아이의 죽음은 부모로서는 상상도 할 수 없는 최악의 상황이다. 이 책에서 우리는 묵직하게 느껴지는 많은 주제들을 살펴보겠지만 그 무엇도 이 끔찍한 상황에 비견할 수는 없다. 모유 수유와 유아 사망 사이의 관계 가능성을 시사하는 것만으로도 마음이 무거워진다.

SIDS는 드물게 일어난다. 중이염과 감기는 흔하다. 모유 수유를 하든 안 하든 아기들은 감기에 걸린다. 이와는 대조적으로 SIDS 사망은 1800명당 약 1명꼴로 발생한다. 다른 위험 요인이 없다면(미숙아가 아니고, 엎어서 재우지 않는다면) 아마도 1만 명 중 1명 정도가 될 것이다.[13] 이 통계는 불안해하는 부모들을 어느 정도 안심시킬 수 있지만 또한 SIDS와 모유 수유의 관계를 연구하기 어렵게 만든다. 왜냐하면 다른 아이들에게 도움이 될 수 있는 뭔가를 알아내기 위해서는 엄청나게 많은 아기의 표본이 필요하기 때문이다.

그래서 이 관계에 대한 연구들은 사례-대조군 방법을 사용한다. SIDS로 죽은 많은 영아를 확인해서 그 부모들을 인터뷰하고, 그다음에는 아기를 키우는 부모들로 이루어진 대조군을 인터뷰해서 부모들과 아이들의 특징을 비교하는 것이다. 이런 연구는 많다.[14] 그리고 평균적으로 살아 있는 아이들의 모유 수유 비율은 SIDS로 죽은 아이들보다 높게 나타난다. 그래서 모유 수유를 하지 않는 것이 SIDS의 위험을 증가시킨다는 결론을 내린다. 가장 최근의 분석들은 이러한 결과가 2개월 이상 모유 수유를 한 아이들에게 가장 뚜렷하게 나타난다고 말한다.[15]

그러나 데이터를 주의 깊게 살펴본 결과 나는 이런 결론이 분명하지 않다는 생각이 들었다. SIDS로 죽은 아이들과 살아 있는 아이들 사이에는 기본적인 차이점들이 있다. 그 차이점들은 모유 수유와는 아무 상관이 없지만 다른 많은 결과를 유발한다. 부모의 흡연, 미숙아 여부, 그리고 모유 수유와 상관관계가 있고 SIDS와 관련이 있는 위험 요인들을 모두 고려하면 모유 수유가 미치는 영향은 거의 없거나 전무해진다.

이 외에도 모유 수유의 영향이 가장 크게 나온 일부 연구 논문들은 대조군 선정에 심각한 문제가 있었다. 이러한 연구를 설계하는 핵심 요소는 최대한 비교 가능한 대조군을 선정하는 것이지만 항상 그 목표를 달성하는 것은 아니다. 예를 들어 대개는 한 지역에서 SIDS로 사망한 모든 영아를 실험군으로 선택한 다음, 편지나 전화를 통해 살아 있는 영아들의 부모를 모집하는 식이다. 그러나 이것은 대조군을 특정한 방식으로 선정하는 것이며, 연구에 참여하기를 원하는 사람들은 연구에 참여하지 않는 사람들과 근본적으로 다르다.[16]

이러한 문제점을 보완하기 위해 대조군 아기들을 좀 더 신중하게 선택한 연구들이 있는데, 영국의 한 연구는 동일한 가정 방문 간호사가 방문한 아기들로 대조군을 구성했다. 이 연구에서는 모유 수유를 하지 않는다고 해서 SIDS의 위험이 높아지지는 않는 것으로 나타났다.[17] 다행히 SIDS는 드물게 일어난다. 워낙 드물기 때문에 모유 수유를 하면 SIDS의 위험이 다소나마 낮아지는 가능성도 완전히 배제할 수 없다. 그러나 어떤 의미 있는 연관성을 뒷받침할 만큼 훌륭한 데이터는 없는 것 같다.

모유 수유와 그 외 건강

모유 수유에 대한 대부분의 학문적 연구는, 아기가 모유 수유를 하는 동안에 걸리는 중이염과 같은 결과에 초점을 맞춘다. 그러나 대중의 담론은 장기적 이익에 훨씬 더 초점을 맞추는 것 같다. 그리고 그로 인해 엄마와 부모에게는 죄의식이 쌓인다. 사람들은 "앞으로 6개월 동안 설사할 가능성이 낮아지기 때문에 모유를 먹이는 것이 좋다!"라는 이야기는 하지 않는다. 그보다는 "아이를 가장 유리한 출발선에 서게 하려면 모유를 먹이는 것이 좋다. 나중에 더 똑똑하고, 키가 크고, 날씬해질 것이다!"라고 한다. 이것은 길에서 듣는 이야기가 아니다. 어떤 엄마는 의사에게서 모유 수유를 중단하면 아이의 아이큐가 3점은 떨어진다는 이야기를 들었다고 했다.

부모에게 모유 수유를 하지 않으면 아이가 평생 힘들게 살게 된다는 말은 단순히 중이염에 한 번 더 걸릴지도 모른다는 말보다 훨씬 더 고약하다. 죄책감에 시달리는 엄마들에게 좋은 소식을 전해 주겠다. 나는 모유 수유가 어린 시절의 건강 문제 이상으로 장기적인 영향을 준다는 주장을 뒷받침하는 어떤 설득력 있는 증거도 찾지 못했다.

프로빗 실험에서 나온 결과로 시작해 보자. 그 연구는 모유 수유를 한 아이들과 하지 않은 아이들을 7세까지 추적했지만 장기적으로 건강에 영향을 준다는 증거는 나오지 않았다. 알레르기, 천식, 충치, 키, 혈압, 체중, 또는 과체중이나 비만에서도 차이가 없었다.[18]

비만에 미치는 영향에 대해 잠깐 짚어 보자. 비만과 관련해서 모유 수유가 가진 장점은 많은 관심을 받고 있다(내가 핀을 임신했을 때 다니던 산부인과에는 모유 수유를 하면 살이 빠진다고 주장하는 대형 포스터가 붙어 있었는데, 거기에는 두 덩이의 아이스크림에 각각 체리를 얹어서 가슴처럼 보이게 만든 그림이 그려져 있었다. 세련된 포스터였지만 나에게는 그 의미가 불분명하게 느껴졌다. 모유를 먹이면 아이스크림을 더 먹을 수 있다는 것처럼 보였으니까).

비만과 모유 수유가 상관관계가 있다는 것은 분명한 사실이다. 모유 수유를 하는 아이들은 나중에 비만이 될 가능성이 적다. 그러나 인과 관계는 보이지 않는다. 비만이 되는 것이 모유를 먹지 않았기 때문이라는 증거는 없다. 프로빗의 무작위 데이터에서 아이가 7세가 되었을 때나 11세가 되었을 때를 조사한 결과, 모유 수유가 비만 여부에 영향을 미치지 않는 것을 보여 준다.[19] 이를 뒷받침하듯 형제 중 모유를 먹인 아이와 먹이지 않은 아이를 비교한 연구들도 비만에서 차이가 없는 것으로 나타났다. 모유 수유는 종종 형제가 아닌 가족 간의 비교 연구에서 영향이 있는 것으로 나타난다. 따라서 비만은 모유 수유가 아닌 가족의 다른 뭔가가 영향을 미치는 것 같다.[20] 보다 완전한 그림을 얻기 위해 비만과 모유 수유에 대한 많은 연구를 다 함께 놓고 보면, 형제 간의 비교 연구는 아니지만 엄마의 사회 경제적 지위, 흡연, 체중 등을 세심하게 반영해서 조정한 연구들에서도 어떤 연관성은 보이지 않는다.[21] 이 모든 결과들은 어느 정도 통계적 오차를 수반한다. 모유 수유가 비만에 영향을 미치지 않는다고 확실하게 말할 수 있을까? 없다. 다만 내가 말할 수 있는 것은 유의미한 연관성을 설득력 있게 보여 주는 데이터가 없다는 것이다.

프로빗에서는 연구되지 않았지만 몇 가지 장기적 결과, 예를 들어 소아 관절염과 요로 감염과 같은 증상들과 모유 수유 사이의 연관성을 보여 주는 연구는 한두 건 있다. 하지만 대부분 그 증거가 매우 제한적이다.[22] 많은 연구 중 유의미한 관계가 나타난 연구가 1건뿐이거나, 연구 설계가 부실하거나, 모집단이 일반적이지 않다면 어떤 연관성이 있는지 데이터로 배울 수 있는 것은 없다. 제1형 당뇨병과 소아암처럼 심각한 질병에 대해서는 좀 더 많은 연구가 있지만 역시 데이터가 제한적이어서 많은 것을 알 수 없을 것 같다. 이 두 질병에 대한 자세한 내용은 미주를 참조하기 바란다.[23]

모유 수유에 대한 연구는 매우 제한적이고 부실하더라도 많은 관심을 받는다. 언론은 논문 발표의 취지를 잘못 전달하는 경향이 있다. 논문이 훌륭해도 그렇고, 훌륭하지 못한 논문도 많다. 게다가 우리는 종종 언론에서 논문이 주장하는 것을 과장되게 표현한 공격적인 헤드라인을 보게 된다. 왜 그럴까?

한 가지 이유는 사람들이 무시무시하거나 충격적인 이야기를 좋아하는 것 같기 때문이다. 사람들은 “훌륭하게 설계된 대규모 연구에 의하면, 모유 수유가 설사병을 다소 감소시키는 것으로 나타났다”라는 제목보다 “분유를 먹인 아이들의 고등학교 중퇴가 더 많다”라는 제목을 더 많이 클릭한다. 충격과 공포를 추구하는 이러한 욕구는 일반 대중의 부족한 통계학적 지식과 맞물려 부작용을 낳는다. 언론은 ‘최고’의 연구를 보도해야 한다는 압박을 받지 않는데, 사람들이 좋은 연구와 덜 좋은 연구를 구분할 수 없기 때문이다. 언론 보도는 “새로운 한 연구에 의하면……”이라고 하면 그만이다. “새로운 한 연구에 의하면, 그 결과에 편견이 있을 가능성이 매우 높지만……”이라고 하지 않는다. 이런 보도를 보고 트위터에서 몇몇 사람이 화를 내기도 하지만 대부분은 내막을 잘 모른다.

이런 언론 보도만 보고 훌륭한 연구인지 가려내기는 어렵지만, 요즘은 인터넷 시대이므로 아마 좀 더 쉬울 것이다. 많은 언론 보도에 원래의 연구 논문이 링크되어 있다. 만일 “분유를 먹은 아이들의 고교 중퇴가 더 많다”라는 제목의 기사가, 현재 20세가 된 청년 45명을 대상으로 아기 때 모유를 먹었는지 조사한 연구를 바탕으로 쓴 것이라면 그냥 무시해도 좋다.

모유 수유와 아이큐

모유는 뇌 발달을 위한 최적의 식품이다? 정말 그럴까? 아이가 성공하기를 바라면 모유를 먹여라! 이것은 사실일까? 모유가 아이를 더 똑똑하게 만들어 줄까? 마법의 모유 세상에서 현실로 돌아오는 것부터 시작하자. 가장 낙관적인 관점에서 보더라도 모유 수유가 아이큐에 미치는 영향은 적다. 모유를 먹인다고 해서 아이의 아이큐가 20점 더 높아지지는 않는다. 어떻게 아느냐고? 만일 그 정도의 결과가 나타난다면, 데이터와 우리의 일상에서 실제로 눈에 보일 것이다.

문제는, 정말 모유 수유가 아이의 지능을 조금이라도 높여 주는가 하는 것이다. 만일 모유를 먹은 아이들과 그렇지 않은 아이들을 비교한 연구를 믿는다면, 그렇다고 볼 수 있다. 나는 앞에서 한 연구를 예로 들었고, 이 외에 또 다른 연구들도 있다. 여기에는 분명한 상관관계가 있으며 모유를 먹인 아이들이 아이큐가 더 높은 것 같다.

그렇다고 해서 모유 수유를 하면 아이큐가 높아진다는 뜻은 아니다. 현실에서 그 인과 관계는 훨씬 더 빈약하다. 형제 중 모유를 먹은 아이와 모유를 먹지 않은 아이를 비교한 연구들을 주의 깊게 살펴보면 이 사실을 알 수 있다. 그런 연구들은 모유 수유와 아이큐 사이의 관계를 밝혀내지 못한다. 형제 중 모유를 먹은 아이는 모유를 먹지 않은 아이보다 지능 검사에서 더 높은 점수가 나오지 않았다.

이 결론은 형제를 비교하지 않은 다른 연구들과 근본적으로 다르다. 매우 훌륭한 어느 연구를 보면 왜 다른지 알 수 있다.[24] 이 연구의 핵심은 한 아이의 표본을 다각도로 분석한 것이다. 처음에는 모유를 먹는 아이들과 모유를 먹지 않는 아이들을 몇 가지 변수를 간단히 조정해서 비교 분석했다. 이때 모유를 먹은 아이들과 모유를 먹지 않은 아이들은 아이큐에서 큰 차이를 보였다. 그다음에 두 번째 분석에서는 엄마의 아이큐를 추가로 조정했고 그 결과 모유 수유의 효과는 크게 줄어들었다. 처음에 모유 수유의 덕으로 돌렸던 효과의 상당 부분은 엄마의 아이큐 차이에서 비롯된 것이었다. 하지만 모유 수유의 효과가 아주 사라지지는 않았다.

그다음 세 번째 분석에서 연구원들은 형제들을 비교했다. 같은 엄마에게서 태어난 아이들 중 한 명은 모유를 먹었고 한 명은 먹지 않았다. 이 분석은 엄마들의 아이큐 점수뿐 아니라 다른 모든 차이까지 조정했다는 점에서 가치가 있다. 이 분석에서는 모유 수유가 아이큐에 유의미한 영향을 미치지 않는 것으로 나타났다. 이것은 첫 번째 분석에서 나온 모유 수유의 효과가 모유 수유가 아니라 엄마 또는 부모가 가진 다른 뭔가에서 기인하는 것임을 보여 준다.

또 프로빗 실험은 모유 수유와 아이큐의 관계를 살펴보았다. 표본이 된 아이들의 아이큐 측정은, 어떤 아이가 모유 수유를 권장하는 실험군에 속해 있는지 알고 있는 연구원들이 수행했다. 그 결과 모유 수유가 전반적인 아이큐나 학교 성적에 미치는 영향은 크지 않은 것으로 나타났다. 일부 모유 수유가 언어 지능에 어느 정도 영향을 미친 것처럼 보였지만, 좀 더 분석해 보니 그것은 아이큐를 측정한 사람들에 의해 유도된 것일 수 있었다. 어떤 아이가 모유를 먹었는지 아는 것이 평가에 영향을 미쳤을 수도 있기 때문이다.[25] 따라서 전반적으로 이 연구는 모유 수유가 아이큐를 높인다는 주장을 특별히 지지하지 않는다.[26] 결론적으로, 모유를 먹은 아이들이 똑똑하다는 주장을 뒷받침하는 확실한 증거는 없다.

엄마에게는 어떤 장점이?

어떤 엄마들은 모유 수유를 하면서 자신감과 행복감을 느낀다. 어디를 가든 아이를 먹일 수 있어서 편리하고, 젖을 먹이면서 평화롭고 느긋한 시간을 보낸다. 그렇다면 좋은 일이다! 하지만 어떤 엄마들은 모유 수유를 하면서 자신이 소가 된 것처럼 느낀다. 펌핑을 해야 한다면 유축기를 갖고 다니는 것도 불편하다. 또 아기가 젖을 먹고 싶어 하는지, 충분히 먹고 있는지 알기 어렵다. 유두가 아프고 젖 먹이는 것 자체가 괴롭다.

이 모든 것은 모유 수유의 장점으로 알려진 많은 것이 사실 주관적인 주장임을 알려 준다. 나는 모유 수유를 하든 안 하든 양쪽 모두 장단점이 있다고 생각하며, 내 친구들도 대부분 그렇게 생각한다. 특히 핀을 키울 때 나는 종종 모유 수유가 정말 편리하고 멋진 선택이라고 생각했다. 그런가 하면 그 모든 것이 광대놀음처럼 느껴질 때도 있었다. 특히 라과디아 공항 화장실에서 펌핑을 했을 때가 기억난다.

모유 수유의 장점 목록에서 빠지지 않는 것 중 하나는 '돈이 절약된다'는 것이다. 이것은 사실 경우에 따라 다르다. 분유가 비싼 것은 맞지만 모유 수유에는 수유용 티셔츠, 유두 크림, 수유 패드가 필요하고 올바른 자세로 젖을 먹이기 위한 수유용 베개 종류는 무려 14가지나 된다. 그리고 무엇보다 귀중한 시간이 필요하다.

또 다른 장점으로 드는 것은 '스트레스 저항력'이다. 모유 수유가 스트레스 저항력을 높여 줄까? 이것도 역시 주관적이다. 스트레스는 종종 수면 장애와 관련이 있다. 아기에게 젖을 먹이면 잠을 더 잘 수 있을까? 이것은 모유 수유로만 해결되는 문제가 아니다. 앞서 언급했듯이 '친구들과의 우정'도 장점이라고 선전한다. 모유 수유를 통해 친구들과 더 가까워지는지는 각자가 판단할 일이다(아마 친구에 따라 다를 것이다).

이처럼 모유 수유의 장점이라고 하는 몇 가지는 아무런 근거가 없다. 그러나 몇몇은 어느 정도 근거가 있다. 첫 번째는 '피임 효과'가 있다는 주장이다. 모유 수유를 하면 임신 가능성이 적어지는 것은 사실이다. 하지만 믿을 수 있는 피임 방법은 아니다. 수유나 펌핑을 하지 않고 몇 시간만 지나도 피임 효과는 사라진다. 나는 모유 수유를 하면서 임신한 엄마들을 셀 수 없을 정도로 많이 알고 있다. 만일 확실히 임신을 원하지 않는다면 진짜 피임법을 사용해야 한다.

어느 정도 근거가 있는 두 번째 장점은 '체중 감소'다. 하지만 미안하게도 체중 감량 효과는 크지 않다. 노스캐롤라이나의 한 대규모 연구에서는 산후 3개월이 되었을 때 모유 수유를 하는 엄마들과 그렇지 않은 엄마들의 체중 감소 정도가 비슷하게 나타났다. 산후 6개월이 되었을 때 모유 수유 엄마들의 몸무게가 약 0.6킬로그램 더 줄었다.[27] 이 논문은 모유 수유가 체중 감소에 미치는 영향을 과대평가했을 것 같은데 그럼에도 불구하고 얼마 차이가 나지 않는다.

여기서 의아한 생각이 들지도 모른다. 모유 수유를 하면 칼로리가 소모되지 않나? 하루에 500칼로리가 소모된다는 말이 있었는데? 사실이긴 하지만 모유 수유를 하는 엄마들은 그만큼 더 많이 먹는 경향이 있다. 칼로리를 소모하는 것으로 체중 감량 효과를 보려면 소모된 만큼의 칼로리를 보충하지 말아야 한다. 나는 모유 수유를 할 때 매일 아침 10시 반에 달걀과 치즈를 넣은 베이글 샌드위치를 먹었다. 이런 식이라면 모유 수유로 소모되는 칼로리를 다시 채우게 된다.

모유 수유가 산후 우울증에 미치는 영향에 대한 증거 역시 설득력이 없다. 이 관계에 대한 연구들은 서로 엇갈린 결과를 보여 주며 인과 관계가 양방향이기 때문에 평가하기 어렵다. 산후 우울증이 있는 산모들은 모유 수유를 중단할 확률이 높고 그래서 모유 수유가 산후 우울증을 완화해 주는 것처럼 보이지만 사실은 인과 관계가 거꾸로 된 것이다.[28] 그리고 뼈 건강이 좋아지고 골다공증 발병 가능성이 낮아진다는 주장 역시 대규모 데이터 세트에서는 분명하게 드러나지 않는다.[29] 당뇨병에 대한 증거들도 엇갈리며 엄마들 간의 차이와 혼동될 가능성이 있다.

더 크고 강력한 근거가 뒷받침되는 한 가지 장점이 있다. 모유 수유와 암의 관련성, 특히 유방암과의 관련성이다. 다양한 연구와 지역에서 관련이 있는 것으로 나타났으며, 아마 유방암의 위험이 20~30퍼센트 감소하는 것 같다. 유방암은 흔한 암이다. 8명 중 1명 정도가 일생 중 어느 시기에 유방암에 걸리기 때문에 이러한 감소는 분명 큰 의미가 있다.

이 데이터는 완벽하지 않은데 대표적으로, 엄마의 사회 경제적 지위에 대한 조정이 항상 빠져 있다. 하지만 인과 관계에 대해서는 구체적인 메커니즘이 뒷받침하고 있다. 모유 수유가 유방 세포를 변화시켜서 발암 물질에 덜 취약하게 만든다는 것이다. 또 에스트로겐(여성 호르몬의 일종) 생성을 억제해서 유방암에 걸릴 위험을 낮출 수 있다. 모유 수유가 아이에게 주는 혜택 외에 장기적으로 가장 중요한 영향은 엄마의 건강일 것이다.

그래서 하면 좋은가, 아닌가

마지막으로, 모유 수유의 유의미한 장점들 목록을 다시 보면서 확실한 증거가 없는 것들을 목록에서 제외해 보자. 친구들과의 우정은 데이터가 없기 때문에 목록에서 빼야 한다. 부정할 수 있는 증거가 있어서가 아니라 이 문제에 대한 연구가 없기 때문이다. 또 비만에 대한 연구들은 있지만 가장 훌륭한 데이터에서도 모유 수유와의 연관성은 보이지 않는다.

목록에 나와 있지 않은 것은 데이터에서 사실상 어떤 연관성도 찾을 수 없는 것이다. 예를 들어 당신은 달리기를 잘하거나 바이올린 연

'확실한' 모유 수유의 장점들	
아기에게 주는 단기적 이익	• 알레르기성 발진이 줄어든다. • 위장 장애가 줄어든다. • NEC(신생아 괴사성 장염) 위험이 낮아진다. • (아마도) 중이염 위험이 낮아진다.
아이에게 주는 장기적 이익 : 건강	• 확실한 게 없다.
아이에게 주는 장기적 이익 : 인지 발달	• 확실한 게 없다.
엄마에게 주는 이익	• 유방암에 걸릴 위험이 낮아진다.
세상에 주는 이익	• 소들이 내뿜는 메탄가스가 줄어든다.

주를 잘하는 것과 같은 다양한 결과를 모유 수유와 연결해서 생각할지도 모른다. 그런 생각이 틀렸다는 것은 아니지만 데이터에서는 연관성을 찾아볼 수 없다. 그런 생각들은 믿음이 될 수는 있지만 증거가 될 수는 없다.

이제 증거가 뒷받침하는 모유 수유의 장점 목록이 완전히 비어 버린 것은 아니지만 많이 줄어들었다. 아이에게는 단기적인 혜택이 있고 엄마에게는 장기적인 혜택이 있는 것 같다. 그리고 메탄가스도 잊지 말기 바란다! 하지만 처음에 만든 목록에 비하면 훨씬 짧아졌다.

엄마들이 모유 수유에 대해 느끼는 압박감은 엄청날 수 있다. 마치 아이를 잘 키우기 위해서 반드시 해야 하는 것이고, 엄마로서 할 수 있는 가장 중요한 일인 것 같다. 모유 수유는 기적이다! 모유는 금이다! 물론 이 정도는 아니다. 그러나 모유 수유를 원한다면 잘된 일이다! 아기를 위한 단기적 장점이 있지만 모유 수유를 원하지 않거나 실패한다고 해도 아기나 엄마에게 비극은 아니다. 모유를 먹이지 않는 것에 대해 죄책감을 느끼면서 1년을 보내는 것이 훨씬 더 나쁘다.

나는 이 책을 쓰는 동안 우리 어머니와 할머니가 아이들을 키울 때 나온 책들을 다시 살펴보았다. 어머니는 《스폭 박사의 아기와 유아 돌보기Dr. Spock's Baby and Childcare》의 팬이었다. 이 책은 1940년대에 출간된 이후 주기적으로 개정판이 나왔고 나는 1980년대 중반에 나온 개정판을 가지고 있다. 스폭 박사는 모유 수유에 대해 일단 시도해 본 후 원하면 계속하라고 제안한다. 그는 모유 수유를 하면 아기들이 잘 걸리는 감염병을 예방할 수 있다고 간단히 설명하면서 이렇게 덧붙였다. "모유 수유가 가진 장점에 대한 가장 설득력 있는 증거는 모유 수유를 해 본 엄마들에게서 찾아야 한다. 엄마들은 아기에게 어느 누구도 줄 수 없는 뭔가를 주고 있다는 자부심과 아이와의 유대감을 느낄 때 무척 만족스럽다고 말한다."

적어도 내 마음에는 이 말이 확실하게 와닿았다. 나는 우리 아이들에게 젖을 먹이기를 잘했다고 생각한다. 왜냐하면 초반의 찜통 벽장과 몇 가지 예를 제외하면 내가 그 경험을 좋아했기 때문이다. 모유 수유를 하는 동안 아이와 오붓한 시간을 보내고 아이가 잠드는 것을 지켜보며 행복을 느꼈다. 이것은 모유 수유를 하는 훌륭한 이유이자 시도해 볼 만한 충분한 이유가 된다. 또 모유 수유를 원하는 엄마들을 지원하고, 엄마들이 공공장소에서 아기에게 젖을 물리는 것을 부끄러워하지 않아도 되는 이유이기도 하다. 하지만 만일 모유 수유가 개인적으로 맞지 않는다고 판단되면 죄책감을 가져야 할 이유는 없다.

✦ Bottom Line ✦

- 모유 수유에는 몇 가지 건강상 장점이 있지만 이를 뒷받침하는 근거는 일반적으로 알려진 것보다 제한적이다.
- 엄마에게는 유방암과 관련된 장기적인 건강상 혜택이 있다.
- 데이터에서는 모유 수유가 아이의 장기적 건강이나 인지 발달에 도움이 된다는 확실한 증거를 볼 수 없다.

5 엄마도 아기도 행복한 모유 수유 하기

퍼넬러피에게 모유 수유를 하면서 보낸 시간을 돌이켜보면 처음 몇 주 동안은 대체로 뭔지 모를 낭패감에 빠져 있었다. 당시의 나는 모유 수유의 모든 문제를 가진 것 같았다. 나는 젖을 제대로 물리지 못했고 모유 양도 부족했다. 매일 밤 퍼넬러피에게 계속 젖을 물리다가 결국은 젖병으로 엄청난 양의 분유를 먹여야 했다. 퍼넬러피는 젖병을 빨면서 젖이 부족하다고 나를 야단치는 것 같았다(내 상상이었겠지만). 펌핑 문제도 있었다. 언제 펌핑을 해야 하는가? 얼마나 자주 해야 하나? 아침 일찍? 다시 직장에 나가면 어떻게 긴장을 풀고 펌핑을 할 수 있을까? 비어 있는 회의실에 들어가서 펌핑을 할 수 있을까? 소리가 나지는 않을까?

이런 고민을 하는 사람은 세상에 나 혼자뿐이라는 느낌이 들 수 있다. 특히 처음에 모유 수유가 서툴 때는 더욱 그렇다. 갓난아이를 안고 방에 혼자 앉아서 젖을 먹이려고 애쓸 때마다 외로운 싸움을 하는 것처럼 느껴진다. 장을 보러 나온 다른 엄마들을 보면 모유 수유가 아주 쉬운 것 같다. 어떤 엄마는 과자 진열대를 그냥 지나치지 못하는 세 살배기를 앞세우고 한 손에는 옥수수 봉지를 들고 다른 손으로 아기에게 젖을 먹이면서 걸어간다. 나만 문제가 있는 것 같다.

결코 그렇지 않다. 이 장을 쓰면서 나는 트위터로 엄마들에게 모유 수유에 대한 고충을 말해 달라고 부탁했다. 엄마들은 할 말이 많았다. 그들은 아기에게 젖을 물리려고 애쓰고 있지만 잘되지 않는다고 말했다. '멍청하게 작은 젖꼭지'에 대해, '유두 크림'을 언제 사야 했는지에 대해 이야기했다. 유두에서 피가 나고, 갈라지고, 심하면 부분적으로 벗겨졌다고 했다.

그들은 모유가 잘 나오지 않는 문제에 대해 말했다. 버스로 30분이 걸리는 가게에 남편을 보내서 쐐기풀 차(모유 생산을 촉진한다고 알려져 있다)를 사 오게 했다거나, 모유 생산을 늘리려고 매일 12번씩 수유하고 나서 펌핑을 한다거나, 아니면 젖이 너무 많이 나와서 여기저기 흐르는 바람에 매트리스에서 파르메산 치즈 냄새가 나고 젖이 말라서 뻣뻣해진 옷을 입고 다닌다는 이야기를 들려주었다. 한 엄마는 젖이 잘 안 나오다가도 버스를 타고 가다가 아기가 울면 뿜어져 나온다고 했다.

그리고 펌핑 문제가 있다. 내 이메일 수신함은 '펌핑은 최악'이라는 글로 채워졌다. 한 엄마는 유축기를 살균해서 건조대로 옮기기를 거듭하다가 지문이 없어졌다고 했다. 워킹 맘들은 사무실 문을 닫고 몇 시간씩 펌핑을 하다 보면 고립감이 느껴지고 업무가 밀린다는 이야기를 했다. 출장을 가서 펌핑 시간을 달라고 하거나 마땅한 장소가 없어서 화장실에서 펌핑을 할 때 느끼는 당혹감에 대해서도 썼다. 또 온갖 방법을 동원해도 모유가 충분히 나오지 않는다고 좌절감을 토로했다.

나는 심리 치료사는 아니지만 이 문제가 특히 난감하게 느껴질 수 있다는 것을 이해한다. 왜냐하면 다른 일들은 보통 열심히 노력하면 성공하지만 모유 수유는 항상 그렇지 않기 때문이다. 우리는 직장을 구하거나 대학에 들어가기 위해 열심히 노력했고 심지어 임신까지 성공했다! 그런데 마침내 아기가 세상에 나왔는데 몸은 움직이기 힘들고 마음먹은 대로 되는 일이 없다. 내가 그랬듯이, 모유 수유는 노력으로 되는 일이 아니라는 사실을 받아들여야 할 것이다.

남들도 다 하는 일인데 뭐 그렇게 힘들겠냐고 생각했다가 많은 엄마가 후회를 한다. 그들은 모유 수유가 그렇게 힘든 일인 줄 알았다면 부담감과 수치심을 느끼면서까지 계속하지는 않았을 거라고 말했다. 이 문제에 대해서는 4장을 참고하자. 그리고 이제 인정할 것은 인정하자. 많은 여성에게 모유 수유는 힘든 일이고 특히 첫아이 때는 더욱 그렇다. 모유 수유에 어려움을 겪는 여성은 당신 혼자가 아니다. 다음에 나오는 몇 가지 근거를 보면 도움이 될 것이다. 그리고 휴식을 취하는 것도 필요하다.

모유 수유 성공률을 높이려면

모유 수유를 하다가 난관에 부딪치면 주변 사람들은 문제를 해결하는 방법에 대해 이런저런 조언을 해 준다. 그중 어떤 방법은 그럴듯해 보이고 어떤 방법은 썩 믿음이 가지 않는다. 그러면 데이터는 무슨 말을 하고 있는가? 모유 수유에 도움이 될 수 있다는 방법들은 두 종류로 나눌 수 있다. 일부는 내용이 좀 더 세부적이다. 유두 보호기는 효과가 있는가? 호로파 씨가 모유 양을 증가시킬까? 그리고 좀 더 일반적으로는, 모유 수유 성공 가능성을 높이기 위해 출산 전에 할 수 있는 일이 있는가? 마지막 질문에 답하자면 그렇다고 할 수 있다. 효과가 입증된 방법에 대해 알아보는 것부터 시작하자.

첫째, 피부 접촉이 모유 수유 성공률을 높여 주는 것으로 보이는 무작위 증거가 있다. 피부 접촉이란 출산 직후 보통 엄마의 맨 가슴에 벌거벗은, 또는 기저귀만 채운 아기를 올려놓는 것을 말한다. 아기에게 엄마의 살냄새를 맡게 해서 곧바로 젖을 먹을 준비가 되도록 하는 것이다. 이에 대한 증거는 대부분 모유 수유 비율이나 출산 방법이 우리와 다를 수 있는 개발 도상국에서 발견된다. 모유 수유는 인류의 보편적인 경험이므로 다른 나라 여성들의 경험에서 우리가 배우지 못할 이유는 없다.

인도에서 200명의 엄마를 대상으로 실시한 연구는 무작위로 아기들을 출생 후 45분 동안 엄마 품에 안겨 있거나 유아 가온기에 넣도록 했다.[1] 6주 후 아기와 피부 접촉을 가진 산모들이 모유 수유를 더 많이 하고 있었고(72퍼센트 대 57퍼센트), 제왕 절개를 한 산모들은 봉합하는 동안 통증을 덜 느꼈다고 한다. 이러한 결과는 다수의 소규모 연구들을 검토해 보면 확인할 수 있다.[2] 종합하면, 제왕 절개를 한 산모들까지 포함해서 아기와의 피부 접촉에 의해 모유 수유를 시작하고 성공하는 비율이 높아지는 것으로 보인다.

둘째, 의사와 간호사 또는 수유 상담사가 모유 수유를 도와주면 모유 수유를 시작하고 계속할 가능성이 높아진다는 증거(더 제한적이지만)가 있다.[3] 이 증거는 다양한 형태의 개입에 대한 연구에서 확인할 수 있다. 개입하는 정도가 각각 다르므로 꼭 집어서 어떤 방법이 유용하다고 말할 수는 없다. 기본적으로 모유 수유를 배우기까지 시간이 걸릴 수 있기 때문에 경험자의 도움을 받아서 함께 전략을 세우면 몇 가지 공통적인 문제들은 해결할 수 있다. 이때 지난 며칠 동안 잠을 충분히 잤고 어느 정도 객관적인 시각을 제공할 수 있는 사람의 도움을 받는 것이 가장 좋다(아기에 대한 여러 결정에도 도움이 될 수 있다).

몇 건의 소규모 연구는 병원이나 가정에서 받는 수유 교육에 초점을 맞추고 있으며, 일단 퇴원해서 집에 돌아와 도움을 받는다면 몇 가지 좋은 점이 있다.[4] 병원 환경은 낯설기 때문에 집에 와서 누군가의 도움을 받는다면 훨씬 더 편하게 느껴질 수 있다. 엄마들의 이야기를 들어 보면, 병원에서 모유 수유 지원을 받는 것은 복불복이다. 어떤 엄마들은 수유 상담사가 비판적이고 심술궂다고 묘사했다. 어떤 엄마들은 훌륭하다고 했다. 만일 도움이 되지 않는다고 생각하면 잘 맞는 사람을 만날 때까지 계속 찾아보자. 가능하면 전부터 알고 있고 신뢰할 수 있는 사람, 출산 전에 만난 임신 상담사나 수유 상담사의 도움을 받는 것이 좋다. 마지막으로 병원에서 아이와 한방에서 지내는 방법이 있는데, 앞서 이야기했듯이(1장 참조) 그렇게 해서 모유 수유 성공 가능성이 높아진다는 증거는 없다.[5]

자연스럽게 젖 물리는 노하우

모유 수유를 할 때 첫 번째 과제는 젖 물리기다. 젖이 잘 나오게 하려면 아기가 입을 크게 벌려서 유두 전체를 입에 넣고 혀와 입술을 사용해서 빨도록 만들어야 한다. 나는 아기가 유두 끝을 살살 핥아먹는 식인 줄 알았는데 그렇게 하면 안 된다. 내 친구 제인의 말처럼 "아이를 가슴에 바짝 붙여야 한다." 다음 그림을 보면 젖을 아기 입에 밀어 넣지 않아도 아기가 입안 가득 젖을 물게 해야 한다는 것을 알 수 있다. 하지만 아기를 품에 안고 직접 해 보기 전에는 어떻게 해야 하는지 알기 어렵다.

많은 아기가 올바로 젖을 물지 못한다. 아기가 젖을 올바로 물지 못하면 충분히 먹지 못하고 엄마는 매우 아플 수 있다. 아이가 젖을 제대로 물었는지 어떻게 알 수 있을까? 일단 한번 해 봐야 한다. 또 많은 아

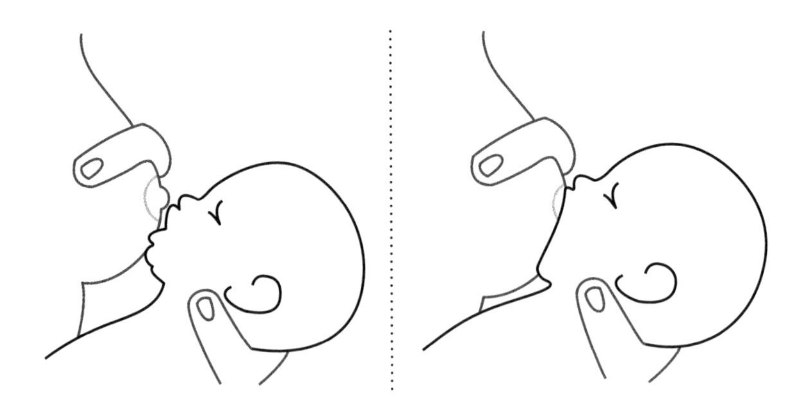

기가 젖을 제대로 물었을 때 야릇한 한숨 소리를 낸다. 무엇보다 누군가 옆에서 보고 알려 주면 도움이 될 것이다. 인터넷에서는 젖을 제대로 물리면 아프지 않을 것이라고 한다. 나중에 좀 더 자세히 설명하겠지만 이 말은 종종 사실이 아니다. 많은 엄마가 아기가 젖을 잘 무는지 아닌지와 관계없이 처음 한두 주 동안 통증을 느낀다. 따라서 통증은 젖을 잘 물렸는지 아닌지를 알려 주는 신호가 될 수 없다.

아기가 젖을 제대로 물지 못하는 이유는 무엇일까? 미숙아, 질병, 난산이 원인일 수 있다. 또 엄마의 유두와도 관련이 있을 수 있다. 엄마가 함몰 유두를 갖고 있다면 아기가 젖을 물기 어렵다. 마지막으로, 일부 아기들은 특히 설소대(혀의 아랫바닥과 입을 잇는 띠 모양의 힘살)나 순소대(윗입술의 중앙 안쪽에 있는 띠 모양의 힘살)가 짧아서 젖을 물기 힘든 구조적 문제를 가지고 있다. 아니면 아기가 엄마를 싫어하는 거다! 물론 농담이다. 하지만 정말 그렇게 느껴질 수도 있다.

이 문제를 어느 정도 해결할 수 있는 한 가지 방법은 누군가 옆에서 도와주는 것이다. 집으로 부를 수 있는 산후 도우미를 알아보자. 대부분은 도움을 받으면 요령을 배우지만, 엄마 스스로 인내심을 가져야 더 나은 결과를 얻을 수 있다.

젖 물리기 문제가 지속될 때 흔히 사용하는 2가지 방법이 있다. 유두 보호기를 사용하는 것과 아기의 설소대를 수술하는 것이다. 많은 엄마가 유두 보호기가 적어도 처음에는 효과가 있다고 말한다. 유두 보호기는 말 그대로 이름처럼 생겼다. 대개는 실리콘으로 만들어진 꼭지에 작은 구멍이 나 있는 형태인데 유두 위에 올린 다음 젖을 물리면 된다. 유두 보호기를 사용하면 아기가 젖을 물기 쉽고 엄마의 통증도 덜하다.

유두 보호기의 단점은 세척해야 하는 번거로움이 있고, 모유 생산에 영향을 준다는 것이다. 유두 보호기가 자극을 줄여 주기 때문에 엄마 몸에서 모유를 적게 생산한다.[6] 이에 대한 생리학적 근거는 분명하며 무작위 실험으로 입증되었다. 하지만 이것은 유두 보호기가 효과가 있는지 아닌지에 대한 답은 아니다. 보호기의 목적은 모유 생산을 증가시키는 것이 아니라 아기에게 젖을 물리는 것이기 때문이다. 안타깝게도 유두 보호기의 효과를 입증하는 확실한 증거는 없다. 가장 훌륭한 연구는 34명의 미숙아를 대상으로 유두 보호기를 사용할 때와 사용하지 않을 때 얼마나 많은 모유를 먹는지에 대해 알아본 것이다. 그 결과 유두 보호기를 사용할 때 4배 이상 모유를 많이 먹은 것으로 나타났다. 고무적인 결과다. 그러나 이 연구는 무작위가 아니었고 표본이 작았으

며 특정 모집단에 초점이 맞추어졌다.[7]

내가 근거로 가진 것은 유두 보호기를 사용한 엄마들을 인터뷰해서 조사한 내용인데, 엄마들은 유두 보호기를 사용해서 계속 모유를 먹일 수 있었고 통증과 젖 물리기 문제를 해결할 수 있었다고 말했다.[8] 보호기가 없었다면 모유 수유를 그만두었을 것이라는 의미가 함축되어 있지만 정말 그만두었을지는 알기 어렵다. 유두 보호기의 단점은 일단 사용하기 시작하면 중단하기 어려울 수 있다는 것이다. 만일 엄마와 아기가 거기에 익숙해지면 치우기 어려울 수 있다. 만일 보호기를 사용하는 것이 편리하고 그렇게 해서 아기가 충분한 모유를 먹는다면 다행이지만, 이것은 수유 절차에 한 단계가 더해지는 것이다. 따라서 처음부터 사용할 필요는 없고 모두가 사용해야 하는 것도 아니다. 반면에 상황이 여의치 않으면 시도해 볼 수 있다.

좀 더 적극적인 개입은 아기의 설소대나 순소대를 수술하는 것이다. 이것은 아기가 실제로 설소대나 순소대가 짧은 경우에 해당한다. 혀의 아래쪽에는 소대라고 불리는 띠가 있는데 이 띠가 너무 짧으면 혀의 움직임을 제한할 수 있다. 따라서 아기의 경우에는 혀가 중요한 역할을 하는 모유 수유 능력에 영향을 미칠 수 있다. 설소대 단축증은 상당히 흔한 편이며 증상이 심한 경우 정확한 발음이 어려울 수 있다. 순소대 단축증은 설소대 단축증만큼 흔하지는 않지만 그와 유사하게 윗입술에서 잇몸으로 연결된 띠가 짧거나 아래까지 내려와서 입술의 움직임을 제한하는 것을 말한다. 두 증상 모두 띠를 잘라서 혀나 입술을 더 자유롭게 움직일 수 있도록 하는 간단한 외과 수술을 받으면 해결된다. 수술은 일반적이고 안전하며 기술적으로 효과가 있는 것으로 보인다.[9]

하지만 실제로 얼마나 효과가 있는지에 대한 증거는 얼마 없다. 이 수술에 대한 무작위 실험은 모두 4건 있는데 모두 규모가 아주 작고, 그중 3건만 수유에 대한 영향을 평가하고 있다.[10] 그 3건 중 2건에서는 아무런 차이가 나타나지 않았으며 1건에서는 개선된 것으로 나타났다. 4건의 연구에서 모두 수유 중 엄마가 느끼는 통증이 개선된 것으로 나타났지만 이는 자기 보고 형식이었다. 증거가 제한적이라는 것은, 유두 보호기의 경우와 마찬가지로 설소대 단축증이라도 수술을 우선시하면 안 된다는 것을 의미한다.

젖을 제대로 물린다고 해도 대부분의 엄마는 처음 모유 수유를 시작할 때 어느 정도 통증이 있다. 하지만 어떤 통증이든 수유를 시작하고 1~2분 후에는 사라져야 하며 계속되어서는 안 된다. 예를 들어 유두 효모균 감염과 같은 특정 증상은 지속적인 고통을 야기할 수 있다. 이 증상은 치료가 가능하며 그냥 두면 악화될 수 있으므로 만일 통증이 지속된다면 도움을 받아야 한다.

유두가 갈라지고 아프거나 피가 나는 문제를 해결하는 비법은 없다. 많은 엄마가 라놀린 크림이나 다양한 팩과 패드가 효과가 있다고 장담하지만 그중 어느 방법도 무작위 실험으로 입증되지 않았다.[11] 무작위 실험으로 유일하게 입증된 방법은 수시로 유두를 모유로 문지르는 것이다. 그러나 이 데이터는 단 1건의 연구에서 나온 것이고 소규모 연구이므로 주의가 필요하다.[12] 물론 유두에 라놀린을 바르거나 모유로 문지르면 안 될 이유는 없으므로 효과가 있는지 시험해 볼 수 있다. 내 친구 힐러리는 이 문제에 대해 "유두 보습은 언제든지 하면 좋다"고 답했다.

아주 좋은 소식은 우리가 어떤 조치를 취하든 관계없이 유두 통증은 한두 주 후에 사라지거나 적어도 견딜 수 있는 수준으로 감소한다는 것이다. 이것은 유두에서 피가 나거나 상처가 나는 것처럼 정도가 심한 외상을 입었던 엄마들을 대상으로 한 연구로 입증되었다. 따라서 당장은 상황이 매우 암울하게 보일지라도 대부분의 경우 시간이 지나면 해결된다는 것을 기억하자.[13] 또 이 연구에 의하면 2주 후에도 여전히 통증에 시달리는 것은 일반적이지 않으며 "계속 노력하면 나아지겠지"라면서 참을 일이 아니다. 이런 경우 산부인과 및 각종 기관과 단체를 통해 수유 상담사, 수유 도우미의 도움을 받아야 한다.

유두 통증과는 달리 유방염은 모유 수유를 하는 동안 언제든지 걸릴 수 있다. 수유를 할 때마다 유방을 완전히 비우지 않거나 모유 양이 너무 많거나 유방을 충분히 자주 비우지 않는 등 유방염 위험을 높이는 요인들이 있기는 하지만 대개는 아무 때나 시작될 수 있다. 유방염 진단은 어렵지 않다. 유방이 빨갛게 부어오르고 아프고 열이 난다. 항생제 치료가 필요할 수도 있다. 유방염은 통증이 매우 심하기 때문에 그냥 넘어갈 수 없다.

노리개 젖꼭지는 도움이 될까

모유 수유를 고려하고 있다면 아마 그 무섭다는 유두 혼동에 대해 들어 보았을 것이다. 여기저기서 고무젖꼭지 사용에 신중을 기하라고 겁을 준다. 아기가 혼동하면 엄마 젖을 먹지 않는다는 것이다. 이 문제에서는 아기가 엄마 젖 말고 다른 데서도 음식이 나온다는 것을 알게 되는 젖병 수유와 음식이 나오지 않는 노리개 젖꼭지 사용을 구분할 필요가 있다.

사람들의 경고에도 불구하고, 노리개 젖꼭지를 사용하는 것이 모유 수유에 지장을 줄 수 있다는 증거는 없다. 이것은 2건 이상의 무작위 실험으로 확인되었다.[14] 그중 아기에게 출생 직후부터 노리개 젖꼭지를 물리기 시작한 실험도 있다. 그리고 1건은 노리개 젖꼭지의 사용이 모유 수유에 영향을 준다는 (잘못된) 결론을 내리는 이유를 짐작하게 해준다. 그 연구는 281명의 엄마를 모집해서 두 그룹으로 나눈 뒤 노리개 젖꼭지를 사용하는 것이 좋다거나 사용하지 않는 것이 좋다는 입장을 전달했다. 노리개 젖꼭지를 사용하지 않는 것이 좋다는 말을 들은 그룹은 그것을 덜 사용했다.[15] 연구원들은 3개월 후 노리개 젖꼭지를 권장한 그룹과 권장하지 않은 그룹의 모유 수유 비율을 비교 분석했다. 그 결과 다음 그래프의 처음 두 막대에서 볼 수 있듯이, 그런 개입이 모유 수유 비율에 영향을 미치지 않은 것으로 나타났다. 한쪽 그룹이 노리개 젖꼭지를 훨씬 더 많이 사용했을 것 같았지만, 양쪽 그룹 모두 3개월이 되었을 때 80퍼센트 정도가 모유 수유를 하고 있었다.

그다음에 연구원들은 무작위를 사용하지 않고 노리개 젖꼭지를 사용하는 그룹과 사용하지 않는 그룹의 모유 수유 비율을 비교했다. 그들은 무작위 실험을 하지 않은 것처럼 가정하고 단지 모유 수유와 노리개 젖꼭지 사용 비율을 비교한 것이다. 그 결과는 그래프의 오른쪽에 표시되어 있다. 이것은 3개월이 되었을 때 노리개 젖꼭지를 사용한 엄마들의 모유 수유 비율이 더 낮은 것을 보여 준다. 연구원들이 양쪽 결과를 비교해서 내린 결론은, 노리개 젖꼭지를 사용하는 것과 모유 수유를 조기에 중단하는 원인은 모두 다른 데에 있다는 것이다. 예를 들어 노리개 젖꼭지를 둘러싼 논란에도 불구하고 노리개 젖꼭지를 사용하는 엄

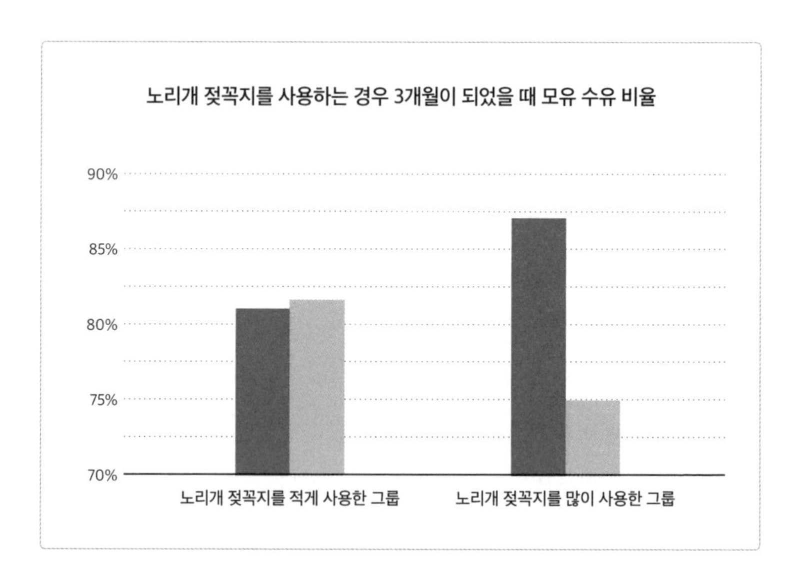

마들은 모유 수유에 대한 욕구가 덜하다는 것을 짐작할 수 있다.

무작위 데이터를 기초로 결론을 내리자면 노리개 젖꼭지 사용은 모유 수유 성공 여부에 영향을 미치지 않는다. 그러나 문헌에 나오는 많은 증거가 관찰에 의한 연관성을 바탕으로 하고 있다. 그러므로 사람들이 노리개 젖꼭지가 유두 혼동을 일으킨다는 미신을 믿는 것도 놀라운 일은 아니다.

분유 수유에서 유두 혼동의 영향을 평가하는 것은 좀 더 복잡하다. 분유 수유에는 보충 수유로 인한 영향과 유두 혼동에 의한 영향, 2가지 요인이 있기 때문이다. 모유 수유의 성공 여부와 보충 수유는 관련이 있다고 생각할 수 있다. 모유 수유가 힘들수록 보충 수유를 할 가능성이 높기 때문이다. 그리고 아기가 처음부터 젖병으로 먹는 경우에는 결국 모유를 먹을 가능성은 낮아지지만 이것은 유두 혼동과 아무 상관이 없다.

간단한 설계를 사용해서 이 문제를 해결한 무척 훌륭한 무작위 실험이 있다.[16] 이 연구는 보충 수유가 필요한 아기들을 무작위로 두 그룹으로 나눈 뒤 한 그룹은 젖병으로 보충 수유를 했고, 다른 그룹은 유두 혼동과는 무관한 컵으로 보충 수유를 했다.[17] 연구원들은 대체로 보충 수유를 어떤 방법으로 하는지 중요하지 않다는 것을 발견했다. 양쪽 그룹 모두 약 4개월 동안 모유 수유를 했고 모유만 먹은 기간은 2~3주였다. 젖병으로 먹거나 컵으로 먹거나 결과가 같았으므로 유두 혼동은 문제가 되지 않은 것으로 보인다.

자주 물릴수록 많이 생산된다?

내 어머니는 1980년대에 믿고 보던 스폭 박사의 책을 갖고 있었다. 외할머니가 지침으로 삼았던 책은 1933년에 처음 출간된《엄마들의 백과사전The Mother's Encyclopedia》으로 6권이 한 세트로 되어 있다. 이 책은 훌륭한 읽을거리로 홍역부터 맹장염, 아이들의 여름 캠프까지 모든 분야를 망라하고 있을 뿐 아니라 알파벳 순서로 되어 있기 때문에 경쟁 스포츠에 대한 부분을 읽다가 곧바로 제왕 절개에 관한 설명을 찾아볼 수 있다.

또 모유 생산 문제에 많은 부분을 할애하고 있는데 특히 많은 '현대' 여성이 충분한 모유를 생산하는 데 어려움을 겪고 있다는 점을 지적한다. 그리고 4시간마다 한쪽 가슴으로만 수유를 하라는 권고에 대해 비난한다. 아마도 가장 훌륭한 부분은 '아기가 울 때마다 젖을 먹이는 원시적인(내가 한 말이 아니다) 엄마들'에 대한 이야기일 것이다.

이 책의 저자들은 현대의 부모들에게 그런 '원시적인' 방식으로 돌아가라고 권하지 않지만 그 방식이 모유를 더 많이 나오게 한다는 점에 주목하고 있다. 그것은 세상의 변화를 보여 주는 좋은 교훈이다. 요즘에는 적어도 초기에는 아이가 요구할 때마다 젖을 먹일 것을 권장한다. 그렇게 하면 모유 생산이 많아지기 때문이다. 수유 시간을 정하는 것은 나중 문제다.

생물학적 메커니즘은 수유 빈도와 모유 생산을 연결한다. 엄마의 몸은 아기가 필요로 하는 만큼 모유를 생산하는 순환 고리가 생기도록 설계되어 있다. 따라서 모유 생산을 늘리고자 하면 수유 후 펌핑을 해서 엄마의 몸이 모유를 더 많이 생산해야 함을 인식하게 만들어야 한다. 하지만 우리 몸은 이처럼 합리적으로 진화된 설계에도 불구하고 항상 생각대로 움직여 주지는 않는다. 첫째, 모유가 흐르기 시작하기까지 많은 시간이 걸릴 수 있다. 둘째, 모유가 일단 나오더라도 양이 부족할 수 있다. 셋째, 반대로 너무 많이 나올 수 있다.

아기가 처음 태어나면 엄마 몸에서는 항체가 풍부하게 함유된 소량의 초유가 생산된다(초유는 실제로 임신 후반에 생산되기 시작한다). 처음 며칠 동안 아기에게 젖을 먹이면 며칠 후에는 초유를 생산하던 엄마의 몸이 결국 훨씬 많은 양의 모유를 생산하는 쪽으로 바뀐다. 이런 전환은 출산 후 첫 72시간 이내에 일어나는데, 과학 용어로 유즙 생성 2기라고 하며 일반적으로 젖이 '돈다'라고 표현한다. 만일 이런 전환이 일어나지 않으면 유즙 생성이 지연되는 것으로 본다. 하지만 사실 많은 엄마가 그보다 오래 걸릴 수 있다. 다음 그래프는 2500명의 엄마를 대상으로 한 연구에서 나온 데이터인데, 아기의 출생부터 모유 생산까지 걸리는 일수를 보여 준다. 엄마들의 거의 4분의 1이 3일이 지나서야 모유가 나온다. 초보 엄마들은 이 비율이 약 35퍼센트에 이른다.[18]

이 데이터에 의하면 모유가 늦게 나올 경우 모유 수유를 중단할 확률이 높아진다.[19] 모유 생산이 늦어지면 아기 체중이 감소할 수 있고 그로 인해 모유 수유를 진행하기 어려워지기 때문이다. 또 처음에 모유가 잘 안 나오면 일찌감치 포기할 수 있다. 원인이 무엇이든 모유가 늦게 나오면 매우 난감한 상황이 될 수 있다. 모유 생산이 늦어지는 것과 관련이 있는 몇 가지 요인이 있다.[20]

임신 중 흡연은 비만과 마찬가지로 모유 생산을 지연시킨다. 제왕절개 분만을 하거나 진통 중 경막외 마취를 한 경우에도 모유 생산이 늦어지기 쉽다. 출산 후 모유가 빨리 나오도록 하기 위한 조치로, 아기가 먹으려고 할 때마다 수유를 하거나 출산 후 1시간 이내에 수유를 하면 모유 생산이 늦어질 가능성은 낮아진다. 하지만 이것은 필연적인 인과 관계가 아니라 상관관계라는 점을 명심할 필요가 있으며, 경막외 마

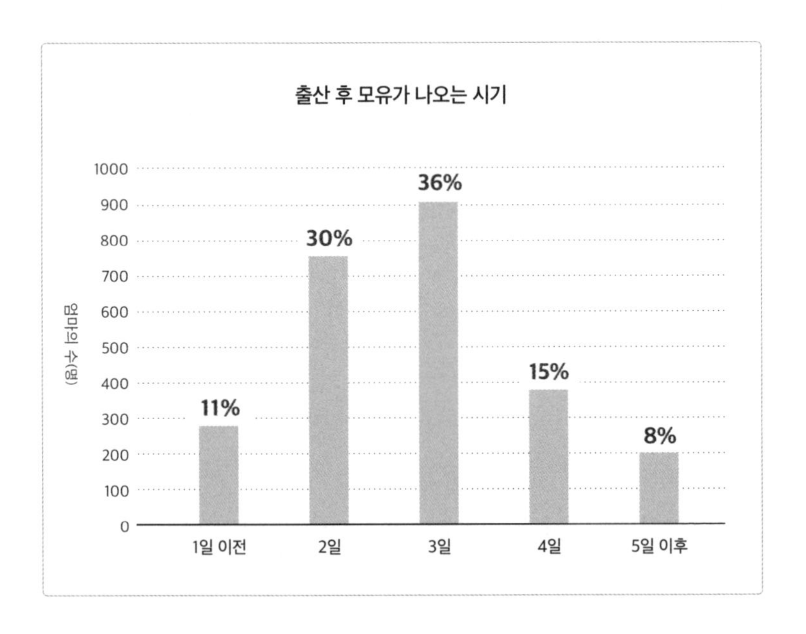

취 같은 것은 어쨌든 하지 않으면 안 되는 이유가 있을 것이다. 그리고 가능한 모든 조치를 취한다고 해도 모유가 늦게 나올 수 있다.

모유가 나오기 시작해도 아직 양이 부족할 수 있고, 아니면 너무 많을 수도 있다. 생산량이 충분하지 않은 경우, 일반적으로 가장 먼저 해 볼 수 있는 것은 공급이 '수요를 따라가는' 순환 고리를 이용하는 것이다. 의사들은 수유를 하고 나서 매번 또는 종종 펌핑을 하는 방법을 추천한다. 엄마의 몸으로 하여금 모유가 더 많이 필요하다는 것을 인지시키는 방법이다. 수유에 대한 일반적인 생물학 지식에 의하면 이 방법이 도움이 될 수 있지만 그 요령을 알려 주는 연구는 찾을 수 없었다.

인터넷에서도 모유 생산을 늘리는 방법에 대한 다양한 제안을 찾아 볼 수 있었다. 허브 요법으로는 호로파 씨가 가장 많이 사용되고, 쐐기풀 차나 흑맥주 같은 특정 식품들도 있으며, 보습을 유지하라는 제안도 있다. 보습을 유지하는 일은 언제나 필요하지만 모유 생산을 촉진한다는 것을 보여 주는 믿을 만한 증거는 없다.[21] 맥주는 오히려 상황을 악화시킨다(다음 장에서 더 자세히 다루겠다).

허브 요법의 효과는 엇갈린다.[22] 호로파 씨의 경우 2016년 모유에 미치는 영향에 대한 소규모 무작위 연구 2건을 소개한 리뷰 기사가 있었다. 한 연구에서는 모유 생산이 증가했는데 다른 연구에서는 그렇지 않았다. 다른 허브(샤타바리, 모링가) 요법들도 엇갈린 결과를 보여 준다. 이런 약초들은 권장량을 섭취하면 부작용이 없으므로 해가 되지는 않겠지만 특효약은 될 수 없다. 의약품의 효과에 대해서는 좀 더 긍정

적인 증거가 있다. 특히 돔페리돈은 다양한 무작위 실험에서 모유 생산을 증가시키는 것으로 나타났다.[23]

어떤 조치를 취하더라도 모유가 거의 또는 전혀 나오지 않을 가능성도 있다. 흔하지 않은 일이지만, 자주 논의가 되지 않으므로 모르고 있다가 당황할 수 있다. 이런 경우 보통 유방을 구성하는 선조직 Insufficient Glandular Tissue, IGT이 부족하다는 진단을 받게 된다. 일부 여성에게는 선천적인 증상이므로 이 증상을 갖고 있다면 어느 정도 보충 수유가 필요할 것이다. 유방 축소 수술을 한 여성도 모유 생산이 제한적일 수 있다. 역시 어느 정도 보충 수유가 필요할 것이다.[24]

반대로 모유가 너무 많이 나올 수 있다. 이것은 자연적인 현상일 수도 있고, 아니면 모유가 부족하지 않게 하려고 욕심을 낸 결과일 수도 있다. 처음에 수유를 하고 나서 추가로 펌핑을 하는 것이 나중에 공급 과잉으로 돌아올 수 있다. 내가 아는 몇몇 엄마는 처음에 열심히 펌핑을 하다가 나중에는 모유가 남아돌면서 주체하기 힘들어졌다.

공급 과잉의 주요 문제점은 매우 불편할 수 있고 유방염 위험이 증가한다는 것이다. 유방이 젖으로 가득 차면 단단하고 뜨겁고 아프다. 펌핑을 하면 불편함이 덜어질 수 있지만 순환 고리가 활성화되면 문제가 반복될 수 있다. 모유 생산을 줄이려면 울혈 문제를 해결해야 한다. 울혈에 권장되는 방법은 다양하다. 침술, 경락 마사지, 특수 마사지, 냉찜질, 온찜질, 가슴 모양 핫 팩, 양배추 잎 등등.[25] 이런 방법들이 효과가 있다는 증거는 고르지 않다. 무작위 실험이 몇 건 있는데 대부분은 소규모이고 다소 편향적이다. 냉찜질이나 온찜질은 어느 정도 효과가 있는 것 같다. 냉장고나 실온에서 보관한 양배추 잎을 사용하는 방법도 있다(냉장고에 넣어 두었던 양배추 잎으로 유방을 감싼다. 과연 누가 엄마가 되는 것을 멋지다고 했는가). 한 실험은 가벼운 멍이 생길 정도로 피부를 문지르는 '괄사 요법'이 어느 정도 효과가 있다는 것을 보여 준다. 영화배우 귀네스 팰트로가 효과를 장담하므로 한번 시도해 볼 수는 있다.

통증 외에, 공급 과잉으로 인해 아기가 젖을 빨기 시작할 때 모유가 너무 빨리 나와서 먹기 힘든 문제가 있다. 아마 소방 호스로 물을 마시는 일 같을 것이다. 젖을 먹이기 직전에 잠시 펌핑을 하거나 손으로 젖을 짜내면 도움이 된다. 공급 과잉 문제는 시간이 지나면 차츰 진정이 된다.

모유 수유 엄마에게
좋은 음식과 나쁜 음식

"안녕하세요, 에밀리!" 한 초보 아빠가 내게 물었다. "우리 아기는 잘 자라고 있어요. 그런데 장인 장모 말씀으로는 모유 수유를 하는 엄마는 콜리플라워를 먹거나 수돗물을 마시면 안 된다고 합니다. 아기가 더 많이 운다는 거예요. 맞는 말인가요?"

9개월 동안 음식을 신중하게 가려서 먹었는데 이제는 모유 수유를 하니까 또 먹으면 안 되는 음식들이 있다니, 한숨부터 나온다. 레어 스테이크는 먹어도 될까? 살균이 되지 않은 치즈를 그렇게나 먹고 싶었는데 아직 먹으면 안 된다고? 와인 한 잔이나 두어 잔은 어떨까? 그 정도는 괜찮지 않을까? 좋은 소식은 모유 수유를 하는 엄마가 먹지 말아야 할 음식은 거의 없는 것이다.

먼저 음식에 대해 알아보자. 모유 수유 중 의학적인 이유로 피해야 할 음식은 수은 함유량이 높은 생선뿐이다.[26] 대표적으로 황새치, 왕고등어, 참치가 있다. 하지만 다른 생선은 괜찮다. 저온 살균하지 않은 치즈, 초밥, 레어 스테이크, 가공한 육류도 먹어도 된다. 만일 아기가 과도하게 우는 배앓이를 한다면 일반적인 알레르기 식품은 피하는 것이 좋다. 자세한 내용은 2장을 참조하기 바란다.

그럼 콜리플라워는? 엄마 배에 가스가 차게 만드는 음식(콜리플라워, 브로콜리, 콩)을 먹으면 아기도 가스가 차서 배앓이가 악화될 수 있다는 속설이 있다. 나는 이 문제와 관련된 논문 1건을 찾을 수 있었는데, 이메일로 설문 조사를 해서 배앓이를 하는 아기의 엄마들과 배앓이를 하지 않는 아기의 엄마들이 섭취하는 음식을 비교한 것이었다.[27] 그 연구는 콜리플라워와 브로콜리를 먹으면 아기의 배앓이가 심해진다는 최소한의 증거를 찾았다고 주장했지만, 데이터 수집과 분석의 문제가 매우 심각해서(설문 조사의 응답률이 낮았고, 모유 수유와 관련해 지나치게 걱정하는 사람들이 과민 반응을 보였으며, 통계가 정확하지 않았다) 무시해도 된다고 나는 생각한다. 그저 먹고 싶은 대로 먹으면 된다.

알코올은 어떨까? 인터넷에서는 술을 완전히 피해야 한다거나 술을 마셨다면 펌핑을 해서 모유를 버려야 한다는 주장을 볼 수 있다. 반면에 어떤 사람들은 알코올, 특히 맥주를 섭취하면 모유 양이 증가한다고 말한다. 누구 말이 맞는 걸까?

둘 다 아니다.[28] 엄마가 술을 마셨을 때 모유 속 알코올 농도는 엄마의 혈중 알코올 농도와 거의 같은 수준이 된다. 아기는 알코올을 직접 섭취하는 것이 아니므로 모유를 통해 노출되는 알코올의 수준은 극히 낮다. 한 논문은 술 4잔을 급하게 마시고 혈중 알코올 농도가 최대치인 상태에서 모유를 먹였더라도 아기가 섭취하는 알코올은 극소량에 불과하므로 부정적인 영향을 미칠 가능성은 희박하다고 추정한다.[29] 그리고 이것은 일종의 '최악의 시나리오'를 가정한 것이다. 이 논문은 술 4잔을 급하게 마실 경우 아기를 돌보는 능력이 저하되고 건강에 좋지 않으므로 피해야 한다고 경고하지만, 문제는 모유에 들어 있는 알코올이 아니다. 따라서 펌핑을 해서 버릴 필요가 없다. 모유는 혈액과 같은 알코올 농도를 가지고 있다. 혈액의 알코올 농도가 줄면 모유의 알코올 농도도 같이 낮아진다. 모유에 저장되는 게 아니다.

따라서 엄마의 알코올 섭취가 아기에게 영향을 미친다는 증거가 많지 않다는 것은 놀랍지 않다. 엄마가 술을 마신 후 젖을 먹이면 아기가 잠을 오래 자지 못하고 자주 깬다는 일부 보고가 있지만 모든 연구에서 같은 결과가 나오지는 않는다. 또 장기적인 영향은 확인되지 않고 있다. 아이가 아주 조금이라도 알코올에 노출되지 않도록 하고 싶다면? 어렵지 않다. 술 1잔을 마셨다면 모유 수유를 하기 전에 알코올이 분해

되고 몸 밖으로 배출될 때까지 2시간 정도 기다리면 된다. 2잔을 마셨다면 4시간 후에 젖을 먹이면 된다.[30]

이러한 연구들은 폭음이나 매일 3잔 이상 마시는 빈번한 과음의 결과에 대해서는 잘 알려져 있지 않으므로 주의가 필요하다고 말한다. 자주 폭음하는 여성들은 종종 임신 중에도 폭음을 했을지 모르고 폭음을 하지 않는 여성들과 그 외의 조건들도 다를 것이다. 임신 중이거나 모유 수유를 하고 있지 않더라도 폭음은 건강에 좋지 않다. 임신 중 폭음은 아기에게 매우 위험하며, 출산 후 폭음은 육아 능력에 지장을 줄 것이다. 게다가 음주는 모유 생산을 향상시키지 않는다. 오히려 다소 감소시킬 수 있으므로 초기에 젖이 잘 나오지 않는다고 해서 알코올을 모유 생산 촉진제로 사용하면 안 된다.[31]

많은 엄마가 알코올과 함께, 모유 수유 중 약을 복용하는 것에 대해 걱정한다. 여기서 모든 약과의 상호 관계를 다룰 수는 없지만 일반적으로 대부분 안전하며 의사에게 정보를 얻을 수 있다. 또 온라인 사이트 'LactMed'의 데이터베이스에서 검색하면 거의 모든 약물에 대해 알아볼 수 있다.[32]

여기서 흔히 복용하는 약 2가지, 진통제(출산 후에 사용하는)와 항우울제에 대해 잠시 설명하겠다. 출산은 힘든 일이고 그 후에는 며칠 혹은 그 이상 상당한 통증을 경험하게 된다. 가장 먼저 찾게 되는 진통제 종류로 타이레놀이나 이부프로펜이 있는데, 특히 후자의 경우 상당히 애용된다. 이 약들은 모유 수유를 하는 동안에 복용해도 된다. 하지만 이부프로펜만으로는 충분하지 않을 수 있다. 특히 제왕 절개를 한 경우에는 다음 단계로 흔히 코데인을 처방한다. 보다 최근 데이터에 의하면 모유 수유 중 이 약을 복용했을 때 아기의 신경계에 상당한 영향을 주어서 극도로 졸리게 만들고 그로 인해 심각한 결과를 가져온 것으로 보이는 몇몇 예가 있다.[33] 그 결과 새로운 권고안들은 일반적으로 코데인이나 옥시코돈과 같은 오피오이드제(마약성 진통제)는 처방하지 말라는 의견을 제시한다.[34] 그렇지만 특히 제왕 절개를 하면 회복이 힘들기 때문에 의사가 적절한 주의를 주면서 오피오이드제를 처방할 수 있다. 오피오이드제는 보통 짧은 기간 동안 최소량을 처방한다. 진통제와 모유 수유의 관련성에 대해서는 의사와 상의해서 결정할 필요가 있다.

항우울제에 대한 소식은 훨씬 더 긍정적이다. 엄마가 항우울제를 복용하면 모유에서 검출되기는 해도 아기에게 부정적인 영향을 미친다는 증거는 거의 없다. 산후 우울증은 심각하고 치료가 중요하다. 항우울제마다 모유에 들어가는 정도는 다소 차이가 있지만, 저마다 효과를 본 약은 일반적으로 처방을 용인하고 있다. 이전에 항우울제를 복용한 적이 있어서 어떤 약이 잘 듣는지 안다면 그 약을 복용하면 되는 것이다.[35] 그런 적이 없다면, 모유 수유를 하는 엄마들에게는 우선적으로 파록세틴과 세르트랄린을 처방한다. 모유로 전달되는 양이 가장 적기 때문이다.

마지막으로 카페인이 있다. 대부분은 모유 수유를 하는 동안 카페인을 섭취해도 문제가 없으며, 아기에게 위험하다고 말하는 문헌도 없다. 하지만 일부 아기들은 카페인에 매우 민감해서 보채고 칭얼거릴 수 있다. 이런 경우에는 엄마가 카페인을 피해야 할 것이다. 수돗물은? 먹어도 된다. 모유 수유를 하든 안 하든 수분 섭취는 모두에게 중요하다. 어디에서든 물은 충분히 섭취하자.

펌핑을 하는 게 좋을까

몇 년 전 MIT에서 더 나은 유축기 디자인 아이디어를 발굴하기 위한 해카톤Hackathon(팀 단위로 짧은 시간 내에 아이디어에서부터 시제품까지 내놓는 것) 대회를 개최했다. 아직까지 상품화할 만한 디자인은 나오지 않았지만 다들 숨을 죽이고 기다리는 중이다. 왜냐하면 유축기는 일반적으로 신통치 않기 때문이다.

유축기를 사용하는 엄마들은 여러 불편을 호소한다. 아프고, 사용하기 어렵고, 계속 세척해야 하고, 소리가 요란하고, 무겁고, 비효율적이다. 하지만 이런 것들은 유축기 자체의 문제에 불과하다! 직장이나 여행 중 펌핑을 하는 것은 또 어떤가? 일할 시간을 뺏기고, 공항 화장실에서 펌핑을 하려면 이만저만 고생이 아니다. 귀국길에는 보안 검색 요원이 정성껏 포장한 젖병마다 폭발물 탐지기를 조심조심 갖다 댄다.

한 번은 밀워키 공항에서 문을 잠그고 펌핑을 할 수 있도록 콘센트와 의자가 설치된 수유실을 발견하고 무척이나 반가웠다. 나는 감격한 나머지 남편에게 전화해서 그 소식을 알렸고 밀워키에 대한 지속적인 애정을 갖게 되었다(밀워키는 진정한 미국이다).

최근 유축기에 몇 가지 놀라운 발전이 있었다. 프리미Freemie라는 제품은 브래지어 안에 컵을 넣고 펌핑을 할 수 있도록 되어 있다. 무엇보다 모터가 상당히 작아서 주머니에 넣거나 클립으로 옷에 걸고 다닐 수 있다. 이 제품은 내가 모유 수유를 끝낸 이후에 출시되었고 내 친구 하이디에게 실험해 보는 것도 실패했지만 다른 엄마들로부터 좋다는 평을 들었다. 기본적으로 밖에서 걸어 다니면서 펌핑을 할 수 있다. 누군가 이 유축기로 펌핑을 하면서 수술하는 의사들을 알고 있다고 말했지만 그런 이야기는 일화의 영역에 속한다.

유축기를 사용하는 데에는 기본적으로 3가지 이유가 있다. 첫째, 처음에 모유가 잘 안 나오는 경우 의사는 수유를 하고 나서 매번 또는 몇 번 펌핑을 해 보라고 제안할 것이다. 앞에서 언급했듯이, 이것은 실증적 증거는 많지 않지만 타당한 이론이다. 초기에만 펌핑을 할 거라면 병원에서 유축기를 빌려도 좋다. 보통 병원에는 성능 좋은 유축기가 있다. 그리고 처음에는 밖에 나갈 일도 많지 않다.

둘째, 모유를 먹이더라도 가끔 젖병으로 먹이기 위해 펌핑을 할 수 있다. 물론 젖병으로 먹이면서 펌핑을 하면 되지만, 미리 펌핑을 해 두었다가 나중에 먹일 수도 있다. 만일 다시 직장에 나갈 계획이라면 펌핑을 해서 모유를 비축해 두어야 한다. 특히 나는 퍼넬러피에게 젖을 먹일 때 모유 생산이 부족해서 미리 짜 두는 것이 힘들었다. 어떤 책에서는 수유를 하고 나서 2시간 후 펌핑을 하면, 아기가 아직 자는 사이에 어느 정도 모유를 모을 수 있다고 했다. 하지만 가끔 아이는 잠에서 깨자마자 먹으려고 했고, 나는 모유가 충분하지 않았다! 돌이켜 생각하면 그때가 가장 힘든 순간이었다.

이 문제에 대해서는 사실 과학적인 조언이 없으므로 구체적인 계획을 세워서 하는 방법이 스트레스를 줄이는 최선이다. 많은 엄마가 하루 한 번, 아마도 모유가 가장 많이 나오는 아침에 수유를 하고 나서 곧바로 펌핑을 하는 게 효과적이라고 말한다. 그렇게 매번 약간의 모유를 짜면 약 1~2주 후 젖병으로 한 번 먹이기에 충분한 양이 모일 것이다. 그다음에는 아이가 모유를 젖병으로 먹는 동안 펌핑을 해서 다시 한 병을 마련할 수 있다.

마지막으로, 펌핑을 하는 가장 중요한 이유는 직장에 다시 나가게 된 엄마들이 젖병으로 모유를 먹이기 위해서다. 목표는 아기에게 젖을 먹이던 것과 거의 같은 시간에 펌핑을 해서 모아 두었다가 다음 날 먹이는 것이다. 만일 모유가 많이 나온다면 충분한 양을 짜서 냉동실에 얼려 둘 수도 있다.

대부분의 여성은 펌핑을 힘들고 불편하게 느낀다. 직장에서는 펌핑을 위한 시간을 제공해야 하지만 모두가 항상 법을 따르는 것은 아니다. 만약 개인 사무실을 사용한다면 좋겠지만 그렇지 않다면 열악한 장소에서 펌핑을 해야 한다. 나와 이야기를 나눈 한 의사는 누구나 지나다니는 남녀 공용 라커 룸에서 펌핑을 했다고 한다(그녀는 수건으로 상체를 덮어 가렸다). 일정 규모 이상의 회사는 수유실을 마련하도록 되어 있지만 이 규정이 항상 지켜지는 것은 아니며, 수유실로서 갖추어야 할 요건에 대한 규정도 없는 상황이다.

환경이 완벽하다고 해도 유축기는 사용 후 매번 세척해야 한다(유축기 와이퍼가 도움이 될 수 있다). 보통 펌핑을 하면서 하루 3번, 30분씩 보낸다면 90분 동안 다른 일을 할 수 없다. 펌핑을 하면서 다른 일도 하고 싶다면 나는 핸즈프리 펌핑 브라를 강력 추천한다. 이것을 사용하면 펌핑을 하면서 적어도 스마트폰으로 뭔가 읽을 수 있다. 많은 사람이 펌핑을 하는 동안 편안하게 아기 사진을 보면서 긴장을 풀라고 제안한다. 그렇게 하면 모유 생산이 증가한다는 것이다. 하지만 이에 대한 직접적인 증거는 없다. 펌핑을 하는 엄마들을 대상으로 실시한 신생아 집중치료실Neonatal Intensive Care Unit, NICU의 연구에서는 아기와 가까이 있으면 모유 생산이 증가하는 것으로 나타났지만 이 증거는 현실과 상당히 거리가 멀다.[36]

그리고 한 가지 덧붙이자면 유축기는 펌핑을 하면서 보내는 시간에 비해, 아기가 직접 젖을 빠는 것처럼 효과적으로 모유를 비우지 못한다. 아무리 훌륭한 유축기도 아기를 대신할 수는 없다. 그 정도는 개인에 따라 다르다. 어떤 엄마들은 젖을 먹이는 데 아무 문제가 없지만 유축기를 사용하면 모유가 한 방울도 나오지 않는다. 또 어떤 엄마들은 펌핑만으로도 충분한 모유를 확보한다. 이 문제에 완벽한 해법은 없다. 내 친구 중 한 명은 모유 수유를 위해 완벽한 조건을 갖추고 있는 듯 보였다. 근무 시간이 유연하고 어린이집이 직장 바로 옆에 있었으므로 그녀는 하루에 몇 번씩 어린이집에 가서 아기에게 젖을 먹였다. 하지만 그러다가 어느 날 그녀가 출장을 갔더니 아기는 하루 종일 젖병에 입도 대지 않았다.

우리는 더 나은 유축기가 나오기를 손꼽아 기다린다. MIT여, 분발하라! 마지막 참고 사항으로, 젖을 제대로 물리지 못해서 고군분투하는 일부 엄마들에게는 펌핑이 수유기 동안 유일한 선택이다. 펌핑만 하고 모유는 먹이지 않는 방법을 '배타적 펌핑'이라고 한다. 이런 상황에서 어떻게 하는 게 좋은지 말해 주는 증거는 적지만, 온라인에는 이런저런 조언을 해 주는 엄마들이 많다.

✦ Bottom Line ✦

- 모유 수유는 매우 힘들 수 있다!
- **초기 개입**: 갓 태어난 아기와의 피부 접촉은 모유 수유 성공 확률을 높여 준다.
- **젖 물리기**
  - 유두 보호기는 일부 엄마들에게 효과가 있지만, 일단 사용하면 그만두기가 어려울 수 있다.
  - 설소대, 순소대 단축증을 수술하면 젖 물리기가 쉬워진다는 근거는 매우 제한적이다.
- **통증 문제**
  - 설소대 단축증을 수술하면 젖을 먹일 때의 통증이 개선될 수 있다.
  - 유두 통증을 해결하는 방법에 대한 증거는 많지 않지만, 젖 물리기에 초점을 맞추면 도움이 될 수 있다.
  - 수유를 시작하고 몇 분이 지나도 통증이 있거나, 그러한 통증이 몇 주 후에도 계속된다면 도움을 받자. 치료가 필요한 감염이나 다른 문제가 있을 수 있다.
- **유두 혼동**: 데이터로 알 수 없음.
- **모유 생산**
  - 대부분은 출산 후 3일 이내에 모유가 나오지만 엄마들의 4분의 1 정도는 더 오래 걸릴 수 있다.
  - 아기가 젖을 많이 먹을수록 모유가 많이 나온다는 생물학적 순환 고리 이론은 설득력이 있다.
  - 의약품 외에 호로파 씨 같은 요법으로 모유 생산을 증가시킬 수 있다는 증거는 제한적이다.
- **펌핑**: 고역스럽다.

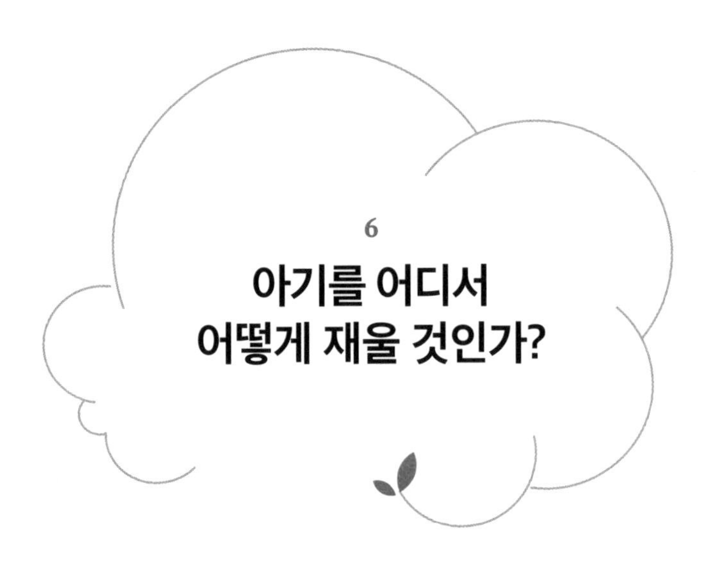

6 아기를 어디서 어떻게 재울 것인가?

우리 아이들은 《깜빡이, 끔벅이, 꾸벅이Winken, Blinken and Nod》라는 아주 오래된 그림책을 가지고 있는데, 이 책의 마지막 페이지에는 자고 있는 아기의 삽화가 있다. 나는 그 그림을 볼 때마다 아기 침대 안에 얼마나 많은 물건이 아기와 함께 놓여 있는지 보면서 놀라곤 한다. 인형, 담요, 범퍼(안전 가드), 베개 등등. 우리 부부는 우리 아이들이 걷기 시작한 이후에도 아기 침대 안에 작은 애착 담요와 물병 하나만 넣어 두었다. 마침내 세 살이 된 퍼넬러피를 유아용 침대로 옮길 때는 어떤 이불이 좋을지 몇 달 동안 고민했다.

육아 권고는 세월이 지남에 따라 변하지만, 지금까지 수면에 대한 권고만큼 많이 변한 것도 아마 없을 것이다. 우리가 어릴 때는 흔히 범퍼를 두른 아기 침대에 아기를 엎어서 재우고 푹신한 이불을 덮어 주었다. 왜 그랬는지 충분히 짐작할 수 있다. 아기는 조그맣고 아기 침대는 썰렁하니까. 커다란 아기 침대에 작은 아기가 혼자 누워 있는 모습은 다소 안쓰러워 보인다.

미국 소아과학회의 최근 권고안은 아기 침대에 장난감과 담요를 넣는 것에 대해 절대 반대한다. 소아과학회는 아기 침대(또는 요람)에 혼자 재워야 하고 똑바로 눕히라고 제안한다. 아기 침대 안에는 아무것도 없어야 하고, 난간에 작은 손이나 발이 끼이지 않도록 침대를 둘러싸는 범퍼는 사용하지 않는 것이 좋다. 또 아기 침대나 요람을 부모 방에 두고 재우라고 한다.

이 권고안은 대체로 SIDS의 위험을 낮추는 안전한 수면을 위한 캠페인인데, 처음에 아기를 똑바로 눕혀서 재우는 것의 중요성을 강조했다. 최근에는 추가로, 아기와 한방을 사용하는 것을 권장하고 있다.

미국 소아과학회의 수면 권고안은 간단하지만, 단 2시간만이라도 숙면을 취하는 게 소원일 정도로 피곤한 초보 부모들은 따라 하기 쉽지 않다. 많은 아기가 엎드린 자세에서 더 잘 자기 때문에 아기가 칭얼거릴 때는 엎어서 재우고 싶은 유혹에 넘어갈 수 있다. 또 모유 수유를 할 때 침대에 함께 누워서 먹이고 싶을 수 있다. 그리고 아기가 젖을 먹다가 잠이 들면 그대로 계속 재우고 싶은 마음에 아기 침대로 옮기기 어렵다.

반대로, 아기와 한방을 쓰라는 제안도 따르기 쉽지 않다. 우리 남편은 아이들과 같은 방에 있으면 잠을 이루지 못했다. 핀이 태어났을 때 나는 몇 주 동안 아기 침대를 옆에 두고 잤고 남편은 공사가 마무리되지 않은 다락방에 올라가서 에어 매트리스를 펼치고 잤다. 하지만 언제까지 그런 식으로 지낼 수는 없었다. 이런 여러 문제가 있기 때문에 적절한 결정은 매우 중요하면서도 어렵다. 그리고 결정을 할 때는 어떤 위험 요인이 있는지 꼼꼼히 따져 봐야 한다.

편안한 잠자리보다
안전한 잠자리

선천성 결함이 있는 경우를 제외하면, 미국에서 만기 출생아가 생후 1년 내에 사망하는 가장 흔한 원인이 SIDS다. SIDS를 정의하자면 1세 미만의 건강해 보이는 아기가 설명할 수 없는 이유로 사망하는 것인데 90퍼센트는 생후 4개월 안에 발생한다. SIDS의 원인은 잘 알려져 있지 않다. 아기가 자기도 모르게 호흡을 멈추고 다시 숨을 쉬지 않을 때 일어나는 것 같다. 예를 들어 미숙아 같은 연약한 아기나 여자아이보다는 남자아이에게 더 많이 발생한다.

육아에서 가장 힘든 면은 세상에서 가장 사랑하는 존재가 우리의 통제 밖에 있을 때 느끼는 불안함이다. 적어도 내가 아는 모든 부모는 아이에게서 눈을 떼지 못하고 잠시라도 시야에서 벗어나지 않도록 하려는 본능을 가졌다. 그럼에도 불구하고 우리는 위험을 감수한다. 아이가 무릎을 다칠 수 있다는 걸 알면서도 자전거 타는 법을 배우게 한다. 심한 감기나 독감에 걸릴 수 있다는 것을 알면서도 다른 아이들과 놀게 한다. 이런 경우에는 장단점을 비교해서 평가하기가 그리 어렵지 않다. 장염에 걸리면 고생을 해야겠지만 다른 아이들과 즐겁게 놀게 하는 것도 성장 발달을 위해 중요하다. 그래서 이모저모 따져 보고 저울질해서 병을 옮겨 오지 않을 거라고 생각하면 다른 아이들과 같이 놀게 한다.

하지만 심각한 질병이나 죽음과 같은 치명적인 결과를 초래할 수 있는 위험 요인에 대해서는 판단하기가 훨씬 더 어렵다. 그 첫 단계는 SIDS의 위험을 우리가 매일 암묵적으로 받아들이는 위험 요인들처럼 생각하는 것이다. 아이들을 차에 태우는 것은 완벽하게 안전하지 않다. 평소에 자주 생각하지는 않지만 위험 요인이 있는 것은 사실이다. 우리가 알게 모르게 수용하고 있는 이런 요인들과 비교하면 앞으로 이야기할 위험 요인들은 실재하기는 해도 크지는 않다.

둘째, 우리는 수면에 관한 선택이 삶의 질에 영향을 미친다는 사실을 인정해야 한다. 만일 아이와 같이 자야 편안하게 잘 수 있다면, 그렇게 하면 된다. 부모의 정신 건강, 운전 능력, 전반적인 생활 기능을 보존하는 것은 아이를 위해서도 중요하다. 그리고 그러한 선택이 끔찍하긴 하지만 발생 가능성은 아주 낮은 위험 요인보다 중요할 수 있다. 우리는 우리 자신을 돌보라는 조언을 무시하기 쉽다. 하지만 부모 자신을 돌보는 것은 사실 부모에게 주어진 책임이기도 하다.

아이가 위험해질 수 있는 문제를 놓고 선택한다는 것은 사실 생각하고 싶지도 않은 일이다. 위험할 게 분명하고 가능성이 작지 않다면 선택하기가 쉽다. 또 어떤 문제는 전혀 위험하지 않은 게 분명하다. 하지만 그중 일부는, 특히 아기와 같이 자는 문제는 좀 더 복잡하다. 그럴수록 우리는 현실을 똑바로 마주할 필요가 있다. 이 책을 쓰는 동안 내 친구 소피와 이야기를 나누었는데 그녀는 막내 아이를 여러 달 같이 데리고 잤다. 소피는 의사여서 아이와 같이 자는 것이 위험할 수 있다는 것을 잘 알고 있다. 그녀는 그 결정을 가볍게 생각하지 않았으며 미국소아과학회의 권고안에 동의한다고 말했다. 하지만 그녀의 아기는 따로 재우면 잠을 잘 자지 못했다. 그녀는 아기와 한 침대에서 잘 때 위험요인을 제거할 수 있는 모든 조치를 취했다. 그녀와 남편은 둘 다 담배를 피우거나 술을 마시지 않았고 침대에서 이불과 담요를 모두 치웠다. 그리고 그 모든 예방 조치를 해도 최소한의 위험 가능성은 있다는 것을 받아들였다.

결국 이것은 부모들이 각자 해야 할 선택이며, 선택을 할 때는 완전한 정보를 가지고 하는 것이 최선이다. SIDS를 피하기 위한 의학계의 권고안은 4가지로 구성되어 있다.

1. 똑바로 눕혀서 재운다.
2. 아기 침대에서 혼자 자게 한다.
3. 부모와 한방에서 잔다.
4. 주위에 푹신한 물건들을 놓아 두지 않는다.

절대 엎드려서 재우면 안 되는 까닭

1990년대 초까지만 해도 대부분의 부모는 아기를 엎드려서 재웠다. 그 이유는 많은 아기가 엎드린 자세로 잠을 더 잘 자고 자주 깨지 않기 때문이다.[1] 그러나 1970년대에 아기가 엎드려 자는 것이 SIDS와 관련 있다는 단서들이 발견되었다.[2] 여러 수면 방법을 비교한 연구들을 보면, 엎드려서 자는 아기들의 그룹에서 불상사가 더 많이 발생하는 것으로 나타났다.

하지만 1980년대 중반까지도 이러한 초기 연구들이 대부분 무시되었고 소아과 의사들도 아기를 엎어서 재우라고 권고했다. 우리 부모님이 즐겨 보던 스폭 박사의 육아서에는 "아기들에게 처음부터 엎드려서 자는 습관을 들이는 것이 바람직하다고 생각한다"고 나와 있다.[3] 그러다가 1990년대 초, 아기가 엎드려서 자면 SIDS의 위험성이 현저히 높아진다는 것을 보다 직접적으로 알려 주는 일련의 연구 결과들이 발표되면서 추세가 바뀌었다.

이 문제를 데이터로 연구하는 것은 만만치 않다. 다행히 SIDS는 드물게 일어나며, 그래서 표준화된 연구 기법을 사용하기가 쉽지 않다. 대규모 무작위 실험이나 관찰 연구에서도 통계적으로 의미 있는 결론을 도출할 수 있을 만큼 충분한 관찰을 하기 어려운 것 같다.[4] 대신 연구원들은 SIDS에 대해 알아볼 때 주로 사례-대조군 연구를 사용한다.

1990년, 《영국의학저널British Medical Journal》은 영국에서 나온 데이터를 바탕으로 실시한 연구를 발표했다.[5] 연구원들은 특정 지역(영국 에이본)에서 607건의 SIDS가 발생한 것을 확인했다. 그다음에 나이가 비슷하거나 나이와 출생 몸무게가 비슷한 아이들로 이루어진 대조군을 찾아 양쪽의 부모들을 조사했다. 놀랍게도 그들은 아기가 엎드려서 자는 것이 SIDS와 관련이 있다는 것을 발견했다. SIDS로 사망한 영아들은 거의 모두 엎드려서 잠을 잤다(67명 중 62명, 92퍼센트). 반면 대조군의 영아들은 56퍼센트만이 엎드려서 잤다. 이 비교를 근거로 연구원들은 아기가 엎드려서 자면 SIDS로 사망할 확률이 8배가 된다고 주장했다. 또한 이 논문은 과열을 위험 요인으로 꼽았다. 즉 두꺼운 옷을 입혀서 재우거나, 두꺼운 이불을 덮어 주거나, 더운 방에서 재웠을 가능성이 있었다.

유사한 방식으로 접근한 다른 연구에서도 동일한 결과가 나왔다.[6] 연관성을 보여 주는 또 다른 근거로 생물학적 메커니즘이 있다. 아기들은 엎드려서 잘 때 더 깊은 잠에 빠지는 경향이 있고, SIDS의 위험은 아기가 깊이 잠들수록 높아진다. 또 수면 자세의 변화에 기초한 네덜란드의 연구에서 나온 증거도 있다. 1970년대에 네덜란드에서는 부모들에게 아기를 엎어서 재우라고 권고했다. 1988년에는 권고를 바꿔서 아기를 똑바로 눕혀서 재우라고 했다. 이러한 수면 자세의 변화에 따라 SIDS 발생률에도 변화가 나타났다. 엎어서 재우라는 권고가 나온 이후에는 SIDS가 증가했고, 똑바로 눕혀서 재우라는 권고 이후에는 감소했다.[7] 시간에 따른 이러한 변화만으로는 SIDS와 수면 자세의 인과 관계를 입증할 수 없다. 그러나 또 다른 증거와 결합하면 인과 관계가 보이기 시작한다.

1990년대 초에는 엎드려서 자는 자세가 위험하다는 것이 분명해졌다. 《미국의학협회저널Journal of the American Medical Association》에 실린 평론은 그 모든 증거를 설명하면서 무작위 실험이 없다고 해도 데이터를 보면 아기를 엎어서 재우지 않도록 하는 진지한 노력이 필요하다는 결론을 내렸다.[8] 이러한 노력은 1992년 미국에 '백 투 슬립Back to Sleep' 캠페인으로 등장해서 놀랄 만한 성공을 거두었다. 1992년 조사에서는 약 70퍼센트의 아기가 엎드려서 자는 것으로 나타났는데,[9] 1996년에는 20퍼센트까지 내려갔다. 이와 같은 수면 자세의 변화와 함께 SIDS가 감소하면서 수면 자세가 SIDS에 큰 영향을 미친다는 것이 더욱 분명해졌다.

'백 투 슬립' 캠페인은 아기를 옆으로 눕히거나 엎어 놓지 말고 똑바로 눕혀서 재우는 것이 중요하다고 강조한다. 다만 증거를 보면 옆으로 자는 것보다 엎드려 자는 것이 더 위험하다. 옆으로 자는 것을 걱정하는 이유는 주로 아기가 자기도 모르게 몸을 굴려서 엎드린 자세가 될 수 있기 때문이다. 따라서 똑바로 눕혀서 재우라는 것은 아기가 엎드려 자게 되는 위험을 최대한 피하기 위한 것이다. 일단 아이가 혼자 뒤집기를 할 수 있게 되면 엎드려 자더라도 똑바로 뒤집어 놓을 필요는 없다. 뒤집기를 할 수 있으면 편안하게 숨을 쉬기 위해 머리를 움직일 힘이 충분하므로 SIDS가 가장 위험한 시기는 지나간 것이다.

아이를 똑바로 눕혀서 재울 때 한 가지 주요 부작용으로 사두증이 있다. 사두증이란 머리가 납작해지는 것을 말한다. 똑바로 누워서 자는 아기들은 뒤통수가 납작해질 수 있다. 이 증상은 '백 투 슬립' 캠페인이 시작된 이후 시간이 지나면서 증가해 왔다.[10] 아기가 항상 머리를 어느 한쪽으로 돌리고 자면 사두증이 생길 가능성이 있다. 그리고 적어도 일부 문헌들은 태어날 때부터 어느 정도 머리가 납작한 아기는 똑바로 자게 되면 그 증상이 더 악화될 수 있다고 주의를 준다.[11] 또 이 증상은 쌍둥이와 미숙아에게 더 흔하다. 사두증은 뇌의 성장이나 기능에는 아무런 영향을 주지 않으므로 순전히 미적인 문제다. 아기가 항상 등을 대고 누워 있지 않도록 낮 동안에는 엎드려 있게 하면 이 증상을 피하는 데 도움이 된다.

사두증은 적어도 어느 정도 교정이 된다. 거의 밤낮으로 헬멧을 착용하게 하는 방법이 있지만 실제로 어느 정도 효과가 있는지에 대해서는 이견이 있다. 아이가 사두증이라면 어떤 해결 방법이 있는지 소아과 의사와 상담해 보자.[12]

가능하면 아기 침대에서 따로 재워라

미국 소아과학회의 두 번째 권고안은 아기를 아기 침대에 혼자 재우라는 것이다. 즉, 부모가 데리고 자지 말라고 한다. 이 권고에 대해서는 부모들 사이에서 의견이 분분하다. 어떤 사람들은 아기와 함께 자는 것을 강력히 지지한다. 일반적으로 그들이 주장하는 것은 선사 시대부터 그렇게 해 왔다는 것인데 이는 사실이다. 동굴에는 따로 아기 침대가 없었고, 지금도 많은 문화권에서 부모가 아이를 데리고 자는 것이 일반적이다. 그러나 안전에 대해서는 믿을 수 없다. 우리는 그동안 아이들의 생존율을 높이기 위해 많은 관행을 바꿔 왔기 때문이다.

반대편의 주장은 아기가 잠든 부모 밑에 깔려서 질식사할 수 있다는 것인데, 이것도 사실이다. 하지만 위험 가능성이 크다는 것은 아니며 어떤 방식으로 같이 잠을 자는지에 따라 달라질 수 있다.

그렇다면 진짜 문제는 아이를 데리고 잘 때 SIDS 위험이 어느 정도 유의미한 수준까지 높아지는가이다. 이에 대한 증거 역시 수면 자세의 영향에 대한 연구에서 사용된 것과 유사한 사례-대조군 연구에서 볼 수 있다. 연구원들은 SIDS 사망자의 일반적인 수면 자세, 잠을 자던 장소, 모유를 먹었는지 분유를 먹었는지 등을 중심으로 하는 일련의 정보와 음주, 흡연 습관 같은 부모의 특징에 대해서도 수집했다. 그다음에는 나이와 다른 조건들이 비슷한 영아들을 대조군으로 모집해서 양쪽 부모에게 같은 질문을 하고 그 답변을 비교했다.

이런 연구들은 대개 소규모이기 때문에 여러 유사한 연구에서 데이터를 취합해서 보여 주는 이른바 '메타 분석'을 보면 도움이 된다. 훌륭한 예로, 2013년 《영국의학저널》에 발표된 논문이 있다.[13] 이 논문은 스코틀랜드, 뉴질랜드, 독일 등에서 실시된 연구 데이터를 종합해 분석했다(미국은 제외되었다). 이 분석이 도움이 되는 이유는 부모들의 행동으로 인한 추가적인 위험을 측정하려고 노력했기 때문이다. 그들은 부모의 흡연이나 음주(하루 2잔 이상)와 모유 수유에 초점을 맞추었다. 아래는 그 논문에서 나온 결과를 그래프로 나타낸 것으로, 부모와 같이 자

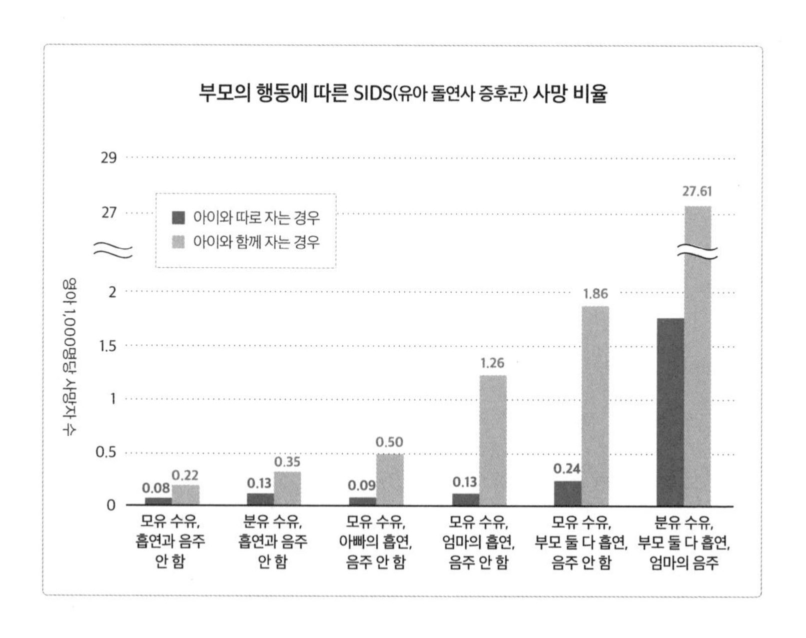

는 아기와 따로 자는 아기의 사망률 차이를 보여 준다. 여기서 절대 위험률은 정상 체중의 만기 출생아를 기준으로 했다. 각각의 막대는 다양한 위험 요인을 조합한 것이다.

이 그래프에서 가장 먼저 눈에 띄는 것은 전반적인 SIDS 비율과 부모와의 동침으로 인한 위험률 모두 부모의 흡연이나 음주와 같은 다른 위험 요인들이 있을 때 급증한다는 것이다. 가장 극단적인 예로, 아기가 분유 수유를 하는 경우 부모가 둘 다 담배를 피우고 엄마가 하루에 2잔 이상 술을 마신다면, 부모와 같이 자는 아기는 예상 사망률이 1000명당 27명으로, 부모와 같이 자지 않는 아기들보다 16배 더 높다.

특히 흡연이 부모와의 동침과 관련한 위험을 증가시킨다는 관찰은 다른 문헌에서도 광범위하게 볼 수 있다.[14] SIDS와 흡연의 연관성에 대한 메커니즘은 완전히 파악되지 않았지만, 간접흡연으로 인한 화학 물질 흡입과 호흡 곤란이 원인인 것으로 보인다. 그리고 흡연자와 가까이 있을수록 더 위험해진다(바로 옆에서 담배를 피우지 않더라도).[15]

이 그래프는 많은 부모가 궁금해할 질문에 대한 답을 보여 준다. 즉 부모가 흡연, 음주, 모유 수유 등을 하지 않는 것처럼 아무리 조심한다고 해도 부모와 아기가 같은 침대에서 자면 위험한지 말이다. 그리고 데이터는 '위험하다'고 말한다. 부모와 같이 자지 않는 영아가 SIDS로 사망할 확률은 1000명당 0.08명으로 가장 낮다. 부모와 같이 자는 영아의 SIDS 사망 확률은 1000명당 0.22명이다. 다시 한번 이 위험률을 보다 넓은 맥락에서 살펴보자. 미국 전체로 보면 영아 사망률은 1000명당

5명 정도다. 따라서 이것은 전체 인구 사망률에 비해 아주 적다. 좀 더 쉽게 말하면 다른 위험 요인들이 없는 상황에서 부모와 같이 자지 않는 것만으로 SIDS를 예방할 수 있는 확률은 대략 7100명당 1명 정도다.

아무리 안전에 만전을 기해도 아기와 같이 자는 데 최소한의 위험이 따른다는 사실은 거의 모든 연구에서 나타난다. 위험이 정확하게 얼마나 증가하는지는 연구 보고에 따라 다르지만 대부분 비슷한 범위 내에 있다.[16] 그리고 이 위험은 초기에 집중적으로 발생한다. 부모가 둘 다 음주나 흡연을 하지 않는다면 3개월 후에는 아기와 같이 자도 크게 위험하지 않은 것 같다.

위험에 대한 분석을 종합해 보면 가장 중요한 시사점은 아기와 같이 잔다면 부모는 둘 다 절대 음주나 흡연을 하지 말아야 한다는 것이다. 위험 가능성을 완전히 제거할 수는 없지만 최대한 안전한 방법으로 아기와 같이 잘 수 있다. 이때에는 몇 가지 장점도 있다. 아기와 같이 자는 엄마들이 가장 많이 꼽는 장점은 편리하다는 것이다. 또 잠든 아이를 옮기다가 잠에서 깨게 할 수 있다. 이 문제는 적어도 일부 사실이며 아마 엄마 스스로 평가할 수 있을 것이다. 아기가 자주 깨지 않으면 부모도 좀 더 숙면을 취할 수 있다.

사실 내 친구 소피 외에도 아이와 같이 잤다는 의사 친구가 많았는데, 그 이유는 잠을 더 자기 위해서였다고 한다. 부부가 맞벌이를 하고 또 다른 자녀 둘을 키우는 소피는 밤새도록 아기 침대를 왔다 갔다 하는 것이 불가능해 보였다. 아이도 엄마와 같이 잘 때 훨씬 더 잘 잤다.

그러다 보니 아이는 엄마와 같이 자지 않으면 잠을 자지 않았고, 결국 아기와 한 침대에서 같이 자는 게 가족 모두를 위해 가장 좋은 방법이라는 결론을 내렸다.

데이터에서 볼 수 있는 두 번째 장점은 모유 수유에 성공할 가능성이 높아진다는 것이다. 이것은 분명 상관관계가 있다. 아이와 같이 자는 엄마들은 모유 수유를 더 많이, 더 오래 하는 경향이 있다.[17] 그러나 반드시 인과 관계가 있는 것은 아니다. 데이터는 출산 전부터 모유를 먹이겠다고 마음먹었던 엄마일수록 아이와 같이 자는 경향이 있음을 보여 준다.[18] 모유 수유를 하겠다는 의지가 아이와 같이 자게 만드는 것일 수도 있다. 그러나 모유 수유와 부모 침대 옆에 아기 침대를 붙여 놓고 재우는 것의 관계를 평가한 무작위 실험에서는 모유 수유와의 어떤 연관성도 발견되지 않았다.[19] 이것은 아이와 같이 자는 것이 모유 수유에 아무런 도움이 되지 않는다는 것이 아니라, 단지 모유 수유의 성공 가능성을 높이는 만능 해결책은 아니라는 의미다.

부모와 아기,
한방 쓸까 각방 쓸까

많은 권고안이 아기와 한 침대를 쓰는 것을 금지하지만 방을 같이 쓰는 것은 장려한다. 미국 소아과학회는 적어도 생후 6개월에서 가능하면 첫 1년 동안 SIDS 예방을 위해 아이를 부모 방에서 재울 것을 권장한다. 부모가 같은 방에 있으면 아무래도 아기를 좀 더 세심하게 돌볼 수 있다.

SIDS와 한방을 쓰는 것과의 관계는 한 침대를 쓰는 것과의 관계보다 증거가 훨씬 더 부족하다. 연구의 기본 구조는 같지만 소규모이고 건수도 적다. 관계에 영향을 미칠 수 있는 다른 요인들에 대한 관심도 부족하다. 예를 들어 아기방에 홈 카메라를 설치하면 어떨까? 그걸로 충분할까? 이런 문제에 대한 근거는 찾아볼 수 없다. 이 점을 염두에 두고 지금까지 나온 연구 결과들을 알아보기로 하자.

한 가지 구체적인 예로, 1999년 《영국의학저널》에 발표된 연구가 있다. 약 320명의 영아 사망 표본과 1300명의 대조군을 사용한 이 연구는, 아기를 방에서 혼자 자게 하면 사망 위험이 높아진다고 주장한다.[20] 그러나 그 연구 결과는 일관성이 부족하다. 대표적으로, 평소에 잠을 자던 장소를 분석한 결과와 가장 최근에 잠을 잔 장소를 분석한 결과가 다르게 나왔다. 평소에 자던 장소를 분석한 결과는 위험하지 않은 것으로 나왔지만, 가장 최근에 잔 장소를 분석한 결과는 좀 더 위험한 것으로 나온 것이다. 그 이유는 분명하지 않으며 아이가 세상을 떠난 그날 밤에 평소와 다른 일이 있었던 것은 아닌지 의심하게 된다.

한방에서 자는 것에 대한 권고안을 만들 때 미국 소아과학회는 이 연구와 함께 다른 3건의 연구를 인용했다.[21] 그 연구들은 아기가 혼자 아기방에서 잘 때 SIDS 비율이 소폭 증가하는 것을 보여 주지만 압도적이지는 않다. 연구 결과는 모두 연구원들이 어떤 변수를 조정하는지에 따라 달라졌으며, 무엇보다 그 연구들은 사실 대부분 방을 같이 쓰는 문제를 알아보기 위해 설계된 것이 아니었다. 또 위험 가능성을 줄여주는 요인을 분석하기에는 규모가 너무 작다. 다만 아이가 엎드려서 자는 경우 부모와 한방에서 자는 것이 좀 더 유리하며[22] 이는 부모와 가끔 한 침대에서 같이 자는지에 따라 달라지는 것으로 보인다.[23]

데이터를 놓고 보면 한방에서 자는 것의 장점에 대해서는 논쟁의 여지가 있지만, 내 생각에 생후 1년 동안 한방에서 자라는 미국 소아과 학회의 권고는 지나친 것 같다. 왜냐고? SIDS로 인한 사망은 90퍼센트가 생후 4개월 이내에 발생하므로 그 이후에는 어떤 선택을 해도 문제가 될 가능성은 매우 낮다. 이것은 데이터로도 나타난다. 방을 같이 쓰거나 심지어 침대를 같이 쓰더라도, 적어도 부모가 비흡연자라면 생후 3~4개월 후에는 SIDS 위험 가능성이 높아지지 않는 것으로 보인다.[24]

따라서 부모 방에서 재우는 기간을 오래 연장하는 것은 아무런 이득이 없는 것 같고, 오히려 아이의 수면에 방해가 된다. 2017년의 한 연구는 부모와 같은 방에서 자는 것이 아이의 수면에 부정적인 영향을 주는지 평가했는데 사실로 나타났다. 생후 4개월이 되었을 때 부모 방에서 자는 아기들과 따로 자는 아기들을 비교한 결과, 총 수면 시간은 비슷했지만 따로 자는 아이들이 덜 자주 깼다. 그 이유는 짐작건대 혼자 자는 아기방이 더 조용하기 때문일 것이다.

생후 9개월에는 따로 자는 아기가 더 오래 잤다. 이 효과는 생후 4개월에 혼자 자는 아기들에게 가장 두드러졌지만 4개월에서 9개월 사이에 아기방으로 옮긴다고 해도 결과는 같았다. 특히 생후 2년 반이 되었을 때도 이러한 차이는 유지되었다. 생후 9개월이 되었을 때 혼자 자는 아이들은 부모와 한방을 쓰는 아이들보다 밤에 45분을 더 잤다. 수면은 아이들의 두뇌 발달에 매우 중요하다. 단지 부모가 편하기 위해 신경 쓰는 게 아니다. 다만 아기가 잘 자기 시작하면 아기방으로 옮길 수도 있으므로 반드시 인과 관계가 있는 것은 아니다. 이와 관련해서 아이를 같은 방에서 재우면서 수면 훈련을 하면 성공 가능성이 매우 낮을 것이다. 그리고 마지막으로, 부모들은 방에 아이가 없을 때 좀 더 숙면을 취할 수 있다. 부모들도 잘 쉬는 것이 중요하다.

이 모든 것을 종합할 때, 나는 미국 소아과학회의 권고가 지나치다고 믿는다. 아이와 방을 같이 쓰고 싶다면 누가 뭐래도 그렇게 하면 된다. 데이터를 보면 처음에는 방을 같이 쓰라고 권고하는 것이 맞을 것 같다. 그러나 1년 동안 아이를 같은 방에서 재우는 것은 뚜렷하게 도움이 되는 점은 없으면서 아이의 수면에 단기적, 장기적 지장을 주므로 좋은 정책은 아닌 것 같다.

사실 수면 자세에 대한 모든 연구에서 두드러지게 눈에 띄는 한 가지는 소파에서 아기와 같이 자는 게 매우 위험하다는 사실이다. 이 경우의 사망률은 기준치의 20~60배 치솟는다. 그 이유를 이해하는 건 어렵지 않다. 피곤에 지친 부모가 푹신한 소파에서 아기를 안고 있다가 깜박 잠이 들면 아기가 베개에 파묻히기 쉽다. 안타깝게도 어떤 부모들은 아기와 침대에서 같이 자는 것을 피하려다가 이런 변을 당한다. 잠이 들지 않으려고 소파에 앉아 있다가 자기도 모르게 잠에 빠지는 것이다. 침대에서 같이 자는 것도 어느 정도 위험하지만 소파에서 자기도 모르게 잠드는 것이 훨씬 더 위험하다.

아기 침대에서
아기만 빼고 다 치워라

미국 소아과학회의 마지막 권고안은 아기 침대를 텅 비워 두라는 것이다. 장난감, 범퍼, 담요, 베개 등 모두 치워야 한다(아기만 빼고). 아마 이것은 가장 따라 하기 쉬운 지침일 것이다. 장난감이나 베개를 아기 침대에 두는 것은 아기자기하게 보이는 것 외에는 다른 이유가 없다(범퍼는 다를 수 있다). 또 아이와 함께 여행할 때 몇 가지 장점이 있다. 친정에 갈 때마다 인형을 한 보따리 싸 들고 가지 않아도 된다. 아이가 잠들기 위해 꼭 필요한 물건이 줄면 여행은 훨씬 수월해진다.

위험성을 고려해서 아기 침대에 물건을 넣지 말라는 권고안은 2가지가 핵심이다. 하나는 담요를 넣지 않는 것이다. 이 결론은 앞에서 이야기한 다수의 연구 결과에 기초한다. SIDS로 사망한 영아들은 머리가 담요에 덮인 채 발견되는 경우가 많다. 유아복 업계에서는 이에 대한 해결책으로 '옷처럼 입는 담요'를 출시했다. 마치 아이를 지퍼 백 안에 넣는 방식인데 따로 담요가 필요하지 않으므로 합리적인 제품으로 보인다. 두 번째 권고는 미국 소아과학회가 금지하는 아기 침대 범퍼에 관한 것이다. 실제로 시카고 등 일부 미국 도시에서는 범퍼 판매를 금지하고 있다. 범퍼가 질식사를 유발할 수 있다는 것이다. 이 권고는 애초에 범퍼를 사용하는 목적이 있기 때문에 다소 혼란스럽다. 범퍼가 없으면 아기의 팔과 다리가 침대 난간 사이에 끼일 수 있으므로 치명적이지는 않아도 다칠 수 있다.

그러면 실제로 범퍼가 얼마나 위험한지 알아볼 필요가 있다. 2016년 《소아학저널Journal of Pediatrics》에 실린 논문은 미국에서 1985~2012년까지 범퍼로 인해 사망한 아이들의 수를 집계했는데[25] 48명으로 나타났다. 전체와 비교하면 이 기간 동안 미국에서 약 1억 8000만 명의 아이가 태어났고 그중 65만 명 정도의 영아 사망이 있었다. 따라서 범퍼를 제거하면 사망 위험이 약 0.007퍼센트가 낮아져서 1만 3500명 중 1명의 사망을 예방할 수 있을 것으로 추산된다. 그에 비해 '백 투 슬립' 캠페인은 사망 위험을 약 8퍼센트까지 줄여서 13명 중 약 1명의 사망자를 예방할 수 있는 것으로 추산된다. 다시 말해 범퍼를 제거해서 볼 수 있는 효과는 기껏해야 아주 미미하다.

그렇다면 범퍼를 사용해도 된다는 것인가? 반드시 그렇지는 않다. 무엇보다 아이가 크면 범퍼를 밟고 침대에서 나오다가 떨어질 위험이 있다. 그저 범퍼와 관련된 전반적인 위험은 크지 않다는 말이다.

내 아이를 위한 최적의 잠자리 만들기

데이터로 무장했으면 이제 상상조차 하기 두려운 결과를 포함해 잠재적인 위험에 대해 생각해 보겠다. 더 나아가 그런 위험이 가져오는 결과의 크기에 비추어서 각자 어떤 선택을 하는 것이 가족을 위한 최선인지 생각해 볼 필요가 있다. 위의 결과를 돌아보면 우선 아이를 똑바로 눕혀서 재우고, 아기 침대에서 담요와 베개 등 푹신한 물건들을 모두 치우는 것은 좋은 생각인 것 같다. 소파에서 아기와 같이 자는 것은 절대 피해야 한다. 이 권고안들은 설득력이 있고 실천하기 쉽다.

특히 부모와 한 침대에서 아이를 재울 때 부모의 흡연으로 인해 SIDS의 위험성이 높아지는 것도 분명해 보인다. 마지막으로, 데이터에 의하면 SIDS 위험과 관련해서 생후 4개월까지는 수면 장소(침대, 방)의 선택이 매우 중요하다는 것을 알 수 있다. 아이가 태어난 후 처음 몇 달 동안 한 침대에서 재울지, 한방에서 재울지, 아니면 다른 방에서 재울지 선택해야 한다. 그리고 데이터에 따르면 아이와 같이 자는 것은 어느 정도 위험할 수 있고, 혼자 다른 방에서 자게 하는 것도 위험할 수 있기 때문에, 처음 몇 달 동안은 같은 방에서 아기 침대에 재우는 것이 가장 안전하다는 결론을 내릴 수 있다.

하지만 이러한 설정이 어떤 가족에게는 맞지 않을 수 있다. 왜 아이와 한 침대에서 자고 싶은지 생각해 보자. 그러면 모유 수유가 더 쉬울 것 같기도 하고, 아니면 단순히 아기와 가까이 있고 싶은 것일 수도 있다. 이런 부모라면 위험성을 보여 주는 증거를 무시해 버리고 싶은 유혹을 느낀다. 아기와 같이 자는 것의 부정적인 영향이 증명되지 않은 1건의 연구를 지목하면서 위험하지 않다고 주장하는 육아서들이 있다. 하지만 그런 식으로 결정을 내리는 것은 합리적이지 않다. 올바른 결정을 내리려면 위험성이 있다는 사실을 직시하고, (할 수 있다면) 어떻게 그런 위험성을 낮출 것인지 생각한 다음 (최소화시킨) 남은 위험성을 기꺼이 감수할지 판단해야 한다.

만일 아기와 같이 자기로 결정했다면 우선 담배와 술을 끊고 침대에서 이불과 베개를 치우는 것으로 시작해야 한다. 그리고 아기가 미숙아이거나 저체중이라면 SIDS의 기저 위험성이 더 높고, 부모와 같이 잔다면 더 위험해질 수 있음을 생각해야 한다. 마지막으로, 숫자에 대해 분명하게 생각해 보자. 앞선 그래프를 보면, 아기가 달을 채우고 태어났고 모유 수유를 하며 부모가 둘 다 흡연이나 음주를 하지 않는 경우, 같은 침대에서 자면 사망 위험이 1000명당 0.14명 증가하는 것을 알 수 있다. 생후 1년 동안 교통사고로 죽을 확률은 1000명당 0.2명 안팎이다. 따라서 아기와 같이 자는 것의 위험은 실재하지만 우리가 생활 속에서 감수하는 일부 위험보다도 확률이 낮다.

우리 집 아이들의 경우, 우리는 한 침대에서 재우는 것이 썩 내키지 않았고 한방을 쓰는 것도 마찬가지였다. 우리 딸은 곧바로 자기 방에서 재웠고, 우리 아들은 몇 주 후부터 자기 방에서 재웠다. 우리는 위험 요인을 제거하기 위해 할 수 있는 모든 조치를 취했다. 아기 침대에는 아무것도 넣지 않았고 홈 카메라를 설치했다. 그리고 아기와 방을 함께 쓰는 것이 우리 부부에게 도움이 되지 않는다고 생각했으므로 일말의 위험 가능성을 받아들이기로 했다. 우리는 각자 다른 선택을 할 수 있고, 이 또한 결국 선택의 문제다. 아이와 한 침대를 쓰기로 하든 한방을 쓰지 않기로 하든, 가족 전체가 받는 이익이 위험보다 더 크다고 판단하면 어느 정도 위험을 감수하고 결정할 수 있다.

✦ Bottom Line ✦

- 아기가 똑바로 누워서 자면 SIDS의 위험성이 낮아진다는 것은 충분한 증거가 있다.
- 아기와 같이 자는 일이 위험하다는 것은 어느 정도 근거가 있다. 부모가 흡연이나 음주를 하는 경우 훨씬 더 위험하다.
- 아기와 한방에서 자면 도움이 된다는 증거는 있지만 충분하지는 않다.
  - 아기를 한방에서 재움으로써 얻는 혜택은 처음 몇 달 이후에는 사라진다.
  - 생후 몇 달 후에는 아기가 혼자 자는 것이 더 나을 수 있다.
- 아기 침대
  - 옷처럼 입을 수 있는 웨어러블 담요를 사용한다.
  - 아기 침대의 범퍼(안전 가드)의 경우 위험은 매우 적지만 장점도 크지는 않다.
- 소파에서 아기와 함께 자는 것은 매우 위험하다.

7
영아에게 규칙적인 생활이 꼭 필요할까?

언제 먹고 언제 자는지 알고 싶은 이유

임신을 하면, 특히 첫 임신이라면 사람들은 이런저런 조언을 해 준다. 한번은 경제학자인 지인이 나에게, 병원에서 집에 돌아오면 곧바로 아이를 정해진 일과에 맞추는 게 매우 중요하다고 진지하게 설명해 주었다. 아이를 언제 먹이고 재울 것인지 시간을 정해서 그대로 해야 한다는 것이다. 아기들은 그렇게 하는 것을 좋아한단다(그가 한 말이다)!

이런 믿음을 가진 사람은 내 동료 경제학자뿐이 아니다. 한 무더기의 책과 육아 철학들이 당장 아기를 일과에 맞출 것을 제안한다. 그중에서도 '베이비와이즈Babywise' 육아법이 가장 널리 알려져 있다. 이 방법은 아이가 태어나면 언제 잠을 잘지 예측하기 어려운 상황에서도 무조건 일과에 맞추라고 권고한다. 그러면 아기가 거기에 적응하고 익숙해진다는 것이다. 이것은 아기를 어떻게 돌봐야 하는지 몰라서 쩔쩔매는 초보 부모들에게 꽤 매력적으로 들릴 수 있다. 아기 일과가 정해지면 부모 자신도 언제 잘 수 있는지 알게 된다는 장점은 굳이 말할 나위도 없다.

우리 부부는 그 조언을 듣지 않았고 퍼넬러피는 일과를 정하지 않고 키웠다. 둘째 아이 핀을 임신하자 남편은 퍼넬러피가 생후 4주가 되었을 때 내가 그에게 보낸 메시지를 꺼내서 보여 주었다.

에밀리 오스터(밤 11시 41분): 당신 뭐 하고 싶은 거 있어요?

에밀리 오스터(밤 11시 41분 2초): 뭘 하면 좋을까요?

에밀리 오스터(밤 11시 41분 6초): 그런데 저녁은 언제 먹을까요?

에밀리 오스터(밤 11시 42분 8초): 지금 뭐 해요?

보다시피 이 메시지는 자정이 다 되었을 때 내가 남편에게 보낸 것이다. 퍼넬러피는 일과가 없었을 뿐 아니라 우리 부부도 마찬가지였다. 물론 퍼넬러피는 결국 다른 아이들과 다르지 않은 일과를 갖게 되었다. 밤에는 자고, 낮잠은 3번 잤다. 그러다가 낮잠이 2번으로 줄고 다시 한 번으로 줄더니 마침내 더 이상 낮에 자지 않게 되었다. 하지만 그렇게 바뀔 때마다 일과를 정하는 것은 고사하고 짐작조차 하기 어려웠다. 아이가 낮잠을 줄일 준비가 되었는지 어떻게 알 수 있을까? 오전 낮잠을 그만둔 줄 알았는데, 어느 날 보모가 점심을 먹던 도중에 다른 방에 갔다가 3분 후에 돌아와 보니 퍼넬러피는 음식을 깔고 누워서 잠들어 있었다.

그리고 이것은 단지 편리함이나 일과에 관한 문제가 아니다. 잠은 중요하다! 아이의 발달을 위해 중요하고 부모들에게도 중요하다. 아이는 잠을 잘 자고 나면 기분이 좋아진다. 하지만 낮에 너무 많이 자면 밤에 자지 않을 수 있다. 그러면 부모도 잠을 잘 수 없다. 낮잠을 너무 적게 자도 피곤한 나머지 밤에 잠을 설칠 수 있다. 이때도 부모는 잠을 자지 못한다.

잠은 어느 정도 자야 충분하고, 언제 자는 것이 좋을까? 간단한 질문 같지만 답은 저마다 크게 다르다. 대표적인 수면 전문 육아서로 리처드 퍼버Richard Ferber의 《우리 아이 수면 문제 해결하기Solve Your Child's Sleep Problems》와 마크 웨이스블러스Marc Weissbluth의 《잠의 발견Healthy Sleep Habits, Happy Child》이 있다. 둘 다 아이를 얼마나 재워야 하는지에 대한 지침을 제공한다.

문제는 두 사람의 생각이 서로 다르다는 것이다. 퍼버에 의하면 생후 6개월인 아기는 밤에 9.25시간, 낮잠은 1~2시간씩 2번, 총 13시간을 자야 한다. 반면에 웨이스블러스에 의하면 생후 6개월인 아기는 밤에 12시간, 낮잠은 1시간씩 2번, 총 14시간 정도 자야 한다. 밤 수면에서

3시간이나 차이가 난다. 더 나아가 웨이스블러스는 아이가 잠을 많이 자지 않는 것은(예를 들어 밤에 9시간만 잔다면) 심각한 문제라고 말한다. 그의 말을 인용하자면 "잠을 적게 자는 아이들은 까다롭고 심술궂고 보채는 경향이 있을 뿐 아니라 다소 과잉 행동 장애처럼 보인다. 이런 피곤하고 까다로운 아이들이 어떻게 비만이 되기 쉬운지는 나중에 설명하겠다."[1]

반면에 퍼버는 밤에 9시간은 자게 하라고 말한다. 이것은 최적의 수면 시간인가? 아니면 비만으로 가는 길일까? 게다가 수면 패턴이 바뀌는 기간은 넓고 모호하다. 책에서는 일반적으로 생후 6주 정도 되면 아기가 밤에 더 오래 잔다고 말한다. 생후 3~4개월에는 낮잠 시간이 굳어지기 시작한다. 생후 9개월쯤에는 낮잠이 3번에서 2번으로 줄어든다. 12개월에서 21개월 사이에는 낮잠이 2번에서 한 번으로 줄어든다. 그리고 3~4세에는 낮잠이 사라진다. 특히 마지막 2번의 변화는 그 간격이 넓다. 12개월에서 21개월 사이는 긴 시간이다!

간단히 말하자면 이러한 주장은 인구의 평균에 기초한 것이다. 이것은 수면 지속 시간에 대한 연구의 메타 분석에서 볼 수 있다.[2] 다음에 나오는 두 그래프는 이러한 분석에 기초해서 가장 긴 수면 기간(거의 항상 밤)의 예상 길이와 낮잠의 빈도수를 보여 주며, 2가지 모두 연령별로 구분했다. 여기서 일반적인 패턴이 나타나는 것을 볼 수 있는데, 생후 2개월 무렵에 가장 긴 수면 시간이 큰 폭으로 증가한다. 이것은 밤 수면이 굳어지는 것이다. 그 후에는 아이가 자랄수록 증가 속도는 느려진다.

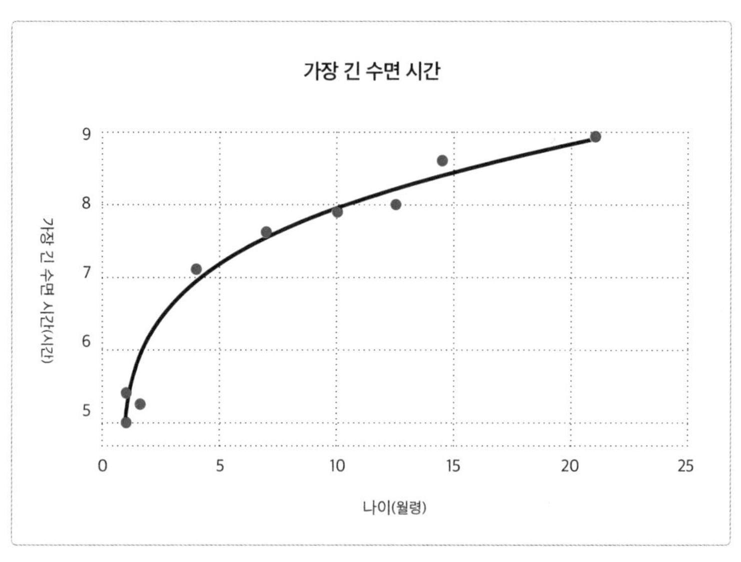
가장 긴 수면 시간
9
8
7
6
5
가장 긴 수면 시간(시간)
0
5
10
15
20
25
나이(월령)

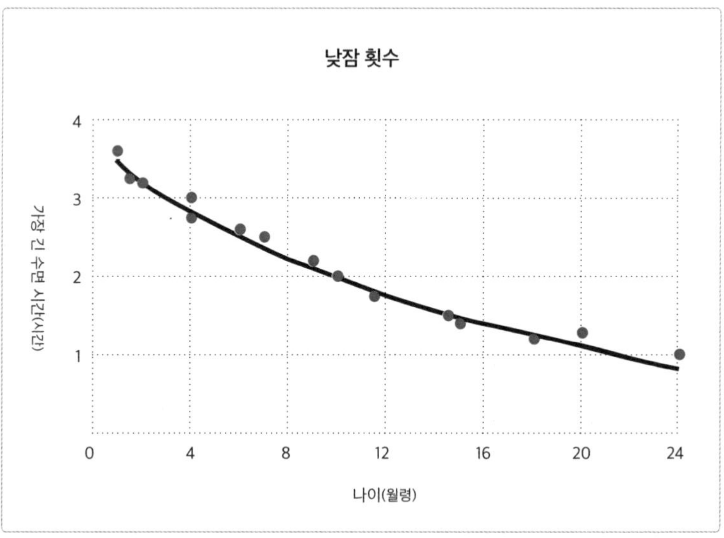
낮잠 횟수
4
3
2
1
가장 긴 수면 시간(시간)
0
4
8
12
16
20
24
나이(월령)

낮잠 그래프는 훨씬 더 많은 정보를 담고 있다. 생후 9~10개월은 평균적으로 낮잠을 2번 자다가 생후 18~20개월 사이에 한 번으로 바뀐다.

또 이 논문은 총 수면 시간에 대해, 신생아들은 하루에 평균 16시간을 자다가 생후 12개월이 되면 13~14시간으로 줄어든다고 설명한다. 이 그래프들은 평균적인 아이에게서 예상할 수 있는 변화를 보여 준다. 물론 우리 아이는 정확히 평균이 아닐 수 있고, 이 그래프들은 아이들 간의 차이는 보여 주지 않는다.

생후 2~36개월 아이들의 수면 데이터 분석 결과

지난 몇 년간 데이터 수집에서 가장 큰 혁신 중 하나는 애플리케이션을 통해 데이터를 수집할 수 있게 되었다는 것이다. 요즘은 많은 부모가 스마트폰 앱에 육아 데이터를 저장하며, 수면 데이터도 예외가 아니다. 연구원들이 이런 데이터를 채굴해 내는 것은 놀랍지 않다. 데이터가 많아서 좋은 점 중 하나는 개인들 간의 차이를 볼 수 있다는 것이다.

2016년 《수면연구저널Journal of Sleep Research》에 5명이 공동 집필한 논문이 발표되었는데, 존슨앤드존슨에서 후원한 앱에 부모들이 아이의 수면 패턴을 기록한 데이터를 가지고 연구한 결과였다.[3] 그들은 꼼꼼하게 수면 시간을 기록한 것처럼 보이는 데이터에 초점을 맞추고, 841명의 아이로부터 15만 6989번의 수면 시간 데이터를 분리해 낼 수 있었다(부모들이 이 앱을 사용해서 평균 200번씩 수면 시간을 기록했음을 의미한다. 꼼꼼하게 기록한 것이다). 이 데이터를 세분화하면 흥미로운 분석을 할 수 있고 무엇보다 수면이 아이마다 어떻게 다른지 알 수 있다.

실제로 아이마다 많이 달랐다. 이 데이터에서 밤 수면 시간의 길이면 생후 6개월 된 아기는 평균 하룻밤에 10시간을 잔다. 앞에서 언급한 연구에서 본 것과 같다. 25 백분위에 있는 아기(잠을 많이 자지 않은 아기일 것이다)는 어떨까? 9시간을 잔다. 75 백분위의 아기는? 11시간을 잔다. 그러면 생후 6개월 된 아기들에 대한 전체 데이터는? 데이터를 보면 밤에 최소 6시간부터 15시간까지 자는 아기가 있다. 그렇다면 상황이 좀 더 분명해진다. 책에서 모호하게 이야기하는 이유는 아이들이 밤에 얼마나 오래 자는지에 대해 하나의 답을 할 수 없기 때문이다.

낮잠에 대한 데이터도 비슷한 차이를 보여 준다. 가장 길게 자는 낮잠 시간은 생후 2년에 걸쳐서 평균 1~2시간으로 증가하지만, 그 범위는 아주 넓어서 어떤 아이들은 낮잠을 전혀 자지 않고, 어떤 아이들은 한 번에 3시간까지 잔다. 마찬가지로, 낮잠이 2번에서 한 번으로 바뀌는 시기도 차이가 크다. 생후 11개월 무렵의 아이들은 대부분 낮잠을 2번 자고 19~20개월에는 대부분 낮잠을 한 번 자지만, 데이터를 보면 낮잠이 한 번으로 바뀌는 시간대가 매우 넓은 것을 알 수 있다.

결론적으로 여러 면에서 아이에 따라 수면 패턴이 다르며, 아이의 일과를 정하려면 그 패턴에 어느 정도 맞춰야 한다. 다만 모든 것이 다른 것은 아니다. 특히 그다지 많이 다르지 않은 것은 아침에 깨는 시간이다. 생후 5~6개월 무렵에도 아이들은 대부분 아침 6~8시 사이에 깬다. 두 살이 되면 오전 6시 30분부터 7시 30분까지로 좁혀진다.

밤에 자는 총 수면 시간에 차이가 있고 깨는 시간에는 차이가 없는 것을 종합하면 당연히 아이들이 잠자리에 드는 시간이 많이 다르다는 결론을 내릴 수 있다. 사실이 그렇다. 따라서 아이가 밤에 오래 자게 하려면 저녁에 좀 더 일찍 재워야 한다. 왜냐하면 억지로 아침에 늦게 일어나게 할 수는 없기 때문이다. 아이를 늦게 재우고 아침에 늦게 일어나게 하는 일과를 정한다면 아마 시간에 맞추지 못할 것이다.

어떤 문제는 둘째 아이가 더 어렵다. 그 주된 이유는 첫째 아이가 있기 때문이다. 하지만 어떤 문제는 둘째 아이가 더 쉬워지는데, 적어도 내 경험상 일과를 정하는 게 그중 하나였다. 아이가 태어나기 전에는 어른들의 일과가 있다. 아침에 일어나서 일하러 나가고, 느지막이 저녁을 먹고, 늦게까지 TV를 볼 수도 있다. 주말에는 부족한 잠을 몰아서 잔다. 어떤 날은 잠자리에 일찍 들기도 하고 늦게 들기도 한다.

일단 아이가 한 명이라도 생기면 아이에게 시간을 맞추게 된다. 아침 6시 30분~7시 30분 사이에 일어나서 아침을 먹고, 낮잠을 자고, 점심을 먹고, 낮잠을 자고, 저녁을 먹고, 7시 30분경에 잠자리에 든다(가능하다면). 둘째 아이가 태어나면 곧바로 이 시간표에 맞출 수는 없겠지만, 대충 어디로 가게 될지 알고 있다. 남편이 보여 준 메시지는 둘째 아이가 태어나면 우리의 일과가 어떻게 될지 경고하기 위한 것이었지만, 사실은 그렇게 되지 않았다. 핀은 밤중에 깨긴 했지만 첫날부터 내 옆에 붙여 놓은 아기 침대에 누워 있었다. 우리는 퍼넬러피와 함께 생활하는 일과를 그대로 유지했고 핀은 실제로 퍼넬러피보다 훨씬 더 빨리 일과에 적응했다.

둘째 아이를 키우면서 알게 된 또 한 가지는 뒤죽박죽된 시간표는 1년이 지나면 끝난다는 것이다. 아이는 결국 좀 더 예측 가능한 일과를 보내게 된다. 지금 당장은 되지 않을 것이고, 또 기대하는 것처럼 정확하지 않더라도 결국 어떤 식으로든 일과가 정해질 것이다. 그러면 아마 그 어느 때보다 큰 한숨을 돌릴 수 있을 것이다.

✦ Bottom Line ✦

- 수면 시간에 대한 대략적인 지침은 다음과 같다.
  - 생후 2개월 전후로 밤에 자는 시간이 길어진다.
  - 생후 4개월 즈음 낮잠을 하루 3번 잔다.
  - 생후 9개월 전후로 낮잠이 하루 2번으로 줄어든다.
  - 생후 15~18개월 사이에 낮잠이 하루 한 번으로 줄어든다.
  - 36개월 전후로 더 이상 낮잠을 자지 않는다.
- 아이들마다 차이가 크며, 이런 차이는 대부분 부모 마음대로 할 수 없다.
- 가장 일관되게 나타나는 특징은 오전 6~8시 사이에 깨어나는 것이다.
- 일찍 잠자리에 들수록 더 오래 잔다.

8
예방 접종은 무조건, 반드시 해야 할까?

1950년대에 미국에서는 매년 300~400만 명의 홍역 환자가 발생하고 그중 약 500명이 사망했는데 대부분 아이들이었다. 2016년에는 미국에서 홍역 환자가 약 86명 발생한 것으로 추정되며 홍역으로 사망한 아이는 없었다.[1] 이렇게 홍역 발병이 급감한 이유는 아주 단순하다. 홍역 백신의 개발 덕분이다.

백신은 지난 수백 년 동안 공중 보건 부분에서 가장 중요한 쾌거를 이루었다(공중위생도 한몫을 하고 있지만 논란에서 좀 더 자유롭다). 간단히 말하자면 기침, 홍역, 천연두, 소아마비 같은 질병을 예방하는 백신이 개발되면서 전 세계 수백만 명이 목숨을 구했다. 엄청난 불쾌함과 가려움증을 수반하며 일부는 사망에까지 이르는 수두도 백신으로 예방할 수 있게 되었다. B형 간염 백신은 간암 발병률을 줄여 주었다. 새로 개발된 백신들도 중요하다. 인유두종 바이러스Human Papiloma Virus, HPV 백신을 맞으면 자궁 경부암의 발병 확률이 현저하게 낮아진다.

그럼에도 불구하고 예방 접종은 엄마들의 전쟁에서 여전히 가장 뜨거운 논란거리가 되고 있다. 어떤 부모들은 예방 접종으로 인해 손상이나 자폐증 또는 다른 부작용이 있을 거라고 걱정하며 꺼린다. 어떤 부모들은 예방 접종 사이에 간격을 두면 위험이 줄어들 것이라고 생각해서 접종 시기를 늦추려 한다. 이러한 우려는 시간이 지남에 따라 점점 확대되다가 급기야 질병 발생에 가시적인 영향을 미치고 있다. 예를 들어 2017년 5월에 미네소타에서 홍역 환자가 최소 50명 이상 발생했다. 소말리아 이주민 사회에서 집중적으로 발병했는데, 안티 백신 운동가들이 그곳 사람들에게 예방 접종이 자폐증과 관련 있다고 설득한 것이 알려졌다. 많은 가족이 아이에게 예방 접종을 하지 않거나 더 나이가 들 때까지 기다렸고 그사이에 아이들이 홍역에 걸렸다.

한 가지 놀라운 사실은 교육을 많이 받은 부모들이 사는 지역에서 백신에 반대하는 경향이 더 강하다는 것이다. 심장병, 비만, 당뇨와 같은 대부분의 질병과 관련해서는 교육을 많이 받은 사람들이 더 건강한 편이다. 그러나 백신의 경우에는 종종 그와 반대 현상이 나타난다. 교육을 많이 받은 부모들이 사는 지역에서는 실제로 평균 예방 접종률이 낮다.[2] 이것은 예방 접종을 하지 않는 이유가 정보가 부족하기 때문이 아니라는 것을 시사한다.

예방 접종에 대한 과학적 합의는 아주 분명하다. 백신은 안전하고 효과적이다. 이 결론은 의사, 의료 기관, 정부 단체, 비정부 단체가 모두 광범위하게 지지한다. 그럼에도 불구하고 예방 접종을 하지 않는 쪽을 선택하는 부모들이 있으며, 그들 중 상당수는 교육을 많이 받은 사람이고 충분히 생각해서 결정을 내린 것이다. 그러므로 적어도 그 배경에 대해 알아볼 필요가 있다.

예방 접종에 대한 불신은 어떻게 시작됐는가

백신을 불신하는 사람들은 항상 있어 왔다. 브라운대학교에서 일하는 내 동료 프레나 싱Prerna Singh은 사람들이 백신에 저항하는 이유에 대해 연구하고 있다. 백신이 처음 소개되었을 때 중국과 인도에서 수두 접종에 반대하는 사람들이 있었다. 그들은 백신이 유발할 수 있는 피해를 걱정했고 접종을 해도 병을 예방하지 못할 거라고 생각했다.

백신에 대한 우려 중 현재 가장 많이 알려진 것은 자폐증 관련 가능성이다. 하지만 일찍이 1970년대부터 백신의 위험성에 대한 우려가 있었다. 당시에 일련의 사례 보고서들이 DTaP 예방 접종에 포함되는 백일해(경련성의 기침을 일으키는 유아 급성 전염병) 백신이 유아 뇌 손상과 관련이 있을 가능성을 제기했다. 나중에 그러한 관련성은 데이터로 입증되지 않는다는 것이 밝혀졌지만 그 여파로 백신 제조업체들을 상대로 한 소송이 이어졌다.

그러한 소송 위협으로 인해 백일해 백신은 생산이 거의 중단되는 사태에 이르렀다. 백신 가격이 치솟았고 구하기 힘들어졌다. 백신의 공급 부족은 공중 보건을 심각하게 위협하는 결과를 초래했다. 1986년, 이에 대한 대응으로 의회에서는 의무적인 예방 접종과 관련해 기업이 소송을 당하지 않도록 보호하는 전국 아동백신상해법National Childhood Vaccine Injury Act을 통과시켰다. 백신으로 인해 상해를 입었다고 주장하는 사람들이 있으면 백신 제조업체가 아니라 연방 정부에 손해 배상을 청구하라는 것이었다.

안타깝게도 이러한 (합리적인) 정책적 해법은 오히려 백신에 의해 실제로 손상을 입을 수 있다는 인상을 주었다(정책 이름을 다르게 지었으면 좋았을지도 모른다). 백신의 실제적 위험이 아니라 결함이 있는 연구를 근거로 사람들이 제기한 소송은 그 법을 통과시키는 계기가 되었다. 그 정책은 여전히 시행되고 있으며 불행히도 백신이 위험하다는 주장을 뒷받침하는 빌미가 되고 있다.

최근의 백신 저항 운동은 앤드루 웨이크필드Andrew Wakefield라는 전직 의사에 의해 촉발되었다('전직'인 이유는 이후 의사 면허를 상실했기 때문이다).[3] 1998년, 웨이크필드는 권위 있는 의학 학술지 《랜싯Lancet》에 자폐증과 백신과의 연관성을 보여 주는 논문을 발표했다.[4] 그 논문은 12건의 사례 연구를 요약한 것으로, 연구 대상인 12명의 아이는 모두 자폐증을 가졌고 12명 중 적어도 8명이나 그 이상이 홍역, 볼거리, 풍진 백신을 맞은 직후부터 자폐증 증상이 시작되었다고 주장했다. 웨이크필드는 그 두 사건 사이의 관계를 소화기 건강과 관련된 메커니즘으로 연결하는 가설을 제시했다.

우선 이 논문의 결론은 틀렸다. 이 논문이 발표되기 전후로 그러한 연관성을 부인하는 다른 증거들과 더 나은 증거들이 나왔다. 그중 몇 건에 대해 앞으로 설명하겠다. 실제로 12명의 아이를 대상으로 한 모호한 사례 연구는 애당초 유력한 증거가 되기 어려웠으므로 당연히 오래 가지 못했다.

게다가 알고 보니 그 논문은 사기였다. 웨이크필드가 표본으로 삼은 아이들은 그가 말한 것과는 다른 방식으로 선정되었다. 웨이크필드는 자신의 결론을 뒷받침해 줄 수 있는 특별한 아이들로 표본을 구성했다. 게다가 그가 특정한 사례들은 많은 부분이 조작되었다. 예를 들어 자폐증 증상이 시작된 시점을 예방 접종 시기와 더 가깝게 보이도록 하기 위해 세부 사항을 변경했다. 실제로는 예방 접종을 하고 6개월 이상 되었을 때 증상이 시작되었음에도 불구하고 1~2주 내에 시작된 것처럼 보고했다. 왜 그랬을까? 알고 보니 웨이크필드는 백신 제조사를 상대로 소송을 계획 중이었고, 자신의 논문을 근거의 일부로 사용하려 했던 것이다. 그 동기는 돈이라는, 아주 오래된 이유였다.

2010년 《랜싯》은 그의 논문을 철회했고 웨이크필드는 의사 면허를 박탈당했다. 그러나 이미 백신에 대한 신뢰는 추락했고 웨이크필드는 그 논문이 사기였다는 것을 인정하거나 사과한 적이 없다. 그는 여전히 전 세계를 돌면서 신빙성을 상실한 이론을 홍보하고 있다. 홍역이 발병한 소말리아 이주민 마을도 앞서 몇 년 사이에 웨이크필드가 2차례나 방문했다.

이 사건이 가져온 가장 고약한 결과는 백신이 안전하지 않다는 일반인들의 우려가 되살아난 것이다. 어떤 사람들은 백신과 자폐증과의 연관성을 믿지 않으면서도 여전히 어떤 식으로든 손상을 입을지 모른다고 생각한다. 대표적으로 안티 백신 웹 사이트들은 백신에 함유된 알루미늄에 대한 우려와 백신이 면역 체계를 무너뜨려서 뇌 손상을 유발할 수 있다는 막연한 느낌을 들먹인다.

이러한 안티 백신 웹 사이트들은 팩트에 기초한 주장을 하는 것처럼 보인다. 그들은 자신들의 입장을 뒷받침하는 논문과 연구를 인용한다. 반면에 질병관리본부, 미국 소아과학회와 같은 기관들은 예방 접종이 안전하다고 장담하는데, 문제는 안티 백신 자료에 대해 정면으로 반박하지 않는다는 것이다. 안티 백신 웹 사이트에서 인용하는 논문들이 왜 잘못되었는지 설명하려는 노력은 거의 하지 않고 있다. 그로 인해 마치 백신을 반대하는 쪽은 진지하고 팩트에 기초한 주장을 하지만, 백신을 찬성하는 쪽은 무조건 자신들을 믿으라고 오만한 태도를 취하는 것처럼 보인다.

사실은 그렇지 않다. 특히 미국 소아과학회의 권고안은 백신이 가질 수 있는 모든 위험에 대해 신중하고 완전한 평가를 바탕으로 하고 있다.

백신 안정성,
데이터와 팩트로 따져 보자

2011년 의학연구소Institute of Medicine에서는 《백신의 부작용: 증거와 인과 관계Adverse Effects of Vaccines: Evidence and Causality》라는 제목의 900쪽에 이르는 두꺼운 책을 출간했다(휴가 때나 읽어야겠다!).[5] 이 책은 다수의 연구원과 실무자들이 수년에 걸쳐 완성한 결과물이다. 그들은 일반적인 백신 접종과 매우 광범위한 잠재적 부작용 사이의 연관성에 대한 증거를 평가하는 힘겨운 임무를 맡았다.

그들은 1만 2000건 이상의 논문에 나오는 158건의 백신 부작용 사례의 증거를 평가했다. 이는 무엇을 의미할까? 각각의 백신의 잠재적 위험성을 보여 주는 증거를 찾은 것이다. 여기서 위험성은 부작용을 말한다. 예를 들어 풍진 백신과 발작 사이의 연관성에 대한 증거를 찾았다.[6] 과연 어떤 증거가 나왔을까?

첫째, 부작용에 대한 보고가 있다. 질병통제예방센터CDC는 관계자들(부모, 의사 등)이 예방 접종의 부작용이라고 말하는 모든 보고를 수집해 분석한다. 이것은 온라인으로 직접 확인할 수 있다. 풍진 백신과 자폐증의 연관성에 대한 보고를 검색해 보면 아이에게 예방 접종을 한 직후 자폐 증상이 나타났다고 주장하는 보고가 다수 올라온다. 이런 보고들은 얼핏 보면 예방 접종과 그 결과 사이의 연관성을 입증하기에 충분한 것처럼 느껴질 수 있지만 사실은 팩트가 되기에는 턱없이 부족하다.

사람들이 영아의 손톱을 자르는 것이 의학적으로 위험하고 합병증이나 부작용을 유발한다고 생각해서 손톱 자르기에 대한 부작용 보고 시스템을 구축한다고 상상해 보자. 십중팔구 온갖 종류의 보고가 올라올 것이다. 손톱을 자른 다음 날 아기가 고열에 시달렸다고 말하는 부모들이 있을 것이다. 어떤 부모들은 아기가 설사를 했다고 말할 것이다. 손톱을 자른 후 아이가 몇 시간 동안 걷잡을 수 없이 울었다거나 며칠 동안 잠을 잘 자지 않았다는 보고도 올라올 것이다.

실제로 그런 일들이 일어났을 수 있다. 하지만 손톱 자르는 것과의 인과 관계는 없다! 아기들은 때로 열이 나고, 설사를 하고, 종종 잠을 자지 않고, 어떤 아기들은 많이 운다. 실제 연관성이 있는지 여부를 알아내려면 평소에 그런 일들이 얼마나 자주 있는지 알아야 한다. 즉 손톱을 자르지 않았을 때도 그런 일들을 보고하는 시스템이 있어야 한다. 하지만 아이가 평소와 다른 변을 볼 때마다 보고할 수 있는 웹 사이트는 없다. 그런 부작용들이 정말 아기 손톱을 자르지 않았을 때보다 손톱을 잘랐을 때 더 많이 일어나는지 알기 위해서는 그 모든 것을 종합해서 봐야 한다. 그래도 특히 '아기가 우는' 것처럼 항상 일어나는 일에 대해서는 알기 어렵다.

손톱에 대해 보고하는 시스템이 있다면 우리는 아마 또 다른 뭔가를 알게 될 것이다. 손가락에 반창고를 붙여야 할 정도로 베인 사례에 대한 보고가 상당수 올라올 것이다. 이런 일은 평소에 일어나지 않으며 분명 손톱을 자르는 것과 관계가 있다. 따라서 손톱 자르는 것은 사고로 손가락을 베이는 것과 관련이 있다는 결론을 내릴 수 있다(퍼넬러피는 적어도 한 번 있다). 그러나 손톱을 자르는 것이 손가락을 베이는 것과는 관계가 있지만 열이 나는 것과는 관계가 없음을 어떻게 알 수 있는가? 이런 증거를 사용할 수 있을까?

의학연구소의 연구는 이와 같은 보고들을 메커니즘에 대한 증거와 결합해서 사용했다. 관련성이 있다고 생각할 만한 생물학적 이유가 있는가? 일부 사례에서는 생물학적 개연성이 너무 분명하게 보였으므로 연구원들은 그러한 부작용 보고만을 근거로 결론을 도출했다. 메커니즘 없는 사례들에 대해서는 결론을 도출하기 위해 더 많은 증거를 요구했다.

두 번째 주요 증거는 '전염병 연구'로부터 나온 것으로 예방 접종을 한 아이들과 하지 않은 아이들을 비교한 것이다. 이런 연구들은 대개 무작위는 아니지만 규모가 아주 크다. 보고된 부작용이 전체 인구 안에서 관련성이 뒷받침된다면 메커니즘이 분명하지 않더라도 증거로 인정될 수 있다. 연구원들은 관련성이 있을 수 있는 158건을 '증거 있음(예방 접종과 사건 사이에 설득력 있는 인과 관계가 있음), 수용(개연성이 높음), 거부(개연성이 낮음), 증거 불충분'의 4가지 범주로 분류했다.

대다수의 보고는 관련성에 대한 증거가 불충분하다. 풍진 백신과 다발성 경화증의 발병 사이의 연관성, 또는 DTaP 백신과 SIDS 사이의 연관성도 마찬가지다. 연구원들은 이런 사례들에서 연관성을 뒷받침할 만한 충분한 근거를 찾지 못했지만, 또한 완전히 반박할 수 있는 근거도 찾지 못했다. 그렇다고 해서 근거가 전혀 없는 것은 아니다. 대부분의 경우, 부작용 보고 시스템을 보면 예방 접종과 관련이 있다는 일부 보고들이 올라와 있다. 그러나 연구원들은 그런 보고들을 살펴보고 예방 접종과 관련이 없는 것 같다는 결론을 내렸다.

이 결론은 다소 실망스럽다. 처음에 갖고 있는 생각을(통계학 용어로는 '사전 확률') 바꿀 만한 증거가 없는 것이다. 백신이 안전하다고 생각하는 사람들에게는 그와 반대되는 주장을 할 만한 근거가 없다. 역으로, 백신이 안전하지 않다고 생각하는 사람들에게도 그와 반대되는 주장을 할 만한 근거가 없다. 백신이 주는 피해를 믿고 싶어 하는 사람들에게 근거가 없다는 말은 '풍진 백신과 다발성 경화증과의 연관성을 완전히 배제할 수 없다'는 말처럼 들릴 수 있다. 이런 식이라면 손톱 자르기와 다발성 경화증의 연관성도 배제할 수 없다. 다른 점이 있다면 후자는 아무도 그 연관성을 믿지 않는다는 것뿐이다.

일반적으로, 두 사건 사이에 관계가 없다는 것을 증명하기는 매우 어렵다. 아주 작은 관련성이라도 있을 가능성을 확인하려면 통계적으로 거대한 표본이 필요하다. 하지만 그런 표본은 구하기 어렵다. 증거를 더 확보하면 좋겠지만 의학연구소는 가지고 있는 증거만으로 연구할 수밖에 없다. 의학연구소의 연구는 결론을 도출하기 위해 사용한 17건의 사례 중 14건에 대해서는 관련성을 납득하거나 인정할 수 있다고 판단했다. 따라서 진실을 알기가 겁나더라도 꼼꼼하게 확인해 볼 필요가 있다.

첫째, 많은 백신들(DTaP 백신을 제외한 모든 백신)은 알레르기 반응을 유발할 위험이 있다. 하지만 매우 극히 드물게 일어나며(10만 건의 예방 접종 중 약 0.22건) 베나드릴Benadry이나 증상이 심한 경우 에피펜EpiPen으로 치료할 수 있다. 알레르기 반응은 부작용 보고의 절반에 해당된다. 둘째, 예방 접종 후 이따금 실신을 하는 경우가 있는데 대부분 청소년들에게 일어난다. 그 메커니즘이 어떤 것인지 분명하지 않지만 실신으로 인한 장기적인 영향은 없다. 이것은 증거로 뒷받침되는 두 번째 위험 요인에 해당된다.

그 외에 좀 더 심각한 위험과의 관련성을 보여 주는 몇 가지 사례가 있다. 그러나 그 위험성은 일반적으로 확률이 아주 낮다. 한 예로 풍진 백신과 '홍역 봉입체 뇌염Measles Inclusion Body Encephalitis, MIBE'의 연관성을 들 수 있다. 이 질환은 홍역 감염으로 인한 매우 심각한 장기적 합병증으로 면역력이 약한 사람에게 발생한다. 매우 드물지만 거의 치명적이며 실제 홍역 감염의 합병증으로 알려져 있다. 의학연구소 연구원들은 홍역 백신 접종을 한 후 이 병에 걸릴 수 있는지 알아보기로 했다. 그들은 이 병에 걸린 아이들을 검사해서 실제 홍역 바이러스에 노출된 것이 아니라 예방 접종을 통해 홍역에 걸렸을 가능성이 매우 높은 3건의 사례를 조사했다.

보고서의 필자들은 그 병이 홍역 바이러스의 의한 것이며 그 3건의 사례에서 아이들이 실제 홍역 바이러스에 노출되지 않았으므로 예방 접종으로 인해 홍역에 걸렸을 가능성이 높다는 결론을 내렸다. 이 관계는 '설득력 있는' 증거로 분류된다. 그렇지만 모든 사람이 이 병에 걸릴 위험이 있다는 의미는 아니라는 점을 분명히 해야 한다. 이 병은 면역력이 떨어진 아이들에게만 발생하며 그런 경우도 아주 드물게 일어난다. 예방 접종 역사에서 단지 3건의 사례 보고가 있을 뿐이다. 아이에게 면역력 문제가 있다는 것을 알면 의사와 예방 접종에 대해 상담을 해야겠지만, 건강한 아이라면 예방 접종에서 고려해야 할 위험은 아니다. 면역력이 떨어진 아이가 수두 백신을 접종한다면 유사한 문제점들이 발생한다. 다시 말하지만 이러한 합병증은 극히 드물다. 백신과 연관성이 있지만 크게 걱정할 문제는 아니다.

마지막으로, 백신과 관련해서 좀 더 흔하게 발생하며 심각하지는 않지만 두렵게 느껴질 수 있는 위험이 있다. 특히 풍진 백신은 영아나 유아에게 발생하는 열성 경련과 관련이 있다. 일반적으로 장기적인 결과를 가져오지 않는다고 해도 당장은 매우 꺼려질 수 있다. 이 증상은 대규모 데이터 세트를 사용해서 백신과의 관계를 연구할 수 있을 만큼 흔하게 일어난다. 미국에서 약 2~3퍼센트의 아이들이 5세 이전에 열성 경련을 일으킨다(그중 대부분은 백신과 관련이 없다).[7] 다수의 연구에서, 이러한 경련이 풍진 백신을 접종하고 나서 10일 전후에 일어날 가능성이 약 2배 정도 높아지는 것으로 나타났다.[8] 그리고 실제로 풍진 백신 1차 접종을 늦게 받는 아이(생후 12개월 이후)에게 더 많이 일어난다. 이런 이유로 예방 접종은 늦추기보다 때맞추어 해야 한다.

의학연구소 보고서에서 다루지 않은 문제가 있는데, 아마도 의사가 말해 주겠지만 많은 아기가 접종을 받고 나서 칭얼거리는 것이다. 나는 이 연관성에 대해 어렵사리 배웠다. 어쩌다 보니 퍼넬러피가 처음 예방 접종을 하는 날에 우리 집에서 몇 시간 동안 다수의 학생에게 브런치를 대접하기로 약속이 잡혔다. 게다가 집에는 유아용 타이레놀이 떨어지고 없었다. 결국 남편이 혼자서 학생들에게 페이스트리를 대접했고, 나는 자지러지게 우는 아이를 안고 약국으로 달려갔다. 그날 오후는 힘들었지만 그래도 다음 날 아침에는 폭풍이 지나간 듯 고요해졌다.

예방 접종을 한 후 아이가 열이 나고 보채면 힘들지만 걱정할 일은 아니다. 아이의 몸이 바이러스와 싸우는 항체를 만드는 과정에서 나타나는 가벼운 부작용이다. 하지만 걱정할 정도는 아니다. 유아용 타이레놀을 준비하면 된다.

지금까지 데이터가 뒷받침하는 백신의 위험에 대해 이야기했다. 데이터로 뒷받침되지 않는 관계는 어떨까? 의학연구소 보고서는 몇 가지 연관성에 대하여 분명하게 부인하고 있다. 그중 하나가 앤드루 웨이크필드가 《랜싯》 논문에서 제시한 바 있는 풍진 백신과 자폐증의 연관성이다. 이 관계에 대한 대규모 연구는 많다. 그중에서도 1991~1998년까지 덴마크에서 53만 7000명의 아이를 대상으로 조사한 대규모 연구가 있다. 연구원들은 덴마크의 데이터에서 예방 접종과 자폐증이나 자폐증 스펙트럼 장애를 연결할 수 있었다. 그 결과 예방 접종을 한 아이들이 자폐증에 걸릴 가능성이 더 높다는 증거는 찾지 못했으며, 오히려 자폐증에 걸릴 위험이 더 낮은 것으로 나타났다.[9]

이와 유사한 연구도 많다. 일부는 의학연구소 보고서에 포함되어 있고, 일부는 그 이후에 나왔다. 한 연구는 자폐증을 앓는 형제가 있어서 자폐증이 생길 가능성이 높은 아이들에게 초점을 맞추었다. 그 연구에서도 풍진 백신과의 연관성은 발견되지 않았다.[10] 풍진 백신을 자폐증과 연결할 수 있는 메커니즘은 없으며, 원숭이를 대상으로 실험한 연구에서도 개연성은 보이지 않는다.[11] 결국 자폐증과 백신 접종이 관련 있다고 생각할 이유는 없다.[12]

다만 예방 접종과 관련된 위험이 전혀 없다고 말할 수는 없다. 아이가 접종을 받고 나서 열이 날 수도 있다. 또한 열성 경련을 일으킬 수 있다(실제로 가능성은 매우 낮지만). 또 알레르기 반응이 일어날 수도 있다. 그러나 예방 접종이 건강한 아이들에게 장기적으로 유의미한 영향을 미친다는 증거는 없다고 보는 것이 합당하다.

예방 접종의 효능은 부정할 수 없다

국민 대부분이 예방 접종을 하고, 백신으로 예방할 수 있는 질병에 걸리는 사례가 드문 곳에 사는 것은 다행스러운 일이다. 요즘 홍역이나 유행성 질환을 앓는 아이는 거의 없고, 더러 백일해에 걸리기도 하지만 많지는 않다. 하지만 만약 사람들이 백신 접종을 중단한다면 이런 상황은 오래가지 않을 것이다. 우리 주위에는 온갖 병원균이 존재하며 예방 접종이 없다면 전염병이 만연해질 것이다.

예방 접종은 질병을 예방하는 매우 훌륭한 방법이지만 완벽하지는 않다. 예를 들어 백일해의 경우 시간이 지나면 면역력이 사라진다. 그럼에도 불구하고 연구들은 전반적으로 접종률이 높은 곳에서도 백신을 맞은 아이들이 그렇지 않은 아이들보다 감염 확률이 더 낮다는 것을 일관되게 보여 주고 있다.[13] 2015년, 디즈니랜드에서 홍역이 돌았을 때 여기에 걸린 아이들의 대부분은 부모가 예방 접종을 하지 않았다.

이런 증거에도 불구하고 백신에 대해 불안을 느끼는 부모들은 자신의 아이에게는 예방 접종을 하지 않고 다른 사람들이 가진 면역성에 의지하려는 유혹에 빠질 수 있다. '집단 면역'에 희망을 거는 것이다. 만일 충분히 많은 사람이 백신 접종을 하면 전염병이 발붙일 곳이 없어져서 전체 인구가 면역이 될 수 있다. 어떤 지역에서 백신 접종을 받지 않은 유일한 아이라면, 백신 접종을 받지 않은 아이들이 있는 곳을 여행하지 않는 한 전염병에 걸리지 않을 수 있는 것이다.

그러나 이게 얼마나 실현 가능할까? 우선 미국의 많은 지역에서 예방 접종률이 집단 면역에 필요한 비율보다 낮다. 일부 지역은 풍진 백신 접종 비율이 약 80퍼센트다. 집단 면역에 대한 희망을 갖기 위해서는 예방 접종 비율이 최소 90퍼센트는 되어야 한다. 백일해는 훨씬 더 흔하게 발생하므로 집단 면역이 되기 위해서는 예방 접종률이 더 높아야 한다. 그 결과 미국의 주들 중 약 절반에서 매년 적어도 1건 이상의 백일해 환자가 발생한다. 더 많이 발생하는 곳도 많다. 아이 한 명이 걸릴 수 있는 위험에 초점을 맞춘다고 해도 예방 접종을 해야 할 충분한 이유가 있는 것이다.

그리고 예방 접종은 친사회적 행동이다. 만일 모든 부모가 아이에게 예방 접종을 하지 않고 '무임승차'를 하려고 한다면 백신은 사라지고 질병이 만연해질 것이다. 면역 결핍, 암 또는 다른 합병증으로 인해 예방 접종을 받을 수 없는 아이들도 있다. 건강한 아이들이 예방 접종을 하면 이런 취약한 아이들을 보호할 수 있다.

40년 전 이후에 태어난 사람들은 아이들에게 전염병이 흔했던 시기를 알지 못한다. 아마 한두 명의 아이가 홍역에 걸렸다는 이야기를 들어 본 적은 있겠지만 그 아이들도 금방 회복되었을 것이다. 대부분 홍역에 걸려도 회복한다. 요즘 사람들은 백신으로 예방할 수 있는 질병 때문에 죽은 사람을 알지 못한다. 그러나 그런 일은 다시 일어날 수 있고, 전염병이 흔해지면 결국 그렇게 된다.

그리고 우리가 그다지 심각하게 생각하지 않는 병들도 끔찍한 반응을 일으킬 수 있다는 사실을 기억해야 한다. 우리는 수두가 가려움증을 유발하지만 상당히 착한 병이라고 생각한다. 그러나 백신이 개발되기 전에는 1년에 100여 명이 수두로 사망했고 9000여 명이 입원했다. 백일해로 인한 사망은 지금도 한 해에 10~20명 나오는데 대부분 너무 어려서 예방 접종을 하지 못한 갓난아기들이다. 그런 아기들을 보호하기 위해서라도 모두 예방 접종을 해야 한다.

특히 만연한 전염병을 직접 눈으로 보거나 경험하지 않은 사람들에게는, 예방 접종이 아무 이유 없이 아이에게 주삿바늘을 꽂는 것처럼 느껴질 수 있다. 하지만 사실은 그렇지 않다. 백신은 질병, 고통, 죽음을 예방해 준다.

한꺼번에 맞힐까
여러 번 나눠서 맞힐까

백신에 대해 걱정하는 일부 부모들은 아이에게 여러 예방 접종을 한꺼번에 하는 것보다 간격을 두고 오랜 시간에 걸쳐 접종하는 방법을 선호한다. 하지만 그렇게 하는 데에는 아무런 근거가 없다. 앞에서 설명했듯이 백신의 안전성에 대한 증거가 있고, 실제로 풍진 백신은 나중에 맞는 경우 열성 발작의 위험이 증가한다.[14] 접종 시기를 늦추는 것은 백신 접종의 부작용을 피하는 데 도움이 되지 않는다. 또한 주사를 맞기 위해 여러 번 병원에 가는 것을 아이가 좋아하지 않을 것이다.

예방 접종 일정을 늦추는 것에 유일한 장점이 있다면 예방 접종을 하지 않는 것보다는 낫다는 것이다. 하지만 로타바이러스 백신 같은 경우 제때 접종해야 하는 충분한 이유가 있다. B형 간염 백신 1차 접종은 생후 이틀 안에 하는데, 만에 하나 엄마 자신도 미처 몰랐던 B형 간염이 있는 경우 장기적으로 간암 발병을 예방하는 효과가 있다.[15] 그러므로 꼭 제때 접종을 해야 한다. 또 일부 의사들의 우려처럼, 예방 접종을 늦추는 것은 백신에 뭔가 문제가 있는 것 같은 인상을 줄 수 있다. 그로 인해 접종을 하는 사람이 점점 줄어들지는 않을까? 흥미로운 이론이지만 뒷받침할 근거는 별로 없다. 부모로서 개인적인 입장에서 결론을 내리자면 예방 접종을 늦출 이유는 전혀 없다.

✦ Bottom Line ✦

▫ 백신 접종은 안전하다.

• 아주 소수의 사람이 알레르기 반응을 보이는데 이는 치료가 가능하다.

• 극히 드물게 일어나는 몇 가지 부작용이 있는데 대부분은 면역력이 약한 아이에게 발생한다.

• 좀 더 흔한 위험으로는 발열과 열 발작이 있는데, 발작 역시 드물고 장기적인 피해는 없다.

• 백신과 자폐증의 연관성에 대한 증거는 없으며, 연관성이 있다는 주장을 반박할 수 있는 증거는 많다.

▫ 백신은 아이들이 병에 걸리지 않도록 예방해 준다.

9
워킹 맘은 어떻게 태어나는가?

엄마들의 전쟁에서 가장 많이, 가장 비중 있게 다루어지는 문제는 다시 직장에 나갈 것인가 말 것인가다. 언젠가 내 친구의 아들이 학교 친구에게 이런 질문을 받았다고 한다. "너희 엄마는 뭐 하시니? 우리 엄마는 집에 있는데"라고 하자 내 친구의 아들은 "아, 우리 엄마는 회사에 있어"라고 대답했다고 한다. "엄마는 뭐 하시니?"라는 말에서 왠지 긴장감이 느껴진다. 낮 시간을 어떻게 보낼 것이냐에 따라 어떤 엄마인지(그리고 어떤 사람인지) 결정되는 것처럼 여겨지기 때문이다.

그로 인해 많은 엄마가 엄청난 갈등과 불행을 느낄 수 있다. 직장에 나가는 엄마들은 아이와 함께 있지 못하는 것에 대해 매 순간 죄책감을 느낀다고 말한다(모두가 그렇지는 않더라도). 집에 있는 엄마들은 때로 고립감과 원망을 느낀다고 말한다(모두가 그렇지는 않더라도). 그리고 개인적으로는 우리가 한 선택에 대해 만족하면서도 어느 쪽으로든 비판을 받는 것처럼 느낄 수 있다.

"아이들 현장 체험에 따라가지 못하신다고요? 아, 그렇군요. 직장에 나가셔야 하는군요. 안타깝네요."

"무슨 일을 하세요? 그냥 애들하고 집에서 지낸다고요? 저는 그렇게는 못 해요. 제가 직장을 그만두면 동료들이 실망할 거예요."

이제 그만하자. 무슨 일이든 부모들이 서로를 비판하는 것은 도움이 되지 않고 비생산적이다. 이 문제 또한 다르지 않다. 우선 이 토론은 전제부터 틀렸다. 직장에 나갈 것인지 집에서 아이를 돌볼 것인지 선택하는 것은 각자 알아서 결정할 일이다. 그리고 반드시 집에 있는 사람이 엄마여야 하는가? 그렇지 않다. 집에서 살림하는 사람을 엄마라고 정해 놓으면 '주부 아빠'라는 선택은 고려하기 어려워진다. 우리는 어떤 선택도 할 수 있다. 때로는 한 가정에 2명의 엄마가 있을 수 있고, 아니면 아빠가 2명일 수도 있다. 아니면 한 부모 가정일 수도 있다. 그러면 "나는 어떤 엄마가 될 것인가?"가 아니라 "우리 부부는 일하는 시간을 어떻게 배치하는 것이 가장 적절할까?"라는 질문으로 바꾸는 것부터 시작하자. 이 질문은 귀에 쏙 들어오지는 않지만 아마 결정하는 데 도움이 될 것이다.

그리고 이 논쟁은, 엄마가 일을 할 것이냐 말 것이냐의 문제가 어떤 가족에게는 선택이 아닌 필수라는 사실을 무시하고 있다. 미국에서는 맞벌이를 하지 않으면 먹고 살기 힘든 가족이 많다. 이 장의 목표는 이 문제에서 다행히 선택권이 있는 부모들이 결정할 때 도움이 되는 방법을 알려 주는 것이다. 이를 위해 죄책감과 수치심이 아닌 결정 이론과 확실한 데이터에서 출발하기로 하자.

아이와 나에게 최선은 무엇일까

집에서 살림을 할 것인지, 아니면 직장에 나갈 것인지 선택하는 문제는 어떤 식으로 생각해야 할까? 나는 3가지 요소를 고려하라고 주장한다.

1. 무엇이 아이를 위한 최선인가?(최선이란 아이의 장기적 성공, 행복 등에 긍정적 영향을 줄 수 있는 것을 의미한다)
2. 나는 무엇을 원하는가?
3. 가계 예산에 어떤 영향을 미치는가?

사람들이 가장 많이 하는 질문이 1번과 3번이므로 이 장에서는 주로 이 2가지에 대해 이야기하겠다. 하지만 2번에 대해서도 생각해 보기를 권한다. 즉, 정말 직장에 나가고 싶은지 아닌지에 대해 생각해야 한다. 흔히들 '어쩔 수 없이' 일을 해야 한다거나 집에 있어야 한다고 말한다. 사실 어쩔 수 없는 경우도 있을 것이다. 하지만 나는 그 말이 진심으로 하는 말이 아닐 수도 있다고 생각한다. 어쩔 수 없는 것이 아닐 수 있다. 우리는 직장에 나가든 집에 있든 스스로 원해서 선택했다고 말할 수 있어야 한다.

나로 말하자면, 다행히 생계를 위해 일을 하지 않아도 된다. 우리 부부는 생활 방식을 바꾸면 한 사람의 수입으로도 살 수 있을 것이다. 나는 일하는 것을 좋아하기 때문에 일을 한다. 물론 우리 아이들은 너무 사랑스럽고 실제로 매우 사랑한다! 하지만 아이들과 하루 종일 집에 있으면 나는 행복하지 않을 것이다. 그래서 내가 가장 행복해질 수 있는 방법은 하루 8시간은 일하고 3시간은 아이들과 보내는 것이라고 계산했다.

나는 결코 아이들보다 일을 더 좋아하는 것이 아니다. 어느 한쪽만 고르라면 언제나 아이들이다. 하지만 아이들과 함께 보내는 시간의 '한계 효용'은 빠르게 감소한다. 그 이유 중 한 가지는 아이들과 있으면 금방 지치기 때문이다. 아이들과 함께 보내는 1시간은 경이롭지만, 2시간이 되면 덜 즐겁고, 4시간이 되면 와인 한 잔 마시고 싶어진다. 그리고 연구할 시간이 남아 있기를 바랄 것이다.

일할 때는 그렇지 않다. 물론 8시간째가 되면 7시간째보다 덜 재미있지만 기복이 심하지는 않다. 일에서 느끼는 육체적, 감정적 도전은 아이들과 함께 있을 때 느끼는 것과 비교하면 무색할 정도다. 직장에서 보내는 8시간은 평일에 아이들과 함께 있는 5시간보다 편하다. 이것이 내가 일하는 이유다. 나는 일하는 것을 좋아한다.

여러분도 이렇게 나처럼 말해도 괜찮다. 또 아이들과 함께 집에 있는 게 좋다면 그렇다고 말해면 된다. 나는 누구나 하루 8시간 동안 경제학자가 되기를 원하지 않는다는 걸 잘 알고 있다. 집에서 아이들과 지내는 것은 아이들을 훌륭하게 키우기 위해서라고 굳이 말하지 않아도 된다. 그리고 적어도 그것만이 이유가 되어서도 안 된다. "나는 이렇게 사는 것이 좋다" 또는 "이 방식이 우리 가족을 위해 좋다"는 것은 둘 다 괜찮은 이유다! 따라서 아이를 위해 '최선'이라고 말할 수 있는 이유를 찾기 전에, 그리고 가계 예산에 대해 생각하기 전에, 먼저 우리 자신이 무엇을 원하는지 생각해야 한다. 그리고 그다음에 데이터와 제약 조건을 알아보자.

이 장은 맞벌이를 선택하는 것에 대한 이야기로 시작하겠다. 우선 부모가 맞벌이하는 것이 아이에게 미치는 영향에 대해 알아보고, 두 번째로 가계 예산에 미치는 영향에 대해 짧게 이야기하겠다. 그리고 마지막으로 육아 휴직 문제와 만일 직장에 복귀할 계획이라면 얼마나 오래 휴가를 내는 게 좋은지에 대한 지침이 있는지도 알아보겠다.

부모의 맞벌이가 아이에게 미치는 영향

첫 번째 질문으로 시작하자. 아이의 발달을 위해 한쪽 부모가 집에 있는 것이 더 좋을까(아니면 더 나쁠까)? 이 질문에 대답하기는 매우 어렵다. 왜냐하면, 우선 외벌이를 선택하는 부부는 맞벌이를 선택하는 부부와 가정 형편에서 다른 점들이 있을 것이기 때문이다. 그리고 그런 차이점들은 외벌이든 맞벌이든 상관없이 아이들에게 영향을 미친다.

둘째, 부모가 직장에 있는 동안 아이가 무엇을 하는지가 아주 중요할 것이다. 아이가 크면 학교에 가겠지만, 그전까지 어떤 보육 환경에 있었는지에 따라 이후의 성취도가 달라질 수 있기 때문이다(직장에 복귀하기로 결정한다면 육아를 어떻게 할 것인지 다음 장에서 생각해 보겠다).

마지막으로, 일을 한다는 것은 일반적으로 돈을 버는 것을 의미한다. 그리고 돈이 있으면 돈이 없을 때보다 가족이 더 많은 기회를 누릴 수 있다. 따라서 소득에 따른 영향과 부모가 돌보는 시간이 주는 영향을 따로 구분하기 어렵다. 이런 점들을 염두에 두고 데이터를 살펴보자.

어느 정도 인과적 증거가 있는 장소, 즉 생후 1~2년 동안 부모가 집에서 아이를 돌보는 것의 영향에 대한 이야기로 시작하겠다. 특히 육아 휴직과 관련해서, 구체적으로 육아 휴직을 하지 않는 경우와 6주나 3개월을 쉬는 경우를 비교해 볼 것이다. 또 부모가 집에서 아이를 돌보는 기간이 1년인 경우와 6개월인 경우, 또는 15개월인 경우와 1년인 경우, 각각 아이에게 주는 영향이 어떻게 달라지는지 추정한 연구 논문이 있다. 이 논문은 출산 휴가를 그 정도까지 확대하는 정책을 추진해 온 유럽과 캐나다에서 나온 것이다(이들 나라에서는 1년이냐 2년이냐를 두고 논쟁하고 있는데, 미국에서는 6주를 받기 위해 투쟁해야 한다).

이 논문의 필자들은 부모의 선택이 아니라 정책의 변화를 기준으로 하고 있으므로 좀 더 확신을 가지고 결론을 내릴 수 있었다. 출산 휴가를 6개월에서 1년으로 연장하면 엄마의 의사에 따라 1년까지 집에 있을 수 있다. 정책적으로 육아 휴직이 '6개월'일 때 태어난 아이들과 '1년'일 때 태어난 아이들의 성장 발달을 비교하면 다른 가정 형편의 차이와는 무관하게 육아 휴직의 효과를 알 수 있다.

이 논문의 결론은 육아 휴직의 연장이 아이들의 성장 발달에 영향을 미치지 않는다는 것이다.[1] 학교 성적, 성인이 된 후의 소득, 또는 다른 어떤 것에도 영향이 없는 것으로 나타났다. 이런 연구들은 대부분 매우 오랜 기간에 걸쳐 추적한다. 따라서 육아 휴직이 1년이든 2년이든 이것이 아이의 고등학교 시험 성적이나 성년이 되었을 때의 소득에 영향을 미치지 않는다고 말할 수 있다. 이러한 증거는 아이가 태어나서 처음 몇 년 동안에 초점이 맞추어져 있다. 아이가 좀 더 나이가 들었을 때의 결과에 대해서는 인과 관계가 아닌 상관관계를 추정한 연구를 볼 수밖에 없다. 이런 연구에서 시험 점수나 학력과 같은 학교 교육 관련 증거를 보면 상관관계가 제로에 가깝다.[2] 부모가 맞벌이를 하든 외벌이를 하든 결과는 비슷하게 나타난다.

좀 더 세분화된 결과도 있다. 한 가지 공통적으로 보이는 것은 한쪽 부모가 파트타임으로 일하고 다른 부모가 전일 근무를 하는 가정의 아이들이, 두 부모가 모두 전일 근무를 하거나 외벌이 가정의 아이들보다 학교 성적이 좋은 경향을 보인다는 것이다.[3] 이 결과는 부모가 일하는 방식 때문일 수 있지만, 나는 가정 형편의 차이 때문일 가능성이 더 높

다고 본다.[4]

둘째로, 부모의 맞벌이가 저소득 가정의 아이들에게 더 긍정적이고 (즉 맞벌이가 더 낫다), 고소득 가정의 아이들에게는 그보다 덜 긍정적인 (혹은 다소 부정적인) 경향이 있다.[5] 시험 점수, 학업 성취도, 심지어 비만에서도 같은 결과가 나타난다. 연구원들은 이러한 결과를, 저소득 가정에서는 부모가 일해서 돈을 버는 것이 아이의 성장 발달에 더 중요하다는 식으로 해석하는 경향이 있다. 반면에 고소득 가정에서는 돈을 버는 것보다 그 시간에 아이의 활동을 '풍요롭게' 해 주는 게 더 중요하다고 여긴다. 물론 그럴 수도 있지만 이러한 추정은 여전히 단순한 상관관계에 불과하기 때문에 이 데이터에 많은 의미를 부여하기는 어렵다. 그리고 이러한 해석을 인정한다고 해도 그 의미는 육아 휴직이 아니라 아이가 하는 활동의 중요성에 있다.

마지막으로 어떤 사람들은 부모가 맞벌이를 하면, 특히 엄마가 일을 하면 딸이 나중에 직업을 갖게 되고 성에 대한 고정 관념이 덜 생긴다고 주장한다.[6] 이는 흥미로운 주장이며, 부모가 자녀의 본보기가 되는 것은 좋은 일이다. 그러나 이런 데이터는 대부분 미국을 유럽과 비교한 연구에서 나온 것이므로 그러한 효과가 부모의 맞벌이 때문인지 아니면 다른 차이에서 비롯된 것인지 알 수 없다.

이 모든 것을 종합할 때 내 생각은, 부모의 맞벌이가 아이의 발달에 주는 영향은 미미하거나 없는 것으로 보인다. 맞벌이를 하더라도 어떤 방식으로 하느냐에 따라 그 영향이 다소 긍정적이거나 부정적일 수 있다. 하지만 외벌이냐 맞벌이냐의 결정(선택할 수 있다면)에 따라 아이의 미래가 밝아지거나 어두워지는 것은 아니다.

육아 휴직에 대한 현실적인 조언

미국의 출산 휴가 제도 수준은 평균 이하다. 많은 유럽 국가에서는 고용 보장과 함께 수개월에서 1년이나 2년까지 유급 또는 부분 유급 휴직을 제공한다. 반면에 많은 미국인이 유급 휴직은 고사하고, (가족의료휴가법으로 정해진) 무급 휴직조차 12주로 제한되며 그마저도 약 60퍼센트의 근로자만 쓸 수 있다. 이런 상황은 서서히 변하고 있다. 일부 주, 특히 캘리포니아, 뉴욕, 로드아일랜드(감사하게도!), 뉴저지, 워싱턴, 워싱턴 DC는 유급 휴직 제도를 도입했다. 보통 6~12주 정도밖에 되지 않지만 그래도 의미가 있다. 그리고 연방 차원의 유급 휴직이 논의되고 있으나 아직 아무것도 나오지 않았다.

직장에서 유급 휴직을 제공한다면 운이 좋은 것이다. 유급 휴직은 직장에 따라 최대 3~4개월이나 그보다 더 적을 수도 있다. 기술 직종에서는 남녀 모두 최대 4개월의 유급 휴가를 제공하는 모범적인 회사들이 있다. 물론 페이스북에서 일하는 사람은 얼마 되지 않는다.

육아 휴직은 유익한 제도로 보인다. 엄마가 출산 휴가를 사용하면 아기가 더 건강하게 자란다는 증거가 늘어나고 있다. 예를 들어 미국에서는 가족의료휴가법이 도입되자 아기들이 더 건강해졌다는 연구 결과가 나왔다. 조산과 영아 사망률도 감소했다.[7] 엄마가 집에서 아기와 지내면 아기가 아플 때 옆에서 돌볼 수 있기 때문일 것이다. 또 임신으로 힘들어하는 여성들이 출산 전 휴가를 받아서 쉬게 되면 조산 위험이 줄어들 수 있다. 이에 관한 연구들은 모두 유사한 결과를 보여 준다. 이 모든 것을 종합해 볼 때 일반적으로 출산 휴가를 쓰는 것이 유익하다는 결론을 내릴 수 있다.[8]

이런 연구들은 특히 영아기에 초점을 맞춘다.[9] 하지만 노르웨이에서 실시한 한 연구는 4개월의 유급 출산 휴가를 도입한 결과 아이들이 자라서 더 많은 교육을 받고 더 많은 소득을 올렸음을 보여 주었다. 또 이러한 장기적 효과는 경제 형편이 어려운 가정의 자녀들에게 가장 크게 나타났다.[10] 따라서 직장에서 육아 휴직을 제공한다면 적극적으로 이용해야 한다. 아니면 무급 휴직이라도 얼마간 사용하는 것을 고려해 볼 필요가 있다. 가족의료휴가법은 전년도에 일정 기간 동안 일을 했고 50명 이상 고용하고 있는 회사에 다닌다면 12주의 무급 휴직을 사용할 권리를 주고 있다. 비록 무급이긴 하지만 직장에 다시 나갈 때까지 회사에서는 보험 보장과 고용 안정성(또는 그에 필적하는 조건)을 유지해 주어야 한다.

많은 가정이 무급 휴직을 쓸 수 있는 형편이 되지 않을 수 있고, 미국에는 연방 차원의 육아 휴직 혜택이 없지만 주 정부에서는 제공하는지 알아보자. 위에서 언급한 것처럼, 많은 주가 유급 휴직 보조금을 확보하고 있으며 바라건대 시간이 가면서 더 많은 주에서 유급 휴직 제도를 도입하게 될 것이다. 때로는 일시 노동 불능 보험과 유급 가족 휴가와 같은 제도를 이용해서 휴직 기간을 연장할 수도 있다. 다 합쳐서 몇 주에 불과하다고 해도, 아이를 위한 혜택을 이용하면 좋을 것이다.

엄마의 수입과 보육비의 효용 관계

마지막으로 고려해야 할 것은 가계 예산이다. 이 문제는 복잡하다. 부부의 소득과 양육비를 단기적, 장기적으로 따져 보아야 한다. 아이를 키우려면 돈이 많이 들고, 대부분 '세후' 소득으로 지불된다. 소득이 육아 비용보다 훨씬 더 많아야 생활이 가능하다는 의미다. 예를 들어, 부부가 연간 각각 5만 달러를 벌어서 총수입이 10만 달러인 가정을 생각해 보자. 부부의 세후 순소득은 약 8만 5000달러다.[11] 여기서 보육비로 월 1500달러를 지출하면 연간 총 가처분 소득은 6만 7000달러다. 외벌이를 할 경우에는 그보다 적게 벌지만(약 4만 6000달러) 보육비로 나가는 돈은 없다.

이 계산은 보육비가 많이 들수록 더 복잡해진다. 전일 근무 보모를 고용할 경우, 특히 법적으로 요구되는 세금을 내고 생활비가 비싼 지역에 산다면, 적어도 연간 4만 달러 내지 5만 달러를 지출해야 할 것이다. 위에서 예로 든 가족이라면, 한 사람의 수입이 완전히 없어지는 것이다. 이런 경우 맞벌이보다는 외벌이가 경제적으로 더 이익이다. 또한 부모 중 한쪽이 다른 쪽보다 돈을 더 많이 버는 경우도 마찬가지다. 위에서 예로 든 가정과 총수입은 같지만 한 부모는 7만 달러를 벌고 다른 한 사람은 3만 달러를 번다고 생각해 보자. 3만 달러를 버는 부모는 1년에 2만 5500달러를 집으로 가져오는데 보육비를 빼면 맞벌이와 외벌이의 차이는 7500달러에 불과하다.

이것은 단지 몇 가지 예일 뿐이다. 가계 경제 상황은 천차만별이다. 그러나 예산을 계획하는 첫 번째 단계는 현실을 직시하는 것이다. 외벌이를 할 때와 맞벌이를 할 때 가족의 소득은 각각 얼마가 되는가? 보육비는 얼마나 드는가? 확실하게 계산하려면 온라인 세금 계산기나 세금 계산 대행 서비스를 이용해서 보육비 공제 등의 세금 환급이 얼마나 되는지 알아볼 수 있다.

지금까지가 계산의 첫 부분이고 적어도 2가지는 더 생각해야 한다. 첫째, 아이가 자라면 돈이 덜 들어갈 것이다. 학교에 다니기 시작하면 대부분 보육비가 적게 들어간다. 공립 학교는 무료다. 그리고 부모가 계속 직장을 다닌다면 아마 소득이 증가할 것이다(직업에 따라 다르지만 많은 경우에 그렇다). 처음 몇 년 동안은 일을 해도 가계에 보탬이 되지 않는 것처럼 보이지만 오래 다닐수록 이익이 될 수 있다. 물론 아이들이 어릴 때는 집에 있다가 나중에 다시 일할 수도 있고, 실제로 많은 사람이 그렇게 한다. 하지만 직업에 따라 그렇게 하기 쉽지 않을 수도 있다. 그리고 직장에 돌아갔을 때 퇴직 연금은 물론이고 월급이 크게 줄어들지 않으리라는 보장이 없다. 단기적인 손익과 장기적인 손익을 계산하는 공식은 없다. 다만 예산을 생각할 때 그 기간을 아이가 태어난 뒤 3년까지로 제한해서는 안 될 것이다.

둘째, 경제학 용어로 소위 돈의 '한계 효용'에 대해 생각해 볼 필요가 있다. 일을 하는 만큼 경제적으로 풍족해진다고 하자. 하지만 돈을 더 번다고 해서 그에 비례해서 행복해지는 것은 아니다. 경제학 용어로 '유용성'의 측면에서 소득의 증가가 우리 가족에게 얼마나 가치가 있는지 생각해야 한다. 우리 가족의 삶이 얼마나 달라질 것인가? 그 돈으로 무엇을 살 것인가? 돈을 더 벌어도 그만큼 행복해지지 않는다면 그다지 가치가 없는 것이다.

육아에 집중할 것인가 일에 집중할 것인가

아이를 키우면서 부부가 맞벌이하는 것은 대부분 쉬운 선택이 아니며, 일반적인 잣대로 조언할 수는 없다. 데이터를 보면 출산 휴가가 주는 혜택을 제외하고, 한쪽 부모가 집에 있는 것이 아이의 성장 발달에 긍정적이든 부정적이든 영향을 미친다는 증거는 많지 않다.

이것은 결국 각자의 가족에게 맞는 방법을 찾아야 한다는 것을 의미한다. 가정 형편과 함께 부모 자신이 무엇을 원하는지 생각해야 한다. 한쪽 부모가 아이와 함께 집에 있기를 원하는가? 이것은 가장 중요하게 고려되어야 할 문제이지만 또한 가장 복잡하고 예측하기 어려운 문제이기도 하다. 실제로 아이가 태어나기 전에는 아이와 항상 함께 있고 싶은 것인지 알기가 쉽지 않다.

어떤 사람들은 매 순간 아이와 함께 있기를 원하고 떨어져 있는 것은 상상할 수 없다고 말한다. 어떤 사람들은 아이를 사랑하는 마음은 같아도 월요일 아침이면 직장에 출근하는 생활로 돌아가기를 간절히 고대한다. 그리고 이것은 아이가 크면서 바뀔 수 있다. 어떤 사람들은 아기를 아주 좋아한다. 반면에 나는 우리 아이들이 성장할수록 함께 있는 것이 점점 더 좋아졌다. 아직은 전업주부가 되고 싶지 않지만, 아이들과 집에 있는 것을 전보다 더 좋아한다. 우리 자신이 원하는 것에 대해 솔직해지도록 노력하자. 이런 말은 사실 선택하는 데 큰 도움이 되지 않는다. 미안하다! 결국 선택은 각자의 몫이다.

결론적으로 집에 있을 것인지 직장에 나갈 것인지 선택할 때 다양한 방향으로 우리를 밀어내는 요인들이 있다는 것을 인정하면, 양쪽에서 서로 옳다고 주장하는 논란 속에서도 자유로워질 수 있다. 내가 일하는 건 내가 원해서라고 말할 수 있고, 집에서 아이들을 돌보는 사람들은 그들이 원해서 집에 있다고 말할 수 있다. 우리는 집에 있는 사람들을 얕잡아 보지 않을 것이고, 그들은 우리 아이들을 안쓰럽게 생각하지 않을 것이다. 정말 그렇게 되겠냐고? 물론이다.

◆ Bottom Line ◆

- 엄마가 출산 휴가를 사용하면 아이에게 도움이 된다. 그러나 육아 휴직 이후에도 집에 있는 것이 아이에게 좋다거나 나쁘다는 증거는 거의 없다.
- 외벌이를 할 것인지 맞벌이를 할 것인지 결정할 때 우리 자신이 무엇을 원하는지, 그리고 단기적·장기적으로 가계 예산에 어떤 영향을 미치는지 고려해야 한다.
- 다른 사람들을 비난하는 일은 이제 그만하자!

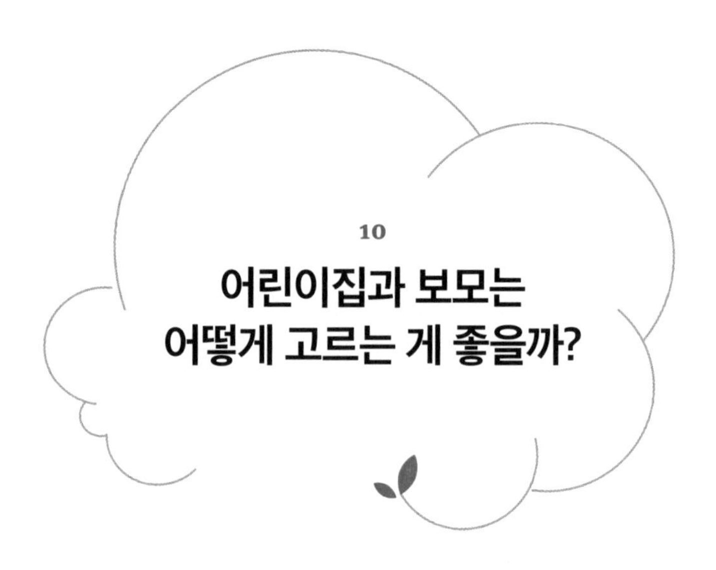

10
어린이집과 보모는 어떻게 고르는 게 좋을까?

앞서 말했듯이 '맞벌이'를 하기로 결정했다면 그 즉시 '아기는 누구에게 맡길 것인가?'라는 문제에 부딪친다. 첫째 퍼넬러피를 임신 중이던 어느 날, 우리 부부는 스웨덴에서 열리는 세미나에 참석하러 갔다. 온통 이케아 제품으로 둘러싸인 숙소(이케아에서 샴푸도 만드는 걸 아는가?)에서 지내는 동안 나는 입덧에 시달리는 와중에도 스웨덴 부모들이 이용하는 보육 제도에 부러움을 느끼지 않을 수 없었다.

스웨덴 부모들은 육아 휴직을 넉넉히 사용할 수 있을 뿐 아니라 일단 직장에 돌아가면 정부에서 제공하는 다양하고 훌륭한 보육 제도를 선택할 수 있다. 우리는 스톡홀름에서 산책할 때마다 많은 아이가 공원에서 트레킹을 하고 밧줄에 매달려 노는 광경을 목격했다. 정말 부러웠다! 스웨덴에서 우리 부부에게 일자리를 제안했다면 나는 하루라도 빨리 그곳에 가서 적어도 퍼넬러피가 학교에 들어가기 전까지 살자고 주장했을 것이다. 하지만 그런 제안은 받지 못했다.

미국에서는 보육 문제가 그렇게 간단하지 않다. 많은 옵션이 있기는 하지만 유럽처럼 정부에서 운영하는 제도는 없다. 그 이유는 여러 가지가 있지만 아마 정치가 가장 많이 작용할 것이다. 유럽 국가들의 정부는 의료와 같은 공공 서비스를 다양하게 제공하고 있으며 보육 제도 역시 그 일부다. 그리고 오랫동안 해 오던 것은 그대로 계속하는 것이 국가의 관행일 것이다. 스웨덴 국민들은 정부가 훌륭한 보육을 제공할 것이라 기대한다. 미국 국민들은 정부가 그렇게 해 주기를 원하겠지만 기대하지는 않는다.

보육 제도가 확립되어 있지 않은 곳에서 살고 있다면 우리 스스로 이 문제를 해결해야 한다. 어린이집이나 보모에게 맡기는 것이 가장 일반적이지만, 양가 가족들의 도움을 받는 방법을 섞어서 사용할 수 있다. 이러한 기본적인 옵션에도 다양한 종류가 있다. 외부에 맡긴다면 어떤 곳이 우리 가족에게 적합한가? 놀이방? 어린이집? 보모를 고용한다면 어떤 사람이 좋을까? 우리가 처음으로 보모를 구할 때 누군가 보모 후보자를 추천하면서 "플래시 카드 보모(아이에게 카드를 보여 주면서 글자나 숫자를 가르치는 것을 말함—옮긴이)는 아니에요"라고 말했다. 나는 그런 보모가 있는지도 몰랐다. 여러분은 그런 보모를 원하는가?

하지만 이 모든 것은 소위 결정 이론에 나오는 방법을 사용해서 정리해 볼 수 있다. 구체적으로 설명하자면, 의사 결정 나무를 그리는 것이다. 여기서는 육아에 대한 의사 결정 나무를 그려야 할 것이다. 이 장의 목적대로 우리는 아이를 외부인에게 맡기는 선택에 초점을 맞출 것이다. 만일 아이를 돌봐 줄 수 있는 가족이 있다면 나무에 가지를 하나 더 추가하면 된다.

경제학에서는 '나무타기 해결법'을 가르친다. 방법은 맨 아래부터 거꾸로 올라가는 것이다. 우선, 보모를 구한다면 어떤 보모를 원하는지 결정한다(여기서는 3가지 선택 조건이 있다). 그러면 나무의 잎을 해결한 것이다. 어린이집에 맡긴다면 어떤 어린이집을 원하는지 결정한다(여기서는 4가지 선택 조건이 있다). 그러고 나서 양쪽을 비교한다. 이렇게 하면 각 범주에 있는 다양한 옵션을 비교하는 것이 아니라 아주 구체적인 선택과 마주하게 된다. 내가 선택한 '최고'의 어린이집과 '최고'의 보모 중 어느 쪽을 원하는가?

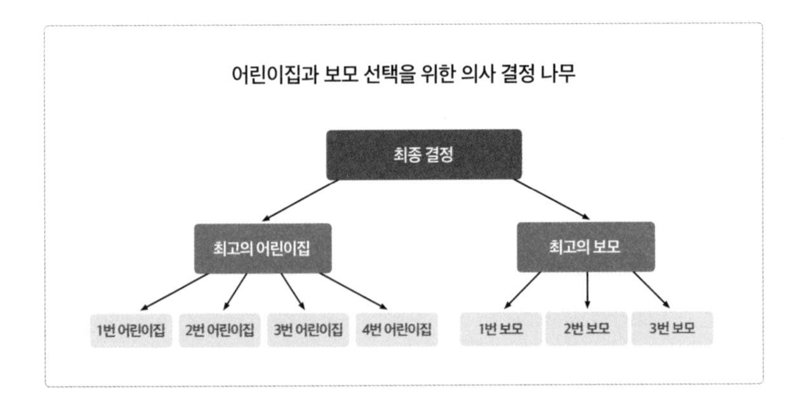

또한 우리는 각자 나름의 의견이 있다. 물론 의견은 올바른 답이 아닌 개인의 생각이다. 답을 구하기 위해서는 의견과 팩트를 결합해야 한다. 다시 말해 여러 보육 방식에 대한 증거를 찾아서 비교해 볼 수 있어야 한다.

어린이집 후보들의 수준 평가하고 비교하기

나무의 왼편에 있는 어린이집에 대해 생각해 보자. 어떤 식으로 최고의 어린이집을 선택할 것인가? 선택에 도움이 되는 데이터로 국립 아동보건 및 인간발달연구소National Institute of Child health and Human Development, NICHD의 연구가 있다. NICHD는 1000명 이상의 아이를 대상으로 한 장기적(아이들을 오랜 기간 추적하는) 연구로, 다양한 형태의 보육(어린이집, 보모, 가족 등)이 아동 발달에 미치는 영향을 평가하기 위해 설계되었다. NICHD 연구원들은 아이들의 언어 발달과 행동 문제와 같은 결과에 관심을 가졌다. 이 연구는 어린이집을 보모와 비교하는 데에도 유용하지만, 우선 어린이집들 간 비교에 초점을 맞추기로 하겠다.

연구원들은 실제로 아이들이 있을 시간에 어린이집을 찾아가 평가했다. 수업 참관을 통해 교사들을 관찰하고 다른 조건들에 대해 기록했다. 그러고 나서 어린이집의 '수준'을 평가해서 순위를 매겼다. 그들은 평가를 위해 매우 구체적인 특성들을 살펴보았는데 이것에 대해서는 잠시 후에 이야기하겠다. 그보다 먼저, 어린이집 선택에서 보육의 질적 수준이 얼마나 중요한지 생각해 볼 필요가 있다.

가장 먼저 이 데이터를 인용한 한 논문은 4세 아동의 보육과 인지 능력, 행동 문제와의 관계를 알아보기 위해 수준 높은 어린이집에 다니는 아이들과 수준 낮은 어린이집에 다닌 아이들을 비교했다.[1] 이때 대상이 된 아이들의 나이는 4세까지였다(평가일에 어린이집에 다니는 아이들도 있고 먼저 거쳐 간 아이들도 있었다). 그리고 연구원들은 어린이집 수준이 아이들의 언어 발달과 밀접한 관련이 있다는 것을 발견했다. 수준 높은 어린이집에 다닌 아이들이 말을 더 잘하는 것으로 보였다. 그러나 행동 문제는 좋은 쪽으로든 나쁜 쪽으로든 어린이집 수준과 관계가 없는 것처럼 보였다. 이 연구는 아이들이 6학년이 될 때까지 추적했는데, 여전히 어린이집의 수준이 언어 발달과 관련이 있지만 행동과는 관련이 없는 것으로 나타났다.[2]

여기서 분명히 해 둘 것은, 어린이집의 수준은 가족이 가진 다른 조건들과도 관련이 있다는 것이다. 평균적으로 수준이 높은 어린이집은 더 비싸고 따라서 가정 형편이 나은 아이들이 다닌다. 그러므로 어떤 결과를 가정 탓으로 돌리고 어떤 결과를 어린이집 탓으로 돌려야 하는지 알기 어렵다.

이 연구의 장점은 가정 환경을 광범위하게 조정할 수 있었다는 것이다. 그들은 가정 방문을 해서 부모 양육 수준을 평가했다. 어린이집보다 부모의 양육이 아이의 성장 발달에 훨씬 더 중요하게 작용하기 때문이다. 하지만 부모 양육의 차이를 반영해서 조정한 후에도 어린이집의 영향력은 여전히 유효하다. 물론 우리가 관찰하지 못하는 특성들이 작용할 가능성은 남아 있다.

이런 점들을 감안하더라도, 이 결과는 아이를 어린이집에 보내려면 좋은 곳에 보내야 한다는 상식적인 직관에 힘을 실어 준다. 그러면 또 다른 질문을 하게 된다. 어디가 좋은지 어떻게 아는가? 한 가지 방법은 NICHD 연구로 돌아가서 연구원들이 어린이집 수준을 어떤 식으로 평가했는지 알아보는 것이다. 그들의 평가 방법을 정확히 따라 할 수는 없겠지만 적어도 어떤 조건들을 살펴보았는지는 알 수 있다.

그들이 알아보지 않은 것도 있다. 부모들을 혹하게 만드는 '한자 조기 교육'이나 '유기농 과자'와 같은 항목은 없다. 연구원들은 어린이집에서 아이들에게 펭귄에 대해 가르치는지 아닌지에 대해서는 관심을 갖지 않았다. 그들은 주로 보육 교사들과 아이들 사이의 상호 작용을 보고 수준을 평가했다. 수준 평가는 몇 가지 부분으로 나뉘어져 있다. 가장 먼저 안전, 재미, '개별화'에 대해 점검했다. 다음 목록은 이를 단순화한 것이다.

이러한 항목들에 대해서는 대부분 어린이집 투어에서 쉽게 관찰하고 기록할 수 있으며, 점검 항목은 기본적으로 기관 어린이집이나 가정 어린이집이나 동일했다. 또 연구원들은 어린이집에서 아이들을 여러 차례 지켜보는 것으로 평가했다. 관찰 시간은 상당히 짧았는데, 반나절 동안 10분씩 4회 집중적으로 관찰했다. 이것은 아마 개인이 따라 하기 다소 어렵지만, 10분에서 15분 동안 옆에서 조용히 지켜보게 해 달라는 것은 무리한 부탁이 아닐 것이다. 나라면 점검표를 들고 가지 않겠지만 각자 알아서 하면 된다.

그럼 연구원들은 무엇을 관찰했을까? 그들은 몇 가지 기본적인 질문을 가지고 있었다. 우선 보육 교사들은 아이들이 원하는 상호 작용을 하는지를 살펴보았다. 교사들이 보육 중에 전화 통화를 하는가? 아니

어린이집 수준 평가	
안전	• 콘센트, 코드, 선풍기 등이 밖으로 노출되어 있지 않다. • 안전한 아기 침대 • 응급조치 설명서 • 1회용 종이 타월 • 먹는 장소와 기저귀를 가는 장소가 분리되어 있다. • 장난감은 매일 세척한다. • 교사가 아이들의 질환에 대해 알고 있다.
놀이	• 장난감은 아이들 손이 닿는 곳에 둔다. • 기어 다니면서 놀 수 있는 마루 공간이 있다. • 대근육 운동 놀이 기구(공, 목마 등) 3가지 • 음악 놀이 도구 3가지 • 특별 활동(물놀이, 스펀지 페인팅) • 야외 놀이 기구 3가지
개별화	• 개인 침대 • 아이마다 담당 교사가 있다. • 적어도 6개월마다 정식 아동 발달 평가를 받는다. • 아이들의 발달 수준에 맞는 장난감을 준다. • 교사들은 적어도 일주일에 1시간씩 팀 활동을 계획한다.

면 아기들과 함께 바닥에 앉아 있는가? 아이들과 긍정적인 신체 접촉을 하는가? 아기를 안아 주거나 잘한 행동을 하면 포옹해 주는가?

그다음은 발달 자극에 대한 것을 살펴보았다. 보육 교사들은 아이들에게 책을 읽어 주는가? 아이들에게 이야기를 해 주는가? 아기가 무슨 소리를 내면 반응을 보이는가? 예를 들어 아이가 "갸!"라고 하면 "그렇지, 이건 하마야. 하마. 하마를 안아 보고 싶니? 자 여기 있네!" 하는 식으로.

셋째, 행동이 있다. 모든 아이들은 반항을 할 때가 있다. 문제는 어른이 어떻게 반응하는가 하는 것이다. 아이가 말썽을 부리면 물리적으로 제어하는가? 체벌을 하는가? 야단을 치는가? 이런 반응들은 모두, 그리고 아주 나쁜 시그널이다. 마지막으로, 아이들이 무얼 하는지에 주의를 기울이는지 살폈다. 아이들을 세심하게 보살피는가(배가 고프지는 않은지, 젖은 기저귀를 차고 있지 않은지 등)? 아이들이 어른들과 상호 작용을 하고 있는가? 이런 일이 없기를 바라지만, 보육 교사가 아이는 안 보고 TV만 보고 있지는 않은가?

어린이집 관찰이 끝나면 전반적인 느낌을 적어 보자. 그곳은 아이 중심인가? 다시 말해, 아이들이 무엇을 원하는지 관심을 갖고, 아이들이 하는 말에 귀를 기울이고 반응하는가? 아니면 아이들에게는 그냥 시늉만 하고 주로 어른들끼리 소통하는가? 아이들과 어른들이 긍정적이고 다정다감한 관계를 맺고 있는가? 아이들이 적응을 잘하고 즐거워하는가? 아니면 어른들을 두려워하고 움츠러든 것처럼 보이는가?

전문가가 아니더라도 이런 특징들 중 다수는 직접 판단할 수 있다. 우리가 보는 앞에서 보육자가 아이들을 때릴 가능성은 매우 낮지만, 음울한 분위기와 온기 부족은 감지하기 어렵지 않다. 그리고 잘해 주는 척 가장하는 것도 그렇다. 그렇다면 결국 경제 형편이 허락하는 한 보육비가 비싼 어린이집을 선택해야 하는 것일까? 수준과 가격이 비례하는 것은 사실이다. 보통 더 비싼 어린이집일수록 수준이 높을 것이다. 그러나 가장 중요한 평가 요소, 즉 보육 교사들이 아이들과 상호 작용하는 방식은 가격과 관련이 없다.

보모 후보들의 수준 평가하고 비교하기

이제 어린이집 선택이라는 줄기를 해결했다(적어도 최선을 다했다). 점검표에 표시하고 평가해서 최고의 어린이집을 발견했다. 그러면 보모는 어떨까? NICHD 연구는 보모나 가족 구성원이 돌보는 가정 보육의 수준을 평가했는데 같은 결과가 나왔다. 그들이 측정할 수 있었던 요소들을 보면, 마찬가지로 가정 보육의 수준이 높을수록 아이들이 잘 자라주었다. 그러나 가정 보육은 어린이집보다 평가하기가 더 어렵다.

연구원들은 어린이집을 평가할 때와 같은 평가 기간과 점검표를 사용해서 보육자가 아이에게 어떻게 반응하는지, 주변에 장난감과 책이 있는지, 야단을 치거나 때리지는 않는지(둘 다 나쁘다) 확인했다. 하지만 어린이집에서는 연구원이 눈에 잘 띄지 않을 수 있는 반면, 가정에서는 서로가 뻔히 보이는 상황에서 보모와 아이의 상호 작용을 관찰해야 하므로 믿을 만한 평가 결과가 나오기 더 어렵다.

게다가 보육 수준을 보육자의 사회 경제적 지위와 연결시켜 지나치게 보육자의 중요성을 강조할 수 있다. 예를 들어 어떤 질문은 아이가 보는 책이 3권 이상인지를 묻는다. 하지만 이것은 보모가 아니라 가정 환경에 속하는 특징이다. 이 외에 보모를 구하거나 평가할 때 참고할 수 있는 구체적인 지침은 거의 없다. 아마도 내가 들은 가장 유용한 조언은 보모를 추천하는 사람이 그 보모를 좋아하는지 여부뿐 아니라 나와 같은 가치관을 가졌는지 생각할 필요가 있다는 것이다. 부모와 추천자가 보모에게 바라는 것이 같아야 하기 때문이다.

보모 후보자들에게 서면으로 몇 가지 기본적인 질문에 답하도록 하는 것도 좋은 방법이다. 직접 만나서 면접할 때 묻고 싶었던 것을 모두 떠올리지 못할 수도 있기 때문이다. 만일 중개소를 이용한다면 그들이 가진 질문지가 있을 것이다. 아니면 온라인에서 몇 가지 양식을 찾아볼 수 있다. 보모를 고용하는 것은 운이 따라야 하는 일이므로 우리 자신의 직감을 믿어야 할지도 모른다. 우리 딸이 세 살 때 우리 가족은 갑자기 시카고에서 프로비던스로 이사했다. 우리는 사랑하는 보모 '마두'를 시카고에 남겨 두고 와야 했고 빠른 시일 내에 다른 사람을 찾아야 했다. 우리는 단지 2번의 전화 통화를 하고 내 남동생에게 대신 만나 보라고 한 후 '베키'를 고용하게 되었다. 무슨 일이든 데이터를 찾아보는 내 방식과는 맞지 않았지만 그럴 수밖에 없었고 결과는 좋았다.

어린이집 vs. 보모
: 엄마와 아이에게 가장 적합한 방법은?

이제 의사 결정 나무에서 내가 생각하는 최고의 어린이집과 최고의 보모를 선택했다. 다음은 그 둘을 비교할 차례다. 둘 중 어느 쪽이 더 나은가? 어린이집을 관찰한 많은 연구가 암묵적으로나 명시적으로나 엄마가 집에서 아이를 돌보는 옵션과 비교한다. 이것은 흥미로운 비교이며 앞 장에서 설명했다. 하지만 어린이집과 보모를 비교하는 것과는 정확히 같지 않다. 여기서는 NICHD 연구를 참고하는 것이 가장 적절하다. 이 연구는 보모와 어린이집을 명시적으로 비교하고 있으며, 물론 완벽하지 않지만 가족 배경의 차이를 반영해서 조정하는 시도를 했다.

이 논문은 생후 4년 반까지의 아이들에게 미치는 영향을 요약해서 인지 발달과 언어 발달, 행동 문제 등을 살펴보고 있다.[3] 인지 발달 측면에서는 결과가 엇갈린다. 생후 18개월 이전에 어린이집에서 더 많은 시간을 보낼수록 생후 4년 반이 되었을 때 인지 점수가 다소 낮아지지만, 그 이후에는 어린이집에서 보내는 시간이 많을수록 인지 점수가 높아진다.

그 이유는 알기 어렵다. 아주 어릴 때는 1대 1의 관심이 언어 발달을 증진시키지만, 좀 더 크면 집에서 부모나 보모가 보살피는 아이들보다 어린이집에 다니는 아이들이 글자, 숫자, 사회성에 대해 배우는 시간이 더 많다. 그러나 이는 추측이다. 사실이라고 해도 단지 상관관계에 불과하며 인과 관계는 아니다. 이것을 종합한 연구들은 대체로 이 시기에 아이들이 어린이집에서 보낸 시간이 많을수록 네 살 반이 되었을 때 언어 발달과 인지 발달에서 더 앞서는 것을 보여 준다.[4]

행동 측면에서는 모든 연령대에서 행동 문제가 어린이집에서 많은 시간을 보낸 것과 다소 관련이 있지만, 연구원들은 그 정도가 상당히 미미하고 모든 아이가 '정상적인' 행동 범위에 있었다고 했다. 또 이러한 (약간의) 인지 발달 효과와 (약간의) 행동 문제는 초등학교 1~2학년 동안 지속되는 것으로 보이지만 3~5학년이 되면 사실상 사라진다.[5]

이것은 1건의 연구에 불과하지만 그 결과에 대해서는 여러 문맥으로 인용된다. 어린이집에 다니면 인지 발달에 도움이 되고[6] 약간의 행동 문제가 생길 수 있다.[7] 인지 발달 효과는 좀 더 나이가 든 아이들에게 집중되는 것으로 보인다. 이 마지막 결과에 대해서는 다양한 증거가 있는데, 예를 들어 미국의 저소득 가정을 위한 유아 교육 프로그램인 연방 정부 헤드 스타트Head Start 제도의 효과에 대한 근거는, 어린이집에서 보내는 시간이 학교에 가서도 도움이 된다는 것을 보여 주는 연구들에 기초하고 있다.

이런 연구들은 다른 여러 문제에 대해서도 평가한다. 그중 하나가 '애착'이다. 어린이집에 다니는 아이들은 엄마한테 애착을 덜 느끼는가? 그렇지 않다. 부모의 양육 수준은 애착 형성에 중요하지만, 어린이

집에서 보내는 시간과는 관계가 없다.[8]

마지막으로 데이터로 질병을 비교한 것이 있다. 어린이집에 다니는 아이들은 병에 걸릴 확률이 더 높다.[9] 심각한 질병은 아니고 감기, 열, 장염 등이다. 긍정적인 측면은 이러한 초기 노출은 일부 면역성을 제공하는 것으로 보인다는 것이다. 어린이집에 오래 다닌 아이일수록 초등학교에 가서 초반에 열감기에 덜 걸린다.[10]

이 모든 증거로부터 우리는 2가지를 반복해서 확인할 수 있다. 첫째, 부모 양육이 중요하다는 것이다. 이러한 연구들이 가장 일관성 있게 보여 주는 것은 부모의 양육과 아이의 성장 발달의 연관성이다. 집에 책이 있고 부모가 아이에게 책을 읽어 주는 것은 어린이집에서 책을 보는 것보다 훨씬 더 중요하다. 부모와의 시간만큼 보육자와 많은 시간을 보내더라도 마찬가지다. 정확한 이유는 알 수 없지만 부모로서 우리는 아이에게 가장 오래 지속되는 영향을 미친다. 둘째로, 보육 형태보다는 보육 수준이 훨씬 더 중요하다. 수준 높은 어린이집은 수준 낮은 보모보다 낫고, 반대로 수준 높은 보모는 수준 낮은 어린이집보다 낫다.

아이를 돌보는 문제는 아이만의 문제가 아니다. 궁극적으로 어떤 방식이 가족 모두에게 적절한지 생각해야 한다. 아이의 인지 발달 외에도 고려해야 하는 문제들이 있다. 첫째, 비용 문제가 있다. 평균적으로 보모를 고용하는 것이 어린이집에 보내는 것보다 더 많은 비용이 든다. 보모를 다른 가정과 공동으로 고용한다면 비용이 줄어들 것이다. 따라서 가계 예산을 생각해야 한다.

보육에 지출할 예산의 적정한 몫은? 답은 한 가지가 아니다. 경제학자의 육아법을 따라 하는 것이 성가시겠지만, 우리 부부가 이 문제에 대해 생각한 방식은 돈의 '한계 효용'을 생각하는 것이었다. 두 가정이 공동으로 보모를 고용하는 것과 단독으로 보모를 고용하는 것의 비용 차이는 연간 1만 달러이고 3년이면 3만 달러가 된다. 공동으로 보모를 고용하기를 원한다면 분명 선택하기 더 쉬울 것이다.

하지만 개인 보모를 원한다면 그만한 돈을 지불할 가치가 있는지 생각하게 될 것이다. 요점은 한계 가치를 생각하는 것이다. 그렇다. 그것은 큰돈이다(보육에는 아주 많은 돈이 든다). 하지만 중요한 문제는 따로 있다. 문제는 그 돈으로 무엇을 할 것인지 물어야 한다. 보육이 아닌 다른 어디에 그 돈을 쓸 수 있을까? 이것은 내가 외벌이에 대해 생각해 보라고 했던 것과 같은 질문이다. 개인 보모를 고용함으로써 사는 집이나 아파트의 크기가 달라질 수 있다. 휴가 여행지의 선택도 달라질 수 있다. 저축과 퇴직 연금이 줄어들 수도 있다. 따라서 쉬운 선택은 아니다. 하지만 그 돈으로 다른 무엇을 할 수 있을지 분명히 한다면, 적어도 좀 더 확실한 결정을 내릴 수 있다. 개인 보모를 고용할 것인가, 아니면 1년에 2번 휴가 여행을 갈 것인가? 아니면 퇴직 연금에 좀 더 투자할 것인가?

예산 외에도 편의성에 대한 문제가 있다. 어린이집이 집이나 직장과 가까운 곳에 있는가? 아니면 차로 먼 길을 가야 하는가? 그리고 아이가 아플 때는 어떻게 할 것인가? 가정 보육을 하면 집에서 아픈 아이를 돌볼 수 있지만 (집에 있는 아이들은 덜 아프다) 어린이집에 보내면 할 수 없다. 그러면 달리 도움을 받을 방법이 있는가? 내 친구 낸시가 육아에 대해 해 준 가장 훌륭한 조언 중 하나는 어떤 보육 방법을 선택하든, 아이나 보모가 아플 때 부모 중 누가 아이를 돌볼 것인지 미리 정해 놓으라는 것이다. 그럴 때 누가 집에 있을지를 두고 부부가 다투는 것은 좋지 않다.

마지막으로, 이런 옵션들 중 어느 한 가지가 더 편하게 느껴질 수 있다. 그렇다면 선택을 위한 좋은 이유가 된다! 많은 사람이 집에서 하루 종일 아이와 함께 있는 것을 좋아하지 않는다. 아니면 보모와의 관계가 불편할 수 있다. 아이가 엄마보다 보모를 더 따르게 될 수도 있다. 그러면 기분이 나쁠까? 이 질문에 대해 정해진 답은 없지만 미리 생각해 볼 수는 있다. 이것은 가족 모두를 위한 결정이다. 맞벌이를 선택한다면 아이의 보육에 만족할 수 있어야 한다. 그러지 않으면 직장에 있는 동안 하루 종일 아이 걱정에 아무 일도 하지 못할 것이다. 부모에게 적절한 방식을 찾는 것은 아이에게 적절한 방식을 찾는 것만큼 중요하다.

마지막으로, 의사 결정 나무를 둘로 나누는 것에 대해 오해의 소지가 있을지도 모르겠다. 둘 중 하나를 선택하지 않아도 된다. 데이터를 보면, 생후 18개월 이전에는 아이를 집에서 돌보는 것이 더 나은 것 같고, 그 후에는 어린이집이 더 나은 것 같다. 이 2가지를 합치면 초반에는 보모(또는 조부모의 도움을 받거나, 조부모와 보모가 함께 돌보거나)를 고용하고 아이가 좀 더 큰 후에는 어린이집에 보내는 것이 좋다고 할 수 있다.

✦ Bottom Line ✦

- 어떤 보육 방법을 선택하든지 보육 수준이 중요하다. 어린이집의 경우 간단한 방법으로 직접 평가해 볼 수 있다.
- 평균적으로 아이가 어린이집에서 보내는 시간이 많으면 인지 발달은 다소 좋아지고 행동 문제는 다소 나빠지는 것으로 보인다.
- 어린이집은 나이가 든 아이들에게 긍정적인 영향을 주고 어린아이들에게 부정적인 영향을 준다.
- 어린이집에 다니는 아이들은 더 자주 아픈 대신 면역력이 생긴다.
- 부모 양육 수준이 어린이집 수준보다 훨씬 중요하므로 부모에게도 적절한 방법을 선택하자.

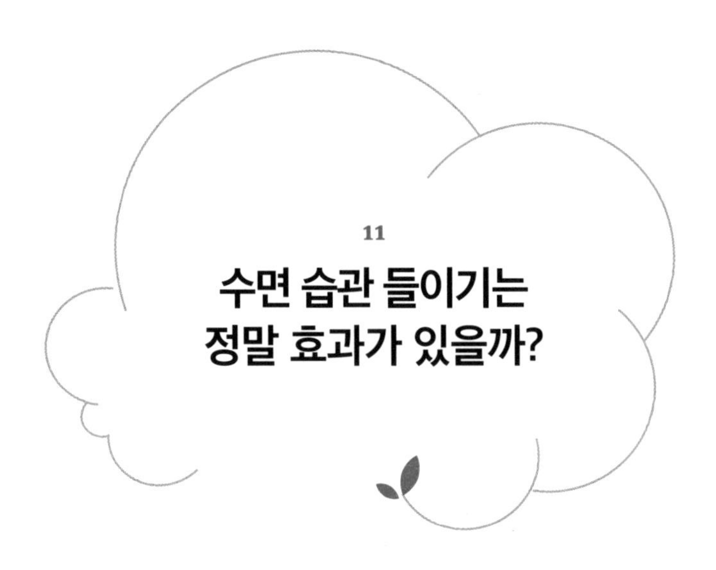

11

수면 습관 들이기는 정말 효과가 있을까?

잠은 엄마와 아이 모두에게 보약

처음이든 아니든 부모들은 아이가 태어나면 한숨 푹 자고 일어나는 것이 하늘의 별 따기보다 어려워진다. 대부분은 처음 몇 주 동안 잠을 제대로 자지 못할 것이라고 각오한다. 아마 옆에서 도와주는 가족이 있을 수도 있어서, 피곤하기는 해도 그럭저럭 버틸 것이다. 그러나 한 달이 지나도 아기는 여전히 한 번에 길어 봐야 2시간을 잘 뿐이다. 그즈음 소아과 의사는 이렇게 말한다. “이 정도 컸으면 한 번에 6시간은 깨지 않고 잘 수 있어요.” 그러면 의사를 펜으로 후려갈기고 싶어진다.

이제 4개월 된 아기가 어느 날 놀랍게도 4시간 동안 잤다고 해도 그런 일은 두 번 다시 일어나지 않는다. 아이를 재우려면 2시간이 걸린다. 잠이 든 후에는 적어도 1시간은 더 안고 있다가 침대에 내려놓아야 한다. 잠깐 눈을 붙였다가 떠 보면 1시간이 훌쩍 지나갔다. 그렇게 6개월이 되고 8개월이 되면, 이제는 아이가 한밤중에 놀고 싶어 하는 것 같다. 그러면 엄마는 영영 쉬지 못할 것 같다.

물론 모두가 그렇다는 것은 아니다. 3주가 지나자 아기가 밤새 깨지 않고 자더라는 사람도 있다. 내 경험으로 볼 때, 그런 말은 대부분 거짓말이지만 사실일 수도 있다. 그리고 어떤 아기들은 분명 잠을 더 잘 잔다. 하지만 대부분의 아기는 밤에 자주 깨고, 부모들은 아이가 밤새 깨지 않고 자기를 바란다. 이 문제를 시장에서 그냥 지나칠 리 없다. 아이를 더 잘 재우는 방법에 관한 책들은 계속 쏟아져 나온다. 한 학술 논문에는 《준비, 설정, 수면: 아이를 재우는 50가지 방법Ready, Set, Sleep: 50 Ways to Get Your Child》에서부터 《취침 시간 전쟁에서 승리하기Winning Bedtime Battles》에 이르는 40여 종의 책이 열거되어 있다.[1] 아마존닷컴에서 잠깐 찾아봐도 다음과 같은 책을 포함해 적어도 20종이 검색된다.

- 마크 웨이스블러스, 《잠의 발견》
- 리처드 퍼버, 《우리 아이 수면 문제 해결하기》
- 게리 에조Gary Ezzo, 로버트 버크냄 Robert Bucknam, 《현명하게 아기 키우기On Becoming Baby Wise》

- 엘리자베스 팬틀리Elizabeth Pantley, 《울리지 않고 아이 잠재우기The No-Cry Sleep Solution》
- 트레이시 호그Tracy Hogg, 멜린다 블라우 Melinda Blau, 《베이비 위스퍼Secrets of the Baby Whisperer》
- 제니퍼 왈드버거Jennifer Waldburger, 질 스피벡Jill Spivack, 《수면 훈련The Sleepeasy Solution》
- 조디 A. 민델Jodi A. Mindell, 《밤새 깨지 않고 자기Sleeping Through the Night》
- 수지 지오다노Suzy Giordano, 리사 아비딘Lisa Abidin, 《아기 수면 훈련법The Baby Sleep Solution》
- 줄리 라이트Julie Wright, 헤더 터전Heather Turgeon, 《꿀잠 자는 아이The Happy Sleeper》

이런 책들은 꽤 설득력이 있는데, 대부분 형식이 비슷하다. 수면의 과학을 설명하고, 자는 시간을 늘리는 절차를 알려 주고, 많은 성공 사례를 들려준다. 그런 사례들을 읽어 보면 아주 설득력이 있다. 대개 처음에는 아주 문제가 심각한 사례들을 소개한다. 그런데 수면법을 사용하고 나서 어떻게 되었는지 보라! 시작한 지 며칠 만에 아이가 12시간 동안 푹 자고 기분 좋게 깨어나더라!

이런 책들은 대부분 각각 특별한 접근법을 제시한다. 《잠의 발견》은 아기를 먹이고, 기저귀를 갈아 주고, 편안하게 해 주고 나서 방을 나온 후에는 아이가 울어도 내버려 두라고 한다. 이 책은 그 방법을 상세하게 설명하고 있으며, 이 방법이 좋은 이유도 이야기한다. 수면 훈련을 고민하고 있다면 읽어 봐도 좋다.

어떤 방법은 좀 더 복잡하다. 내가 핀에게 시도해 본 방법은, 아이가 울면 품에 안고 그칠 때까지 기다렸다가 울음을 그치면 즉시 다시 내려놓는 것을 반복하는 것이다. 하지만 사흘 만에 포기했다. 책에서 말하는 것처럼 되지 않았고 너무 힘들었다. 아마 내가 제대로 하지 못한 것일지도 모른다.

이런 책들은 크게 '울다가 잠들게 하기'에 찬성하느냐, 찬성하지 않느냐로 나눌 수 있다. 울다가 잠들게 하기는 저녁에 아이를 침대에 혼자 남겨 두고는 밤중에 깨어도 스스로 잠들게 하는 방법을 말한다. 처음에 아이는 울 것이다. 또 이 방법은 아기가 안전한지 확인하러 들어가 볼 것이냐, 얼마나 오래 울게 내버려 둘 것이냐, 아기방에 함께 있는 대신 울어도 품에 안지 않을 것이냐에 따라 달라진다.

퍼버는 이 방법의 대표 옹호자로 널리 알려져 있다. 그가 제안하는 방법을 가리켜서 퍼버법이라고도 한다(이를테면 "우리 아이는 '퍼버법'으로 재울 거예요" 하는 식이다). 그리고 요즘 인기가 높아지고 있는 웨이스블러스 수면법도 아이를 울다가 잠들게 하는 것에 찬성한다. 《울리지 않고 아이 잠재우기》라는 책은 가능하면 '아이를 울리는' 것을 피하고 아이가 많이 울지 않고도 혼자 자는 것을 배울 수 있는 방법을 알려 준다. 어쨌든 어느 정도는 울기 마련이다(아기들은 당연히 운다).

그리고 애착 육아 옹호자들이 가장 강력하게 주장하는 세 번째 방법이 있는데, 이 방법은 절대 사용해서는 안 된다. 이 방법은 육아서를 30권 넘게 저술한 캘리포니아의 의사 윌리엄 시어스William Sears와 관련이 있다.

이 방법을 지지하는 사람들은 기본적으로 아기가 우는 이유는 엄마가 필요하기 때문이므로 아기를 울게 내버려 두는 것은 야만적이라고 주장한다. 하지만 여기서 그치지 않는다. 애착 육아 옹호자들은 아이와 함께 자는 것에 찬성한다. 아이가 혼자 자지 않으면 어떤 식의 수면 훈련도 필요하지 않다는 것이다. 그들은 아이와 같이 자면 아이가 깼을 때 자리에서 일어날 필요가 없다는 점을 지적한다. 그냥 몸을 옆으로 돌려서 아이 입에 젖을 물리고 다시 잠을 청하면 된다는 것이다.

만일 아기와 같이 자기로 결정했다면(이 결정에 대해서는 6장을 참조하라), 수면 훈련은 아마 생각하지 않아도 될 것이다(적어도 초기에는). 좀 더 큰 아이를 같은 침대에서 재우는 수면 훈련은 다음 기회에 다루겠다. 그러나 아기를 다른 방에서 재우는 경우 2시간마다 가서 먹이고 흔들고 달래서 재우다 보면 수면 훈련에 마음이 끌리기 시작한다.

수면 훈련에 대한 오해와 낭설들

인터넷에서 검색하면 수면 훈련이 장기적으로 아이에게 어떤 피해를 주는지 상세하게 설명하는 다양한 기사를 쉽게 발견할 수 있다. 구글에서 '울다가 잠들게 하기Cry it out'를 검색하면 심리학 박사인 다르시아

나르바에즈Darcia Narvaez가 쓴 〈울다가 잠들기의 위험: 아이들과 그들의 대인 관계에 주는 장기적 영향〉이라는 제목의 기사가 보일 것이다.[2] 이 기사의 내용은 제목에서 예상할 수 있다. 그는 부모들이 이 방법을 선택하는 이기적인 이유와 그로 인해 장기적으로 발생할 수 있는 여러 심리적 문제에 대해 자세히 설명한다.

울다가 잠들게 하는 방법에 반대하는 사람들이 우려하는 것은 아기가 버림받았다고 느낄 것이고, 그 결과 부모와의 애착 형성이 힘들어지며 결국은 대인 관계에 문제가 생긴다는 것이다. 이런 우려가 어디에서 비롯되었는지 간단히 설명하고 넘어갈 필요가 있다. 정답은 루마니아 고아원이다.

1980년대에 루마니아에서는 출산 정책의 심각한 실패로 인해 고아원에 수천 명의 아이가 남겨졌다. 아이들은 영양실조, 신체적·성적 학대를 포함하는 온갖 비극적 박탈에 시달렸다. 게다가 성인들과의 접촉이 거의 없었다. 아이들은 몇 년 동안 거의 인간적인 접촉이 없는 상태로 방치되었고 그 결과 신체 발달이 매우 지체되고 심리적, 정신적으로 고통을 받았다. 고아원을 방문한 연구원들은 그 아이들이 다른 사람들과 유대감을 형성하지 못한다는 것을 발견했고, 그들 중 다수는 평생 힘든 삶을 살았다.

그 사건은 애착 육아 철학과 '아이를 울다가 잠들게' 하는 방법에 대한 관점에 영향을 주었다. 연구원들이 그곳에서 주목한 것 중 하나는 아이들이 지내는 방의 섬뜩한 고요함이었다. 아이들은 울어도 아무도 오지 않을 것을 알기 때문에 울지 않았다. 그래서 울다가 잠들게 하기도 이와 마찬가지라는 주장이 나왔다. 루마니아 고아원의 아이들이 그랬던 것처럼 아기들은 아무리 울어도 누구도 오지 않을 것을 알게 되면 결국 울음을 멈추고, 이는 부모나 다른 사람들과의 애착 형성에 영원히 영향을 미친다는 것이다.

그 사건은 결코 일어나지 말았어야 할 끔찍하고 부끄러운 일이다. 그러나 울다가 잠들게 하기에서 대부분의 아이가 경험하는 것과는 비교할 수 없다. 어떤 수면 훈련도 아기를 몇 달 동안 사람의 접촉 없이 내버려 둔다거나 루마니아 고아원에서 일상적으로 일어났던 유형의 신체적, 정서적 학대를 당하도록 방치된 것과 전혀 관계가 없다. 울다가 잠들게 하기에 반대하는 기사를 쓴 필자들도 분명 이를 알고 있지만 그래도 일종의 연속성이 있다는 입장이다. 고아원에 남겨진 아이들은 장기적으로 큰 고통을 겪었다. 신체적 학대나 심각한 방임과 같은 만성적 스트레스를 경험한 아이들에게는 종종 장기적인 문제가 생긴다. 며칠 밤 수면 훈련을 한다고 그렇게 되지는 않을 것이다. 그래도 혹시 그보다 작은 피해라도 입을 수 있는지 누가 알겠는가?

다행히 그 문헌은 최소한 어느 정도 진실을 말하고 있으므로 우리는 데이터를 통해 수면 훈련이 해로운지 알아볼 수 있다. 그러나 그 내용을 다루기 전에, 수면 훈련이 실제로 효과가 있는지에 대한 기본적인 질문부터 시작하는 것이 좋을 것 같다. 수면 훈련은 장기적인 결과가 없다고 해도 그 자체가 그다지 즐겁지는 않다. 대부분의 부모는 아이가 우는 것을 좋아하지 않는다. 만일 효과가 없다면 하지 않는 것이 나을 것이다. 따라서 수면 훈련이 효과가 있는지, 어떤 이점이 있는지 알아보고 그다음에 위험 요인은 없는지 살펴보기로 하겠다.

좋은 소식은 수면 훈련은 수면을 개선하는 효과가 있다는 것이다. 이 문제에 대해서는 다양한 절차를 이용한 많은 연구가 있었다(그중 다수가 무작위 실험이다). 2006년 한 평론 기사는 '소거법'이라고 불리는, 즉 방에서 나가서 돌아오지 않고 울다가 잠들게 하는 수면 훈련에 관한 연구 19건을 소개했는데 그중 17건에서 수면 습관이 개선된 것으로 나타났다.[3] 아기방에 들어가는 간격을 점점 늘려 가는 '점진적 소거법'을 사용한 14건의 연구에서는 모두 개선된 것으로 나타났다. 아이 방에 있지만 아이가 울게 내버려 두는 '옆에 있는 소거법'을 다룬 더 적은 수의 연구도 역시 긍정적인 효과가 있는 것을 보여 주었다. 그 효과는 6개월에서 최대 관찰 기한인 1년까지 지속되었다. 수면 훈련을 받은 아이들은 훈련 후 최소 1년까지는 잠을 더 잘 잔다는 뜻이다.

수면 훈련이 첫날부터 모든 문제를 완전히 해결하지는 못한다. 그리고 어떤 아이들은 다른 아이들보다 빨리 익숙해진다. 예를 들어 1980년대의 '아기를 울다 잠들게' 하는 방법에 대한 한 연구에서는 대조군에 속한 아기들이 밤에 깬 날이 일주일에 평균 4일이었으나, 수면 훈련을 받은 아기들이 밤에 깬 날은 일주일에 2일이었고[4] 또 하룻밤 동안 깨는 횟수도 적었다. 이러한 결과는 다른 연구에서도 비슷하게 나타난다. 수면 훈련을 받은 모든 아기가 매일 밤 잠을 잘 자는 것은 아니지만 평균적으로 더 잘 잤다. 밤에 깨는 횟수도 일주일 중 4일에서 2일로 크게 줄었다. 결론적으로 울다가 잠들게 하기가 수면을 개선하는 효과적인 방법이라는 것을 보여 주는 증거는 차고 넘친다.

더 나아가 이 연구들과 실제로 거의 모든 수면에 관한 책은 수면 훈련의 일부로 '취침 의식'을 권장한다. 이에 대한 직접적인 증거는 많지 않지만 일반적으로 모든 수면 훈련법에 포함되며 '상식적인 권고'로 여겨진다. 취침 의식이란 아기에게 잠옷을 입히고, 책을 읽어 주고, 자장가를 불러 주고, 불을 끄는 등 일련의 준비를 해서 잠잘 시간이라는 신호를 보내는 것이다. 기본적으로 어떤 방법도 부모에게, 옷도 갈아입히지 않은 아이를 그대로 아기 침대에 눕히고 이제 잘 시간이라고 말하고선 불을 켜 둔 상태로 방에서 나오라고 하지 않는다.

수면 훈련의 장점을 증명한 연구들

수면 훈련에 대한 대중의 담론은 부정적인 영향을 미칠 가능성에 초점을 맞추지만, 많은 학술 문헌은 아이의 수면이 개선될 뿐 아니라 부모에게도 도움이 되는 장점에 초점을 맞추고 있다. 가장 중요한 것은, 수면 훈련이 산후 우울증을 줄이는 효과가 매우 큰 것으로 보인다는 점이다. 호주에서 실시한 한 연구는 328명의 아이들 중 무작위로 절반은 실험군으로, 나머지 절반은 대조군으로 분류했다. 2~4개월 후 연구원들은 수면 훈련을 받은 아기들의 엄마들이 우울증에 덜 걸렸고 신체 건강

이 좋아진 것을 발견했다. 또 그들은 병원을 찾는 일도 적었다.[5]

이러한 결과는 연구 전반에 걸쳐 고르게 나타난다. 수면 훈련은 부모의 정신 건강을 증진시켜서 우울증이 감소하고 결혼 만족도가 증가하며 육아 스트레스를 덜어 주는 효과를 가져온다.[6] 어떤 연구에서는 이 효과가 매우 크게 나타났다. 한 소규모(무작위가 아닌) 연구에서는 처음에 임상 우울증 판정을 받은 산모가 70퍼센트였으나 수면 훈련 후 10퍼센트로 낮아졌다.[7] 물론 아기들에게 어떤 피해가 갈지 신중하게 생각해야 하지만, 수면 훈련이 부모에게 좋다는 사실은 무시할 수 없다. 또 잠을 잘 자는 것은 아이들의 발달에 도움이 된다. 더 오래 숙면을 취할 수 있는 훌륭한 수면 습관을 들이면 장기적으로 긍정적인 효과가 나타날 수 있다.

울다가 지쳐 잠드는 건 해로울까

아이를 울다가 잠들게 하는 방법은 부모와 아이의 수면에 도움이 되고, 부모의 기분과 행복을 향상시킨다. 그런데 정작 아이에게는 해로울까? 이 질문에 답하는 훌륭한 무작위 실험이 많다. 2004년에 발표된 스웨덴의 한 연구는 95가구를 대상으로 했는데 무작위로 아이들에게 '울다 잠들게 하는' 형태의 수면 훈련을 하도록 했다.[8] 연구원들은 아이가 밤에 어떻게 지냈는가가 낮에 하는 행동에 영향을 미치는지 그 여부에 초점을 맞추었다. 그들은 밤에 울다가 자도록 내버려 두면 낮 동안 유아가 부모에게 애착을 덜 보이는지 물었다.

이 특별한 연구에서는 아이의 안정감과 애착이 울다가 잠들기 훈련 후 오히려 향상되는 것으로 나타났다. 또 부모들은 아이가 낮에 더 잘 놀고 더 잘 먹는다고 보고했다. 울다가 잠들게 하기에 대해 제기되는 우려와는 정반대의 결과가 나온 것이다.

이 연구뿐이 아니다. 2006년 13가지의 수면 훈련에 대한 평론 기사는 다음과 같이 언급했다. "행동 기반 수면 프로그램에 참여한 결과, 어떤 연구에서도 부작용은 발견되지 않았다. 오히려 수면 훈련을 받은 아이들은 안정적이고 예측 가능해졌으며 보채고 우는 것이 줄어드는 것으로 나타났다."[9] 다시 말해 어떤 연구에서도 나쁜 일은 일어나지 않았고, 대부분의 경우 아기들은 수면 훈련을 받은 후에 전보다 더 행복해 보였다. 보다 최근의 연구에서도 같은 결론이 나왔다.[10]

이 모든 결과를 해석하면 아기들이 편해지고, 부모들도 편해지고, 따라서 모두의 기분이 더 좋아진다는 것이다. 그러나 이런 결과는 데이터 너머에 있는 것으로, 메커니즘이 아닌 결과만을 말해 준다. 그리고 이 증거는 수면 훈련이 아기에게 주는 직접적인 영향에 초점이 맞춰져 있다. 그러나 울다가 잠들게 하기를 피하는 사람들의 주된 관심사는 그게 아니다. 그들이 걱정하는 것은 장기적인 영향에 관한 것이다. 울다가 잠든 아기는 확실히 낮 동안에 덜 울지도 모른다. 하지만 그 이유는 더 행복해서가 아니라 포기했기 때문일 수도 있다는 것이다.

이 문제를 보다 충실하게 다루려면 수면 훈련을 받은 아이들을 추적해서 장기적인 위험이 있는지 여부를 알아봐야 한다. 물론 장기간의 추적은 어렵고 비용이 많이 들기 때문에 무작위 실험은 더 어렵다. 그러나 이전 장에서 수면 훈련의 장점에 대해 이야기할 때 예로 들었던 연구를 다시 보자. 이 연구는 호주에서 생후 8개월의 아기를 둔 328개 가구를 대상으로 진행했다. 연구자들은 우선 수면 훈련이 아기의 수면을 향상시키고 부모의 우울증을 낮춘다는 결과를 보여 주었다.[11] 그들은 거기서 멈추지 않고 추적을 계속했다.

그들은 1년 후와 5년 후 다시 아이들을 평가했는데, 5년 후 아이들이 거의 6세가 되었을 때의 평가가 가장 주목할 만하다. 처음 연구를 시작했던 일부 가구들을 추적한 결과 5년 후 아이들의 정서적 안정과 행동, 스트레스, 부모와의 친밀도, 갈등, 부모나 다른 사람들과의 애착을 포함하는 모든 부분에서 차이가 없는 것으로 나타났다. 기본적으로, 수면 훈련을 받은 아이들은 그렇지 않은 아이들과 똑같아 보였다.[12] 이 연구는 앞서 인용한 다른 연구와 다양한 평론 기사와 더불어 울다가 잠들게 하는 것으로 인한 장기적 또는 단기적 피해는 없다는 것을 보여 준다. 게다가 훈련 효과가 있고, 부모들에게도 좋다. 결론은 나는 울다가 잠들게 하기에 찬성한다는 것이다. 그러나 모든 사람이 이 결론에 동의하지는 않는다.

많은 학술 기사가 이론적인 관점에서 울다가 잠들게 하기에 반대한다. 대표적인 예로 2011년에 학술지 《수면의학리뷰Sleep Medicine Reviews》에 실린 글이 있다.[13] 이 기사는 아기의 울음은 고통의 신호이기 때문에 부모들에게 아기 울음을 무시하라고 권해서는 안 된다면서 울다가 잠들게 하기에 반대했다. 또 앞서 인용한 애착 이론들을(루마니아 고아원을 다룬 문헌) 근거로 울다가 잠들게 하는 부모들은 아이와 소통하려는 노력을 하지 않는 것이라고 비난했다. 그들은 울다가 잠들게 하기의 효과는 설득력이 없으며, 오히려 아이들에게 해롭다는 사실을 보여 주는 증거로 본다. 매거진 《슬립Sleep》에는 이런 기사가 실렸다. "아이가 울음을 그치는 것은 스스로 문제를 해결한 것이 아니라, '포기'하고 절망한 나머지 부모와의 애착 형성에서 뒤로 물러난 게 아닐까?"[14]

이와 유사한 논문들의 주장은 주로 아기 울음이 스트레스의 신호이며(그럴 수 있다), 스트레스가 며칠 또는 몇 주 동안 지속되면 아기에게 장기적인 피해를 줄 수 있다는 것이다(이것은 추측일 뿐이다). 울음이 스트레스라는 주장을 뒷받침하기 위해 종종 거론되는 연구가 있다. 2012년에 발표된 이 연구는, 뉴질랜드에서 아기와 엄마 25쌍을 5일 동안 수면 연구실에 입원시켜 관찰했다.[15] 연구실에 머물게 한 목적은 아기들에게 수면 훈련을 시키기 위한 것이었다. 간호사들은 아기와 엄마에게서 스트레스 호르몬인 코르티솔이 어느 정도인지 그 데이터를 수집했고, 또 아기들을 재우고 수면 훈련을 관찰하는 일을 맡았다.

그들은 매일 수면 훈련을 하기 전에 아기와 엄마의 코르티솔 수치를 측정하고 기록했다. 그리고 아기가 잠든 후에 다시 한번 측정했다. 첫날에는 모든 아기가 울었다. 아기의 코르티솔 수치는 훈련 전이나 잠이 든 후에나 같았다. 엄마의 코르티솔 수치 역시 아기가 울기 전과 잠든 후가 똑같았다. 둘째 날도 마찬가지였다. 셋째 날, 아기들은 아무도 울지 않았다(앞의 수면 훈련 효과 참조). 하지만 코르티솔 수치는 잠자리에 들기 전과 잠이 든 후가 같았다. 반면 엄마들에게는 변화가 있었다. 아기들이 울지 않게 된 후 엄마들의 코르티솔 수치는 낮아졌다.

연구원들은 이와 같은 결과가 수면 훈련의 문제점을 보여 준다고 말했다. 특히 수면 훈련이 끝난 뒤 엄마의 스트레스 수준이 아기와 일치하지 않는 것을 두고, 엄마와 아기 사이의 애착이 약해지는 증거일 수 있다고 해석했다. 하지만 많은 논평가가 이것은 지나친 해석이라고 주장한다. 우선 코르티솔의 기준치가 없으므로 실제로 아기들이 경험하는 스트레스가 높아졌는지 알 수 없다. 또 그 연구는 3일 만에 중단되었고(적어도 데이터를 보면 그렇다), 따라서 그 후에 무슨 일이 일어났는지 모른다. 이런 이유 외에도, 수면 훈련 후에 엄마와 아기의 코르티솔 수치가 달라지는 것이 왜 문제인지 분명하지 않다. 사실 이 연구는 수면 훈련 후 엄마들은 더 편안해졌고, 아기들에게는 특별한 변화가 없는 것을 보여 준다. 이것은 부정적인 결과가 아니라 긍정적인 결과로 보인다.

기본적으로 수면 훈련에 반대하는 주장은 이론일 뿐이다. 우리는 학대나 방치가 장기적인 결과를 가져온다는 것을 알고 있다. 그렇다면 아기가 4일 동안 울다가 지쳐서 잠드는 것이 아무런 영향을 미치지 않는다고 어떻게 확신할 수 있을까? 장기적인 영향에 대한 데이터를 보면 아무런 문제가 없는 것으로 보인다. 하지만 이론적으로 반대하는 쪽에서는 무조건 수면 훈련이 어떤 아이들에게는 파괴적일 수 있고 누가 그런 아이가 될지 알 수 없다고 주장한다.

이 주장은 반박하기가 거의 불가능하다. 이 주장을 증명하거나 반증하기 위해서는 거대한 표본이 필요하며, 대부분의 연구는 이런 특별한 경우를 찾아낼 수 있도록 설계되어 있지 않다. 이와 관련해 수면 훈련으로 인한 피해가 어른이 되어서 나타날 수도 있다는 주장이 있다. 이 역시 연구하기 매우 힘들다.

공정하게 말하자면, 데이터가 더 많으면 좋을 것이다. 데이터는 언제나 많을수록 좋다! 그리고 데이터가 더 많으면 소수의 부정적인 결과를 발견할 수도 있다. 현재까지의 연구들은 완벽하지 않다. 그러나 이렇게 불확실하기 때문에 수면 훈련을 하지 않는 것이 좋다고 생각하는 것은 옳지 않다. 무엇보다 얼마든지 그 반대 주장을 펼칠 수 있기 때문이다. 아마도 수면 훈련은 어떤 아이들에게는 아주 좋을 것이다. 아이들의 수면은 방해받지 않아야 한다. 그리고 수면 훈련을 하지 않으면 아이에게 해로울 수 있다. 물론 이를 증명하는 데이터는 없다. 하지만 마찬가지로 수면 훈련이 나쁘다는 것을 증명하는 데이터도 없다.

또한 엄마의 우울증이 아이들에게 장기적인 영향을 미칠 수 있으니 수면 훈련은 장기적으로 도움이 된다고 주장할 수 있다. 이 주장은 여러 면에서 좀 더 개연성이 있어 보인다. 결국 우리는 완벽한 데이터 없이 이 문제에 대해 선택해야 할 것이다(사실상 육아에 대한 모든 선택이 마찬가지다. 그러니 육아 연구원들을 탓하자!). 그러나 수면 훈련을 하지 않는 것이 '가장 안전한 선택'이라고 말하는 것은 옳지 않다.

그렇다면 수면 훈련을 해야 할까? 물론 그렇지 않다. 가족마다 다르고, 어떤 부모는 절대로 아기가 울다가 잠들게 하고 싶지 않을 수 있다. 다른 모든 문제와 마찬가지로 각자 선택해야 한다. 하지만 만일 수면 훈련을 하기로 했다면 그 결정에 대해 수치심이나 죄책감을 느끼지 말아야 한다. 데이터는 불완전하지만 어쨌든 부모의 편에 서 있다.

언제 어떻게 시작할 것인가

울다가 잠들게 하는 수면 훈련은 대부분 다음 3가지 중 한 가지 방법을 사용한다. 첫 번째는 아기방에서 나가서 다시 돌아오지 않는 것, 두 번째는 아기방에 들어가 보는 간격을 점점 늘려 가는 것, 세 번째는 아이와 같은 방에 있지만 아무것도 하지 않는 것이다. 퍼버는 두 번째 방법을 지지하는 반면 웨이스블러스는 첫 번째로 기운다. 3가지 방법 모두 효과가 있다는 증거가 있지만 어느 방법이 가장 좋은지에 대한 증거는 많지 않다. 아마 세 번째보다는 첫 번째와 두 번째에 대한 증거가 많을 것이다. 어떤 연구에서는 두 번째가 더 쉽고 일관성 있는 결과가 나타났지만, 또 다른 연구에서는 오히려 우는 시간이 더 길어지는 것으로 나타났다.[16]

3가지 방법이 공통적으로 중요하다고 주장하는 것은 바로 일관성이다. 어떤 방법을 택하든 일관성을 유지해야 성공 확률이 높아진다. 따라서 어떤 방법이 가장 자신 있는지가 중요하다. 종종 아기방에 들어가서 잘 있는지 확인해 보는 게 좀 더 안심될까? 아니면 그냥 문을 닫고 나가서 아예 돌아오지 않을 수 있을까? 또한 미리 준비해서 시작하는 것이 중요하다. 오늘 아기가 너무 힘들게 했기 때문에 갑자기 수면 훈련을 시작해서는 안 된다. 미리 계획을 세워야 한다. 부부와 보모, 그리고 의사가 함께하면 더 좋을 것이다. 그렇게 일단 계획을 세운 후 그대로 실행하면 된다.

수면 훈련을 언제 시작하는 것이 적절한지에 대한 지침은 별로 많지 않다. 대부분의 연구는 4~15개월 사이의 아이들을 대상으로 하고 있지만, 이러한 연구들은 수면 장애 진단을 받은 아기들을 모집하는 경향이 있으므로 보통은 나이가 더 많을 것이다. 일반적으로 생후 3개월보다는 생후 6개월에 수면 훈련을 하는 게 더 쉬울 것이고, 두 살 된 아이는 좀 더 어려울지 모른다. 그러나 수면 훈련은 다양한 연령에서 효과가 있는 것으로 보인다.

염두에 두어야 할 점은 아이 나이에 따라 수면 훈련의 목표가 다를 수 있다는 것이다. 예를 들어 웨이스블러스는 빠르면 생후 8주에서 10주 사이에 수면 훈련을 시작할 것을 제안하는데, 이 시기의 아기들은 대부분 밤에 먹지 않으면 밤새 잠을 잘 수 없다. 생후 2개월인 아기에게 12시간 동안 잠자기를 기대해서는 안 되며, 기대한 대로 되지 않는다고 해서 좌절하거나 실패했다고 느낄 필요는 없다. 생후 10주 된 아기에게 수면 훈련을 할 때 목표는 밤에 아기가 스스로 잠들도록 하고, 밤에는 배가 고플 때만 일어나는 것이 되어야 한다. 반면 생후 10개월이나 11개월이 되면 밤에 먹지 않고도 잘 수 있어야 하며 이 시기의 수면 훈련은 아기 스스로 잠드는 것과 밤에 깨지 않는 것, 2가지를 모두 목표로 한다.

간단히 말해서, 수면 훈련은 밤에 아이를 먹이고 기저귀를 갈아 주는 것처럼 기본적으로 해결해 주어야 하는 욕구를 무시하는 것이 아니다. 그러한 욕구들을 충족시켜 주면서 아기가 혼자 잘 수 있도록 유도하는 것이다.

낮잠에도 훈련 효과가 있을까

대부분의 수면 관련 책은 밤에 하는 수면 훈련법을 낮에도 사용할 수 있다고 말한다. 울다가 잠들게 하기도 포함된다. 그러나 특별히 낮 시간의 수면 훈련에 초점을 맞춘 연구는 없다. 낮에 우는 것이 밤에 우는 것보다 더 해롭거나 덜 해롭다고 여길 만한 이유는 없으므로 특별한 연구가 필요한지는 분명하지 않다. 그보다 어려운 문제는 낮 시간의 수면 훈련이 효과가 있느냐 하는 것이다.

낮잠은 밤잠보다 더 복잡하다. 낮잠은 점차 횟수가 줄어들다가 완전히 사라진다(7장에서 이야기한 것처럼). 또 밤에 아주 잘 자는 아기라 해도 낮잠 시간은 좀 더 가변적이다. 따라서 낮 시간의 수면 훈련은 효과를 장담하기 어렵다.

꾸준히 그리고 한결같이

퍼넬러피가 아기였을 때 우리는 시카고에 살았는데, 그때 인연을 맺은 훌륭한 소아과 의사 리 박사는 알고 보니 웨이스블러스의 편이었다. 우리 부부는 웨이스블러스를 직접 만난 적은 없지만 그의 수면 훈련을 지지했고 《잠의 발견》의 체험판을 보고 대충 따라 하면서 퍼넬러피에게 수면 훈련을 했다.

하지만 우리 부부가 일관성 있게 최선을 다했다고 말할 수는 없다. 우리는 아이가 울면 들어가서 확인해 보는 '점진적 소거법'으로 시작했는데, 확실히 나아지고는 있었지만 완전하지는 않았다. 우리는 아기방에 얼마나 자주 들어가서 볼 것인지, 누가 들어갈 것인지를 놓고 몇 달 동안 티격태격했다.

그러던 어느 날 소아과를 방문했다가 리 박사에게 우리가 어떤 방법으로 수면 훈련을 하고 있는지 설명하자 리 박사는 우리에게 아이 방에 들어가 보는 것은 이제 그만두는 것이 좋겠다며 친절하지만 단호하게 말했다. 그녀의 조언대로 하자 마침내 수면 훈련에 성공했고 퍼넬러피는 지금까지 훌륭한 수면 습관을 유지하고 있다.

나는 둘째 아이의 수면 훈련은 더 잘하고 싶었다. 그래서 핀에게 수면 훈련을 시작하기 전에 미리 계획했다. 남편과 어떻게 할 것인지 상의하고 그대로 지키기로 했다. 우리는 아사나Asana라는 일정 관리 프로그램을 사용해서 계획표를 만들었다. 남편은 '핀의 수면 훈련'이라는 제목의 과제를 만들어서 세부 사항을 올리고 의견을 주고받았다(왜 이메일을 사용하거나 직접 얼굴을 맞대고 상의하지 않았느냐고? 우리는 가족에 관한 일에 대해 이야기할 때 이메일은 피한다. 업무 관련 메일과 섞이면 구분하기 어렵기 때문이다. 그리고 우리는 특히 생각이 복잡하고 감정이 고조될 때는 글로 주고받는 게 훨씬 더 도움이 된다는 사실을 알았다. 글로 싸우는 게 더 편할 수 있는 것이다. 각자 조용히 자신이 무슨 말을 하고 있는지 생각하게 된다. 그러면 부서별 채용 우선순위 같은 흥미로운 주제에 대해 직접 토론할 수 있는

핀의 수면 훈련	
1단계 : 취침/밤잠의 시작	• 핀은 누나의 취침 시간인 6시 45분경에 맞춰서 재운다. • 취침 의식의 일환으로 파자마를 입히고 책을 읽어 준다. • 수유를 하고 나서 침대에 눕힌다. • 오후 10시 45분까지는 들어가 보지 않는다.
2단계 : 밤 동안 시간표	• 오후 10시 45분 이후 핀이 처음으로 울 때 들어가서 수유를 한다. • 첫 번째 수유 후 최소 2시간 동안은 다시 들어가 보지 않는다. 예: 만일 자정부터 12시 30분 사이에 수유를 하면 새벽 2시 30분까지는 먹이지 않는다. [참고] 아이들은 잠이 들고 나서 초반에 가장 길게 잔다. 따라서 웨이스블러스는 초반보다는 2단계에서 더 자주 들어가 보게 될 것이라고 말한다.
3단계 : 아침	• 아침에는 오전 6시 30분부터 7시 30분 사이에 일어난다. • 만일 핀이 6시 30분에 깨면 일어나게 한다. • 깨지 않으면 7시 30분까지 자게 한다. 그 후에도 자고 있으면 깨운다.

시간이 남는다. 이런 토론이 더 재미있으니까!). 이런저런 의견을 주고받은 끝에 우리는 다음과 같은 방식에 동의했다.

이 계획은 대략 웨이스블러스의 방식에 따른 것이다. 목표는 핀이 혼자 잠들도록 하되 배가 고프지 않도록 하는 것이었다. 핀은 생후 10주가 되자 밤에 두세 번 먹었지만 저녁에는 혼자 재워도 될 것 같았다. 핀은 퍼넬러피보다 훨씬 쉬웠다. 첫날 밤에는 아마 25분 동안 울었던 것 같은데, 둘째 날 밤에는 몇 분 동안 울다가 말았고, 그 후에는 거의 울지 않았다. 분명히 해 둘 것은, 이 첫 단계 이후에도 종종 핀은 한밤중에 깼다는 것이다. 생후 7~8개월이 되어서야 밤새 깨지 않고 자게 되었다.

우리가 성공할 수 있었던 것은 일부 계획을 적어 놓았기 때문이라고 생각한다. 하지만 이렇게 격식을 차리지 않아도 되고, 설사 계획한다고 해도 약간의 편차는 있을 것이다. 괜찮다! 하지만 대략적으로라도 어떻게 하기로 배우자와 합의하고 시작하는 것이 바람직하다.

또 우리가 성공한 것은 핀이 퍼넬로피보다 더 수월한 아기였기 때문이기도 하고, 첫아이 때의 경험 덕분이기도 했다. 하지만 똑같은 방법으로 해도 아이마다 다를 수 있다. 어떤 아이는 다른 아이보다 더 잘 따라온다. 마지막으로 핀의 수면 훈련을 수월하게 끝낼 수 있었던 데에는 퍼넬러피의 역할이 컸다.

수면 훈련을 시작할 때는 아이의 미움을 살 것 같은 두려움을 느끼게 된다. 하지만 그 방법이 가족 모두를 위해 바람직하며 덕분에 부모와 아이가 더 편히 쉴 수 있을 거라고 믿어야 한다. 그리고 수면 훈련이 장기적으로 해가 되지 않는다는 것을 기억하자.

물론 매 순간 이 모든 것을 기억하기는 어렵다. 핀에게 수면 훈련을 하던 첫날 밤 핀은 울고 있었고 우리는 퍼넬러피의 잠자리를 봐주고 있었다. 나는 불안했다. 아무리 확신이 있어도 내 아이의 울음소리를 듣는 것은 매우 힘든 일이다. 그때 퍼넬러피가 나를 아주 진지한 표정으로 쳐다보면서 말했다. "엄마, 절대 들어가지 말아요. 핀은 혼자 자는 법을 배워야 해요. 혼자 잘 수 있도록 우리가 도와줘야 해요." 수면 훈련을 받은 후에도 부모를 미워하지 않는 아이가 옆에 있으면 두려움을 떨쳐버릴 수 있다.

✦ Bottom Line ✦

- '울다가 잠들게 하기'는 밤 수면을 개선하는 데 도움이 된다.
- 수면 훈련을 하면 부모의 우울증이 감소하고 정신 건강이 좋아진다는 증거가 있다.
- 수면 훈련이 아기에게 장기적으로나 단기적으로 해롭다는 증거는 없다. 단기적인 장점에 대한 증거는 있다.
- 수면 훈련은 다양한 방법들로 성공을 거둔 증거가 있으며, 그 방법들 간에 차이는 거의 없다.

12

이유식은 언제 어떻게 시작해야 할까?

이유식이 비만이나 알레르기와 관계가 있을까

기디언 랙Gideon Lack은 킹스칼리지런던의 연구원이다. 그는 아이들에게 발생하는 알레르기 중에서 특히 땅콩 알레르기 전문가다. 아마 그는 이스라엘에서 동료들과 토론하던 중이었을 것이다. 랙 박사는 문득 이스라엘 아이들이 영국 아이들보다 땅콩 알레르기가 훨씬 적은 것 같다는 느낌이 들었다. 그래서 그는 2008년에 그러한 추측을 시험한 연구 논문을 발표했다. 그가 이스라엘과 영국의 양쪽 지역에서 5000여 명의 유대인 아이들을 대상으로 설문지 조사를 한 결과, 영국이 이스라엘보다 땅콩 알레르기가 있는 학령기 아이들이 약 10배나 더 많은 것으로 나타났다.[1] 영국은 알레르기가 있는 아이들의 비율이 거의 2퍼센트에 달한 반면, 이스라엘은 0.2퍼센트에 불과했다.

이러한 결과를 보고한 논문에서, 랙 박사와 그의 동료들은 단순히 유병률의 차이를 보여 주는 것으로 그치지 않았다. 그들은 그런 차이가 왜 발생하는지 추론했다. 특히 아주 어린 시기의 땅콩 노출에 대해 조사했다. 이스라엘 아이들은 어릴 때 땅콩을 더 많이 먹는데, 이스라엘에는 '밤바'라는 유명한 땅콩 스낵이 있다. 연구자들은 이스라엘 아이들의 땅콩 알레르기가 적은 이유가 이러한 노출 때문일 수 있다고 주장한다.

눈치 빠른 독자들은 내가 이런 식의 주장을 못마땅하게 여긴다는 것을 알고 있을 것이다. 이스라엘과 영국은 다른 점이 엄청나게 많다! 그러한 차이들은 단지 영국에 사는 유대인 아이들만 조사하는 것으로는 조정되지 않는다. 한 가지 분명한 차이로 진단율이 있다. 영국에서는 아주 경미한 증상으로도 알레르기 진단을 받는 반면 이스라엘에서는 심각한 증상만 진단을 받는다면? 그 데이터는 설문 조사에만 근거한 것이므로 알레르기 증상이 얼마나 심한지 확인할 방법은 없다.

만일 기디언 랙이 거기서 멈추었다면 막연하게 흥미로운 사실과 그 이유에 대해 몇 가지 추측을 하는 것으로 끝났겠지만 그는 한발 더 나아갔다. 그는 훨씬 더 설득력 있는 방법인 무작위 대조 실험을 사용해서 연구를 이어 갔다. 최초 발견 이후 몇 년 동안 랙 박사와 그의 동료들은 생후 4개월에서 11개월 사이의 아이들 약 700명을 무작위로 땅콩 노출 그룹과 비노출 그룹으로 구분해 실험했다. 노출 그룹에 속한 아이들의 부모들에게는 이스라엘의 밤바 과자나 일반 땅콩버터의 형태로 일주일에 약 6그램의 땅콩을 아이에게 먹이도록 지시했다. 비노출 그룹 아이들의 부모들은 땅콩을 먹이지 말라는 지시를 들었다.

연구자들은 땅콩 알레르기가 있을 가능성이 좀 더 높은 아이들을 선별했는데, 그들로서는 비교적 작은 표본 집단을 가지고 확실한 결론을 도출하는 것이 중요했기 때문이다. 그들은 기초 평가에서 표본 집단을 땅콩에 민감성을 보이지 않은 아이들과 민감성을 어느 정도 보인 아이들로 나누었다. 그렇게 해서 전반적인 효과와 알레르기에 좀 더 취약한 아이들에게 나타나는 효과를 비교할 수 있었다. 물론 아이들에게 어떤 부작용이 일어나지는 않는지 주의 깊게 모니터링했다.

2015년, 그들은 마침내 연구 결과를 《뉴잉글랜드 의학저널New England Journal of Medicine》에 발표했다.[2] 그 결과를 그린 다음 그래프를 보면 깜짝 놀랄 만하다. 땅콩에 노출된 아이들은 그렇지 않은 아이들보다 5세가 되었을 때 알레르기가 훨씬 적다. 땅콩을 섭취하지 않은 그룹에서는 5세가 되었을 때 땅콩 알레르기가 있는 아이들이 17퍼센트에 달한다(이 수치는 연구원들이 표본을 선정한 방식 때문에 일반 인구보다 더 높다는 것을 기억하자). 땅콩을 먹은 아이들의 3퍼센트만이 알레르기 반응을 보였다. 이 연구는 무작위였으므로 알레르기 발병률 차이의 이유는 땅콩 노출을 제외하고는 없었다. 그리고 이러한 차이는 알레르기 위

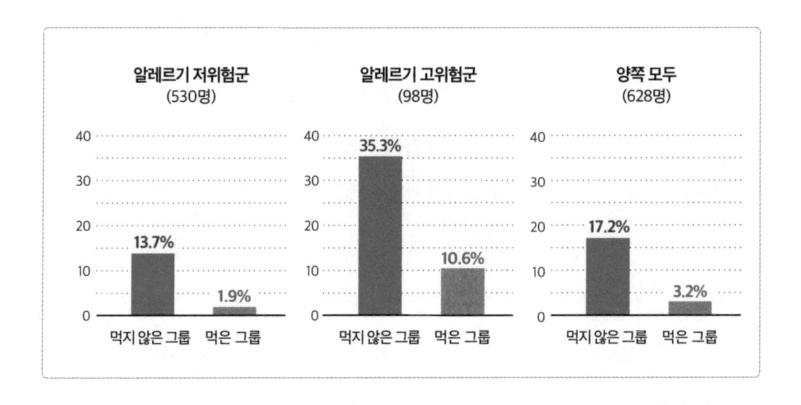

험이 높은 그룹과 낮은 그룹 양쪽 모두에서 나타났다.

이것은 놀라운 발견이 아닐 수 없다. 아이들을 땅콩에 일찍 노출시키는 것이 땅콩 알레르기를 피하는 데 도움이 된다니. 무엇보다 그전까지 부모들이 땅콩에 대해 들었던 조언이 완전히 틀렸다는 점에 주목할 만하다(퍼넬러피가 어릴 때 우리는 아이가 한 살이 될 때까지 땅콩을 먹이지 말라는 말을 들었다). 아이가 알레르기 발병 위험이 높은 경우에 특히 그런 조언을 들었다.[3] 그 조언은 상황을 더 악화시켰다고 해도 과언이 아니며, 실제로 지난 20년 동안 땅콩 알레르기를 증가시키는 데 큰 역할을 해 왔을 것이다. 학교에서 땅콩버터 말고 해바라기씨 버터를 들려서 보내라고 한다면? 이는 아마 엉터리 보건 상식에서 비롯된 조언일 것이다.

땅콩 알레르기에 대한 연구 결과가 나온 이후 노출에 대한 권고는 완전히 바뀌었다. 지금은 일반적으로, 특히 알레르기 발병 가능성이 있다면 땅콩을 일찍 섭취할 것을 권고한다. 이러한 최근의 권고가 널리 알려져서 생명을 위협하는 땅콩 알레르기가 줄어들기를 바란다. 그리고 우리는 기디언 랙에게 감사해야 한다. 그의 발견은 근거가 거의, 또는 전혀 없는 조언은 경계해야 한다는 사실을 상기시켜 준다. 음식에 대한 권고는 땅콩을 먹이는 시기에만 있는 게 아니다. 미국 소아과학회는 전체 웹 사이트 중 상당 부분을 이유식에 대한 권고에 할애하고 있다. 그 대부분의 권고 뒤에는 실제적인 근거가 거의 전무하다.

미국 소아과학회의 권고는 서구의 전통적인 이유식을 제안한다. 이유식은 4~6개월 사이에 쌀죽이나 오트밀로 시작한다. 숟가락으로 떠먹이면서 할머니와 할아버지에게 보낼 귀여운 사진을 한 장 찍는 것도 잊지 말자! 그 사진은 아이가 커서 결혼할 때 쓸모가 있을 것이다. 그러고 나서 며칠이나 일주일 후 과일과 채소를 주는데, 사흘마다 종류를 바꿔 가며 한 가지씩 준다. 과일 맛에 길들지 않도록 채소를 먼저 주라는 것이 일반적이다. 그렇게 한 달쯤 지나면 고기를 먹인다. 모든 음식은 곱게 으깨거나 갈아서 숟가락으로 떠먹인다.

퍼넬러피가 어릴 때 우리 부부는 이 권고를 정확하게 따랐다. 나는 잠깐 동안 직접 이유식을 만들어 보려고 했지만 곧바로 포기하고 세계 최대 유기농 이유식 업체인 어스베스트의 제품을 사서 먹였다. 우리는 이유식 병들만 넣어 두는 전용 찬장을 따로 두었다. 퍼넬러피가 마침내 이유식을 그만 먹게 되었을 때 찬장 안에는 여전히 치킨과 고구마로 만든 '스텝2' 제품이 박스째 남아 있었다. 그리고 드디어 아이가 손으로 집어 먹을 수 있게 되면 치리오Cheerios 시리얼과 튀밥을 주기 시작한다. 1년쯤 지나면 으깬 음식을 점차 단계적으로 중단한다(궁금해할까 봐 말하는데 이유식 병들은 찬장이 아니라 선반에 올려놓아도 된다).

이러한 권고는 분명 아무런 문제가 없다. 오랫동안 많은 사람이 해온 방식이다. 그리고 이러한 접근법 뒤에는 나름의 이론이 있다. 4개월이 안 된 아기는 고형식을 먹지 못한다. 기본적으로 고형식을 먹으려면 젖병으로 마시거나 모유를 먹는 것과는 다른 기술이 필요하기 때문이다. 그리고 모유를 먹이고 있다면 다른 음식을 줄 이유가 없다. 또 모유나 분유와는 달리, 아이에게 필요한 영양분이 함유되지 않은 음식으로 배를 채워 줄 수 있다는 우려도 있다. 그래서 때에 맞춰서 먹이라는 것이다.

쌀죽으로 시작하는 이유는 특별한 향이 없으므로 우선 모유나 분유에 섞어 먹이면 아이가 잘 먹기 때문이다. 또 아이가 좀 더 크면 모유가 철분을 충분히 제공하지 못할 수 있으므로 철분이 보강된 죽을 먹이면 도움이 된다. 새로운 음식을 간격을 두고 먹이는 것은 어떤 음식이 알레르기를 일으키는지 보기 위해서다. 만일 하루 안에 딸기, 달걀, 토마토와 밀을 모두 먹였는데 아이가 알레르기 반응을 보였다면 그 원인이 무엇인지 알 수 없다.

이 모든 주장이 논리적이다. 하지만 구체적인 실험 결과는 많지 않다. 따라서 나는 이러한 권고들이 팩트가 아닌 논리에 기초한 것이라고 말하겠다. 예를 들어 어떤 음식을 먼저 먹여야 하는지에 대한 근거는 없다. 쌀죽이 아니라 당근이나 자두부터 먹이면 안 되는 이유는 어디서도 찾을 수 없다. 물론 아기는 쌀죽을 먹는 게 더 쉬울지 모르지만 객관적으로 당근이 더 맛있을 수 있다. 핀은 쌀죽을 거들떠보지도 않았다. 딱 한 번 쌀죽을 먹은 적이 있는데, 우리가 자주 가는 중국집에서 나온 중국식 죽 '콘지'였다.

간격을 두고 새로운 음식을 주라는 것은 마찬가지로 어느 정도 일리가 있다. 거의 모든 알레르기는 우유, 달걀, 땅콩, 나무 견과류가 원인이므로 이런 음식들은 동시에 먹이지 않는 것이 합리적이다. 그러나 대다수 아이들은 대부분의 음식에 알레르기가 없다. 물론 누군가는 완두콩에 알레르기가 있을 수 있지만 매우 드물다. 그렇다고 해서 3일의 간격을 두는 방법이 잘못되었다는 것은 아니다. 또 어떤 음식을 좋아하게 되려면 몇 번은 먹어 봐야 한다는 증거는 새로운 음식을 한 번에 한 가지씩 추가할 이유도 된다. 다만 생후 1년이 되기 전에 모든 음식을 먹여 볼 계획이라면 어느 시점에는 속도를 높여야 할 것이다.

전통적인 이유식은 약간씩 보완할 수 있다. 하지만 어떤 사람들은 더 나아가서 으깬 음식을 숟가락으로 떠먹이는 방식 자체에 의문을 제기한다. 최근 몇 년 사이에 인기가 높아진 대안은 '아이 주도 이유식'이다. 이것은 으깬 음식을 숟가락으로 먹이는 대신, 아이 스스로 음식을 집어 먹을 수 있을 때까지 기다렸다가 가족이 먹는 음식을 조금씩 먹게 하는 것이다.

나는 핀에게 이 방법을 사용했다. 뒤늦게 아이 주도 이유식이 낫다는 것을 보여 주는 확실한 증거를 발견했기 때문이라고 말할 수 있었으면 좋겠다. 사실 나는 또다시 찬장을 이유식 병으로 가득 채우고 싶지 않았다. 아이 주도 이유식은 그냥 우리가 먹는 음식을 아이에게 주면 되는 것이어서 아주 마음에 들었다! 내가 평소에 만드는 음식을 주면 된다. 나는 더 쉽고 찬장 공간도 확보할 수 있는 방법에 전적으로 찬성했다.

보통 아이 주도 이유식을 권하는 사람들은 게으른 부모가 얻을 혜택에 초점을 맞추지 않는다. 대신 아이가 얻을 혜택에 대해 이야기한다. 아이가 먹는 양을 스스로 조절하는 법을 배울 수 있기 때문에 과체중이나 비만이 될 확률이 낮아진다고 한다. 또 아이가 다양한 음식을 받아들이게 되고 가족의 식사 시간이 좀 더 즐거워진다는 것이다. 그러나 이러한 주장을 뒷받침하는 근거는 제한적이다.[4] 한 가지 중요한 문제는, 아이 주도 이유식을 시도하는 부모들은 전통적인 방법을 사용하는 부모들과 다르다는 것이다. 그들은 소득과 학력이 더 높고 가족이 함께 식사를 하는 등 차이가 있다. 이러한 요인들은 식사 시간의 경험과 음식의 질과도 관련이 있기 때문에 이유 방식의 영향을 구분하기 어렵다.

가장 확실한 증거로 200가구를 대상으로 한 무작위 실험이 있다.[5] 그 결과는 아이 주도 이유식에 대한 주장을 일부 뒷받침하지만 전부는 아니다. 아이 주도 이유식을 할 경우 음식 준비가 덜 번거롭기 때문에 아기가 가족과 함께 식사할 가능성이 더 높았다. 또 모유 수유를 더 오래

하게 되었고 이유식은 좀 더 뒤로 미뤄졌다(생후 4개월에서 6개월로).

한편 이 연구는 아이들이 두 살이 되었을 때 과체중이나 비만이 된 증거를 발견하지 못했고, 아이들이 섭취하는 영양소나 총 칼로리에서도 차이가 나지 않았다. 연구자들은 먹는 음식이 달라서 측정하기 힘들다고 했다. 예를 들어 아이 주도 이유식 그룹은 고기와 소금을 좀 더 많이 섭취했다. 하지만 이러한 차이는 이유 방식과는 관계가 없었다.

아이 주도 이유식에 대한 주된 우려 중 하나는 유아들이 큰 조각을 삼키지 못해서 목에 걸릴 수 있다는 것이다. 이 연구는 이런 일이 숟가락으로 먹여 주는 그룹보다 아이 스스로 먹는 그룹에서 더 흔하게 일어나지는 않음을 보여 주었다. 하지만 이는 모든 아기에게 상당히 흔하게 일어나므로 아이 목에 걸릴 수 있는 음식은 먹이지 말 것을 권고했다. 아이 주도 이유식을 하든 안 하든 생후 4개월 아이에게 단단한 과일을 덩어리째 먹여서는 안 된다.

이 연구는 200명을 대상으로 추적했다. 분명 위의 질문들에 대한 상세한 답을 알기 위해서는 그보다 훨씬 더 큰 표본이 필요할 것이다. 부모들에게 아이 주도 이유식을 하지 말라고 말할 수 있는 증거는 아무것도 없다. 반대로 아이 주도 이유식을 하라고 설득할 수 있는 증거도 없다. 결론적으로 고형식을 시작하는 적절한 시기에 대해서는 다소 의견이 엇갈린다. 특히 고형식을 너무 일찍 먹기 시작하면 나중에 비만이 되지 않을까 하는 의문이 있다. 최소 4개월 이후에 먹이라는 이유는 무엇일까? 정말 6개월이나 그 이상 기다리는 것이 좋을까? 4개월까지 기다리라는 이유는 대부분 생리적인 문제 때문으로 보인다. 사실 아기들은 그전까지는 고형식을 잘 먹지 못하기 때문이다. 하지만 그 이후에는 상관이 없는 것 같다. 이유식을 시작하는 시기와 아동 비만 사이에는 어느 정도 상관관계가 있다. 하지만 부모의 체중이나 식단 같은 다른 요인들이 더 크게 작용하는 것으로 보인다.[6]

뭘 좋아할지 몰라 다 준비했어
: 편식 문제

이유식을 퓌레로 시작할 것인지 결정하는 것보다 더 중요한 문제가 있다. 정확히 뭘 먹여야 할까? 사람은 누구나 음식을 먹고 또 누구나 고형식을 먹는다. 따라서 어떤 방식으로 이유식을 시작하든지 아이는 결국 뭔가를 먹게 된다. 그러나 모든 아이가 다양한 음식을 좋아하고, 건강식을 먹고, 새로운 음식을 기꺼이 먹을 것이라는 보장은 없다. 아마 치킨너깃과 핫도그를 좋아하게 만드는 것은 어렵지 않을 것이다. 하지만 케일 볶음과 김치를 좋아하게 할 수 있을까? 아니면 적어도 한번 먹어보게 하려면?

이 문제를 모두가 중요하게 생각하지는 않을 수도 있다. 아이에게 채소를 먹이고 싶은 부모가 있다면, 아이의 편식에 대해 개의치 않는 부모도 있을 것이다. 아이가 브로콜리와 파스타만 먹는다고 해도 다른 가족들이 불편하지 않는다면 문제없다. 더 나아가 아이가 파스타만 먹는다고 해도 나중에 크면 브로콜리를 먹을 거라고 생각해서 상관하지 않을 수도 있다. 이런 경우에 부족한 비타민을 어떤 식으로 섭취하게 해 줄지 좀 더 신중하게 생각할 필요가 있겠지만 그 외에 다른 문제는 없다.

이 문제에 얼마나 신경을 쓰느냐는 가족의 식사 방식에 달려 있을 것이다. 한동안 나는 저녁마다 퍼넬러피의 식사를 만들고 나서 우리가 먹을 것을 따로 만들었는데 그러다 보니 너무 힘들었다. 결국 우리가 먹는 음식과 아이가 먹는 음식을 보완해서 같이 먹을 수 있는 것을 만들었다. 하지만 많은 사람이 2가지 음식을 만드는 쪽을 선택한다. 특별히 '건강식'에 신경을 쓰는 사람들에게 좋은 소식은 이 문제에 대한 연구가 많다는 것이고, 나쁜 소식은 많은 연구가 썩 훌륭하지는 않다는 것이다.

2017년부터 언론의 많은 관심을 받은 논문이 있다.[7] 이 논문의 필자들은 911명의 아이를 생후 9개월부터 6년 동안 추적해서 그들의 초기 식단과 후기 식단을 비교했다. 그 결과 생후 9개월에 다양한 음식, 특히 다양한 과일과 채소를 먹은 아이들은 여섯 살이 되었을 때에도 다양한 음식과 채소를 먹고 있었다. 연구원들은 입맛이 일찍 형성되며 따라서 어릴 때부터 다양한 음식을 먹이는 것이 중요하다는 결론을 내렸다.

이 결론은 분명 연구 결과에 대한 설명이 될 수 있다. 그러나 가장 그럴듯한 설명은 아니다. 그보다 훨씬 개연성이 높은 설명은 한 살배기 아이에게 채소를 먹이는 부모는 아이가 여섯 살이 되었을 때도 채소를 먹일 가능성이 높다는 것이다. 이것은 단지 아주 기본적인 인과 관계이므로 여기서 뭔가를 알기는 어렵다. 우리는 그보다 규모가 작고 간접적인 연구에서 그 기저에 존재하는 관계의 실마리를 얻을 수 있다.

다음에 나오는 상당히 깔끔한 예를 살펴보자. 연구원들은 일군의 엄마들을 무작위로 두 그룹으로 나누고 한 그룹에는 임신과 수유 기간 동안 당근 주스를 많이 마시게 했다. 그 후 그들의 아기가 쌀죽을 먹을 시기가 되었을 때 연구진은 물로 만든 쌀죽과 당근으로 맛을 낸 쌀죽을 먹이게 했다. 그 결과 임신과 수유 중에 당근을 많이 먹은 엄마의 아이들은 당근 죽을 더 잘 먹었다(아이들이 먹은 양과 표정, 그리고 그릇을 집어 던지는지 아닌지를 보고 판단했다).[8] 이것은 태반이나 모유를 통해 접하는 음식 맛이 나중에 아이가 음식을 먹을 때에도 영향을 미친다는 것을 보여 준다.

이와 관련해 일단 아이가 고형식을 먹기 시작하면, 이를테면 일주일 동안 매일 배를 먹이는 것처럼 어떤 음식을 반복적으로 먹이면 그 음식을 좋아하게 된다는 무작위 실험의 증거가 있다. 이 방법은 과일뿐 아니라 채소와 쓴맛에도 효과가 있으며,[9] 이는 아이들이 다양한 맛에 익숙해질 수 있고 또한 그 익숙한 맛을 좋아하게 될 것이라는 짐작을 확인시켜 준다. 이 연구 결과는 그리 놀랍지 않다. 음식 문화는 지역마다 다르며, 우리는 사람들이 다른 지역으로 이주해도 어릴 때 먹었던 음식에 대한 취향을 유지한다는 것을 알고 있다.[10]

한편 이것을 세계 공중 보건 관점에서 종합하면, 나로서는 한 살 때 채소를 먹이지 않으면 나이가 들어서 식습관에 문제가 생긴다는 결론을 내리기 어렵다. 그보다는 언제라도 부모가 아이에게 주는 음식과 관련이 있을 가능성이 더 높다고 생각한다. 반면에 개인적으로 부모 입장에서 보면, 아이가 다양한 음식을 먹기를 원한다면 여러 맛에 반복적으로 노출시키는 것이 유리하다고 말할 수 있다.

그러나 엄마가 모유 수유를 하는 동안 온갖 음식을 먹고 몇 주 동안 계속해서 미니 양배추를 먹는다고 해도 아기는 결국 편식을 하게 될지 모른다. 연구원들은 아이들의 편식을 두 종류로 분류한다. 새로운 음식을 무서워하는 것과 다양한 음식을 먹지 않고 까다롭게 골라 먹는 것이다. 이 2가지에 대해 설명하고 어떻게 고칠 수 있는지 살펴보기 전에 먼저 알아 둘 것은 대부분의 아이가 두 살 무렵에 편식을 시작해 초등학교에 갈 때까지 서서히 편식에서 벗어난다는 것이다. 부모들은 이런 아이들을 보고 놀라워한다. 18개월 된 아이가 아무거나 잘 먹다가 두 살이 되면 갑자기 편식을 하고 많이 먹지 않는다. 우리 아이들은 종종 저녁 식탁에서 음식을 한 숟갈 떠서 입에 넣고 말했다. "다 먹었어요!"

이런 변화 때문에 부모들은 자기 아이가 얼마나 먹어야 하는지를 잘못 판단할 수 있다. 2012년에는 이런 평론 기사가 실렸다. "밥을 안 먹는다고 엄마 손에 끌려오는 1~5세의 아이들 대다수는 건강하며 나이와 성장에 맞는 식욕을 가지고 있다."[11] 그 기사는 이어서 이 문제에 대한 가장 유용한 해법은 아이가 아니라 부모를 상담하는 것이라고 말했다. 이는 현명한 판단이다.

하지만 이러한 내용은 아이가 많이 먹지 않아도 지나치게 염려할 필요가 없다는 것이지, 어떻게 하면 일반적인 편식을 치료하거나 피할 수 있는지에 대해 말해 주는 것은 아니다. 이 주제에 대한 연구는 따로 있다. 특히 내 마음에 드는 한 연구는 생후 12개월에서 36개월 사이의 아이가 있는 60가구를 추적한 것이다. 연구원들은 저녁 식사 때 부모가 아이에게 새로운 음식을 먹이려 하는 모습을 비디오테이프로 녹화했다. 그리고 아이와 부모의 상호 작용이, 아이가 새로운 음식을 먹는 데에 어떤 영향을 미치는지 알아보았다.[12]

이 연구는 부모의 말보다 실제 행동을 관찰했다. 그 이유는 우리의 행동은 말로 정확하게 표현하기 어렵기 때문이다. 가장 먼저 발견한 사실은 부모들이 새로운 음식에 대해 아이에게 어떻게 말하는지와 관련이 있었다. "핫도그 한번 먹어 보겠니?" 또는 "자두는 커다란 건포도 같은 거니까 네가 좋아할 거 같아"처럼 소위 '자율성 지원 발언'을 하면 아이가 그 음식을 먹을 가능성이 높아졌다. 반대로 "파스타를 다 먹으면 아이스크림 줄게" 또는 "먹지 않으면 아이패드 못 쓰게 할 거야"처럼 '강압적 통제 발언'을 하면 아이가 그 음식을 먹을 가능성은 낮아졌다.

또 다른 연구들은 부모가 억지로 새로운 음식을 먹이려고 하거나 밥을 좀 더 많이 먹이려고 하면 아이가 음식을 더 거부한다는 것을 보여 준다.[13] 또 대체식을 주면 음식 거부 반응이 더 자주 일어난다. 즉, 브로콜리를 먹지 않을 때 대신 치킨너깃을 주면 아이는 새로운 음식을 먹지 않으면 보상을 받는다고 배운다. 이 문제는 부모가 충분히 먹지 않는다고 아이를 걱정할수록 더욱 악화된다.

종합해 보면 몇 가지 일반적인 조언이 나온다. 어릴 때부터 다양한 음식을 먹이고, 처음에 먹지 않아도 계속해서 시도하라. 기대하는 만큼 아이가 잘 먹지 않아도 포기하지 말고 계속해서 새롭고 다양한 음식을 제공하라. 새로운 음식을 먹지 않는다고 해서 아이가 좋아하는 다른 음식을 대신 주지 마라. 그리고 위협을 하거나 보상을 주는 것으로 음식을 억지로 먹이지 마라.

이는 말은 쉽지만 실천은 어려울 수 있다. 정성껏 만든 음식 앞에서 네 살짜리 아이가 맛없어서 한 입도 못 먹겠다고 비명을 질러 대면 속이 부글부글 끓을 수밖에 없다. 귀마개를 하는 것 말고는 다른 도리가 없다. 나는 핀이 밥상 앞에서 "맛없어요"가 아니라 "내 입에 안 맞아요"라고 말하도록 교육했다. 그러면 아이가 못마땅한 표정으로 접시를 밀어내더라도 최소한 좀 더 공손하게 들리기 때문이다(아이를 키우는 것은 지구력 싸움이다).

이 모든 이야기는 실제로 아이의 체중 증가나 영양 섭취에 문제가 없다고 가정한 것이다. 만일 걱정된다면 소아과에서 체중 증가, 영양실조, 비타민 수치 등을 검사해 볼 수 있다. 영양실조인 경우 먹는 양을 늘릴 수 있는 보다 분명하고 복잡한 지침을 따라야 한다.

알레르기 반응을 알아보는 팁

이 장을 시작하면서 땅콩에 대한 권고가 어떻게 바뀌었는지, 그리고 땅콩을 늦게 먹이는 것보다 일찍 먹이는 게 낫다는 이야기를 했다. 하지만 이 권고가 다른 알레르기 식품에도 일반적으로 적용되는지, 그리고 그런 음식들을 정확히 어떻게 먹어야 하는지는 알 수 없다. 첫 번째 질문에는 아마 그럴 것이라고 답할 수 있다. 대부분의 알레르기는 우유, 땅콩, 달걀, 콩, 밀, 견과류, 생선, 조개 등 8가지 식품에서 발생한다. 그동안 알레르기는 계속 증가세였는데 아마도 위생 환경이 좋아진(어릴 때 알레르기원에 덜 노출된) 결과일 것이고, 일부는 분명 어릴 때 먹지 않았기 때문일 것이다.

그중 우유, 달걀, 땅콩이 가장 큰 몫을 차지한다. 땅콩 알레르기의 증거는 앞에서 설명했다. 또 다른 연구는 달걀과 우유에도 유사한 메커니즘이 작용한다는 것을 보여 준다.[14] 우유의 경우 다른 2가지만큼 확실한 증거는 없는데, 아직 대규모 연구들이 발표되지 않았기 때문일 것이다. 이 모든 내용은 아기가 일찍, 생후 4개월 이전에 모든 알레르기원을 접할 필요가 있음을 보여 준다(우유는 요구르트나 치즈 형태로 먹일 수 있다).

또 처음 먹이는 것만큼 정기적으로 먹이는 것도 중요하다. 땅콩버터나 달걀을 한번 먹여 보는 것으로는 충분하지 않고, 정기적이어야 한다. 그러려면 얼마나 자주 먹여야 할까 하는 질문으로 이어진다. 이것은 천천히 진행하는 것이 바람직한데, 처음에는 조금씩 준다. 하루에 한 가지 알레르기 식품을 주고 어떤 반응이 일어나는지 살펴본다. 아무 일도 없다면 조금 더 준다. 그렇게 정상적인 양에 도달할 때까지 계속한다. 그 후에는 이런 식품들을 번갈아 가며 계속 준다.

그러면 아주 많은 음식을 먹여야 하는데, 사실 아기들은 음식을 많이 먹지 않는다. 그래서 다른 음식들보다 땅콩, 요구르트, 달걀을 지속적으로 먹이기 위해서는 어느 정도 관리 계획이 필요하다(그러면 콩은?). 이렇게 하는 것이 쉽지 않다고 느낀다면, 그리고 알레르기 문제가 크게 우려된다면 이런 음식들을 모유, 분유, 시리얼에 섞어서 먹일 수 있는 분말 형태의 새로운 제품들이 시중에 나와 있다.

먹이면 안 되는 음식은 무얼까

알레르기 식품 외에도 먹이면 안 된다는 음식 목록에는 우유, 꿀, 목에 걸릴 수 있는 음식, 설탕 음료 등이 있다. 과연 정말 먹이면 안 되는 걸까? 설탕 음료는 분명히 아기에게 먹이면 안 된다. 소다수의 경우 유아와 아이는(기왕이면 어른들도) 먹지 말아야 한다. 생후 6개월 된 아기는 콜라가 필요하지 않다. 주스는 논쟁의 여지가 있지만(사실 나는 유년 시절에 자주 오렌지주스를 마셨던 것을 기억한다) 일반적으로 아이들은 분유, 모유, (고형 음식을 먹기 시작하면) 물을 마셔야 한다. 과일주스보다는 생과일이나 과일 퓌레가 낫다.

견과류, 포도, 단단한 사탕도 목에 걸릴 수 있으므로 피해야 한다. 포도는 잘게 잘라서 주면 괜찮고, 견과류는 버터 형태로 줄 수 있지만 사탕은 다른 이유로도 추천하지 않는다.

아마도 우유는 가장 복잡한 권고 대상일 것이다. 앞에서 이야기한 것처럼 알레르기를 유발할 수 있기 때문이다. 알레르기를 예방하기 위해서는 요구르트, 치즈와 같은 유제품을 먹이는 것이 중요하다. 그러나 우유 자체는 금지 식품이다. 젖소의 우유는 영아에게 완전식품이 아니며, 우유를 많이 마시면 분유나 모유를 먹는 양이 줄어든다. 특히 우유를 주식으로 섭취하는 아기는 철분이 부족할 가능성이 높다.[15] 데이터를 보면 분유나 모유를 우유로 대체해서는 안 된다. 오트밀이나 시리얼을 우유에 말아 먹이는 것은 괜찮다.

마지막으로, 꿀은 영아 보툴리누스증을 초래할 수 있다는 것이다. 영아 보툴리누스증은 심각한 질병으로, 꿀의 독소가 영아의 호흡 능력에 영향을 미치는 등 신경계 기능을 방해한다. 생후 6개월 미만에서 가장 흔하며 치료 성공률은 아주 높다. 그래도 치료받는 것은 쉽지 않다. 보통 아이가 다시 스스로 숨을 쉴 수 있을 때까지 며칠 동안 호흡기를 달고 있어야 한다.

보툴리누스균은 꿀을 포함해 흙이나 다른 곳에서도 발견된다. 1970년대와 1980년대에 아이들이 꿀을 먹고 보툴리누스증에 걸리는 사례가 다수 보고되면서 생후 1년 동안, 때로는 2~3세까지도 꿀을 먹이지 말라는 권고가 나오게 되었다. 하지만 꿀이 보툴리누스증 발병에 얼마나 큰 영향을 미치는지는 의문이다. 지난 수십 년 동안 꿀을 먹이지 말라고 권고되었지만, 기본적으로 영아 보툴리누스증 발병 비율에는 변화가 없었다.[16] 이것은 실제로 다른 원인이 보툴리누스증 유발에 더 크게 작용한다는 것을 암시한다. 따라서 꿀을 먹이지 말라는 것은 지나친 경고일 수 있지만, 꿀을 먹이지 않아서 생기는 문제도 제한적이다.

아직 어린데 영양제를 먹여도 괜찮을까

사람들은 모유가 지구상에서 가장 완벽하고 신비로운 음식이며 아기가 필요로 하는 모든 것을 담고 있다고 열변을 토한다! 그 말이 끝나자마자 그들은 비타민 D 보충제를 건네주면서 사실 모유에는 비타민 D가 충분하지 않으니 매일 잊지 말고 먹여야 하고, 안 그러면 구루병에 걸릴지도 모른다고 말한다.

우리 부부는 매일 아이에게 비타민 D를 먹이는 것이 쉽지 않았다. 종종 깜빡 잊고 있다가 갑자기 생각나서 누가 언제 먹였는지 소리쳐 물어보곤 했다. 그때마다 기억이 가물가물했다. 어제 먹였나? 아니면 3주 전이었나? 어쩌면 우리는 퍼넬러피와 핀이 구루병에 걸리지 않은 것을 다행으로 생각해야 할 것이다. 그런데 이 위험도 아마 부풀려졌을 것이다.

비타민 보충제에 대한 일반 상식은 복합적이다(어른, 아이, 유아들에 대해서도 다 마찬가지다). 특정 비타민이 부족하면 심각한 문제를 일으킬 수 있는 것은 사실이다. 비타민 D 결핍은 구루병을 유발한다. 비타민 C 결핍은 괴혈병을 유발하는 것으로 알려져 있는데, 신선한 채소나 과일을 전혀 먹지 않고 수개월을 보낸 선원들에 의해 처음 발견되었다. 하지만 평소에 다양한 음식을 먹는다면, 심지어 건강에 좋지 않은 음식을 먹는다고 해도 비타민이 심각하게 부족해지는 경우는 드물다.

영아나 유아는 일반적으로 종합 비타민을 먹을 필요가 없다(젤리 비타민도 안 먹어도 된다). 먹는 음식의 종류가 제한적이라면 종합 비타민이 필요할 수 있겠지만 이런 경우는 아주 드물다. 편식이 심해도 충분한 비타민을 섭취한다. 모유를 먹는 아기도 대부분의 비타민을 섭취한다.

예외가 있다면 비타민 D와 철분이다. 비타민 D가 함유된 음식은 많지 않으며 모유에 함유된 농도도 낮다. 햇빛에서 비타민 D를 얻을 수 있지만 많은 사람이 열대 지방이 아닌 추운 지역에서 살기 때문에 햇빛을 많이 보지 못한다. 그 결과 많은 영아와 아이들이 비타민 D가 부족한 것으로 알려져 있다. 그 비율은 백인 아이들의 4분의 1 이상이고, 유색 인종 아이들은 그보다 더 높을 수 있다(검은 피부는 햇빛에서 비타민 D를 덜 흡수한다).[17] 여기서 부족하다는 것은 혈중 비타민 D의 농도가 기준치 이하로 내려가는 것을 말한다.

비타민 D 부족이 실제로 건강에 얼마나 영향을 미치는지는 분명하지 않다. 비타민 D가 뼈의 성장 같은 실제 결과와 관련이 있는지 조사한 연구는 거의 없다. 보충제에 대한 아주 소규모의 무작위 실험으로 이루어진 2건의 연구에서는 보충제가 아기들의 비타민 D 농도를 증가시키지만 뼈의 성장이나 뼈 건강에는 아무런 영향을 미치지 않는 것으로 나타났다.[18]

이러한 결과는 비타민 D 보충제를 먹이지 말라는 말이 아니다. 그리고 구루병은 분명 아이들이 심각한 영양 결핍에 시달리는 개발 도상국에서 주로 발생한다. 하지만 깜빡하고 하루 안 먹였다고 해서 큰일이 난 것처럼 펄쩍 뛰지는 않아도 된다. 만일 모유 수유를 하고 있다면, 아기에게 직접 보충제를 먹이기 힘든 경우 대신 엄마가 보충제를 충분히 섭취하면 아기의 비타민 D 농도도 높아져서 비슷한 목표에 도달한다는 증거가 있다.[19]

또 모유를 먹는 아기들은 가끔 철분이 부족해서 빈혈이 생길 수 있다. 모유는 철분 함량이 낮다. 하지만 아기가 실제로 빈혈 증세를 보이지 않는 한 철분 보충은 일반적으로 권장하지 않는다. 쌀죽에는 철분이 들어 있으므로 일단 이유식을 시작하면 빈혈 문제는 줄어들게 된다. 또 빈혈은 탯줄을 늦게 자르는 것으로 개선되는데(1장 참조), 이 방법이 보충제를 먹이는 것보다 훨씬 쉽다. 보충제를 먹이라는 권고는 모유를 먹는 아기에게 해당된다. 분유에는 철분, 비타민 D, 다른 비타민도 함유되어 있다. 따라서 분유를 먹는 아이에게는 이런 문제들이 없을 것이다.

✦ Bottom Line ✦

- 알레르기원에 일찍 노출되면 식품 알레르기 발병 위험이 줄어든다.
- 아이들은 새로운 맛에 익숙해지기까지 시간이 걸리므로 처음에는 거부해도 계속 먹여 보는 것이 중요하며, 다양한 음식을 일찍 맛볼수록 수용도가 높아진다.
- 전통적인 이유식 권고를 뒷받침하는 증거는 별로 없다. 원하지 않는다면 반드시 쌀죽으로 시작할 필요는 없다.
- 아이 주도 이유식은 마법이 아니지만(적어도 현재 알려진 사실로 미루어 보면), 원한다면 하지 말아야 할 이유도 없다.
- 비타민 D 보충은 합리적이지만, 깜빡하고 하루 안 먹였다고 해서 기겁할 필요는 없다.

3부

2~7세,
아이 장래를 고민할 시기

갓난아기는 여러모로 부모를 지치게 한다. 잘 시간에 자지 않고, 무엇을 원하는지 알 수 없으며, 시도 때도 없이 먹는다. 부모들은 아이가 식탁에서 저녁을 먹고 의사 표현을 할 수 있게 되는 날을 손꼽아 기다린다. 하지만 막상 그런 기다림이 현실이 되어도 마냥 좋지만은 않다. 예를 들어 양말 전쟁을 생각해 보자. 아기 발에서 잘 벗겨지지 않는 양말은 찾기 어려울 것이다. 하지만 적어도 양말을 신기기는 쉽다! 아기는 양말을 신고 잘 논다. 아기는 다루기 쉽다. 아기에게 양말을 신기기 위해 씨름하면서 하루를 시작하는 경우는 거의 없다.

그러나 유아가 되면 달라진다. "이제 양말 신고 신발도 신자!" 11분 후에는 집을 나서야 한다. "싫어! 양말 안 신을 거야! 신기 싫어." 아이는 잔뜩 찌푸린 얼굴로 발을 구른다. 팔짱을 끼고 씩씩거릴지도 모른다.

"자, 양말 신어야 해." 억지로 아이 발에 양말을 끼워 넣는다.

"아아아아아안 돼애애애애애!"

"양말을 신지 않으면 아빠에게 도와 달라고 할 거야."

"양말, 안 신을 거야. 안 신어어어어!"

"여보, 좀 도와줄래요?" 아빠가 와서 아이를 움직이지 못하게 붙잡는다.

양말을 신겼으면 이제 신발을 신길 차례다. 그런데 신발을 갖고 돌아와 보니 아이 발에서 양말이 벗겨져 있다. 아이는 맨발로 사악한 미소를 짓고 있다. 바지까지 벗고 있다.

유아 키우기는 새롭고 즐거운 게임이다. 아이는 웃기고 잘 놀고 재미있다. 하지만 반항도 한다. 동시에 우리에게는 아이에게 해 줘야 할 일, 아이의 도움이 필요한 일들이 있다. 수면 훈련이나 예방 접종은 아이의 협조가 없어도 할 수 있다. 용변 훈련은 순서대로 진행하고 스티커, 과자, 유튜브를 이용할 수 있다. 하지만 궁극적으로 아이는 스스로 변기를 사용할 수 있어야 한다. 억지로 변기에서 응가를 누게 할 수는 없으니까.

유아를 돌보는 것은 어떤 면에서 전보다 더 중요한 일처럼 보인다. 아이의 성격이 형성되는 것이 눈에 보이고 또 아이가 무엇을 힘들어할지 짐작할 수 있게 된다. 그리고 아이의 평생을 좌우할 것만 같은 선택과 결정에 마주한다. 영상물은 얼마나 보게 해야 하고, 어떤 어린이집에 보낼 것인지 결정해야 한다. 설상가상으로 훈육을 생각해야 하기 때문에 육아가 훨씬 더 어렵게 느껴진다.

아이가 커 갈수록 팩트에 기초해서 아이를 돌보는 일이 점점 더 어려운 과제가 된다. 아이들 사이에 점점 더 차이점이 많아지면서 데이터에서 확실한 결론을 끌어내기 어렵기 때문이다. 어떤 아이에게는 잘 통하는 방식이 다른 아이에게는 전혀 통하지 않을 수 있다. 따라서 어떤 방식의 평균적인 효과를 기대한다면 실망할 수 있다.

그러나 몇 가지 일반적인 원칙을 알면 어느 정도 도움이 된다. 3부에서는 생후 1년까지 아이의 신체 발달에 대해 잠깐 이야기한 후 언어 발달에 대해 설명할 것이다. 대부분의 부모는 때때로 아이가 정상적으로 성장하고 있는지 걱정한다. 우리 아이는 왜 기거나 걷거나 뛰지 않는 거지? 16개월이 되었는데 '엄마'라는 말밖에 하지 못하는 거지? 이런 질문에 확실하게 답을 해 주지는 않더라도, 데이터에서 어떤 결과를 보면 노심초사하는 부모들은 위안으로 삼을 수 있다.

아쉽게도 나는 데이터에서 양말 전쟁을 해결하는 방법을 찾지 못했다. 다만 아이 발에 한번 신기면 다시 벗겨지지 않는 양말을 만드는 기술이 나올 것이라는 희망을 버리지 않는다. 그러니 기다려 보자.

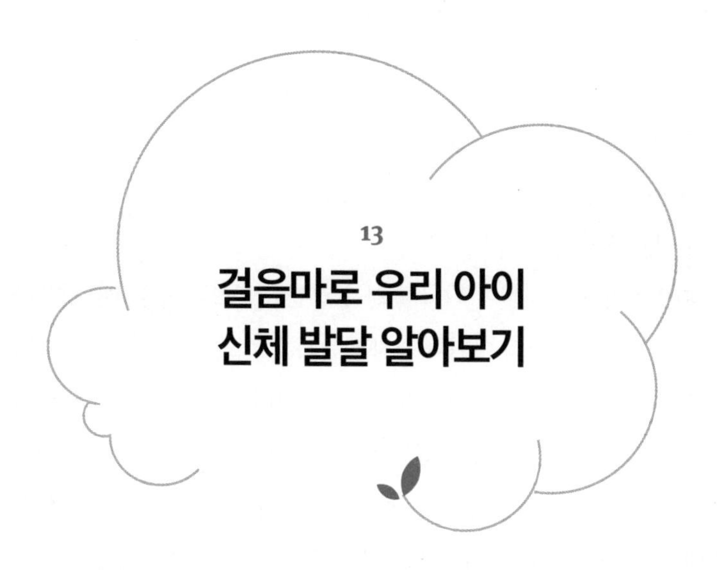

13
걸음마로 우리 아이 신체 발달 알아보기

다른 아이들은 언제쯤 걷기 시작하나 : 세계보건기구의 평균 조사

내 친구 제인의 아들 벤저민은 퍼넬러피보다 3개월 늦게 태어났다. 아이들이 더 자라서 대여섯 살 정도가 되면 잘 모르겠지만, 아주 어릴 때는 3개월 차이가 엄청나다. 벤저민이 태어나자 퍼넬러피는 거인처럼 보였다. 벤저민이 생후 6주가 되었을 때 퍼넬러피는 4개월 반 동안 무럭무럭 자라서 아주 튼실한 아기가 되어 있었다.

그러다가 아이들이 걷기 시작할 때가 되었다. 생후 1년 만에 벤저민은 보통 아이들처럼 일어나서 아장아장 걷기 시작했다. 하지만 퍼넬러피는 걷지 않았다. 벤저민이 걷고 있을 때 퍼넬러피는 15개월이 되었지만 걸음마를 배울 생각이 없는 것 같았다우리 아이가 가끔 평균과 다르게 보이는 것은 무시해 버릴 수 있지만, 항상 다르게 보인다면 무시하기가 어렵다.

퍼넬러피가 15개월이 되어서 건강 검진을 받으러 갔을 때, 언제나 침착한 리 박사는 아직 아이가 걷지 않는다고 해도 걱정할 필요가 없다고 말했다. "만일 18개월까지 걷지 않으면 그때 조기 개입을 받도록 하죠. 하지만 걱정하지 마세요! 알아서 걸을 거예요."

조기 개입이란 신체적, 정신적 발달 지체를 보이는 아이들을 돕기 위해 정부에서 조기에 개입하는 지원 제도다. 물론 매우 훌륭한 제도이긴 하지만 그래도 우리 아이에게 개입이 필요할지도 모른다고 생각하니 마음이 편치 않았다. 퍼넬러피에게 걷는 법을 가르치려고 애썼지만 아이는 도통 관심이 없었다. 나는 아이를 걷게 하려고 달래고 어르다가 벌컥 화를 내기도 했다.

그러던 어느 날, 의사를 방문하고 와서 약 2주 후에 퍼넬러피는 걸었다. 대수롭지 않다는 듯이. 나이가 들어서 배웠기 때문인지 별로 넘어지지도 않았고, 기어 다니던 아이가 하루 이틀 만에 정상적으로 걸어 다녔다. 그 즉시 나는 아이가 영원히 걷지 못할 것이라는 두려움은 잊어버리고 다른 걱정거리로 옮겨 갔다(아이를 키우는 일은 한숨 돌리고 나면 또 다른 걱정거리가 기다리고 있다).

내가 특별히 유난스러웠다고는 생각하지 않는다. 그 당시에는 내게 아이가 앉고, 기고, 걷고, 뛰는 신체적인 발달보다 중요한 일은 없었다. 나는 퍼넬러피가 태어난 후 처음 몇 달 동안 아이가 뒤집기를 하기까지의 과정을 자세히 기록했다(아주 일찍 왼쪽으로 뒤집었지만 오른쪽으로는 뒤집지 못했다). 목을 가누는 것과 같은 발달 지표는 아이가 잘 자라고 있는지 알 수 있는 첫 번째 수단이다.

그러므로 아이가 예정된 시기에 이러한 발달 지표에 도달하지 못하면 부모들은 걱정을 하게 된다. 나는 "대부분의 아이가 12개월이 되면 걷는다"와 같이 평균 연령에 초점을 맞추는 것은 문제가 있다고 생각한다. 대표성이 있는 것은 맞지만 그 범위가 넓다는 사실은 놓치기 쉽다. 예를 들어 우리는 아이의 몸무게를 범위로 생각하는 데 익숙하다. 평균적인 한 살 아이의 몸무게는 10킬로그램보다 적게 나갈 수도, 더 많이 나갈 수도 있다. 생후 1년이 되어 병원에 가면 의사는 이렇게 말한다. "몸무게는 25 백분위입니다."

그런데 신체 발달과 언어 발달에 대해서는 범위로 말하지 않는다. 그 이유는 잘 모르겠다. 데이터가 부족하거나 백분위로 말하는 것을 꺼리는 것인지도 모른다. 그러나 어쨌든 거기에도 정상 범위는 있다. 그리고 정상 범위를 아는 것만으로도 부모는 다소 안심이 된다. 몸무게가 백분위 25이거나 75이거나 전혀 문제가 되지 않는 것과 마찬가지로, 걸음마를 하는 평균 연령이 생후 12개월이라면 그보다 다소 먼저 걷거나 늦게 걷는 것도 문제가 되지 않는다.

그렇다면 왜 발달 지표에 관심을 갖는가? 왜 소아과 의사들은 운동 능력을 평가하는가? 그럴 이유가 있겠지만, 그 목적은 정상 범위를 벗어난 아이들을 가려내는 것이다. 특히 발달이 많이 느린 아이들을 찾아내기 위해서다. 예를 들어 머리 가누기와 뒤집기 같은 초기 발달이 매우 늦는 아이는 심각한 발달 문제를 가졌을 가능성이 높다.

이런 발달 문제는 인지 문제나 행동 문제로 나타날 수도 있지만, 아이가 훨씬 더 나이 들 때까지는 지체의 증거가 보이지 않는다. 몇몇 문헌을 보면 초기에 심각한 운동 능력 지체를 보이는 아이들은 유년기 후기에 공간 지각 능력이 떨어지며,[1] 심지어는 중년이 되어서도 읽기 검사에게 더 낮은 점수를 받을 수 있다.[2] 이런 이유로 소아과에서는 초기에 운동 발달 지체를 가려내는 것을 중요하게 여긴다.[3]

또 운동 발달 지체로 알아차릴 수 있는 몇 가지 특별한 질병이나 증상이 있다. 대표적으로 뇌성 마비Cerebral Palsy, CP가 있는데, 넓은 의미로 아주 초기에 신경계가 손상을 입어서 생기는 발달 장애를 말한다. 1000명당 1.5~3명에게 일어날 정도로 흔한데, 드물게 소아과 의사가 일반적인 진료에서 발견하는 경우도 있다(난산을 하지 않은 만기 출생아의 경우에는 훨씬 더 드물다). 과거에는 뇌성 마비가 태어날 때 입은 부상의 결과로만 여겨졌지만, 최근의 연구는 태아기의 환경 때문에 뇌성 마비를 갖고 태어날 수 있다는 것을 보여 준다.[4]

뇌성 마비는 바이러스나 암과 같은 질병이나 유전적 결함이 아니라 신경계 손상에 의한 운동 능력 장애다. 뇌성 마비로 인한 문제는 매우 다양하다. 팔다리나 다른 신체 부위에 영향을 미칠 수 있는데 그 증상은 심하거나 덜할 수 있다. 의사들은 아기가 태어날 때 난산, 조산 또는 다른 위험 요인으로 인한 뇌성 마비 위험성을 판단할 수 있지만, 일반적으로 태어났을 때는 확실하게 진단되지 않는다. 보통 뇌성 마비는 나중에 운동 발달이 비정상적일 때 알게 된다. 증상이 심하면 생후 4~6개월 무렵에 일찍 발견할 수 있지만, 1년이 지나서야 증상이 나타날 수도 있다. 운동 발달 지체에 주의를 기울이면 이 증상을 조기에 발견할 수 있고 따라서 좀 더 일찍 치료를 받을 수 있다.

운동 발달 지체로 알 수 있는 또 다른 증상으로 진행성 신경 질환이 있다. 이 질환은 극히 희귀하지만 그중 근육위축증이 그나마 흔한 경우로 1000명 중 0.2명이 걸린다. 그 외 다른 증상들은 그보다 더 드물다. 또 진행성이기 때문에 초기에 발견하기 어려워서 소아과 의사들이 꼭 확인해 보는 질환 중 하나다.

또한 운동 발달 지체는 몇몇 선천성 질환에서도 흔하게 나타난다. 이분 척추(척수 위쪽이 노출되어 있는 선천적 기형)나 다운 증후군 같은 유전적 질환 아이들의 경우 운동 발달을 주의 깊게 모니터링한다. 하지만 이런 증상들은 운동 발달만으로 가려낼 수 없다.

소아과에 건강 검진을 받으러 가면(생후 3년 동안은 자주 가야 한다), 의사는 아이에게서 이런 심각한 운동 발달 지체의 신호를 찾아볼 것이다. 하지만 정확히, 어떤 신호를 어떻게 찾는 걸까? 첫째, 병원에 갈 때마다 의사는 아기를 여기저기 눌러 보고, 근육 발달 정도를 살펴보고, 이리저리 움직여 볼 것이다(물론 아기는 좋아하지 않을 것이다). 반사 작용이 원활한지, 움직임의 '질'이 좋은지 알아보는 것이다. 이것은 평가에서 중요한 부분이지만 측정하기는 상당히 어렵다(그리고 우리가 직접 평가하기는 아주 어렵다).

또 의사는 몇 가지 기본적인 발달 지표를 살펴본다. 다음은 의사들이 지침으로 삼는 생후 9, 18, 30, 36개월의 발달 지표다. 여기서 9개월과 18개월의 발달 지표가 가장 중요하다. 30개월이 되면 대부분의 중요한 문제점들은 확인이 되므로 더 작은 문제들을 찾는다.

거의 모든 아이가 때맞추어 이러한 발달 지표에 도달한다. 일반적으로 3~5개월 사이에 뒤집기를 한다. 9개월이 되어도 뒤집지 않는다면 분명 정상 범위에서 벗어나 있는 것이다. 마찬가지로, 일반적으로 8~17개월 사이에(평균 12개월) 걷기 시작하는데, 18개월에 살펴보고 정상 범위 밖에 있는 아이들을 가려낸다.[5]

평가 일정을 정해 놓은 것은 발달 지체가 있는 아이들을 놓치지 않

기본 발달 지표

나이(월령)	발달 지표
9개월	양쪽으로 뒤집는다. 도움을 받아서 앉는다. 운동 대칭성. 손으로 물건을 잡고 다른 손으로 옮긴다.
18개월	혼자 앉고 서고 걷는다. 작은 물건을 잡고 조작한다.
30개월	전반적인 운동 기능의 미세한 오류. 이전 능력의 손실(진행성 질병의 표시).

도록 하기 위한 것이지만, 훌륭한 소아과 의사는 부모와 아이가 방문할 때마다 아이의 운동 능력을 평가하고 발달 지표의 정상 범위를 벗어난 부분이 있는지 살필 것이다.

정상 범위는 무엇을 근거로 한 것일까? 세계보건기구WHO는 6개국 데이터를 활용해, 건강한 아이들에게서 볼 수 있는 다양한 결과에 대해 각각 1 백분위에서부터 99 백분위까지의 범위를 계산했다. 그들이 연구한 아이들은 운동 장애 진단을 받지 않았으므로 그 결과는 정상적인 발달 범위로 볼 수 있다.[6]

이 데이터에 의하면 아이가 걷지 않는다고 해서 전전긍긍하지 말고 18개월까지 기다리라는 리 박사의 제안이 타당하며 거의 모든 발달의 정상 범위가 매우 넓다는 것을 알 수 있다. 혼자 서는 것은 7~17개월 사이에 언제든지 하면 된다. 아기에게는 영원한 시간이나 다름없다! 의

발달 지표 정상 범위(세계보건기구 발표)

발달 지표	정상 범위
혼자 앉는다	3.8~9.2개월
도움을 받아서 선다	4.8~11.4개월
기어 다닌다(아이들 중 5퍼센트는 기지 않는다)	5.2~13.5개월
잡아 주면 걷는다	5.9~13.7개월
혼자 선다	6.9~16.9개월
혼자 걷는다	8.2~17.6개월

사는 정확하게 이들 범위의 위쪽 끝에 초점을 맞출 것이다. 하지만 만일 아이가 아주 일찍, 예를 들어 7개월이 되었을 때 걷는다면? 이것은 아이가 위대한 운동선수가 된다는 것을 의미할까? 그리고 정상 범위에 못 미친다면 킥볼 팀에도 들지 못한다는 걸 의미할까?

사실 걸음마가 늦은 것이 장기적으로 어떤 영향을 미친다는 증거는 거의 없다. 걸음마가 늦은 아이들도 대부분 결국은 걷고 뛰게 된다. "걸음마를 빨리 시작해야 잘 걷게 되는가?"라고 묻는다면 그 대답은 "아니다, 모두가 걷는다"가 될 것이다.

프로 운동선수가 될 수 있을지 예측할 수 있는 근거는 아무것도 없다. 아이가 운동선수가 될 수 있는지에 대해서는 연구원들이 관심을 가지지 않은 것인지도 모르겠다. 아마 어떤 관계가 있다고 하더라도 가능성이 너무 낮기 때문에 데이터에서 찾을 수 없을 것이다. 올림픽 출전은 대부분의 사람에게 현실적인 목표가 아니다. 데이터야, 고마워.

데이터에 의하면, 단순히 더 일찍 걷거나 서거나 뒤집거나 머리를 가누는 것이 이후 성장 결과와 연관이 있다고 생각할 만한 증거는 없다. 발달 지체를 주의해서 살펴보는 것은 필요하다. 하지만 탁월한 능력을 알아보거나, 정상 범위의 맨 아래쪽에 있다고 걱정하는 것은 아마 부질없을 것이다.

겨울이면 감기를 달고 사는데 괜찮은 걸까

발달 지표는 아니지만, 아기의 첫 감기는 분명 부모에게 중대하며 나쁜 사건이다. 그런데 그 뒤로도 아기는 두 번째, 세 번째, 계속해서 감기에 걸린다. 어린아이의 부모들은 10월부터 다음 해 4월까지 콧물 바다에 빠져서 지낸다. 부모들은 아이가 항상 감기나 다른 병을 달고 사는 것처럼 느낀다. 만일 아이가 둘이거나 그 이상이라면 겨울철에 반복되는 질병의 안개 속에서 헤어나지 못할 것이다. 엄마가 아프고 나면, 첫째 아이가 아프고, 그다음에 둘째 아이, 그리고 아빠, 다시 둘째 아이가 돌아가면서 아프다. 그리고 보통 그 중간에 누군가 장염에 걸린다(가족이 다 함께 걸리거나).

그러다 보면 당연히 궁금해진다. 이런 건 정상인가? 다른 사람들도 평생 모은 돈을 보습 티슈를 사는 데 쓰고 있을까? 실제로 대부분 그렇다. 미취학 아동은 1년에 평균 6~8번 감기에 걸리고 보통 9월에서 다음 해 4월 사이까지 한 달에 한 번꼴로 걸리며[7] 감기 지속 기간은 평균 14일이다.[8] 따라서 겨울철의 절반 정도는 감기에 걸려 있는 셈이다. 게다가 감기가 끝난 후에도 몇 주 동안 기침이 지속되기도 한다.

대부분의 감기는 사소하지만, 중이염이나 다른 만성 감염병(기관지염, 보행 폐렴)에 걸릴 위험이 높아진다. 그래서 의사들은 걱정이 되거나, 열이 이틀 이상 지속되거나, 감기가 낫는 것처럼 보이다가 더 심해진 경우 아이를 병원에 데리고 오라고 말한다. 합병증 중에는 중이염이 가장 흔하다. 아이들은 한 살이 될 때까지 약 4분의 1이 중이염을 앓으며, 네 살 때까지는 60퍼센트가 걸린다.[9]

아이가 아프면 병원에 가는 것이 최선이다. 소아과를 찾는 이유는 대부분 감기 때문이다. 대개는 꼭 병원에 가지 않아도 되지만 그래도 진료를 받아야 안심이 될 것이다. 또 대중적인 소아학 책을 참고할 수 있는데, 그런 책들에는 아이들이 잘 걸리는 병에 대해 내가 이 책에서 설명하는 것보다 훨씬 더 완벽하게 정리되어 있다. 이 책의 말미에 더 읽어 보면 좋은 책을 소개해 놓았는데, 개인적으로 내가 가장 좋아하는 책은 로라 네이선슨Laura Nathanson의 《휴대용 소아과 의사The Portable Pediatrician for Parents》다.

우리가 어렸을 때와 달라진 것 중 하나는 바로 항생제다. 예전에는 감기 증상에 보통 항생제를 처방했지만 더 이상은 아니다. 감기에는 항생제가 듣지 않으므로(감기는 바이러스 감염이기 때문이다) 의사는 항생제를 처방하지 말아야 한다. 전 세계적으로 항생제 남용은 항생제 내성을 생기게 만들어서 공중 보건을 위협하는 문제가 된다. 어떤 아이에게도 항생제는 완벽하게 안전하지 않다. 예를 들어 아이에게 설사를 유발할 수 있다. 항생제를 최소한으로 처방하는 쪽으로 가는 것은 분명 잘하는 일이다.

중이염이나 기타 합병증에는 항생제를 처방할 수 있지만 중이염의 경우에도 반드시 필요한 것은 아니다. 이 질환에 대한 처방 지침은 복잡하며 다른 증상들과 함께 귀의 상태에 따라 많이 달라진다. 그러므로 귀에 통증이 있다면 의사에게 진찰을 받아야 한다. 결론적으로, 콧물 바다에 빠져서 보내는 시간을 즐기자! 다행히 학령기가 되면 덜 자주 아프므로(1년에 2~4번 감기에 걸린다) 이런 상황이 영원히 계속되지는 않는다.

✦ Bottom Line ✦

- 운동 발달 지체는 더 심각한 문제의 신호일 수 있으며 그중 가장 흔한 증상은 뇌성 마비다.
- 아이의 운동 발달이 정상 범위(매우 넓다) 내에 있다면 걱정하지 않아도 된다.
- 운동 능력을 평가하는 방법은 여러 가지가 있다. 소아과 의사는 이러한 평가에서 최고의 파트너다.
- 아이들은 적어도 학교에 갈 나이가 될 때까지 자주, 겨울에는 한 달에 한 번 정도 감기에 걸린다. 보습 티슈를 넉넉하게 준비해 두자.

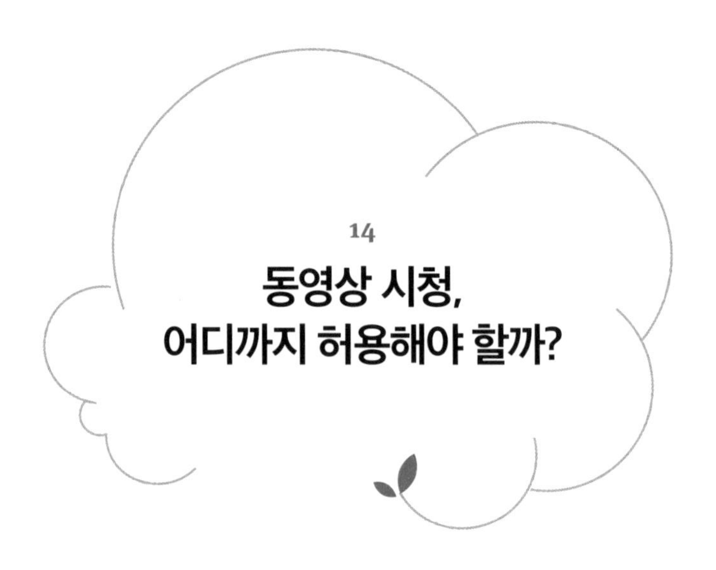

14

동영상 시청, 어디까지 허용해야 할까?

어린 시절 우리 집 다락방에는 TV가 하나 있었다. 우리 형제들은 저녁 식사 전 1시간 동안 TV 시청이 허용되었고, PBS 교육 방송에서 하는 〈3-2-1 콘택트3-2-1 Contact〉와 〈스퀘어원 텔레비전Square One Television〉이라는 프로그램만 볼 수 있었다. 중학생이 되었을 때는 어머니를 졸라서 마침내 드라마 〈90210〉을 볼 수 있었는데, 당시에 그 드라마를 보지 않으면 왕따를 당했다. 어머니는 내가 안쓰러웠는지 교우 관계에 도움이 되기를 바라면서 시청을 허락했다(별로 도움은 되지 않았다). 우리 부모님이 〈세서미 스트리트〉에 이어 〈스퀘어원〉을 보게 한 것은 '교육적'인 프로그램을 보여 주고픈 마음에서였다. TV를 시청하더라도 글자와 수학을 가르쳐 주는 내용을 보게 한 것이다.

그런 프로그램에서 내가 배운 것이 있었을까? 잘 모르겠다. 나는 '매스맨Mathman' 캐릭터나 '매스넷Mathnet' 코너처럼 〈스퀘어원〉에 등장하는 요소들을 분명히 기억한다. 하지만 어떤 수학 개념과 연결해서 생각한 적은 없었다. 한 가지 구체적으로 기억하는 것은 노래다. "무한대는 도착지가 없으니 계속 앞으로 나아갈 뿐……" 나는 어쨌든 이제 무한대가 무엇인지 알고 있으므로 그 프로그램에 공을 돌리는 것이 타당하다고 생각한다. 〈세서미 스트리트〉를 본 3~5세의 아이들은 학습 준비도가 높아진다는 연구 결과도 있다.

지난 30년 동안 교육 과정과 지난 10년 동안 교육용 영상물은 엄청나게 발전했다. 우리 부모 세대에는 〈세서미 스트리트〉밖에 없었지만, 우리 세대에는 수많은 교육용 아이패드 게임, DVD, 유튜브 등이 있다. 그 모든 매체들이 아이들에게 글과 숫자를 일찍 배우게 할 수 있다고 약속한다.

〈세서미 스트리트〉와 유사한 프로그램들(〈하이 도라Dora the Explorer〉, 〈블루스 클루스Blue's Clues〉)은 미취학 아동 대상이다. 더 어린 아이들은 〈베이비 아인슈타인〉 DVD가 꽉 잡고 있다. 〈베이비 아인슈타인〉은 음악, 단어, 모양, 그림을 조합해서 만든 유아, 아동 콘텐츠로 엄청난 인기를 누리는 비디오 프랜차이즈다. 이런 비디오들의 목표는 분명히 교육적이다. 아이들에게 새로운 단어나 음악을 가르치는 것이 목표이기 때문이다. 그리고 제조업체에서는 그렇게 할 수 있다고 장담한다.

반면에 TV 시청과 다른 영상물을 접하는 것이 인지 발달에 방해가 된다는 것을 보여 주는 증거는 무수히 많다. 많은 연구가 TV를 많이 보는 아이는 덜 건강하고 성적이 낮다는 것을 보여 준다. 과연 어느 쪽이 맞을까? 생후 9개월 아기에게 〈베이비 아인슈타인〉 DVD를 보여 주면 말을 빨리 배우게 할 수 있을까? 아니면 단지 〈베렌스타인 곰 가족Berenstain Bears〉에 나오는 이야기처럼 무시무시한 'TV 습관'을 들이게 될까?

미국 소아과학회는 후자에 전적으로 동의한다. 그들은 18개월 미만의 아이에게는 TV나 어떤 영상물도 추천하지 않으며, 좀 더 큰 아이들은 하루 1시간을 넘기지 말고 가능하면 부모가 함께 보라고 권한다. 또 교육 방송에서 방영하는 것과 같은 '양질'의 프로그램을 선택할 것을 권고한다. 그중에는 〈세서미 스트리트〉를 비롯해 캐나다에서 제작한 만화 영화로 부모들 사이에서 악명이 높은 〈호야네 집Caillou〉처럼 학습에 초점을 덜 맞춘 프로그램도 포함된다.

그러나 또 다른 사람들은 이러한 권고안이 너무 보수적이라고 주장한다. 그리고 실제로 미국 소아과학회는 시간이 지남에 따라 느슨해지고 있다(최근까지도 생후 24개월 이전에는 영상을 보여 주지 말라고 했다). 답을 찾는 유일한 방법은 데이터를 살펴보는 것이다.

동영상을 일찍 접할수록 말을 빨리 배운다?

발달 심리 분야는 무엇보다도 아이들의 학습 방법에 관심을 갖는다. 그래서 아이들, 심지어 갓난아기들까지 연구실로 데려와서 다른 사람, 새로운 장난감, 다른 언어에 어떻게 반응하는지 연구한다. 이런 연구들은 영아들이나 유아들이 비디오를 보고 무엇을 배울 수 있는지에 대해 알려 준다. 그 결과는 별로 고무적이지 않다. 한 연구에서는 생후 12, 15, 18개월 된 아이들 눈앞에서 실제 인형극을 펼쳐 보이거나, 혹은 같은 내용의 인형극을 TV를 통해 시청하도록 했다.[1] 그리고 아이들이 인형극을 보고 난 직후와 24시간 후 인형극에서 본 것을 얼마나 따라 할 수 있는지 평가했다.

세 연령대 그룹 모두, 실제 사람이 연기한 인형극을 보여 주었을 때 일부 아이들이 하루가 지난 후에도 인형극을 따라 할 수 있었다. TV를 통해 보여 주었을 때는 그보다 덜 성공적이었다. 12개월 된 아이들은 비디오에서 아무것도 배우지 못했고, 좀 더 큰 아이들은 사람이 연기하는 것을 보았을 때보다 TV로 보았을 때 학습 능력이 훨씬 떨어지는 것으로 나타났다.

또 다른 연구에서는 DVD를 사용해서 외국인이 하는 말을 녹음해서 들려주었다. 태어날 때 아이들은 모든 언어의 소리를 배울 수 있지만, 나이가 들수록 자주 듣는 소리에 길들여진다. 연구원들은 생후 9~12개월 된 영어권 아이들에게 중국어를 직접 사람이 말하거나 DVD에서 재생되는 것을 들려주었다.[2] 사람이 말하는 것은 잘 따라 했지만 DVD는 잘 따라 하지 못했다.[3]

이런 연구 결과들은 〈베이비 아인슈타인〉이 정말 효과가 있는지 의심하게 만든다. 이 특별한 질문에 대해 연구한 무작위 실험의 증거도 있다. 2009년, 여러 명의 연구원은 12~15개월 사이의 아이들이 DVD에서 단어를 배울 수 있는지 알아보는 실험에 착수했다.[4] 그들은 실제로 〈베이비 아인슈타인〉 제품 중에서 단어 이해력을 높이기 위해 제작한 〈베이비 워즈워스Baby Wordsworth〉라는 DVD를 사용했다. 실험군의 부모들은 이 DVD를 받아서 아이에게 6주 이상 정기적으로 보여 주었다. 대조군의 아이들은 DVD를 받지 않았거나 보지 않았다.

연구원들은 2주에 한 번씩 아이들을 실험실로 데려와서 새로운 단어를 말하거나 이해하는 능력을 평가했다. 연구가 진행되는 동안 아이들은 점점 말하고 이해하는 단어의 수가 증가했다. 그러나 DVD를 본 그룹이나 DVD를 보지 않은 그룹이나 단어 학습에 차이가 없었다. 연구원들은 아이들이 얼마나 많은 단어를 말하고 얼마나 빨리 어휘력이 발달하는지는, 무엇보다 부모가 아이에게 책을 읽어 주는지 보면 알 수 있다고 지적했다. 또 다른 연구원들은 이 연구를 2세 이전 아이들로 확대해서 비슷한 결과를 발견했다.[5]

〈베이비 아인슈타인〉은 이름값을 하지 못하는 것 같다. 아이가 어린이집에서 앞서가도록 만드는 방법은 아닌 것이다. 물론 엄마가 샤워하는 동안 아이에게 비디오를 보여 주기를 원한다면 어휘력 발달은 목표가 아닐 것이다(해로운 효과에 대해서는 아래에서 좀 더 자세히 설명하겠다).

비디오는 아기들을 가르치는 방법이 될 수 없다. 하지만 좀 더 큰 아이들은 TV를 통해 무언가 배울 수 있다는 증거들이 있다. 집에서 TV를 보는 미취학 아동의 부모들은 잘 알고 있을 것이다. 핀은 두 살 때 〈호야네 집〉을 흉내 내는 고약한 습관이 생겼다("어어어어엄 마아아아아, 나는 저녁바아아아아압 안 먹을래요"). 핀은 그러면서 재미있어 했다. 그 습관은 분명 엄마나 아빠나 누나에게 배운 것이 아니었다.

아이들은 영화와 TV 프로그램을 보며 노래를 배우고, 등장인물들의 이름과 기본적인 줄거리를 이해한다. 앞선 실험실 연구는 3~5세 아이들이 텔레비전에서 단어를 배울 수 있다는 것을 보여 주었다.[6] 아이들이 TV에서도 좋은 정보를 얻을 수 있다는 사실은 뜻밖이 아니다. 가장 확실한 증거로 1970년대에 엄청난 인기와 호평을 받은 프로그램 〈세서미 스트리트〉에 대한 연구 결과가 있다. 〈세서미 스트리트〉의 목표는 분명히 학습에 기초하고 있었다. 3~5세의 아이들에게 학교 교육을 받을 준비를 시키는 것이다. 직접 보면 알 수 있듯이 이 프로그램은 숫자와 글자, 그리고 일반적인 사회성 발달에 초점을 맞추고 있다.

초기에 연구원들은 무작위 실험을 사용해서 〈세서미 스트리트〉의 효과를 평가했다. 한 평가에서는 실험군 아이들이 TV를 통해 그 프로그램을 좀 더 쉽게 시청할 수 있도록 조치를 취했다.[7] 그리고 2년 후 아이들이 학교에 갈 준비가 되었는지 평가했는데 어휘력을 포함해 다방면으로 향상된 것으로 나타났다.

〈세서미 스트리트〉의 효과는 오래 유지되는 듯하다. 이 프로그램이 방영되던 초창기에는 전국적으로 TV 수신 상태가 고르지 못했다. 최근의 한 연구는 이 점에 착안해 지역의 수신 상태 때문에 그 프로그램을 일찍 접한 아이들과 늦게 접한 아이들을 비교했다. 그 결과 〈세서미 스트리트〉를 일찍 접한 아이들은 나중에 학교에서 공부를 따라가지 못할 가능성이 적은 것으로 나타났다.[8] 또 가정 형편이 어려운 아이들에게 더 큰 긍정적 영향을 미쳤지만, 이는 아이들의 다른 낮 활동이나 다른 조건에서 차이가 있기 때문일 수도 있다.

이 모든 결과가 좀 더 큰 아이들은 텔레비전을 보고 배울 수 있음을 의미하고, 그러므로 아이들의 시청을 관리해야 한다고 주장한다. 아주 어린 아이들의 경우 TV에서 많은 것을 배우지 않기 때문에 무엇을 보는지가 덜 중요할 수 있다. 하여간 TV를 보여 주는 것으로 아이를 천재로 만들 수는 없다.

어떤 영상이냐보다 시청 습관이 문제다

부모로서 고백하자면 나는 TV를 학습 도구로 생각해 본 적이 없다. 우리 아이들은 TV를 조금 보는데, 그것도 주로 내가 뭔가를 해야 할 때 보게 한다. 주말에 하루 종일 아이들과 씨름하다가 저녁 식사를 준비할 시간이 되었을 때 30분 정도 TV를 보게 하는 것은 큰 도움이 된다. 내가 핀에게 〈베이비 아인슈타인〉 비디오를 보여 준 것은 뭔가를 가르치려는 것이 아니라 아이의 관심을 더 오래 붙잡아 둘 수 있다고 생각해서였다.

만일 아이의 주의를 딴 데로 돌려서 조용하게 만드는 것이 목표라면, TV가 학습 도구인지 아닌지를 물을 게 아니라 아이에게 해로운지 아닌지를 물어야 한다. TV가 아이의 뇌를 썩게 만드는 것은 아닐까? 많은 연구가 그렇다고 말한다. 2014년 연구는 미취학 아동들이 TV를 많이 볼수록 '실행 기능Executive Function'이 저하된다는 것을 보여 준다.[9] 그보다 앞서 2001년에 실시된 연구에서는 TV를 많이 보는 여자아이들의 비만율이 더 높은 것으로 나타났다.[10]

이 외에도 아주 많은 연구 논문이 TV를 많이 보는 것과 부정적인 결과의 연관성을 보여 준다. 그중 프레더릭 짐머만Frederick Zimmerman과 디미트리 크리스타키스Dimitri Christakis의 2005년도 논문이 가장 강력하다.[11] 그들은 전국에서 수집한 대규모 데이터 세트를 사용해서 어린 시절 텔레비전 시청과 6~7세 아이들의 학교 성적의 관계를 알아보고자 했다. 우선 3세 이전과 3~5세 시기에 TV를 시청한 시간을 기준으로 아이들을 네 그룹으로 나누었다. TV 시청이 하루에 3시간 이상이면 '고高' 그룹, 그 이하면 '저低' 그룹으로 분류했다.

아이들 중 20퍼센트는 3세 이전과 3~5세 사이에 하루 3시간 이상

TV를 시청한 '고-고' 그룹에 속했다. 26퍼센트는 3세 이전에는 적게 시청하고 3~5세에 많이 시청한 '저-고' 그룹에 속했다. 50퍼센트는 '저-저' 그룹이었고, 5퍼센트만이 '고-저' 그룹에 속했다.

연구원들은 그 아이들이 6세가 되었을 때 수학, 읽기, 어휘 점수에서 차이를 보였다고 보고했다. 연구 결과 3세 이전에 TV를 많이 본 아이들은 나중에 시험 성적이 낮았는데, 큰 차이는 아니지만 아이큐가 2점 정도 낮았다. 연구원들이 주장하는 것처럼 이 데이터에서 TV 시청이 아이들에게 해롭다는 증거를 찾는다면, 3세 미만 아이들은 TV를 많이 보면 좋지 않다는 것이다. 하지만 나이가 더 든 아이들에게는 TV 시청이 문제가 되지 않는 것 같다. 예를 들어 3세 이전에 적게 보다가 3~5세 사이에 많이 본 아이들과 3세 이전부터 그 이후에도 거의 보지 않은 아이들을 비교했을 때는 시험 성적의 차이가 없는 것으로 나타났다. 오히려 나중에 TV를 많이 본 아이들이 적게 본 아이들보다 점수가 더 높았다.

이 결과는 큰 아이들도 TV를 피해야 한다는 주장이 틀렸다는 것을 증명하기보다, 3세 이전에는 TV를 보여 주지 말라는 권고가 타당함을 보여 주는 것이다. 다른 한편으로 몇 가지 주의 사항이 있다. 첫째, 이 연구에서 조사한 아이들은 TV를 많이 보고 있었다. 3세 이전의 평균 TV 시청 시간은 하루 2.2시간이었고 고 그룹은 3시간 이상이었다. 이를 근거로 일주일에 2시간씩은 TV 시청을 해도 된다고 말하기는 어렵다.

둘째, 비록 연구원들이 노력했지만 TV를 많이 보는 아이들과 그렇지 않은 아이들의 다른 차이점을 모두 반영해서 조정하기란 매우 어려운 일이다. 표본이 된 아이들 중 75퍼센트는 3세 이전에 TV를 덜 보았다. TV를 많이 본 아이들은 다른 면에서 특별한 사정이 있었을 것이다. 그런 차이가 문제였는지 TV가 문제였는지 어떻게 알 수 있는가? 알 수 없다. 그래서 결과를 해석하기 어려운 것이다.

어떤 연구들은 특별히 이 문제를 보완하기 위해 좀 더 노력을 기울였다. 내 생각에, 인과 관계가 가장 분명한 증거는 2008년에 두 경제학자가 쓴 논문에서 볼 수 있다. 그중 한 사람은 바로 나의 남편이다(남편이 쓴 논문이어서가 아니라 다른 이유로 훌륭하다!).[12] 사실 나는 이 논문이 무척 마음에 들어서 전작 《산부인과 의사에게 속지 않는 25가지 방법》에서도 언급했다. 이 논문은 복잡한 질문에서 인과적 결론을 도출하는 방법을 보여 주는 좋은 예다. 아이들의 TV 시청에 대한 결정을 내릴 때도 도움이 된다.

이 연구에서 내 남편 제시와 공동 저자인 맷은 미국에서 텔레비전이 보급된 시기가 지역마다 다르다는 사실을 이용했다. 따라서 1940년대와 1950년대에 텔레비전이 처음 보급되었을 때, 어떤 아이들은 TV를 볼 수 있었고 어떤 아이들은 볼 수 없었다. 어느 지역에 언제 TV가 보급되었는지는 다른 육아 환경과는 관련이 없기 때문에 다른 논문들에서 제기되는 여러 우려를 피할 수 있었다.

연구의 목적은 어릴 때 TV 시청이 이후 학교 성적과 어떤 관련이 있는지 살펴보는 것이었다. 제시와 맷은 어릴 때 텔레비전을 많이 볼수록 학교 성적이 낮아진다는 증거를 찾지 못했다. 이것은 다른 데이터에서 보이는 상관관계가 인과 관계는 아닐 수 있음을 시사한다. 물론 1940년대와 1950년대의 방송은 요즘 방송과 달랐지만, 그 시절 아이들은 TV를 많이 보았으므로 시청 시간은 크게 다르지 않다.

이런 연구들은 모두 TV에 초점을 맞추고 있다. 하지만 요즘 아이들은 영상물을 접할 기회가 훨씬 더 많아졌다. 휴대폰이나 아이패드로 TV를 볼 수 있을 뿐 아니라 게임과 앱 등에서 온갖 영상물을 접한다. 이런 종류의 이용 시간은 TV 시청과 같은 것으로 보고 제한해야 할까?

이 질문에 대한 답은 알 수 없다. 이에 대한 몇 건의 연구가 있지만 결함이 많다. 한 예로 연구라기보다는 개요에 가까운 한 논문이 있는데, 생후 6개월에서 24개월 사이에 휴대폰을 더 많이 접할수록 언어 발달이 늦어진다는 주장으로 많은 언론의 주목을 받았다.[13] 그러나 이 논문은 앞에서 이야기한 TV에 관한 논문보다 더 심각한 문제가 있을 수 있다. 생후 6개월의 아이가 휴대폰을 접하는 시간이 많은 가족은 어떤 또 다른 특징을 가지고 있을까? 언어 발달이 늦어진 것은 그러한 특징들 때문이지 않을까? 그렇다고 해서 영상물을 접하는 시간이 많아도 괜찮다는 말은 아니다. 단지 그 영향에 대해 잘 알지 못한다는 것이다.

베이즈 추론과 기회비용으로 따져 보자

위에서 제기된 문제들에 대한 데이터는 상당히 제한적이다. 하지만 지금까지 나온 데이터에서 다음 몇 가지는 배울 수 있을 것 같다.

1. 2세 미만 아이들은 TV에서 배울 수 있는 것이 많지 않다.
2. 3~5세의 아이들은 〈세서미 스트리트〉 같은 TV 프로그램에서 어휘 등을 배울 수 있다.
3. 가장 확실한 증거에 의하면 아주 어린 나이에 TV를 보더라도 나중에 시험 점수에 영향을 미치지 않는다.

하지만 여전히 풀리지 않는 의문이 많다. 아이패드 앱은 이로울까 해로울까? TV로 스포츠를 관람하는 것도 TV 시청으로 간주해야 할까? TV를 너무 많이 본다는 것은 어느 정도를 말하는가? 아이패드로 보는 것은? 광고 시청은 이로울까 해로울까? 이런 질문들에 답할 수 있는 데이터는 없다. 그러나 다각도로 문제에 접근하면 답에 좀 더 가까이 다가갈 수 있다.

통계학에는 크게 2가지 접근법이 있다. 첫 번째는 '빈도 통계학Frequentist Statistics'으로, 우리가 가진 데이터만 사용해서 관계를 알아보는 것이다. 두 번째는 '베이즈 통계학Bayesian Statistics'으로 이미 알고 있거나 확신하는 사전 정보에 데이터를 더해 최신화시킴으로써 관계를 알아보는 것이다.

예를 들어 〈스펀지밥SpongeBob〉을 시청하는 아이들은 2세가 되었을 때 글을 훨씬 더 잘 읽을 수 있다는 것을 보여 주는 훌륭한 연구가 있고, 이것이 이 주제에 대한 유일한 연구라고 하자. 빈도 통계학의 세계에서는 〈스펀지밥〉이 훌륭한 학습 도구라는 결론을 내릴 수밖에 없을 것이다. 그러나 베이즈 통계학으로 보면 이러한 결론은 분명하지 않다. 데이터를 보기 전에는, 2세 아이들이 〈스펀지밥〉을 시청하면서 글을 배울 수 있다고 생각하지 않는다. 데이터를 보면서 그럴 수도 있겠다고 생각할지는 모르지만, 처음에 매우 회의적인 입장에서 시작한다면 데이터를 본 후에도 여전히 회의적으로 남는다. 베이즈 추론은 우리가 세상에 대해 알고 있거나 알고 있다고 생각하는 것들을 어떻게 데이터와 함께 결합해서 결론을 내릴지 생각하는 방법이다.

베이즈 추론이 여기서 무슨 관계냐고? 우리는 TV 문제에 대해 어느 정도 사전 정보를 가지고 있다고 할 수 있다. 아이들이 깨어 있는 시간은 하루에 13시간 정도밖에 되지 않는다. 만일 그중 8시간을 TV를 보면서 보낸다면 다른 활동 시간이 별로 없다. 따라서 TV가 아이들에게 어느 정도 부정적인 영향을 미칠 것이라고 짐작할 수 있다. 반면에 일주일에 1시간 정도 〈세서미 스트리트〉나 〈하이 도라〉를 본다고 해서 아이의 아이큐가 낮아지거나 장기적으로 큰 영향을 미칠 것이라고 상상하기 어렵다.

아이패드에 대해서도 비슷한 논리를 적용할 수 있다. 두 살배기 아이가 아이패드를 하루 종일 사용한다면 해로울 것이다. 하지만 아이패드로 일주일에 2번, 30분씩 수학 게임을 한다면 나쁘지 않을 것이다.

이러한 사전 정보에서 출발하면 데이터가 드물기는 하지만 훨씬 유용해 보인다. 왜냐하면 우리의 직관으로 잘 알 수 없는(베이즈 추론에서 '사전 정보에 대한 확신이 약하다'고 말하는) 문제에 대해 많은 정보를 제공하기 때문이다. 예를 들어 나로서는 아이들이 비디오를 보고 뭔가를 배울 수 있는지 판단하기 어렵다. 따라서 그렇지 않다는 것을 보여 주는 데이터는 매우 유익하고 유용하다. 마찬가지로 하루에 8시간 TV를 시청하면 해롭지만 일주일에 1시간 보는 것은 괜찮을 것 같다. 하지만 하루 2시간 TV 시청이 '정상적'인지는 잘 모른다. 이 문제에 관해서는 제시의 연구가 상당히 유용하다. 왜냐하면 딱 그 정도의 TV 시청 시간을 조사해서 영향이 없다는 것을 보여 주기 때문이다.

만일 시험 성적과 TV의 시청 시간 사이의 전체적인 관계를 알고 싶다면 사전 정보, 즉 데이터를 보기 전에 가지고 있던 확신과 데이터가 보여 주는 것을 결합해서 잘 모르는 부분을 채워 갈 수 있다. 또한 그러다 보면 어느 부분에서 더 많은 연구가 가장 필요한지 알게 된다. 많은 아이가 매일 아이패드나 태블릿 PC로 앱을 사용한다. 이 문제에 대해서는 기본적으로 연구된 것이 없고, 직관으로 판단할 수도 없다. 예를 들어 나는 앱이 이롭다고 여길 수 있다. 수학이나 독서를 위한 아주 멋진 앱이 많기 때문이다. 또 나는 앱이 해롭다고 생각할 수 있다. 아이들이 앱을 사용하는 것은 뭔가를 배우는 게 아니라 그냥 빈둥거리는 것처럼 보이기 때문이다.

마지막으로, 경제학에서 말하는 '기회비용'이 있다. TV를 보고 있을 때는 다른 활동을 할 수 없다. 그 '다른 활동'이 무엇이냐에 따라 TV 시청이 이로울 수도, 해로울 수도 있다. 많은 연구가, 아이들이 〈세서미 스트리트〉를 통해 글자나 단어를 배울 수는 있지만 부모를 통해 배우는 게 더 낫다고 강조한다. 이것은 거의 분명한 사실이지만 과연 부모들이 그렇게 할 수 있을지는 확실하지 않다. 많은 부모가 아이들에게 TV를 보여 줌으로써 휴식을 취하고 한숨을 돌리며 식사를 하거나 세탁기를 돌린다. 부모가 1시간 동안 아이에게 화를 내고 야단을 치는 것보다는 그 시간에 TV를 보여 주는 게 더 나을 것이다.

◆ Bottom Line ◆

- 2세 미만 아이들은 TV를 통해 배우는 것이 없다.
- 3~5세 아이들은 TV를 통해 무언가 배울 수 있다.
- 아이가 어떤 TV 프로그램을 보는지 주의를 기울일 필요가 있다.
- 증거는 전반적으로 희박하다. 의심스러울 때는 베이즈 추론을 활용해서 데이터를 보완하자.

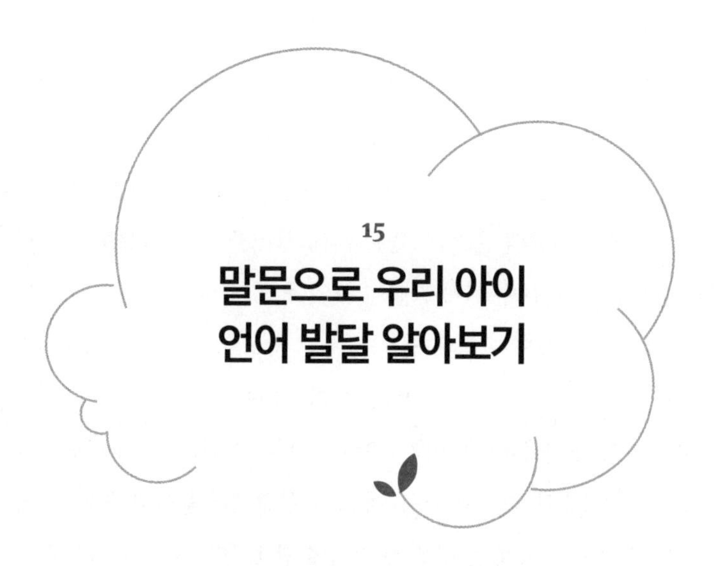

내가 생후 22개월이었을 때 우리 부모님(두 분 모두 경제학자였다)은 부부 동반으로 칵테일파티에 갔는데 거기서 어머니는 방문 교수인 캐서린 넬슨과 대화를 나누었다. 아동 언어 발달이 전공 분야였던 그 교수에게 어머니는 딸(바로 나)이 하나 있는데 잠들기 전에 아기 침대에서 혼자 재잘거리면서 말을 많이 한다고 이야기했다. 넬슨 교수는 그 이야기를 듣고 매우 반가워하면서 연구 자료로 쓰고 싶은데, 내가 아기 침대에서 하는 말을 녹음해 줄 수 있느냐고 물었다. 어머니는 그러겠다고 했다.

그 후 18개월에 걸쳐 우리 부모님은 거의 매일 밤 내가 하는 말을 녹음해 두었다가 넬슨 교수 연구 팀에 전달했다. 초반에는 내 발음이 알아듣기 어려웠으므로 어머니는 녹음한 테이프를 노트에 옮겨 적었다. 테이프와 노트에 담긴 그 커다란 말뭉치(일부는 내 혼잣말이고 일부는 부모님과의 대화)는 아이들이 어떻게 언어를 습득하는지에 대한 연구 자료가 되었다. 연구원들은 '아이들은 미래 시제를 과거 시제보다 먼저 이해하는가?'와 같은 문제에 관심이 있었다. 그에 대한 논문이 쓰였고 학술회의가 열렸으며 마침내 연구 논문이 책으로 출판되었다(그 책의 소재가 되었던 내가 이 책을 쓰고 있다는 게 아이러니하다).

그 책은 내가 아홉 살 때 《아기 침대에서 나온 이야기Narratives from the Crib》라는 제목으로 출간되었다.[1] 어느 날 학교에서 돌아와 현관 앞 탁자 위에 그 책이 놓여 있는 것을 본 기억이 생생하다. 나는 내 어린 시절에 대해 뭔가 알 수 있지 않을까 하는 기대감에 들떠 그 책을 펼쳤지만 안타깝게도 그런 내용은 얼마 없었다. 그 책은 건조한 학술서로 언어학자들이 동사의 형태와 문장 구조를 분석한 논문집이었다. 결국 내가 했던 웃기는 말들을 찾아서 읽다가 옆으로 밀어 놓았다.

퍼넬러피가 당시의 내 나이가 되기 전까지 나는 그 책을 다시 들춰보지 않았다. 그러다가 내 아이를 다른 아이와 비교하는 부모의 신경증이 도져서 퍼넬러피가 내 어린 시절과 어떻게 다른지 알아보려고 그 책을 다시 꺼내 읽기 시작했다. 그 책에서 가장 먼저 등장하는 내 말은 "아빠가 오면 나는 곧바로 일어나서 아침을 먹고, 아빠는 내 침대를 정리해요"였는데 생후 22개월 5일이 되었을 때 했단다. 퍼넬러피는 지금 이 정도 수준의 말을 하고 있나? 나는 어머니에게 따져 물었다. "내가 정말 이렇게 말했어요? 아니면 내가 이렇게 말했다고 그냥 상상한 거 아니에요?” 당연히 어머니는 기억하지 못했다(실제로는 기억나지 않는다고 주장했다).

대화, 몸짓, 글쓰기 등으로 의사소통하는 것은 인간이 가진 특별한 능력이다. 아이가 울음을 그치고 필사적으로 냉장고를 가리키며 “우유 줘”라고 말하는 순간, 우리는 아이 안에서 한 명의 인간의 모습을 보기 시작한다. 보통 부모들은 아이가 처음으로 했던 말을 기억한다(퍼넬러피는 “신발”이라고 말했고 핀은 “퍼넬러피[실제 발음은 ‘푸-푸’에 가깝다]”라고 했다). 아마 많은 부모가 초반에는 내 아이가 얼마나 많은 단어를 말하는지 세어 볼 것이다.

또한 부모들은 내 아이가 말을 얼마나 잘하는지 다른 아이들과 비교해 보고, 다른 형제와도 비교하고, (내 경우) 자기 자신과도 비교해 본다. 나는 핀을 낳기 전에 만일 딸을 먼저 낳고 아들을 낳으면 종종 두 아이를 비교하게 될 거라는 경고를 들었다. 좀 더 점잖은 친구들은 “남자 아이들은 말이 느린 편이야”라고 경고했고, 덜 점잖은 몇몇은 “아들은 멍청하다는 생각이 들 거예요”라고 했다. 아들을 먼저 낳은 사람들은 딸이 정말 영특하게 여겨진다는 것이다.

우리 아이를 다른 아이들과 비교해 보는 방법은 사실 간단하지 않다. 신체 발달 지표와 마찬가지로, 의사들은 아이에게 조기 개입이 필요한지 확인하는 데 초점을 맞춘다. 아이가 두 살이 되었을 때 병원에 가면 의사들은 흔히 아이가 평소에 단어를 적어도 25개는 말하는지 묻는다. 그보다 어휘를 적게 쓰면 어떤 문제가 있는 것은 아닌지 검사를 받는 게 적절할 수 있다. 그러나 이것은 문제를 발견하기 위한 안전장치이며, 평균이나 범위에 대한 측정치는 아니다. 평균적인 두 살짜리 아이는 25개 이상의 단어를 말한다. 그럼 최대 몇 개까지 말할 수 있을까?

대부분의 소아학 책이 비슷한 방식으로 접근한다. 그들은 언제 걱정을 해야 할지 경고하지만 그 범위에 대해서는 충분히 설명하지 않는다. 정상 범위를 안다고 하더라도 또 다른 질문이 있다. 말문이 일찍 트이는 것이 중요한가? 말을 일찍 시작하면 더 영특해질지 알 수 있을까? 이 2가지 질문에는 모두 답이 있다. 첫 번째 질문의 답은 두 번째 질문의 답보다 약간 더 만족스럽다. 이는 데이터를 보면 알 수 있다.

내 아이의 어휘력은 어느 수준일까
: 맥아더-베이츠 의사소통 발달 검사

아이들이 얼마나 많은 단어를 말하는지에 대한 데이터 수집은 간단해 보인다. 세어 보면 되니까. 아이가 아주 어릴 때는(5~10개 또는 20개의 단어를 쓸 때) 부모에게 물어보면 대부분 기억한다. 하지만 아이가 점점 더 많은 말을 하게 되면 기억할 수 없다. 아이가 400개 정도의 단어를 말한다고 하자. 그중 어떤 단어는 자주 사용하고 어떤 단어는 이따금 사용할 텐데 그 모든 단어를 정말 다 기억할 수 있을까?

비교와 관련해서 한 가지 문제는 아이가 사용하는 특별한 단어들까지 포함시켜야 하는지다. 핀은 두 살이 조금 넘었을 때 우리 동네 음악 강사 젠이 작곡한 〈범블비 버라이어티 쇼〉라는 제목의 노래에 사로잡혔다. 우리는 차를 타고 다닐 때마다 반복해서 그 노래를 틀었고 핀은 큰 소리로 따라 부르곤 했다. 그렇게 차 안에서, 아기 침대 안에서, 욕조 안에서도 불렀다.

그 노래의 가사는 주로 "범블비 버라이어티쇼"였다. 정확히 말하자면 핀은 그 가사를 "범블비버라이어티쇼"라고 한 단어로 붙여서 발음했다. 그렇다면 핀이 말하는 단어의 수를 셀 때 '버라이어티'라는 단어를 아는 것으로 치고 포함을 시켜야 할까? 핀은 그 단어를 문장 안에서 사용한 것도 아니고 독립적인 단어로 생각하지도 않았다. 그렇다면 아마 그 단어를 아는 것은 아닐 것이다. 그렇다면 '범블비버라이어티쇼'를 한 단어로 세어야 할까? 이것이 좀 더 타당할 것 같다. 하지만 그래도 핀이 이 말을 단순한 소리가 아니라 의미를 가진 단어로 생각했는지는 분명하지 않다. 또한 사실 그것은 단어도 아니다.

연구원들은 일관된 설문 조사를 사용해서 부모들의 이런 고민을 해결해 주는 어휘력 측정법을 개발했다. 가장 많이 사용되는 검사법으로 '맥아더-베이츠 의사소통 발달 검사MB-CDI'가 있다. MB-CDI는 부모들이 직접 해 볼 수 있다(미주 참조).[2] 어휘 부분 목록에는 동물 소리, 행동 단어(물다, 울다), 신체 부위 등 다양한 범주의 단어 680개가 있다. 그중 아이가 썼던 단어들을 모두 체크해서 합계를 내면 된다.

16개월 이상의 아이들에게는 단어와 문장을 사용하고 그보다 어린 아이들의 경우는 단어와 몸짓으로 계산하는 별도의 검사법이 있다. 이런 방식의 어휘력 검사는 2가지 장점이 있다. 첫째, 아이가 말하는 단어를 기억하기보다 목록에 있는 단어들 중에서 찾아내는 방식이므로 기억해 내기 쉽다. 우리 아이가 '삽'이라는 단어를 알고 있는지 기억나지 않을 수 있지만 일단 그 단어를 보면 아이가 삽을 달라고 말했던 것이 기억날 수 있다. 둘째, 모든 아이에게 동일한 단어들로 조사하므로 비교하기 훨씬 더 쉽다.

이 방법의 분명한 단점은 특별한 단어를 많이 알지만 자주 사용되는 단어들은 잘 모르는 아이를 과소평가할 수 있다는 것이다. 예를 들어 목록에 '콜라'라는 단어가 있는데, 탄산음료를 마셔 본 적 없는 아이는 그 단어를 모를 수 있다. 마찬가지로 하와이에 사는 아이들은 '썰매'라는 단어가 생소할 수 있다.

이런 문제로 인해 많은 단어를 알고 있는 연령대의 아이들을 비교하기가 가장 어렵다. 675개의 단어를 쓰는 아이와 680개의 단어를 쓰는 아이를 구분하는 것은 사실상 불가능하다. 하지만 적은 수의 단어를 아는 아이들의 경우 그 정도 차이는 상쇄시킬 수 있다. 한 아이는 썰매를 알고, 다른 아이는 해변을 안다면 각각 하나의 단어로 인정하면 된다.

많은 부모가 이 검사를 해 왔고, 그 결과는 연구에 많은 도움이 된다. 발달 지체를 평가하기 위한 목적도 있고 아니면 단순히 부모의 궁금증을 풀기 위해 할 수도 있다. 목적이 무엇이든 이 검사법의 개발자들이 운영하는 웹 사이트에 검사 결과를 업로드하면 첫 번째 질문에 대한 답을 얻을 수 있다. 다음 그래프는 그들의 데이터를 보고 만든 것으로 가로축은 아이들의 연령, 세로축은 검사에서 표시한 단어를 합계한 것이다. 그래프의 선들은 기본적으로 각 연령의 어휘력을 보여 준다. 생후 24개월을 보자. 이 데이터를 보면 생후 24개월 아이들은 평균 약 300개의 단어를 알고 있다. 맨 아래쪽에 있는 10 백분위에 있는 아이는 약 75개의 단어를 알고 있다. 반면 90 백분위에 있는 아이는 550개에 이르는 단어를 알고 있다.

더 어린 아이들의 경우, 이런 조사와 데이터는 단어와 몸짓(즉 신호) 양쪽 모두에 초점을 맞춘다. 다음의 그래프를 보면 8~18개월까지 아

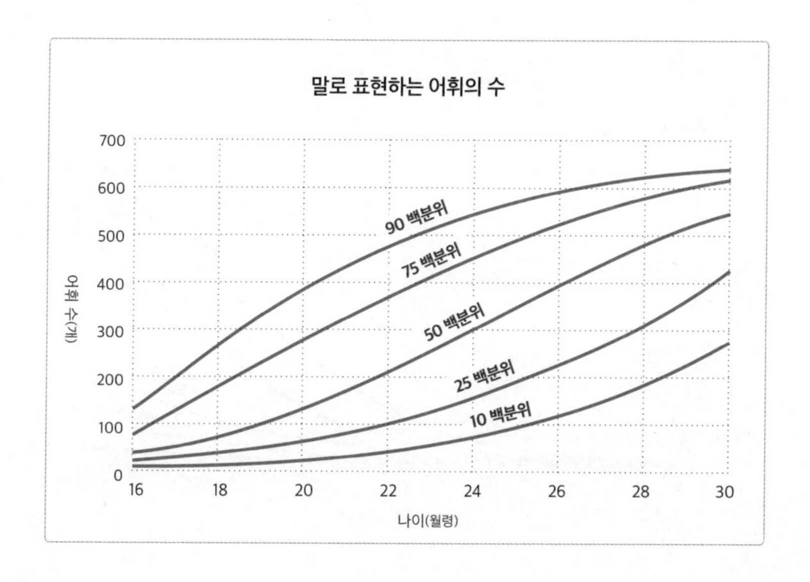

이들의 데이터가 비슷하다. 이 그래프에서 한 가지 눈에 띄는 부분은 14~16개월 이후 어휘력이 급증하는 것이다. 생후 1년 때는 가장 앞서 가는 아이도 몇 개 단어밖에 말하지 못한다. 생후 8개월에는 모든 아이가 사실상 할 줄 아는 말이나 몸짓이 없다. 나는 특히 이 시점에 관심을 가졌는데 왜냐하면 우리 남편이 생후 6개월이었을 때 '비린내'라는 단어를 말했다고, 시어머니가 시종일관 주장하기 때문이다.

이 데이터가 있는 웹 사이트는 공개되어 있고 이런저런 식으로 그래프를 만들어 볼 수 있는 다른 데이터들도 있다.[3] 예를 들어 부모의 학력이나 출생 순서에 따라 구분한 데이터가 있다(나중에 태어난 아이가 말이 더 느리다). 다른 언어들에 대한 데이터들과 아이들이 말하는 단어뿐

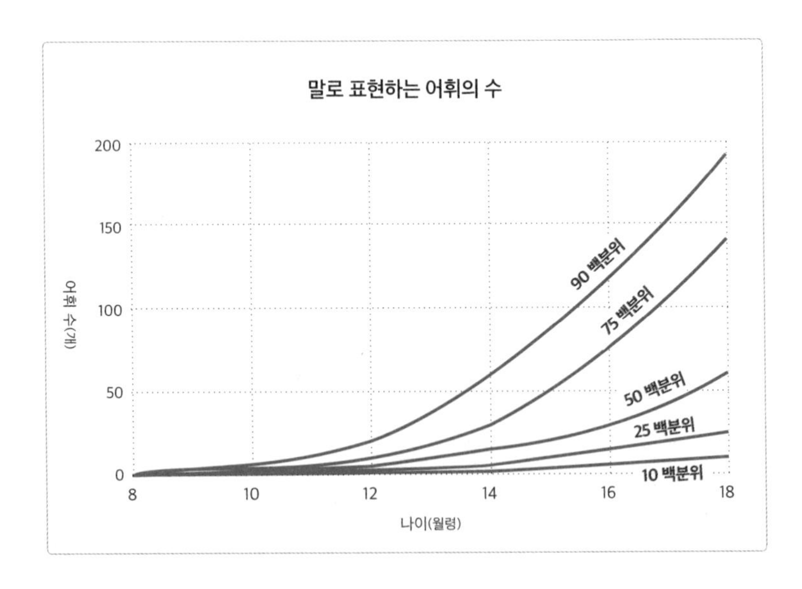

아니라 이해하는 단어의 수에 대한 데이터도 찾아볼 수 있다. 여기서 주목할 만한 또 한 가지는 2가지 언어를 사용하는 아이들, 즉 부모나 보호자들이 2가지 언어로 말하는 경우 아이는 말이 더 늦는 경향이 있지만 때가 되면 2가지 언어를 모두 구사할 수 있다는 것이다.

그중에서 아마 가장 흥미로운 데이터는 성별에 따른 차이일 것이다. 남자아이들이 말을 더 늦게 한다는 일반적인 통념은 데이터에서 실제로 확인할 수 있다. 다음의 그래프는 남자아이와 여자아이를 구분한 것인데, 남자아이들이 모든 시점에서 사용 단어 수가 적은 것을 알 수 있다. 생후 24개월 때 보통 여자아이들이 남자아이들보다 약 50개의 단어를 더 쓴다. 30개월 때는 단어를 가장 많이 아는 남자아이와 여자아이가 비슷하지만, 다른 시점에서는 큰 차이가 있다.

이런 데이터들은 어느 정도 유용한 기준이 되지만, 출처가 어디인지 주의해야 한다. 이 데이터들은 대부분 전국을 대표하는 데이터가 아

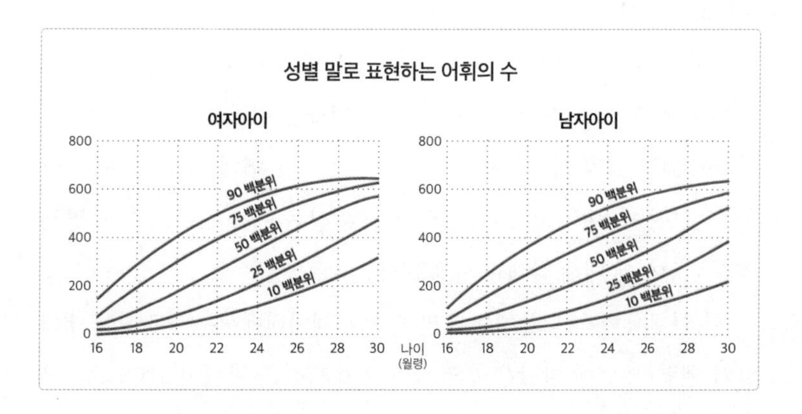

니다. 이런 데이터에는 대학이나 대학원 학위를 가진 부모 비율이 전체 인구 평균보다 더 높다. 따라서 이 수치들은 평균보다 높은 것일 수 있다. 그렇기는 해도 아이의 언어 발달을 언제 걱정해야 하는지에 대해 일반적인 지침 이상의 정보를 제공하며, 부모들은 아이의 언어 발달이 모든 연령대에 넓게 분포한다는 것을 알고 안심할 수 있다.

말문이 일찍 트이면 더 똑똑해질까

부모들은 누구나 자녀에 대해 골똘히 생각하는 것을 즐기기 때문에, 이 분포도에서 우리 아이가 어디쯤에 있는지 알아보는 것도 흥미로울 것이다. 사실 아이들은 누구나 말을 배운다. 하지만 초기 언어 발달의 차이가 장기적인 차이로 이어지는지에 대해 의문을 가지는 것은 당연하다. 말을 일찍 배우는 아이들이 글도 일찍 배울까? 그 아이들이 나중에 공부도 더 잘할까?

이런 생각과 정반대의 예들이 있다. 아주 조숙한 아이들이 늦게까지 말을 하지 않다가 18개월 때 갑자기 책을 읽더라는 이야기 말이다. 반면에 말을 일찍 시작한 아이들이 나중에 다른 면에서도 특출한 능력을 보였다는 이야기도 있다. 그러나 이와 같은 예들은 어느 쪽도 평균적인 관련성에 대해 말해 주지 않는다.

이 책에서 계속 되풀이해서 말하지만, 데이터에서는 연관성에 대해 알기 어렵다. 언어 발달은 분명히 부모의 학력과 관련이 있다. 그리고 부모의 학력은 글 읽기와 이후의 시험 성적을 포함한 여러 다른 결과와도 관련이 있다. 우리가 정말 묻고 싶은 것은 부모들이 가진 차이점들을 조정하면 아이의 초기 언어 발달을 보고 이후의 결과도 예측할 수 있는지 여부다. 그러나 데이터에 포함된 부모의 정보는 불완전할 수 있다. 따라서 내가 앞으로 이야기하는 연구들은 말을 일찍 시작하는 것과 이후의 결과 사이의 연관성이 과대평가되었을 가능성이 있다.

여기서 우리는 기본적으로 2가지 질문을 할 수 있다. 우리 아이가 말이 아주 빠른 편인지, 아주 늦는 편인지 확실하게 알 수 있을까? 그리고 아이가 중간 정도라고 가정한다면 실제로 어느 쪽인지 중요할까? 두 살 아이가 25 백분위든 50이나 75 백분위든 이것이 이후의 삶에 어떤 차이를 줄 수 있을까?

여러 연구들 중 가장 규모가 크고 엄격하게 시행된 연구들은 비정상적으로 말이 늦는 아이들이 나중에 다른 면에서도 지체를 보이는지에 초점을 맞추고 있다. 한 연구에서 레슬리 레스콜라Leslie Rescorla라는 연구원은 생후 24개월에서 30개월이 되어서 뒤늦게 말을 시작한 32명의 아이들을 모집했다.[4] 그 아이들은 대부분 남자아이들이었는데 평균 21개 단어를 말했다. 앞에 나온 그래프에 의하면 평균 이하인 것이다. 그리고 비슷한 특징을 가졌지만 정상적인 언어 발달 능력을 가진 아이들을 대조군으로 모집했다. 특히 이 연구는 그들 중 대부분의 아이를 17세가 될 때까지 추적해서 언어 능력, 시험 점수 등의 결과를 살펴보았다.[5]

그 결과는 엇갈린 증거를 제공하고 있다. 말이 늦은 아이들은 나중에 시험 성적이 약간 더 낮은 것처럼 보인다. 그리고 17세가 되었을 때 아이큐 점수가 비교 그룹보다 낮았다. 그러나 전체적으로 볼 때 점수가 아주 낮은 아이는 없었다. 예를 들어 17세 때 아이큐 검사에서 하위 10퍼센트의 점수를 받은 아이는 한 명도 없었다.

이처럼 기본적으로 많은 연구 결과가 연관성은 있지만 예측은 제한적이라는 사실을 일관성 있게 보여 준다. 규모가 훨씬 더 큰 연구들도 있다. 6000명을 대상으로 실시한 '아동 성취도 발달에 관한 장기적 연구Early Childhood Longitudinal Study'에서는 생후 24개월 때 어휘력이 부족하면 5세까지 언어 발달이 늦어졌지만 그 이후에는 대부분 정상 범위에 속하는 것으로 나타났다.[6]

이런 연구들은 말이 늦는 아이들에게 초점을 맞춘다. 정상 범위에 있는 아이들에 대한 연구는 얼마 없는데, 2011년에 발표된 〈어휘력이 중요하다Size Matters〉라는 논문이 하나 있다. 이 논문은 말을 일찍 시작한 아이들과 말을 늦게 시작한 아이들이 두 살이 되었을 때 비교한 것이다.[7] 말이 늦은 아이들은 두 살 때 평균 230개의 단어를 사용했고 말을 일찍 한 아이들은 460개의 단어를 사용했다. 두 그룹의 아이들은 분포 구간은 다르지만 모두 정상 범위 내에 있다.

이 연구는 아이들이 11세가 될 때까지 추적했는데 두 그룹 사이의 차이가 유지되지만 겹치는 부분도 많다는 것을 발견했다. 말이 늦은 그룹은 1학년 때 언어 능력 검사('단어 공략Word Attack'이라 불린다)의 평균 점수가 104점이었고 말을 일찍 한 그룹의 평균 점수는 110점이었다. 분명히 말을 일찍 시작한 그룹이 더 잘하고 있었다. 그러나 각각의 그룹 안에서는 매우 큰 차이가 있었다. 다음 그래프를 보면 두 그룹의 범위를 알 수 있다.[8] 말을 일찍 시작한 그룹의 평균 점수가 높은 것을 볼 수 있고, 양쪽이 매우 높은 부분에서 겹친다. 또 개별적인 차이가 평균적인 차이보다 훨씬 크다.

언어 능력이 특출하다면? 말을 일찍 시작하는 것이 조숙함과 관계가 있다는 것을 보여 주는 일부 소규모 증거가 있다.[9] 그러나 그런 상관관계는 어떤 연구에서도 아주 크게 나타나지 않는다. 두 살 이전에 말

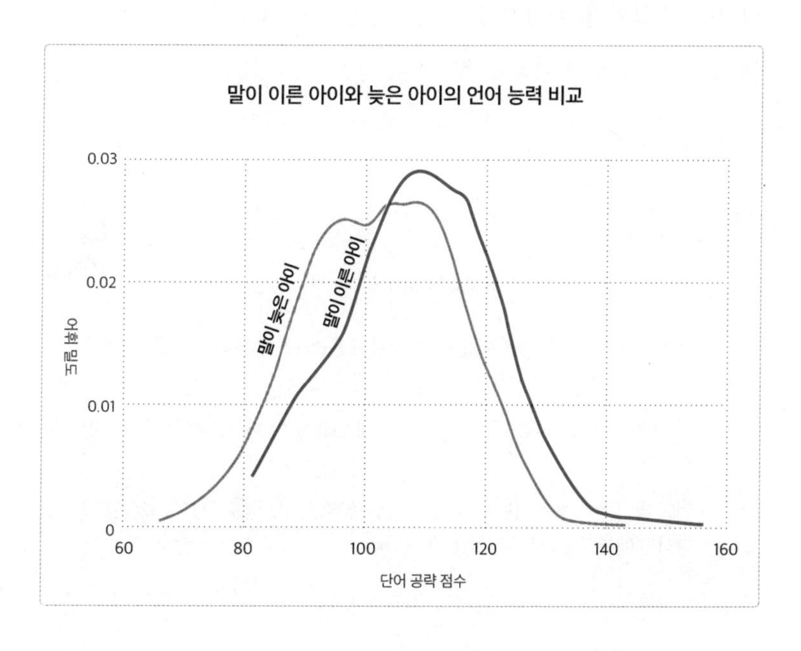

을 아주 잘하는 것이 나중에 읽기나 다른 성취도를 결정하는 요인이 될 수는 없다.[10]

부모가 자신의 아이를 다른 아이들과 비교해 보는 것은 자연스럽고 어쩌면 불가피한 일이다. 언어 발달은 우리가 아이에게서 볼 수 있는 최초의 인지 능력 중 하나이므로 비교의 초점으로 삼는 것은 당연하다. 그리고 정말 궁금하다면, 여기 있는 데이터를 사용해서 좀 더 구체적으로 비교해 볼 수 있다. 그러나 말문이 일찍 트이는지 늦는지를 보고 아이의 미래를 예측할 수 있는 가능성은 실제로 매우 낮다는 점을 유념하기 바란다. 말을 일찍 시작했다고 해서 미래가 보장되는 것은 아니다. 심지어 네 살이 될 때까지 말을 하지 않는다고 해도 대부분은 몇 년 안에 다른 아이들을 따라잡는다.

✦ Bottom Line ✦

- 아이의 어휘력을 알아볼 수 있는 몇 가지 표준검사들은 우리가 직접 해 볼 수 있다. 또 비교하는 데 사용할 수 있는 지표들도 있다.
- 여자아이들은 평균적으로 남자아이들보다 말을 일찍 하지만 서로 겹치는 범위가 넓다.
- 언어 발달은 이후의 시험 점수, 읽기 등의 결과와 어느 정도 관련이 있지만 개별적인 예측의 근거로 삼기에는 부족하다.

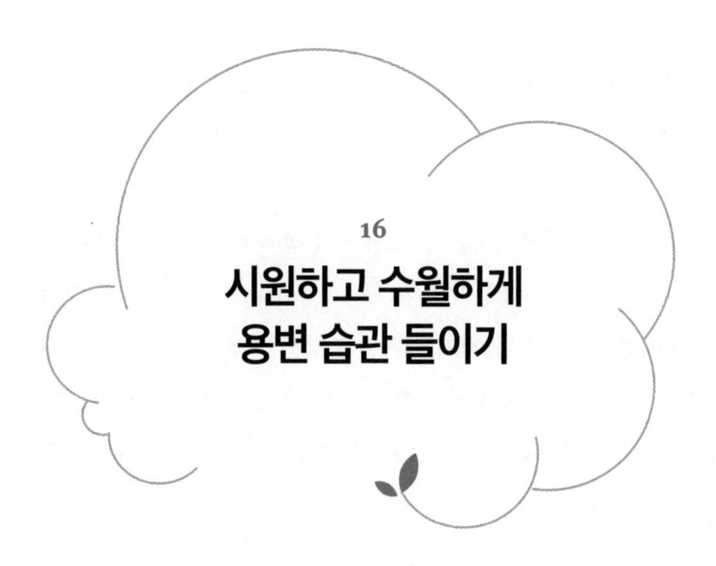

16
시원하고 수월하게 용변 습관 들이기

어머니는 내가 어떻게 용변을 가리게 되었는지에 대해 즐겨 이야기한다. "22개월 즈음 어느 날, 네가 이제부터 언니들이 입는 속옷을 입겠다고 선언하더구나. 그날은 금요일이었는데 월요일에는 기저귀를 차지 않고 어린이집에 갔지."

이 이야기는 나에 대한 어머니의 다른 이야기처럼(내가 했다는 말이나 훈련 속도 등) 믿기가 어렵다. 나는 어머니에게서 처음 이 이야기를 들었을 때 그 나이에는 불가능하다고 생각했다. 생후 22개월에? 그럴 수 없을 것 같았다. 그리고 보통 우리가 이런 대화를 나누다가 어머니의 육아 수첩을 다시 펼쳐보면(물론 모든 엄마가 자세히 필기해서 보관하는 건 아니고 부모에 따라 다르다), 종종 그녀가 하는 말이 과장되었다는 것이 밝혀진다. 그러나 이 경우에는 그렇지 않았다. 당시 어머니의 기록에 따르면 내가 그 나이에 속옷을 입고 있었던 것을 알 수 있고 더 이상의 특별한 언급은 없었다.

이에 질세라 시어머니는 우리 남편이 생후 13개월 때 용변을 가렸고 18개월 때는 변기에 응가를 했다고 주장한다. 시어머니 또한 그것이 일반적이었다고 말한다. 하지만 나는 분명히 내 남동생이 세 살이 되어서 유치원에 갈 때까지 용변을 가리지 못했다는 것을 기억한다(미안해, 스티브). 이것은 당시에 흔치 않은 일이었으므로 우리 부모님은 엄청나게 불안해했다.

용변 훈련은 왜 필요한가

아이가 언제 용변을 가리는지의 문제는 부모들에게 스트레스 요인으로 남아 있다. 용변 훈련을 일찍 시켜야 하나? 그러면 아이가 스트레스를 받지 않을까? 안 하면 어떤 식으로든 뒤처지는 게 아닐까? 그리고 우리 부모 세대의 경험과 조부모들이 어깨 너머로 하는 잔소리는 이제 더 이상 일반적이지 않은 것 같다. 내 동생은 당시의 기준으로 볼 때 용변을 늦게 가렸지만 지금 보면 그렇지도 않다. 특히 남자아이가 18개월 때 용변을 가리는 것은 흔하지 않은 일이다.

그러나 이것은 나의 짐작일 뿐 실제 데이터와 맞아떨어질지 궁금했다. 나는 좀 더 체계적으로 조사해 보기로 했다. 즉, 친구들에게만 물어

보기보다 설문 조사를 했다. 친구들, 그들의 부모님들, 부모님의 친구들, 페이스북과 트위터, 기본적으로 내가 접촉할 수 있는 모든 사람에게 설문을 보냈다. 나는 몇 가지 간단한 질문을 했다. 아이는 언제 태어났는가? 언제 용변을 가렸는가?

다음에 수록된 첫 번째 그래프는 내 설문 조사를 기초로 출생 시기별 용변을 가리는 평균 나이를 나타낸 것이다.[1] 이것을 보면 시간이 갈수록 용변을 가리는 평균 연령이 높아진 것을 알 수 있다. 1990년 이전에 태어난 아이들의 경우 용변을 가린 나이가 평균 생후 30개월이었는데, 이에 비해 가장 최근에는 생후 32개월 이상이 되었다. 더 주목할 만한 것은 두 번째 그래프다. 이 그래프는 36개월(3세) 이후에 용변을 가린 아이들의 비율을 보여 준다. 이 비율은 1990년 이전에 태어난 아이들 중 약 25퍼센트에 불과했지만, 가장 최근에는 35~40퍼센트까지 올라갔다.

물론 이것은 정확히 학문적으로 유효한 표본은 아니고, 분명히 논문 심사를 통과하지 못할 것이다. 그러나 일반적인 통념과 이 데이터가 말해 주는 사실들은 문헌에서 확인할 수 있다. 1960년대와 1980년대의 연구들을 보면, 낮에 용변을 가리는 평균 나이는 25~29개월이었고, 사실상 모든 아이가 36개월이면 용변을 가렸다. 그와 대조적으로 최근 연구들을 보면 36개월 이전에 용변을 가리는 아이들은 40~60퍼센트에 불과하다.[2] 이런 결과는 아이들이 용변을 가리는 시점이 점점 늦어지고 있다는 것을 보여 준다. 왜 그럴까?

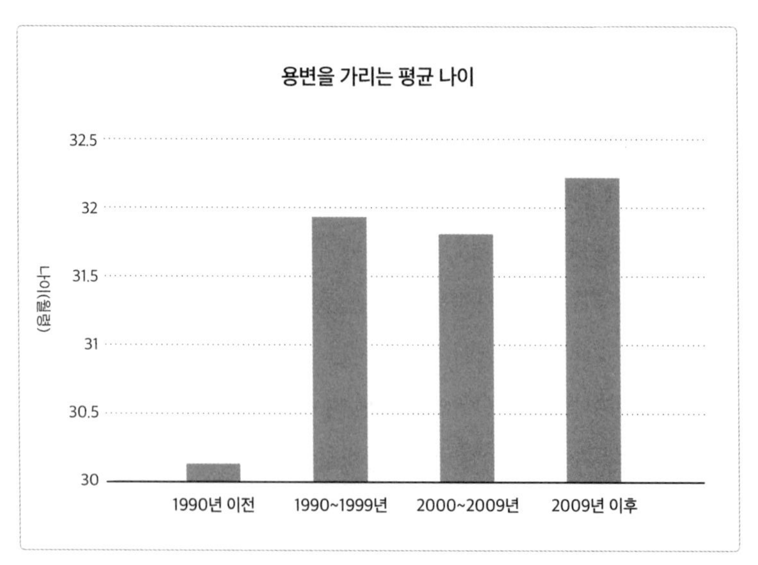

용변을 가리는 평균 나이
나이(월령)
32.5
32
31.5
31
30.5
30
1990년 이전
1990~1999년
2000~2009년
2009년 이후

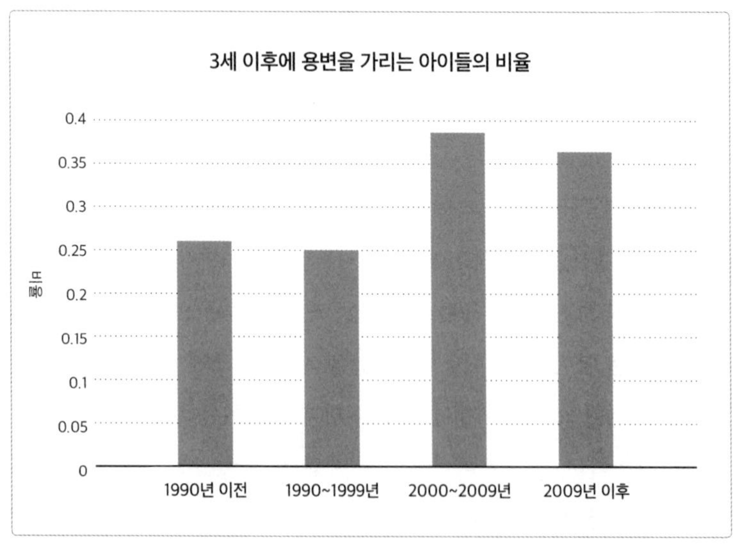

3세 이후에 용변을 가리는 아이들의 비율
비율
0.4
0.35
0.3
0.25
0.2
0.15
0.1
0.05
0
1990년 이전
1990~1999년
2000~2009년
2009년 이후

바로 이 질문에 대한 답을 찾는 연구가 2004년 《소아학저널》에 실렸다.[3] 이 연구는 약 18개월 된 아이들 400명을 모집해서 용변을 가리기까지의 과정을 추적했다. 그 결과 용변 가리기가 늦는 것과 관련해 유의미한 요인 3가지를 발견했다. 첫 번째, 세월이 흐를수록 용변을 가리는 시기가 늦어지는 원인은 용변 훈련을 늦게 시작한다는 요인 때문이다. 용변 훈련을 늦게 시작하면 용변 가리기가 늦어지는 것은 당연하다.

다른 2가지 요인은 배변과 관련이 있다. 변비에 자주 걸리거나 변기에서 응가를 하지 않으려는 아이들은 용변 가리기가 늦어졌다. 필자들은 이러한 문제가 시간이 지남에 따라 증가할 수 있다고 주장하면서, 용변을 늦게 가리는 이유를 대체로 훈련을 늦게 시작한 탓으로 돌렸다.

최근 몇 년 동안 왜 용변 훈련을 늦게 시작하게 되었는지 추측하는 것은 흥미롭다. 우리 어머니는 그 이유가 기저귀의 품질과 관련이 있다고 주장한다. 전에는 기저귀가 잘 새는 바람에 많이 사용하지 않았다고 한다. 1970년대 후반과 1980년대 초에 태어난 아이들은 처음으로 일회용 기저귀를 일반적으로 사용한 세대였는데, 그 이유는 아마 1980년대 초에 일회용 기저귀의 크기가 크게 줄어들었기 때문일 것이다.[4]

소득도 한몫했을 수 있다. 사람들은 평균적으로 시간이 지남에 따라 풍족해졌고, 인플레이션이 진정되면서 기저귀 가격은 내려갔다. 그 결과 비록 여전히 기저귀 구입은 많은 가족에게 부담스럽지만 그래도 기저귀를 더 오래 채우게 되었다.

또 어느 정도 사회적 압력이 작용할 수 있다. 만일 대부분의 부모들이 아이가 두 살이 되었을 때 용변 훈련을 시킨다면 따라 해야 할 것 같은 사회적 압력을 느낄 것이다. 만일 다른 부모들이 아이가 세 살이 될 때까지 기다린다면 그것이 표준이 된다. 또 어린이집에서 용변 훈련을 시키는 시점에도 영향을 미칠 수 있다. 이처럼 용변을 늦게 가리게 된 것이 무슨 이유에서든 용변 훈련을 늦게 시작하기 때문이라면, 훈련을 좀 더 일찍 시작해도 된다. 그렇다면 용변 훈련을 해야 할까?

용변을 일찍 가리는 것의 가장 중요하고 유일한 장점은 기저귀를 자주 갈아 주지 않아도 된다는 것이다. 그런데 용변 훈련을 좀 더 기다렸다가 하는 주된 이유는 일찍 시작할수록 훈련 시간이 더 오래 걸리기 때문이다. 앞에서 설명한 연구의 대상들, 18개월에 용변 훈련을 시작한 아이들 400명의 데이터를 보면 알 수 있다. 다음의 첫 번째 그래프는 이 연구 데이터를 활용해 내가 다시 만든 것으로,[5] 용변 훈련을 시작한 나이와 용변을 가리는 나이를 보여 준다(2가지 모두 부모들이 보고한 것이다). 여기서 용변 훈련을 시작한 나이는 부모들이 처음 아이를 훈련시키려고 노력한 시점을 말한다. 처음에는 하루에 적어도 3번 아이에게 변기를 사용할 것인지 물어보는 것으로 시작한다. 그리고 용변을 가린 나이는 아이가 낮 동안 완전히 용변을 가리게 되었다고 부모가 말한 시점이다.

이 그래프에서 볼 수 있는 것은 21개월에서 30개월 사이에 언제 훈련을 시작하든 용변을 완전히 가리는 시점은 비슷하다는 것이다. 두 번

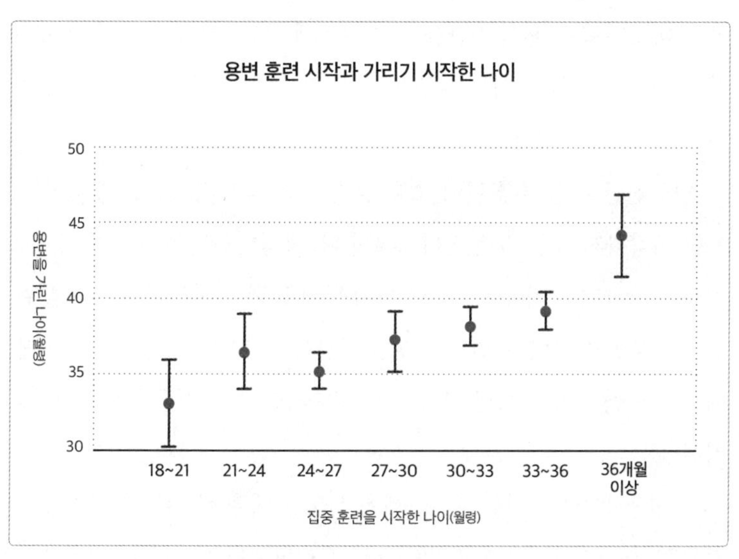
용변 훈련 시작과 가리기 시작한 나이
50
45
40
35
30
용변을 가린 나이(월령)
18~21
21~24
24~27
27~30
30~33
33~36
36개월 이상
집중 훈련을 시작한 나이(월령)

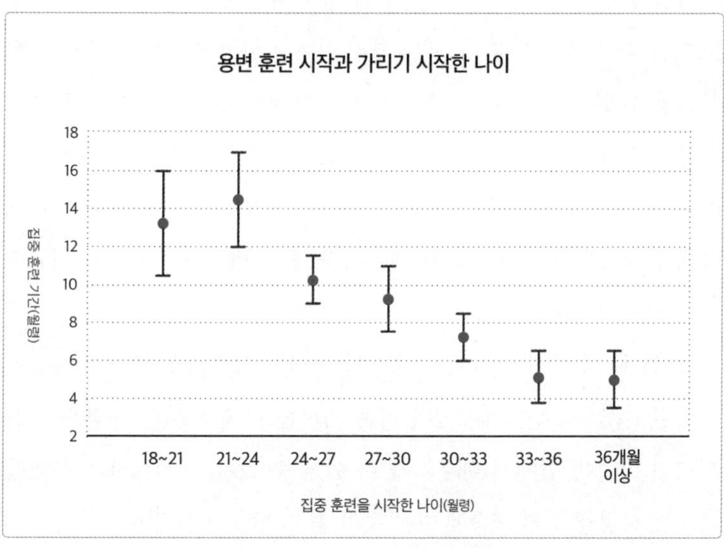
용변 훈련 시작과 가리기 시작한 나이
18
16
14
12
10
8
6
4
2
집중 훈련 기간(월령)
18~21
21~24
24~27
27~30
30~33
33~36
36개월 이상
집중 훈련을 시작한 나이(월령)

째 그래프는 용변 훈련 기간을 보여 주는데 일찍 시작할수록 끝날 때까지 시간이 더 오래 걸리는 것을 알 수 있다. 일찍 시작하면 훈련 기간이 1년이나 걸릴 수 있다.

연구원들은 용변 훈련이 오래 걸릴까 봐 걱정된다면 27개월 이전에는 시작하지 않는 것이 좋다고 말한다. 그렇다고는 해도 일반적으로 일찍 시작하면 일찍 끝난다. 27, 28개월에 훈련을 시작하면 36개월 무렵에는 용변을 가릴 수 있지만 훈련 기간은 10개월이나 걸린다. 36개월에 시작하면 늦게 시작한 만큼 늦게 끝나지만 훈련 기간은 6개월도 걸리지 않는다.

훈련을 2세에 시작할 때와 3세에 시작할 때 훈련 기간 차이가 있는 것처럼, 2~3세 아이를 어떤 방법으로 훈련하는지에 따라 더 어려울 수도 있고 더 쉬울 수도 있다. 세 살짜리 아이는 화장실 기능을 훨씬 더 잘 사용할 수 있다(또 아마 잔꾀를 더 잘 부릴 수 있지만 그것은 별개의 문제다). 용변 가리기는 일부 신체적인 문제와 감정적인 문제가 있다. 18개월 된 아이는 부모 말을 듣지 않고 변기를 거부할 가능성이 훨씬 적다. 부모에게 반항하는 의지가 덜하기 때문이다. 이런 점에서는 아이가 어릴수록 훈련이 더 쉬울 수 있다.

반면에, 세 살짜리 아이는 생각할 능력이 있으므로 보상의 유혹에 넘어갈 수 있다. 부모에게 반항하는 의지는 더 강하지만, 이해력과 자제력이 있다는 점에서 다루기가 더 쉬울 수 있다. 데이터에서 용변을 가리는 시점을 보면 나중에 하는 것이 좀 더 수월한 것 같다.

목표 지향 훈련법과 아이 주도 훈련법

용변 훈련을 시작할 시점을 선택했으면 이제 어떤 방법으로 할 것인지 고민할 차례다. 용변 훈련법은 크게 2가지로 나눌 수 있다. 첫째, 부모가 주도하는 '목표 지향' 훈련법이 있다.[6] 이 방법은 《앗, 똥이다!Oh Crap!》와 《3일 완성 용변 훈련3Day Potty Training》과 같은 책에서 제안하는데, 일반적으로 기저귀를 채우는 대신 아이를 변기에 자주 앉히는 것으로 시작한다. 잘하면 며칠 만에 (거의) 훈련이 끝난다. 이 방법은 훈련 강도가 세든 약하든 기본적인 절차는 같다. 언제 용변 훈련을 해야 할지 결정하고 나서 최종 목표를 향해 밀고 나가는 것이다. 그런데 앞에 나오는 데이터에서 용변 가리는 시점을 보면, 대부분의 부모는 이런 방법을 사용하지 않거나 아니면 성공하지 못한 것 같다(나는 이 책에서 자신들의 용변 훈련에 대해 상세히 이야기하지 않기로 우리 아이들과 약속했다. 하지만…… 우리는 이 방법을 선택했고 대체로 만족스러웠다. 한 아이가 다른 아이보다 더 수월했다. 물론 사흘 만에 완전한 성공을 거두지는 못했다).

그 반대편에는 좀 더 자유방임주의적인 방법이 있는데 대체로 아이의 속도에 맞추어서 따라가는 것이다. 이 방법은 아이의 신호를 살피다가 때가 되었다고 판단되면 변기에 앉히는 것인데, 궁극적으로 아이가 변기를 사용하게 만든다는 점에서 목표 지향적이지만 시간을 정해서 하지는 않는다. 세 번째 방법은 '배변 소통법'인데, 이것은 아이들이 태어날 때부터 변기를 사용하게 하는 것이다. 이 방법에 대해서는 나중에 좀 더 설명하겠다.

이런 방법들은 오래전에 개발되었다. 아이 주도 용변 훈련법은 1962년에 처음 등장했다. 훈련법들 간의 주요 차이점은 아이의 연령에 있다. 일반적으로 아이 주도 훈련법은 좀 더 나중에 시작한다.

사실 훈련법들을 서로 비교하거나 각각의 방법이 얼마나 효과적인지에 대한 데이터는 거의 없다.[7] 이에 관한 연구가 있다고 해도 해석하기는 매우 어렵다. 예를 들어 어린이집에서 용변 훈련이 필요한 20명의 아이를 대상으로 한 연구가 있다(겨우 20명!).[8] 연구원들은 어린이집 교사들에게 3가지 개입(속옷 입히기, 자주 변기에 앉히기, 변기를 사용하면 보상하기)을 사용하도록 했는데, 일부 아이들에게는 3가지를 한꺼번에 사용하고 다른 아이들에게는 순차적으로 사용하게 했다.

그 결과 어떤 아이들은 나아졌고, 어떤 아이들은 나아지지 않았다. 사실상 일관성이 없었다. 연구원들이 말할 수 있는 것은 기껏해야 속옷을 입은 아이들이 상당수 개선된 것 같다는 정도였다. 아마 가장 중요한 점은 결국 모든 아이가 용변을 가리게 되었다는 것이다.

다른 소규모 연구들도 있다. 한 연구는 영국에서 39명의 아이를 대상으로 알람 기저귀(젖으면 알람이 울리는 특수 기저귀)를 채우는 방법과 일정한 시간 간격으로 변기에 앉히는 방법을 비교했다. 그 결과 알람 기저귀가 더 효과적인 것으로 나타났다. 하지만 표본이 작을 뿐 아니라 특별한 접근법에 대한 포괄적인 연구가 아니었다. 또 알람 기저귀는 누구나 사용할 수 있는 물건이 아니다.

근거에 기초한 지침이 절실히 필요하다면, 1977년에 71명의 아이를 대상으로 아이 주도 훈련법과 집중 훈련법을 비교한 무작위 연구가 있다.[9] 이 연구는 집중 훈련을 받은 아이들이 하루 동안 실수하는 횟수가 줄어들었다는 것을 보여 주면서 집중 훈련법에 찬성하고 있다. 그러나 이 연구는 매우 오래되었고 소규모이며 아이들에게 나타나는 다른 결과(용변 훈련이 주는 스트레스 등)는 살피지 않았다. 결국 주요 요지는 최선이 무엇인지, 또는 유일한 최선이 있는지 잘 모른다는 것이다. 결론적으로 모든 아이나 가족에게 맞는 단 하나의 방법은 없다.

나의 쌍둥이 조카들이 용변 훈련을 시작했을 때 우리 어머니는 그들에게 읽어 주기 위해 《사자의 용변 훈련The Lion Gets Potty Trained》이라는 제목의 책을 만들었다. 쌍둥이들의 언니인 큰 조카와 박제된 사자의 사진들로 꾸며진 그 책의 내용은 사자에게 과자, 사탕, 금귤 등 다양한 보상을 주면서 변기를 사용하도록 훈련을 시키는 것이었다. 그리고 마침내 사자에게 미트볼을 주는 것으로 용변 훈련에 성공한다.

나는 핀에게 이 책을 여러 번 읽어 주었는데, 여러모로 용변 훈련의 현실을 잘 보여 주고 있다. 아이가 변기를 사용하도록 하기 위해 온갖 수단을 동원해도 결국 억지로 되는 일은 아니다. 그리고 무엇보다 아이들마다 다르다. 어떤 아이는 스티커에, 어떤 아이는 과자에, 어떤 아이는 미트볼에 반응한다.

결국 용변 훈련은 가족과 아이에게 맞는 방법으로 해야 한다. 세월에 따른 변화를 보면, 요즘 부모들이 원하면 아이들에게 좀 더 일찍 용변 훈련을 시켜도 된다는 것을 알 수 있다. 그러자면 좀 더 목표 지향적 접근법을(아이 주도 방법보다는) 채택해야 할 것이다. 아니면 아이가 준비되었다고 생각될 때까지 기다려야 하는데 그러면 아마 3세 무렵이거나 그보다 더 늦을 수도 있다.

아이 주도 훈련법은 시간이 더 걸리기는 하지만 좀 더 즐겁게 할 수 있다. 하지만 아이를 여럿 키우면서 기저귀 갈아 주기에 완전히 지쳐 버렸다면 생후 25개월 때 용변 훈련을 시작할 수도 있다. 이 경우 아마 집중적이고 목표 지향적인 방법을 시도하면서 아이가 잘 따라오는지 살피는 것이 최선이다.

용변을 가리는 나이를 아이큐나 교육과 같은 훗날의 결과와 연관 지을 근거는 없다.[10] 아이가 일찍 용변을 가리는 것은 부모에게 반가운 일이지만 장기적인 결과와는 무관하다. 아이를 20분마다 화장실에 데려가고 속옷에 묻은 응가를 치울 때는 앞이 캄캄하겠지만 결국에는 모든 아이가 변기를 사용하게 된다.

아이가 용변 훈련을 거부하면 어쩌지?

변기를 거부하다

퍼넬러피가 태어나기 전의 어느 날, 한 친구와 그녀의 아들에 대해 이야기를 나누었다. "어떻게, 잘하고 있니?" 내가 물었다. "잘하고 있는

데 STRStool Toileting Refusal 문제가 있어."

"뭐가 있다고?"

"아, 변기를 거부하는 것 말이야."

그때 처음 나는 널리 알려져 있다는 'STR' 문제에 대해 알게 되었는데, 변기에 응가를 하지 않으려는 아이를 일컫는 적절한 용어인 것 같다.

이 문제는 놀라울 정도로 흔하다(아이를 키워 보지 않은 사람들은 더 놀랄 것이다). 아마도 아이들 중 4분의 1 정도는 이런 행동을 보이는 것 같다.[11] 이상한 일이지만 많은 아이가 기저귀에 응가하는 것을 좋아한다. 소변은 변기에 잘 보면서 대변은 거부한다. 소변과 달리 대변은 어린아이들도 어느 정도 참을 수 있다.

아이들이 변기에 소변을 보게 된 후에도 계속 대변 보기를 거부하면 문제가 생긴다. 가장 큰 문제는 변비에 걸리는 것이다. 그래서 결국 배변이 더 힘들어지는 악순환에 빠진다. 그러면 아이는 변기를 고통과 연관시켜서 정말 두려워하게 된다. 또한 만성 변비는 배뇨에도 지장을 줄 수 있다.

좀 더 큰 아이에게 이런 문제가 있을 때 어떻게 해결해야 할지에 대한 연구가 있다. 대변을 참는 것은 학령기 아동에게도 흔한 문제다. 하지만 더 어린 아이들에게 사용할 수 있는 체계적인 방법에 대한 연구는 거의 없다.[12] 2003년에 400명의 아이를 대상으로 한 연구에서는 아이 주도 훈련법을 사용하면 변기 거부 기간이 줄어드는 것으로 나타났다. 무엇보다 부모들에게 용변 훈련을 시작하기 전에 기저귀에 응가하면 크게 칭찬해 주라고 했다.[13] "와! 응가했구나! 아주 잘했어! 정말 대단해!" 그렇게 해서 문제가 완전히 해결되는 것은 아니지만 거부하는 기간은 줄어들었다.

변기를 거부하는 문제를 해결하기 위한 일반적인 조언은 아마도 화장실에 가서 기저귀에 응가하는 것이다. 한 걸음 후퇴하는 것 같지만 변비가 생기는 악순환 가능성을 줄일 수 있다. 이에 대한 증거는 많지 않은데, 한 소규모 예비 연구에서는 변기를 거부하는 문제 때문에 기저귀를 다시 채운 아이들이 사실상 3개월 안에 모두 용변을 가리게 된 것으로 나타났다. 다시 말하지만 시간이 지나가면 어떤 아이든 결국 변기를 사용하게 되며 대조군이 없으면 알 수 있는 것이 많지 않다.[14]

야뇨증이 생기면?

낮에 변기를 사용하게 되었다고 해도 밤새 이불을 적시지 않고 아침에 일어나서 화장실에 가는 것은 또 다른 문제다. 많은 아이가 낮에 완전하게 용변을 가리게 된 후에도 오랫동안 밤에는 기저귀를 차야 한다. 낮과 달리, 밤에 용변을 가리기 위해서는 기본적으로 변의를 느끼고 잠에서 깨야 한다. 이 능력이 생기는 시기는 아이마다 다르다. 5세 무렵에는 80~85퍼센트의 아이들이 밤에 용변을 가리게 된다(밤에 아예 소변을 보지 않는 것이 아니라 마려우면 깨어나 화장실에 가는 것을 말한다).[15]

의사들은 일반적으로 아이가 6세가 될 때까지는 밤에 용변을 가리지 못하는 것에 대해 걱정하지 않는다. 그 이후에도 계속되면 밤에 아이를 깨워서 소변을 보게 하고, 잠자리에 들기 전에 수분 섭취를 제한하며, 알람 기저귀를 채우는 등 몇 가지 조치를 취하는 것이 일반적이다. 이렇게 문제가 지속되는 경우는 아마 10퍼센트 정도이고(대부분 남자아이), 결국 거의 모두 해결된다.

용변 신호 알아차리기

대부분의 부모는 한동안 아이에게 기저귀를 채우는 것을 당연하게 여긴다. 반면에 배변 소통법은 아이가 태어났을 때부터 소변이나 대변을 보려는 신호를 눈치채고 재빨리 변기에 앉히는 훈련법이다. 물론 아직 혼자서 앉지 못하는 아기는 변기에 앉힐 수 없다. 그럴 때는 엄마 무릎에 그릇이나 변기 비슷한 것을 놓고 그 위에 아이를 앉히는 방법으로 한다. 배변 소통법에 관한 연구는 거의 없다. 한 초기 연구는 이 방법을 사용하는 부모들을 조사했는데 실제로 많은 부모가 아주 어린 아이도 변기를 사용하겠다는 신호를 보인다고 보고했다.[16] 이 연구에 의하면 아이들은 평균 생후 17개월이면 용변을 가렸고 부작용은 없었다.

배변 소통법은 명시적인 용변 훈련법이 아닌 변기 사용을 장려하기 위한 방법으로 홍보된다는 점에 주목할 필요가 있다. 이렇게 구분하는 것이 어떤 의미가 있는지 알 수 없지만, 내 생각에 정식 '용변 훈련'은 비교적 짧은 시간 안에 훈련을 끝내는 것을 목표로 하는데 영아기에 훈련하면 어쩔 수 없이 더 많은 시간이 걸린다는 점을 고려한 것 같다. 그 외에는 입증되지 않은 성공 보고나, 기저귀를 사용하지 않는 문화권에서는 엄마들이 용변 훈련 요령을 좀 더 일찍 터득하는 것 같다는 요약 기사가 있을 뿐이다.

만일 배변 소통법이 마음에 든다면 하지 말아야 할 이유는 없다. 다만 합리적인 생활 방식을 위한 선택이어야 하며, 어린이집에서 권하는 방식을 무조건 따라 하는 것은 아닌지 생각해 볼 필요가 있다.

✦ Bottom Line ✦

- 시간이 지남에 따라 용변 가리는 연령대가 높아지고 있는데 이것은 부모들이 용변 훈련을 늦게 시작하는 것이 원인일 가능성이 크다.
- 평균적으로 훈련을 일찍 하면 더 일찍 용변을 가리지만 훈련 기간은 더 오래 걸리는 경향이 있다. 생후 27개월 이전에는 집중 훈련을 해도 용변을 더 일찍 가리지 않는 것 같다.
- 아이 주도 훈련법과 집중적인 목표 지향적 훈련법의 효과를 비교해서 보여 주는 증거는 거의 없다.
- 아이들이 변기를 거부하는 것은 흔한 문제이며 해결 방법은 제한적이다.

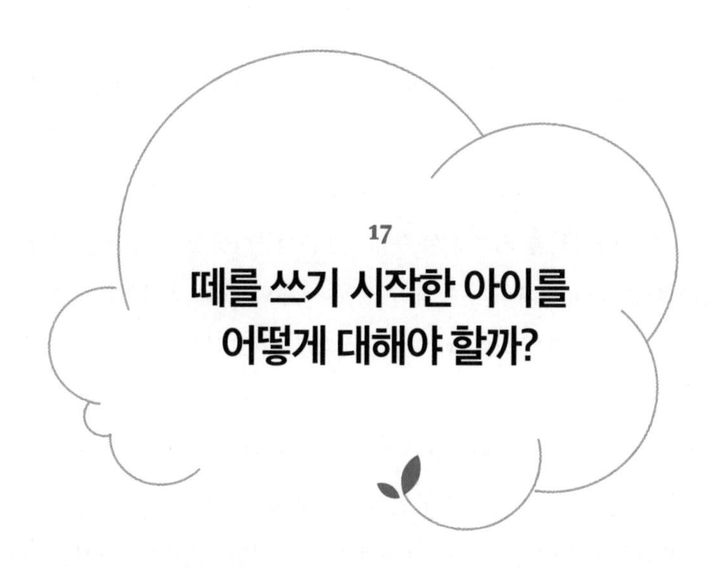

17
떼를 쓰기 시작한 아이를 어떻게 대해야 할까?

내가 꼬마였을 때 말썽을 부리면 우리 어머니는 벌로 "계단에 앉아서 생각해 보라"고 했다. 나는 뒤뚱거리며 계단으로 향했고 거기에 앉아 잠시 내 행동에 대해 곰곰이 생각했다. 그러고 나서 어머니에게 무엇을 잘못했는지 설명하고 다시는 그러지 않겠다고 했다. 어머니는 자신이 아이와 깊은 교감을 나누고 있으며 다른 부모들처럼 "네 방으로 가!"라는 식으로 야단치지 않는 훌륭한 부모라고 자부했다. 그러다가 내 동생 스티브가 태어났다.

스티브는 계단에 앉아 생각해 보라는 지시를 따르지 않았다. 사실 그는 안 하겠다고 소리를 질렀다. 결국 어머니는 스티브에게 방으로 들어가라고 했고, 그는 다시 거부했다. 어머니는 비명을 지르고 발버둥을

치는 아이를 억지로 끌고 가서 방에 넣고 문을 닫았다. 다시 말하지만 자식은 부모 마음대로 되지 않는다(스티브는 훌륭하고 유능한 성인으로 자랐고 예나 지금이나 동생으로서 훌륭하다).

나 역시 아이들을 키우면서 우리 어머니와 비슷한 과정을 거쳤다. 퍼넬러피는 한 번도 떼를 쓴 적이 없었다. 핀이 떼를 썼을 때 나는 믿을 수가 없었다. 핀은 집이 떠나가라 소리를 질렀다! 나는 남편에게 물었다. “아이가 아픈 것 같지 않아? 병원에 데려가야 할까?” 남편은 나를 미친 사람처럼 쳐다보았다. “아픈 게 아니야. 이제 겨우 두 살이라고.”

떼를 쓰는 것은 아이들의 극단적인 자기표현으로, 거의 모든 부모가 공공장소에서 떼를 쓰는 아이 때문에 당황했던 경험담을 가지고 있다. 내 친구 제나에게 이 주제를 이야기하자 그녀의 어머니는 지금도 그녀가 네 살 때 K마트에서 떼를 썼던 이야기를 하면서 화를 낸다고 했다. 내 조카는 언젠가 복잡한 쇼핑몰 바닥에 누워 소리를 질렀는데 그의 엄마가 가 버리자(적절한 대응이다) 지나가던 사람들이 발을 멈추고 그를 도와주려고 했다. 물론 떼를 쓰는 아이를 도와줄 방법은 없다.

유아들은 다른 방법으로도 말썽을 부린다. 거의 과학자처럼 무엇이든 실험해 보는 것이다. ‘내가 먹다 만 콜리플라워 줄기를 엄마에게 던지면서 “안 먹어!”라고 하면 어떻게 될까? 내가 책으로 누나 머리를 때리면 누나도 나를 때릴까? 어른들이 못 하게 나를 막을까?’

부모들은 이런 끊임없는 실험에 당황하고 지치게 되며 특히 아이를 힘으로 제어하기 어려워지면 속수무책임을 느낀다. 아들이 박물관에서 자꾸 셔츠를 벗어 던지면 어떻게 해야 하나? 억지로 셔츠를 다시 입히는가? 그냥 포기하고 맨몸으로 뛰어다니게 내버려 두어야 하나? 도대체 왜 셔츠를 벗으려고 하는 건가? 아침에만 해도 그 셔츠가 아니면 안 입겠다고 고집을 부리더니…….

어느 정도 좋은 소식은 팩트에 기초한 훈육법들이 있다는 것이다. 어느 정도 좋다는 이유는 아이의 떼쓰기를 완전히 멈추게 하고, 두 살배기를 갑자기 일곱 살 아이로 만드는 비법은 없기 때문이다. 다만 아이가 떼를 쓰기 시작할 때 어떻게 대처할지, 재발을 막으려면 어떻게 할지 알려 준다.

그전에 우리는 한 걸음 물러서서 훈육을 하는 이유에 대해 생각해 볼 필요가 있다. 훈육을 통해 얻고자 하는 것은 무엇인가? 내 생각에 그 답은 육아와 관련된 다른 선택들에서 추구하는 것과 같다. 부모는 아이가 커서 행복하고, 친절하고, 유능한 성인이 되기를 원한다. 어지르고 치우지 않는 아이의 행동을 바로잡는 이유는 부모가 대신 치워야 하기 때문이 아니다. 사실 아이에게 시키는 것보다 차라리 직접 하는 게 더 쉬울 것이다. 훈육은 아이가 자신의 행동에 대해, 지금 레고를 어지른 것뿐 아니라 앞으로 불가피하게 일어나는 문제에 대해 스스로 책임을 지는 사람이 되는 법을 가르치기 위한 것이다.

이것은 프랑스식 육아법이 말하는 것처럼 교육으로서의 훈육 철학이다(고마워요, 《프랑스 아이처럼》). 훈육은 처벌이 아니다. 물론 처벌의 요소가 있다. 그러나 그 목적은 처벌 자체가 아니라 더 나은 사람으로 자라게 하기 위함이다. 이러한 철학을 염두에 두고 데이터로 눈을 돌려 보자. 많은 증거에 기초한 대표적인 훈육법들로 '1-2-3 매직1-2-3 Magic' '인크레더블 이어즈Incredible Years(부모, 교사, 아동을 대상으로 한 놀이 치료와 코칭 프로그램)' '트리플 P-긍정 육아 프로그램Triple P—Positive Parenting Program' 등이 있다. 심각한 행동 문제를 가진 아이들을 위한 특수 학교들을 포함해 많은 학교에서 사용하는 '긍정적 행동 개입과 지원Positive Behavior Interventions and Supports'이라는 교육 과정도 그 목표와 구조는 비슷하다.

인성과 예절을 가르치는 3가지 원칙

이 모든 방법은 대체로 몇 가지 핵심 원칙을 강조한다. 첫째, 아이들은 어른이 아니므로 설득을 해서는 행동을 개선할 수 없다는 것을 인정한다. 박물관에서 셔츠를 벗는 네 살 아이는 공공장소에서 셔츠를 입어야 한다는 논리에 반응하지 않을 것이다. 무엇보다 아이들에게 어른의 논리대로 따라오기를 기대하면 안 된다. 따라서 박물관에서 옷을 벗는 남편에게 하는 식으로 화를 내서는 안 된다. 모든 훈육법이 화를 내지 말아야 한다고 강조한다. 소리 지르지 말고, 흥분하지 말고, 결코 때리면 안 된다. 부모가 분노를 억제하는 것이 훈육의 첫 번째 원칙이다.

이것은 말하기는 쉽지만 종종 실천하기는 어렵다. 마음 수행이 필요할 정도다. 부모들은 아이에게 화내고 싶지 않지만 이런저런 상황에서 화가 나는 것은 어쩔 수 없다. 훈육은 사실 부모의 수행이다. 심호흡을 하자. 잠시 기다리자. 언젠가 나는 아이들에게 이렇게 말한 적이 있다. "엄마는 지금 너무 화가 나. 화장실에 가서 잠시 진정을 해야겠어(집 안에서 유일하게 문을 잠글 수 있는 곳이다)." 그리고 아이들뿐 아니라 나 자신까지 다룰 수 있다는 생각이 들었을 때에야 거기서 나왔다.

아이는 어른이 아니라는 생각에서 좀 더 나아가면, 아이가 떼를 쓰는 이유를 이해하려고 애쓰는 것은 소용이 없음을 깨닫게 된다. 하지만 우리는 무엇이 문제인지 알아내려는 강한 유혹을 느낀다. 그래서 아이가 느끼는 불만이 정확히 무엇인지 듣고 싶어 한다. 하지만 아이가 말로 표현할 수 있다고 해도 아마 자기 자신도 왜 그러는지 알지 못할 것이다. 아이들은 온갖 이유로 떼를 쓴다. 따라서 떼쓰는 행동을 하지 못하게 해야 한다. 만일 떼쓰기가 적절한 방법이 아니라는 것을 알게 되면 욕구 불만을 표현하는 좀 더 생산적인 방법을 찾을 것이다.

둘째, 모든 훈육법은 보상과 벌칙을 분명히 알려 주고 일관되게 실행할 것을 강조한다. 예를 들어 '1-2-3 매직'은 아이가 떼를 쓰면 숫자를 세고(셋까지 분명하게), 셋을 세고 나면 '타임아웃(아이와 부모가 격해진 감정을 스스로 가라앉힐 수 있는 시간을 가지는 것)'이나 아이의 특권을 상실시키는 것처럼 정해진 벌칙을 실행하는 방법이다.

마지막으로 훈육법이 강조하는 것은 일관성이다. 어떤 방법을 사용하든지 예외 없이 실행해야 한다. 숫자를 셋까지 세고 나서 타임아웃을 하기로 했다면, 예를 들어 식료품 가게에 있다고 해도 타임아웃을 해야 한다(책에서는 가게 구석으로 데리고 가거나 '타임아웃 매트'를 가지고 다니라고 제안한다).

부연하자면, 아이에게 뭔가를 못 하게 했다면 끝까지 같은 입장을 고수해야 한다. 만일 아이가 디저트를 달라고 하는데 주지 않았다면 계속 칭얼댄다고 해서 나중에 주면 안 된다. 이럴 때 부모가 항복을 한다면 아이가 무엇을 배울까? 징징거리면 효과가 있다는 것을 배울 것이다. 그러니 꿋꿋하게 밀고 나가자! 그리고 실행에 옮기지 못할 위협은 하지 말자.

예를 들어 비행기를 타고 가다가 아이가 앞좌석을 계속 발로 찬다고 하자. "한 번만 더 그러면 너를 비행기에 두고 내릴 거야"라고 말하는 것은 적절하지 않다. 왜? 정말로 아이를 비행기에 남겨 두고 내리지는 않을 것이기 때문이다. 아이가 시험 삼아 다시 발차기를 해도 비행기에 남겨지지 않는다는 것을 알게 되면 기억해 두었다가 나중에 또 그럴 것이다. 자동차 안에서 부모가 하는 위협도 마찬가지다. "너희들 계속 싸우면 차 돌려서 집에 갈 거야!"라고 말할 수는 있지만 이때 정말 집에 돌아갈 각오를 하고 말해야 한다.

훈육법은 이런 원칙들을 기본으로 하는데, 수면 훈련과 마찬가지로 구체적인 내용은 각각 다르다. 훈육법을 사용하겠다면 한 가지 프로그램을 선택해서 고수하는 것이 좋다. 어떤 방법이 더 낫다고 말할 수는 없지만 일관성이 중요하므로 아이를 돌보는 사람은 모두 같은 훈육법을 사용할 필요가 있다.

'타임아웃'과 '1-2-3 매직'은 정말 효과가 있을까

훈육법은 아이가 클 때까지 사용할 수 있지만 빠르면 두 살부터 시작할 수 있다. 훈육법에 관한 책들은 타임아웃에 대해 몇 가지 구체적인 지침을 제안한다. 예를 들어 어릴수록 타임아웃 시간을 짧게 가지고, 떼쓰기가 끝난 후에 실시해야 한다. 그리고 아주 어린 아이들의 훈육에는 몇 가지 핵심 요소가 포함된다. 대표적으로 아이가 원하는 것을 얻기 위해 떼쓰기를 사용하지 못하도록 해야 한다.

이런 방법들이 효과가 있다는 사실은 다수의 무작위 대조 실험으로 입증되었다. 2003년 《아동청소년 정신의학저널Journal of Child and Adolescent Psychiatry》에 발표된 한 논문은 아이의 행동을 바로잡고 싶은 222가구가 1-2-3 매직 방법을 사용한 결과를 평가했다.[1] 임상 행동 장애가 아닌 단지 일반적으로 다루기 힘든 아이들이 대상이었다. 훈련법에 대한 교육은 간단하게 진행됐다. 부모들은 1-2-3 매직 방법을 설명하는 회의에 3번 참석했고, 비디오와 특정 문제를 설명하는 인쇄물을 받았다. 한 달 뒤에 네 번째 보강 회의가 열렸다.

실험 그룹(부모 교육을 받은 그룹)은 측정된 모든 변수에서 개선을 보였다. 부모들은 "아이에게 나무라고 화를 내는가?"라는 검사에서 더 좋은 점수를 받았고, 아이들은 다양한 행동 검사에서 더 좋은 점수를 받았다. 또 부모들은 아이들의 행동이 개선되었고 좀 더 말을 잘 들으며 육아 스트레스가 줄었다고 보고했다. 부모들이 받은 교육이 제한적이었던 만큼 큰 효과를 기대하지는 않았지만, 연구원들은 그 효과가 아주 크지 않아도 아이들과 함께 보내는 시간에 영향을 준 것을 확인했다. 규모는 좀 더 작지만 1-2-3 매직의 효과를 더 오래 추적한 연구들도 유사한 결과를 보여 주었고, 연구원들은 그 효과가 2년 후에도 지속된다고 주장했다.[2]

훈육법의 효과는 1-2-3 매직에만 국한되지 않는다. 많은 연구, 특히 영국과 아일랜드에서 인크레더블 이어즈 훈육법을 사용한 연구도 비슷한 결과를 보여 주었다. 부모의 육아 방식이 개선되고 아이의 행동 문제가 줄어들었으며 육아 스트레스는 낮아졌다.[3] 이러한 증거를 모두 종합해 보면 일관적으로 비슷한 결론이 내려진다. 훈육법은 효과가 있다는 것이다.[4]

그렇다면 실제로 이런 훈육법을 사용해야 할까? 이에 대한 답은 다른 대안에 달려 있다. 체벌에 대해서는 잠시 후 이야기하겠지만 그 증거를 보면 단기적으로나 장기적으로 부정적인 결과를 가져온다. 따라서 체벌보다는 위에서 소개한 훈육법 중 하나를 시도해 볼 필요가 있다. 그리고 부모가 피곤하고 짜증이 나고 아이가 미워지는 것도 훈육법을 시도할 이유가 된다.

이런 면에서 훈육법은 수면 훈련과 다르지 않다. 육아 스트레스의 완화, 아이와의 관계 개선 등 부모에게 여러 장점이 있다(학교에도 어느 정도 혜택이 돌아갈 것이다). 물론 지금 잘하고 있다면 그대로 하면 된다. 만일 그렇지 않다면 이런 훈육법을 시도해 볼 수 있다. 모든 훈육법은 칭얼거리기, 싸우기, 떼쓰기, 말대꾸하기 등 문제 행동을 줄이고 아침이나 저녁 식사를 준비할 때 식탁 차리는 걸 도와주는 것처럼 협조적인 행동을 장려하는 데 초점을 맞추고 있다.

그렇다면 아이가 성가신 행동을 할 때는? 아이가 같은 노래를 50번 연속으로 부른다면? 아마 아이의 이런 행동은 참고 견뎌야 할 것 같다. 훈육법의 주요 원칙 중 하나는 성가신 행동이 아니라 나쁜 행동에 대해 사용해야 한다는 것이다. 내가 읽은 어떤 책에서는 그럴 때 귀마개를 하라고 제안했다. 좀 더 큰 아이들은 어떤 행동이 부모를 괴롭힌다는 것을 알면 그 행동을 일부러 더 한다는 것을 염두에 둘 필요가 있다.

적당한 체벌은 '필요악'인가 그냥 '악'인가

마지막으로 체벌에 대해 짚고 넘어가지 않을 수 없다. 체벌은 시간이 지나면서 점차 줄어들고 있지만 아직도 많은 가정에서 아이의 문제 행동을 다루기 위해 엉덩이를 때리거나 다른 형태의 가벼운 체벌을 한다(적어도 미국 가정의 절반은 체벌 방법을 사용하는 것으로 추정된다).[5] 일부 학교에서도 여전히 체벌을 한다.

나는 이 책을 쓰면서, 그리고 우리 아이들을 키우면서 진정으로 팩트를 기초로 하고 데이터를 따라가려고 노력했다. 하지만 이 경우에는 내 주장을 먼저 하겠다. 나는 체벌에 반대한다. 또 데이터에서 읽을 수 있는 그 무엇도 체벌이 좋은 방법이라고 생각할 만한 증거를 찾을 수 없었다. 아래에서 자세히 설명하겠지만 데이터를 보면, 체벌이 사실상 좋은 방법이 아니라는 내 주장이 옳다. 하지만 이 글은 내 주장에서 출발한다는 점을 분명히 밝혀 둔다.

체벌에 대한 연구들은 대부분 아이의 행동 문제와 학교 성적에 미치는 영향에 초점을 맞추고 있다. 체벌은 나중에 더 많은 행동 문제로 이어질까? 체벌을 당하면 학교에 가서 뒤처지게 될까? 이 질문에 데이터로 답하기 어려운 이유는 적어도 2가지다. 첫째, 체벌하는 부모들은 체벌하지 않는 부모들과 다른 점이 있다. 체벌을 하는 데에는 여러 이유가 있고 문제 행동 역시 다양한 원인이 있으므로, 단순히 체벌과 그 이후의 결과만 따진다면 체벌의 부정적인 면을 과대평가하게 될 것이다.

둘째, 부모에게 매를 맞는 아이들은 문제 행동을 많이 할수록 더 많이 맞을 것이다. 3세 때의 체벌 결과를 5세 때 측정한다고 하자. 데이터는 3세 때 매를 맞은 아이가 5세 때 더 많은 문제 행동을 하는 것으로 나타날지 모른다(사실 그렇게 나타난다). 그러나 3세 때의 행동 문제가 이어져서 계속 매를 맞고 문제 행동이 늘어난 것일 수 있다. 이런 변수를 다루는 것은 불가능하지는 않아도 매우 어려울 것이다.

이 점에 최대한 유의한 연구들은 아이들의 유아기를 추적해서 결과로 이어지는 모든 과정을 살펴보려고 노력했다. 한 예로 《아동발달Child Development》에 실린 논문은 적어도 4000명에 가까운 1~5세 아이들의 표본을 사용했다.[6] 연구원들은 1, 3, 5세 때 각각 엉덩이를 맞은 것과 이후의 행동 문제에 대한 데이터를 살펴보았다. 그들은 가능한 모든 과정에 대해 충분히 조정을 하려고 노력했다. 예를 들어 1세 때의 체벌을 5세 때의 행동 문제와 연결하고, 그다음에 3세 때 맞은 것에 대해 조정을 하면 그 관계가 없어지는지에 대해 질문했다.

연구원들은 엉덩이 때리기가 행동 문제에 장기적으로 부정적인 영향을 미친다고 주장했다. 1세 때 맞은 아이는 3세 때 행동 문제가 증가했고, 3세 때 맞은 아이는 5세 때 행동 문제가 증가했다. 이러한 결과는 앞서 했던 행동 문제에 대해 조정을 해도 유지되었다. 다시 말해 3세 때 맞은 영향은, 3세 때 행동 문제에 대해 조정하더라도 5세 때 행동 문제로 연결된다는 것이다.

아이를 때리는 부모들과 때리지 않는 부모들의 소득과 학력을 조심스럽게 비교해 본 다른 연구들도 마찬가지로 체벌이 행동 문제를 악화시키는 것을 발견했다.[7] 이 주제에 대한 논평 기사들도 역시, 작지만 지속적이고 부정적인 영향이 있다고 말한다.[8] 심지어 체벌이 장기적으로 알코올 남용, 자살 시도와 같은 문제와도 연관이 있다고 주장하는 문헌도 있다. 다만 매를 맞은 아이들과 그렇지 않은 아이들의 가정 환경에는 또 다른 차이점이 있기 때문에 이를 강력하게 주장하기는 매우 어렵다.[9]

체벌이 아이의 행동을 개선한다는 것을 보여 주는 증거는 없다. 어떤 형태의 체벌이라도 부정적인 영향을 미친다는 증거는 있어도 긍정적인 영향을 미친다는 증거는 없다. 아이들은 말썽을 부릴 수 있고 그래서 가끔 벌도 줄 수 있다. 그러나 벌을 주는 것은 아이들에게 성인이 되는 법을 가르치는 생산적 훈육의 일환이 되어야 한다. 잘못을 하면 어떤 특혜나 즐거운 경험에서 제외된다는 것을 배우면 성인이 되었을 때 도움이 된다. 하지만 잘못을 하면 더 힘센 사람에게 매를 맞는다고 배우는 것은 도움이 되지 않는다.

✦ Bottom Line ✦

- 아이의 행동을 개선하는 효과가 입증된 다양한 훈육법이 있다. 이런 훈육법들은 부모가 화를 내지 않는 것과 일관된 상벌을 주는 것이 중요하다고 강조한다.
- 훈육법에 관한 책으로 《1-2-3 매직》《인크레더블 이어즈》 등이 있다.
- 매를 때리는 것은 행동 개선에 효과가 없으며 실제로 단기적, 장기적, 심지어 성인이 된 이후의 행동 문제로도 연결될 수 있다.

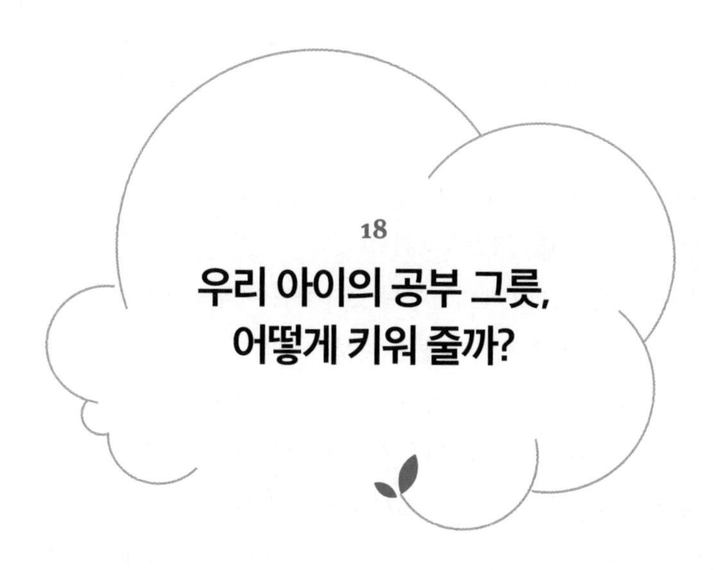

18 우리 아이의 공부 그릇, 어떻게 키워 줄까?

핀은 두 살 때 프로비던스에 위치한 우리 집 근처 어린이집에 다니기 시작했다. 다정다감한 교사들과 온갖 재미있는 놀이를 할 수 있는 훌륭한 곳이었다. 스페인어를 구사하는 부인의 인형극, 야외 놀이터, '수전 선생님과 함께하는 이야기 시간' 등이 있었다. 교과 과정은 다른 아이들과 함께 나누기, 상호 작용하기, 책 읽기에 초점이 맞추어져 있었다. 교실에서 배우는 사회 과목은 없었다.

핀이 세 살이 되기 직전, 우리 부부는 캘리포니아에서 한동안 안식년을 보내게 되었고 핀을 그곳에 있는 다른 어린이집에 보냈다. 그곳도 역시 아주 훌륭했고, 핀은 장난감 주방이 있는 곳이라면 어디서든 행복하게 놀기 때문에 문제가 없었다. 그러나 그곳은 프로비던스의 어린이집과 달리, 두 살이 아니라 훨씬 더 나이를 먹은 아이들에게 어울리는 교육을 하려고 노력하는 것 같았다. 예를 들어 우주 공간을 주제로 아이들을 가르쳤고 부모들에게 그날 집에 가서 "로켓은 어디로 가지?"라는 질문을 하라고(답: "우주!") 독려했다.

생후 6개월 된 아이에게 문자나 숫자 같은 지식을 가르치려는 것은 분명 부질없는 일로 보인다. 물론 다섯 살짜리 아이라면 그렇지 않다. 아이들은 대부분 학교에 입학해 글자, 간단한 읽기와 산수를 배운다. 나는 유치원에서 너무 많은 것을 가르치는 것은 아닌지, 핀란드처럼 일곱 살이 될 때까지 읽기를 가르치지 말아야 하는지와 같은 논란에 대해서는 다루지 않을 것이다. 그리고 다섯 살 아이를 교육한다면 종종 어느 정도 진전을 볼 수 있는 것은 분명하다.

하지만 두세 살짜리 아이들은 어떨까? 이렇게 어린 아이들에게 공부를 가르칠 수 있을까? 로켓이 어디로 가는지 배울 기회를 줘야 할까? 조기 교육을 하지 않으면 다른 아이들보다 뒤처지게 될까? 이런 질문들은 순전히 발달 심리학의 영역이며 이 책보다 아동 두뇌 발달에 관해 훨씬 더 포괄적인 정보를 줄 수 있는 훌륭한 책들이 있다. 《우리 아이 머리에선 무슨 일이 일어나고 있을까?What's Going On in There?》라는 책은 영아와 유아의 뇌 발달 과정을 알려 주는 훌륭한 입문서다. 이 장에서 나는 몇 가지 문제에만 초점을 맞추려고 한다.

첫째, 아이에게 책을 읽어 주었을 때의 이점에 대해 많은 관심이 쏟아지고 있다. 로드아일랜드주에서는 아이가 건강 검진을 하러 가면 독서를 장려하기 위해 새 책을 한 권씩 준다. 테네시주에서는 매달 아이들에게 책을 한 권씩 보내 준다(가수 겸 영화배우 돌리 파튼이 선봉에 나선 덕분이다). 왜 독서를 장려하는가? 그리고 그것이 효과가 있다는 증거가 있는가? 둘째, 단순히 책을 읽어 주는 것을 넘어 아이에게 글자나 숫자를 가르치기 위해 적극적으로 노력해야 할까? 두세 살짜리 아이가 읽는 법을 배울 수 있을까?

마지막으로, 아이를 어린이집에 보낸다면 어떤 어린이집인지가 중요할까? 이미 어린이집에 관한 장에서 질적 중요성에 대해 검토했지만, 다정한 교사들과 안전한 환경 외에도 교육 과정을 신경 써야 할까? 그보다 먼저 어린이집에 교육 과정이 있어야 할까?

책은 언제부터 읽어 주면 좋을까

잘 알려진 사실에서 시작하자. 아기 때부터 취학 전까지 부모가 책을 읽어 준 아이들은 나중에 읽기 시험에서 더 좋은 성적을 받는다는 것을 보여 주는 문헌은 많다.[1] 그러나 이 관계는 인과 관계가 아니라 상관관계에 불과하다는 점에 유의해야 한다. 알다시피 아이가 글을 읽을 수 있게 되기까지는 많은 요인이 영향을 미친다. 그중 하나는 가정 형편이 넉넉해야 한다는 것이다. 부모가 먹고살기 위해 투잡을 뛰어야 한다면 아이에게 책을 읽어 줄 시간은 없을 것이다. 또 이런 환경의 아이들은 다른 조건들도 불리할 수 있다.

좀 더 확실한 뭔가를 알 수 있는 방법은 무작위 실험을 해 보는 것이다. 예를 들어 아이에게 책을 많이 읽어 주지 않는 부모들을 표본으로 모집해서 그들 중 절반에게 책을 좀 더 읽어 주도록 격려한다. 이런 식으로 약간의 중재를 한 연구가 몇 건이 있지만 그 대부분은 이후의 시험 점수에 대한 영향을 평가할 만큼 충분히 오랫동안 추적하지 않았다.[2]

최근 한 연구에서는 부모들에게 갓난아기 때부터 3세까지 '긍정적 육아', 특히 소리 내어 책 읽어 주기와 놀아 주기를 장려하는 정보 프로그램 영상을 보여 주었다.[3] 그 결과 부모가 그 비디오를 본 후 아이의 행동이 개선된 것으로 나타났다. 이것은 책 읽어 주기가 어느 정도 아이의 행동에 영향을 미친다는 증거를 제공한다. 그러나 이 데이터 역시 학령기까지 연장되지 않았으므로 장기적 효과는 알 수 없다.

무작위는 아니지만 또 다른 종류의 데이터를 가지고 이 문제에 대해 알아 보고자 시도한 연구들이 있다. 2018년 《아동발달》에 형제들을 대상으로 연구한 논문이 실렸다.[4] 연구원들은 기본적으로 부모들이 아이가 하나밖에 없으면 더 많은 책을 읽어 줄 것이라고 예상했다(부모에게 좀 더 시간 여유가 있으므로). 그들은 동생이 늦게 태어날수록 첫째 아이에게 책을 읽어 주는 시간이 많아질 것이라는 가정하에, 동생이 태어나기 전까지의 기간이 아이들의 성취도에 미치는 영향을 비교했다. 물론 둘째 아이를 언제 가질지 선택하는 것은 무작위가 아니므로, 연구원들은 몇 가지 우회 전략을 사용했고 무엇보다 부모가 아이를 가지려고 의도한 것과 다른 시기에 태어난 아이들을 비교했다.

그 결과 책 읽어 주기가 아이들의 성취에 폭넓게 긍정적인 영향을 미친다는 것을 보여 주었다. 어릴 때 부모가 책을 많이 읽어 준 아이들은 학교에 가서 읽기를 더 잘했다. 한 가지 문제점은 이런 아이들이 일반적으로 더 많은 관심을 받으면서 자랐다는 것인데, 하지만 그 영향이 산수에까지 미치지 않았으므로 연구원들은 읽기를 잘하는 것이 부모가 어릴 때 책을 많이 읽어 준 것과 관계가 있다고 주장했다.

또 뇌 스캔에서 나온 몇 가지 새로운 증거가 있는데, 책 읽어 주기가 아이들의 인지적 능력에 어떤 영향을 미치는지 알아보는 데 도움을 준다. 한 예로 3~5세의 아이 19명을 기능적 자기 공명 영상fMRI으로 관찰한 연구가 있다.[5] 일반적으로 fMRI 연구는 어떤 자극이 주어질 때 뇌의 어느 부분이 활성화되는지(즉 사용되는지) 알아보는 기술이다.

연구원들은 아이들에게 fMRI 기계 안에 들어가서 동화책을 읽게 했다. 그 결과 집에서 책을 더 많이 읽어 준 아이들에게서 이해력과 심상화 기능을 담당하는 것으로 알려진 뇌 부분이 더 많이 활성화되는 것으로 나타났다. 기본적으로 책을 더 많이 읽어 준 아이들이 이야기를 더 잘 이해한다는 것이다. 이러한 결과가 어떻게 이후의 읽기 능력으로 연결되는지는 분명하지 않으며, 이 연구는 소규모로 진행되었다(fMRI 스캔은 비용이 매우 비싸다). 그럼에도 불구하고 이 연구는 책 읽어 주기가 읽기 능력을 높여 준다는 메커니즘의 추가 증거가 될 수 있다.

이 모든 내용을 보면 아이에게 책을 읽어 주는 게 아마 좋을 것이다. 이런 문헌들은 더 나아가 실제로 아이에게 책을 읽어 주는 방법에 대한 몇 가지 지침을 제공한다. 특히 연구원들은 아이에게 책을 읽어 주면서 상호 작용을 많이 할수록 좀 더 도움이 된다는 것을 발견했다.[6] 단지 아이에게 책을 읽어 주지만 말고 열린 질문도 던지라는 것이다.

"이 새의 엄마는 지금 어디에 있을까?"

"아이들이 곰 위에서 깡충깡충 뛰면 곰이 아플 것 같지 않니?"

"모자 속 고양이는 지금 기분이 어떨까?"

글자는 무조건
빨리 가르칠수록 좋다?

아이에게 책을 읽어 주는 것도 중요하지만 질문을 던지는 것도 우리가 충분히 할 수 있는 일이다. 그런데 그보다 더 나아가야 할까? 실제로 미취학 아동에게 읽기를 가르쳐야 할까? 이게 가능하기는 할까?

어떤 사람들은 가르칠 수 있다고 말한다. 대표적으로 생후 3개월 무렵부터 읽기를 가르칠 수 있다고 장담하는 《아기에게 읽기를 가르치자Teach Your Baby to Read》라는 교재가 있다.[7] 값비싼 플래시 카드와 DVD를 사서 아이에게 보여 주면 글을 가르칠 수 있다는 것이다. 의심스러우면 유튜브에서 'baby reading(아기 읽기)'을 검색하면 알 수 있다고 선전한다.

14장에서는 아기가 DVD나 동영상으로 배울 수 없다는 것이 분명하게 밝혀졌다. 그렇다면 당연히 비디오에 주로 의존하는 그 교재 역시 아이들에게 읽기를 가르칠 수 없을 것이다. 9~18개월의 아이들을 대상으로 무작위 평가를 해 본 결과 그런 영상물이 읽기 능력에 영향을 미치지 않는다는 것을 보여 준다.[8] 그럼에도 불구하고 그 교재가 매우 효과적이라고 말하는 부모들이 있는 것을 보면 부모들은 자기 아이가 한 살 때 읽을 수 있게 되었다는 착각에 쉽게 빠지는 것 같다고 연구원들은 말했다. 결론적으로 한 살짜리 아기는 글을 읽을 수 없다.

한편 우리는 네다섯 살 아이들 중 일부는 글을 읽을 수 있다는 걸 알고 있다. 이 연령 그룹에 초점을 맞춘 한 연구는, 4세 아이들에게 글자의 소리와 글자가 합쳐져서 단어가 된다는 사실을 가르치는 게 가능함을 보여 준다.[9] 만일 네 살짜리 아이에게 읽기를 가르치려고 한다면 아마 어느 정도 진전을 볼 수 있을 것이다. 따라서 부모가 원한다면 글을 가르칠 수는 있지만 이것은 데이터의 문제라기보다 부모의 선택에 달렸다. 두세 살 아이는 갓난아기는 아니지만 다섯 살 아이도 아니다. 세 살짜리 아이는 말을 할 수 있고 가끔 부모가 무엇을 요구하는지도 이해한다. 읽기를 배울 수도 있겠지만 확실하지는 않다.

아이들이 아주 일찍부터 글을 읽는 것에 대한 연구 문헌은 많지 않다. 아주 어린 나이에 유창하게 글을 읽는 아이들에 대한 사례 보고가 있을 뿐이다. 두 살 반이나 세 살 초반에 신동 수준으로 독서를 하는 아이들이 있다는 것이다.[10] 이런 아이들은 단지 외워서 읽는 것이 아니라 대부분 스스로 읽는 법을 배운 것이 분명하다. 그 아이들의 부모들은 앉아서 아이에게 따라 읽으라고 가르친 적이 없었다.

이렇게 일찍부터 읽는 법을 배우는 아이들은 귀로 소리를 듣는 것보다 눈으로 글자를 보고 단어를 배우는 경향이 있다. 또 정상 범위 내에서 앞서가는 아이들도 마찬가지다. 이런 아이들의 글 읽기는 많은 부분이 소리를 내는 것보다는 인지 능력과 관련이 있다. 흥미로운 사실은 글을 일찍 읽기 시작했다고 해서 반드시 철자를 잘 아는 것은 아니라는 점이다. 이렇게 일찍 글을 읽는 아이들 중 일부는 자폐증과 관련이 있다. 다독증은 일부 고기능 자폐아들의 특징 중 하나인데 이런 아이들은 글을 읽을 수 있지만 이해는 하지 못한다.[11]

두세 살 아이들에게 글자의 소리와 발음을 가르칠 수 있다는 증거는 없다. 네 살짜리 아이에게는 가르칠 수 있을까? 데이터에는 답이 없다. 네 살이 되었을 때 글자를 읽는 아이들의 일화도 있지만(일화는 증거가 안 된다) 혼자서 책 한 권을 끝까지 읽는 아이는 드물다. 아마 부모가 원하면 글자의 발음은 가르칠 수 있겠지만 《해리 포터》를 읽게 하지는 못할 것이다.

교육 철학 3대장, 몬테소리 vs. 레지오 에밀리아 vs. 발도르프

아이가 두세 살이 되면 어느 시점에서 부모들은 보육을 '교육'에 가까운 것으로 생각하기 시작한다. 아이를 가정에서 보모나 부모가 돌본다면, (일반적으로) 사회성을 길러 주면서 공부도 가르쳐 주는 시간제 유치원을 찾아보기도 한다. 어린이집에서도 나이가 좀 더 많은 아이가 있는 반에서는 종종 체계적인 학교 교육을 한다. 첫 번째 질문을 해 보자. 아이를 유치원에 보내는 것이 좋을까?

어린이집에 대해 이야기했던 장으로 다시 돌아가 보면 이 문제에 대한 일부 증거를 볼 수 있다. 18개월 이후에는 어린이집에서 보내는 시간이 많을수록 이후에 말하기와 읽기를 좀 더 잘한다는 것이 그 증거다. 이것은 유치원에 보내는 게 이로울 수 있음을 보여 주는 증거가 될 수 있다. 또 헤드 스타트와 같은 프로그램이 학교에 잘 적응할 수 있도록 도와준다는 것을 보여 주는 오래된 소규모 무작위 연구 증거도 있다. 그러나 그 연구들은 좀 더 큰 아이들, 예를 들어 네 살 아이들과 그 중에서 특히 가정 형편이 어려운 아이들에게 초점이 맞추어져 있다.

종합해 보면 이 문제도 역시 아이가 낮 시간에 하는 다른 활동에 달려 있을 것이다. 다만 증거의 비중으로 보자면, 평균적으로 두세 살 무렵 유치원과 비슷한 환경에서 보낸 아이는 학교에 갔을 때 좀 더 수월하게 따라갈 것이라고 말할 수 있다.

유치원에 보내기로 결정했다면, 어떤 유치원에 보낼 것인가 문제로 이어진다. 다시 어린이집에 대한 장으로 돌아가 보자. 어린이집과 유치원은 대개 시간의 길이로 구분되는데, 사람들은 유치원을 반나절 활동으로, 어린이집은 전일 활동으로 생각하는 경향이 있다. 하지만 많은 어린이집 프로그램을 보면 오전 활동은 유치원 수업에 가깝고 오후는 낮잠과 놀이로 채워진다. 그렇다면 어린이집에 관한 장에서 논의한 '수준’ 측정법을 유치원에도 적용할 수 있을 것이다. 아이들에게 안전한 장소인가? 어른들이 아이들과 긴밀하게 소통하고 있는가?

유치원에 대해 이야기할 때 사람들은 다음과 같은 질문으로 시작한다. 교사들은 유아 발달에 대한 교육을 받은 사람이어야 할까? 더 나아가 그들이 어디서 교육을 받았는지가 중요할까? 이 문제와 관련된 합당한 증거는 없다. 유치원 교사들은 질적 수준이 저마다 다르다. 이것은 어느 유치원이나 마찬가지이지만 교사의 수준과 같은 뭔가를 알아볼 수 있는 데이터는 충분하지 않다.

이와 관련해서 어떤 유치원의 ‘철학’이 다른 유치원보다 나은지 물을 수 있다. 유치원들의 철학을 알아보면 몬테소리, 레지오 에밀리아Reggio Emilia, 발도르프, 이 3가지를 가장 많이 만나게 된다. 몬테소리 교육은 특별한 교실 구조와 교구에 초점을 맞춘다. 심지어 아주 어린 아이들에게도 소근육 운동 능력 발달에 중점을 둔다. 이런 유치원들은 대개 아이들이 하는 놀이를 ‘활동Works’이라고 부른다. 어린아이들은 보통 모래에 글자와 숫자를 쓰거나 블록의 수를 세는 등의 활동을 하면서 배운다.

레지오 에밀리아 교육 철학를 기초로 하는 유치원들은 놀이에 더 중점을 두며, 보통 취학 전까지 정식으로 글자와 숫자를 가르치지 않는다(내가 방문한 한 레지오 에밀리아 유치원에서는 3~4세 반은 글자를 배우지 않으며 심지어 교실에 글자 카드도 붙이지 않는다고 분명히 말했다. 이것은 좀 지나친 것 같았다).

발도르프 유치원은 야외 활동이 많고, 레지오 에밀리아 유치원과 유사하게 주로 놀이에 기반을 두고 있다. 발도르프 교육은 놀이와 예술을 통한 학습에 초점을 맞추고 있으며 약간의 가사 활동(요리, 과자 굽기, 정원 가꾸기)도 한다.

3가지 교육법은 모두 규칙적인 일과가 있으므로 아이들은 언제 무엇을 할지 알고 있다. 또한 아이들이 안전한 환경에서 탐험할 수 있고 어느 정도 자기 주도적 활동을 할 수 있다고 한다. 여기서 각각의 교육 철학에 대해 충분히 설명할 수는 없다. 이들 교육법에 대해서는 많은 책이 나와 있고, 유치원마다 실행하는 방법도 크게 다르다. 그중 몬테소리가 가장 일관성이 있다. 퍼넬러피가 세 살이었을 때 내가 전국을 돌면서 했던 것처럼 여러 몬테소리 유치원을 방문해 본다면, 아이들이 사용하는 교구와 일과가 상당히 비슷하다는 것을 알게 될 것이다. 그럼에도 불구하고 각각 다르게 보이는 이유는 아마 교직원들의 성향이나 능력과 관련이 있을 것이다. 반면에 레지오 에밀리아 유치원들은 각각 자신들이 영감을 받았다고 말하는 교육 철학을 반영한 정도가 천차만별이다.

물론 모든 유치원이 이 3가지 철학 중 하나를 반드시 가지고 있는 것은 아니다. 많은 유치원이 어느 한쪽의 교훈을 가져올 수는 있지만 모든 접근 방식을 엄격하게 따라 하지는 않는다. 그리고 많은 유치원이 후원을 받거나 제휴하는 종교 단체의 영향을 받기도 한다. 어느 교육 철학이 다른 것들보다 나을까? 유치원의 질적인 면은 분명히 각각 차이가 있지만, 어떤 철학을 택하고 있느냐와는 별개의 문제다.

아쉽게도 이 문제에 대한 증거 역시 많지 않다. 특히 어느 유치원 철학을 선택하는 것이 적절할지 신중하고 싶은 사람들에게 도움이 될 만한 증거는 없을 것이다. 어떤 증거가 있다면 대부분 몬테소리 교육에 관한 것인데 그 이유는 가장 대중적이고 체계적인 접근 방식을 사용하기 때문이다. 몬테소리 유치원의 아이들이 다른 유치원에 다니는 대조군에 비해 읽기와 산수를 더 잘한다는 것을 보여 주는 몇몇 연구가 있다.[12] 그러나 이에 관한 논문들은 대부분 매우 오래전에 나온 것이고, 읽기와 산수를 빨리 배우는 것이 유아 교육의 주요 목표인지 분명하지 않다.

실제로 몬테소리 외의 다른 유아 교육은 종종 놀이에 초점을 맞추고 일찍 글을 배우는 것은 중요하지 않다고 주장한다. 이러한 주장에 찬성하는 사람들은 핀란드를 예로 든다. 핀란드에서 아이들 대부분이 다니는 국영 유치원에서는 읽기를 가르치지 않는 것으로 잘 알려져 있다. 아이들은 1학년 때 읽기를 배우기 시작한다(사실 일부 아이들은 그전에 읽기를 배운다). 또 핀란드가 국제 표준화된 시험에서 미국보다 성적이 월등히 좋다는 것을 지적하면서, 일찍 글을 배우는 가치가 과장됐을 수 있다고 주장한다.

내 생각에 핀란드가 미국보다 시험 성적이 좋은 것은 크게 의미가 없는 것 같다. 왜냐하면 그 시험에서 다른 많은 나라가 미국보다 더 좋은 성적을 거두기 때문이다. 그중에는 어릴 때 훨씬 더 엄격한 교육을 받는 아시아 국가들이 포함되어 있다.

그리고 이 접근법의 상대적 가치를 보여 주는 실제 증거는 빈약하다. 미국 밖에서 진행된 무작위 연구가 몇 건이 있는데, 아이들은 읽기를 늦게 배워도 몇 년 안에 만회하며 알파벳을 일찍 가르친다고 해서 읽기를 잘하는 것은 아님을 보여 준다.[13] 그러나 다른 한편으로, 읽고 쓰는 것에 초점을 둔 헤드 스타트 같은 프로그램들이 초반 학교 성적을 향상시킨다는 것 또한 사실이다.

여기서도 우리가 참고로 할 만한 구체적인 자료는 많지 않다. 연구와 의사 결정을 어렵게 하는 이유는 최고의 유치원은 아이에 따라 달라지기 때문이다. 만일 잠시도 가만히 앉아 있지 못하는 아이라면 소근육 운동에 집중하는 환경을 아주 힘들어할 것이다. 결국 평균적인 아이들에 대한 연구 결과를 보고(그 연구가 아무리 훌륭하다고 해도) 내 아이에게 가장 잘 맞는 유치원을 찾는 것은 부질없는 일이 될 수 있다.

✦ Bottom Line ✦

- 어릴 때부터 책을 읽어 주는 것이 좋다는 일부 증거가 있다.
- 갓난아기는 읽기를 배울 수 없다. 두세 살 아이는 읽기를 할 수 있을지 모르지만 유창하게 읽는 것은 매우 드문 일이다.
- 각기 서로 다른 유아 교육 철학의 가치를 보여 주는 증거는 제한적이다.

4부

부모가 된 부부가 꼭 알아야 할 것들

이 책은 영아들과 유아들에 관한 것이다. 아기가 태어나면 우리는 마법처럼 부모가 된다. 부모가 되면 모든 것이 항상 쉽지는 않다. 실제로 '부모로의 전환'에 대한 경험담을 쓴 책들은 우리가 친구의 페이스북에서 보는 것과 달리 화목한 사진들로만 채워져 있지 않다.

부모로 사는 것은 만만치 않다. 어떤 면에서는 지난 세대보다 지금 세대가 더 어려운 것 같다. 한편으로 우리는 지난 세대가 갖지 못한 많은 것을 가지고 있다(일회용 기저귀, 인터넷 쇼핑). 다른 한편으로 부모가 되는 시기는 늦어지고 있고, 직업과 생활 방식이 이미 확립된 후에는 부모 역할에 적응하기 더 어렵다.

부부가 부모가 되면 따로 또 같이 적응해야 하는 것들이 있다. 아이를 키우는 일에 내 계획, 내 일, 내 여가 활동을 어떻게 맞출 것인가? 그리고 그 모든 것을 어떻게 결혼 생활에 맞출 것인가?

대부분의 데이터와 팩트는 이러한 전환 과정에 아마 도움이 되지 않을 것이다. 왜냐하면 사람마다 다르기 때문이다. 그래서 4부에서는 부모들에게 어떻게 하라고 말해 주기보다(조언은 절대 하지 않을 것이다) 아이와 관련해서 어떤 결정을 할 때 아이뿐 아니라 가족 모두를 생각해야 한다는 이야기를 할 것이다.

이 책의 요지는 부모도 사람이라는 것이다. 아이를 키운다고 해서 인간적인 욕구와 야망을 멈출 수는 없다. 그런 것들은 분명 변화가 있겠지만 사라지지는 않는다. 좋은 부모가 되는 일은 모든 것을 완전히 아이에게 맞추는 게 아니다. 사실 아이에게 끌려다니게 되면 오히려 역효과가 날 수 있다.

2부에서는 부부가 맞벌이를 할 것인지 선택에 대해 이야기했다. 여기서는 그 뒤를 이어 부모가 되면서 겪는 변화와 가족계획에 고려해야 할 몇 가지 문제를 이야기하겠다.

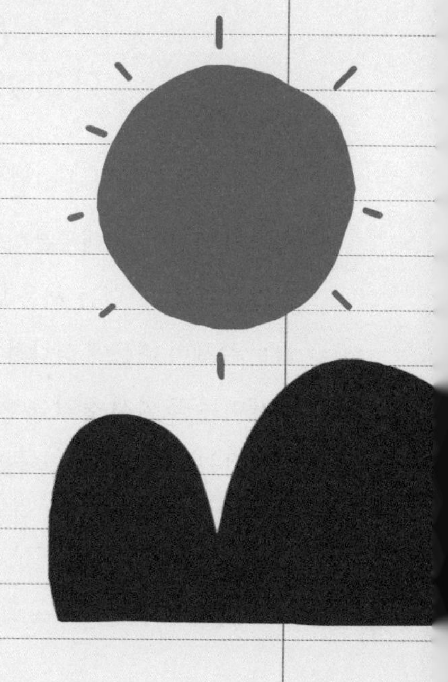

19 우리 부부는 괜찮을 거라는 착각

아이가 생기면 더 이상의 부부 생활은 없다?

배우자와의 관계에서 어떤 중요한 변화가 일어나면 어느 정도 갈등이 생기기 마련이다. 대부분의 부부가 처음 함께 살게 되면 서로 부딪치는 순간들이 있다. 나는 처음 남편과 함께 살게 되었을 때 주방에서 사용하는 수세미 때문에 심각하고 지속적인 갈등을 겪었다. 남편은 쓰고 난 수세미는 꾹 짜서 물기를 뺀 다음 싱크대 옆에 올려놓아야 한다고 생각했다. 나는 수세미에 별다른 신경을 쓰지 않고 싱크대 안에 그대로 내버려 두곤 했다. 그래서 남편은 싱크대에서, 내가 몇 시간 전에 사용한 수세미가 아직 젖은 채 냄새를 풍기는 것을 발견하면 화를 내곤 했다.

결국 그 문제는 내가 어느 정도 개선하려고 노력하고(이 장을 쓰기 위해 자리에 앉았을 때 내가 전날 밤 수세미를 젖은 채 싱크대에 놓아둔 것이 생각났다. 분명 15년이 지난 지금도 많이 개선되지 않았다) 남편은 못 본 체하고 내버려 두는 노력(이 경우 그가 객관적으로 옳았음에도 불구하고)을 하는 것으로 해결했다. 가장 중요한 변화는 남편이 설거지를 도맡기로 결정했다는 것이다. 대견하게도 우리는 몇 년째 수세미 때문에 다투지 않았다.

마찬가지로 아이가 생기면 부부간에 갈등이 좀 더 많아질 것이다. 매몰차게 말해서 아이가 생기면 더 이상 '부부 생활은 없다.' 사람들이 왜 이런 말을 하는지는 쉽게 알 수 있다. 부모는 아이를 위해 최선을 다하기를 원한다. 사실 나는 지금까지 살면서 이보다 절실하게 바라는 것은 없었다. 하지만 우리는 대부분 무엇이 아이를 위해 '최선'인지 모른다. 그리고 때로는 부부가 기본적인 가치관에서 최선이라고 생각하는 것이 서로 다르기 때문에 불화가 일어난다.

분명 아이가 생기기 전에도 서로 맞지 않는 일들이 있었다(수세미 문제 같은 것들). 그러나 대부분은 사소하고 자주 부딪치지도 않는다. 스펀지 수세미로 인해 문제가 생긴다면 다른 종류의 수세미를 사용하면 된다. 하지만 아이에게 문제가 생기면 그것은 영원하다! 그 대가는 엄청날 수 있다.

그런데 동시에 부모들은 지쳐 있고 돈도, 시간도 부족하다. 우리 부부는 퍼넬러피가 태어나기 전까지 거의 10년에 걸쳐 연애를 하고 함께 살았다. 우리는 각자의 시간을 각자 관리하고 주말에는 밀린 일을 하고(남편), 글을 쓰고(나), 바느질을 하고(나), 브런치를 먹으러 가고, 친구들을 만나는 생활에 익숙해져 있었다. 그런데 이제 주말이면 아이를 먹이고, 응가를 치우고, 짬을 내서 샤워를 하고, 비명을 지르는 아기를 어르며 친구들과 브런치를 먹고, 수면 부족에 시달리며 정신없이 보내고, 월요일 아침에 오는 보모를 애타게 기다리게 되었다. 물론 그렇게 보낸 시간은 아주 좋았다. 나는 그 시간을 다른 무엇과도 바꾸지 않을 것이고 당시에도 그렇게 여겼다. 하지만 그런 상황에서는 신경이 날카로워져서 금방 화를 내고 다투기 쉽다는 것도 의심의 여지가 없다.

논리적으로 생각해도 아이가 결혼 생활에 스트레스를 줄 수 있는 것처럼 보인다. 그리고 인터넷에는 그렇다고 말하는 사람이 많다. "아이가 태어나면 남편을 미워하게 될 것이다(다른 말은 믿지 마라)"와 같은 제목의 글도 있다.[1] 그러나 그런 이야기는 단지 일화에 불과하다. 분명 아이가 태어난 후 배우자를 싫어하게 된 사람들이 있다. 어떤 사람들은 아이가 태어나기 전부터 배우자를 싫어했다. 그런데 정말 아이가 태어나면 생활이 기본적으로 힘들어질까? 이 문제에 대해 정녕 우리가 할 수 있는 일은 없을까?[2]

첫 번째 질문에 대한 답은 대체로 그렇다는 것이다. 아이가 생기면 기본적으로 결혼 생활이 힘들어진다. '배우자가 미워진다'는 말은 아마 과장이겠지만, 사람들(특히 여성들)은 아이가 생기면 전보다 덜 행복해 보인다. 이것은 부모 만족도와 부부 만족도를 살펴본 다양한 연구를 통해 알 수 있다. 1970년대 초로 거슬러 올라가서, 한 연구는 엄마들이 부부 만족도를 낮게 보고하는 비율이 아이를 낳기 전부터 아이가 학교에 들어갈 때까지 12퍼센트에서 30퍼센트로 점차 증가하며, 특히 아이가 태어난 첫해에 크게 증가하는 것을 보여 주었다. 또 이렇게 떨어진 부부 만족도는 부모가 조부모가 될 때까지 회복되지 않았다.[3]

보다 최근의 데이터에 대한 메타 분석 역시 비슷한 양상을 보여 준다. 아이가 있는 부부는 아이가 없을 때보다 결혼 생활에 대한 만족도가 낮다. 그 변화는 아이가 생긴 첫해에 가장 크고, 그다음에 어느 정도 회복되지만 완전히 회복되지는 않는다.[4] 한 연구의 결론처럼 "요컨대 아이가 생기면 결혼 만족도가 더 빨리 하락한다."[5]

하지만 이러한 연구에서 아이가 생기기 전에 행복했던 사람들일수록 회복이 잘되며, 계획한 임신이 계획하지 않은 임신에 비해 영향을 덜 미치는 것으로 나타난다는 점에 주목할 필요가 있다. 그리고 임신으로 인한 영향은 그다지 크지 않다. 많은 사람이 아이가 생긴 후에도 배우자와 잘 지낸다. 다만 조금 덜 행복할 뿐이다.

왜 그럴까? 그 이유는 물론 알기 어렵고 부부마다 다를 것이다. 한 가지 이유는 오롯이 부부 관계에 집중하는 시간이 부족하기 때문일 수 있다. 아이를 갖기 전에는 단지 두 사람만 생각하면 된다. 늦잠을 자고, 외출하고, 크고 작은 일에 대해 대화를 나누며 시간을 보내는 사치를 누릴 수 있다. 그러다가 일단 아이가 생기면 그런 생활을 다시 하기는 거의 불가능하며, 자칫 잘못하면 사실상 아이 문제 외에는 다른 대화를 하지 않게 된다. 부부 관계는 뒷전이 되고 대개는 더 좋아지지 않는다. 아이를 통해 연결되어 있지만 배우자와의 연결이 끊어진 것처럼 느껴질 수 있다.

이 점을 염두에 두면 도움이 될 수 있으며 이 장에서는 행복한 결혼생활을 위해 도움이 된다고 알려진 방법 몇 가지를 전수해 주겠다. 그러나 그전에, 부부의 행복감 하락을 부추기는 것으로 추정되는 2가지 특별한 요인에 대해 살펴보면 도움이 될 것이다. 첫째는 불공평한 가사 분담이다. 보통은 여성들이 직장을 다니면서도 대부분의 가사를 돌보는 경향이 있다. 둘째는 성관계를 적게 하는 것이다. 부모가 되면 성관계가 줄어드는데 성관계는 사람을 행복하게 만든다. 이에 대한 증거는? 대략적인 증거가 있다.

기본적인 사실 확인부터 시작해 보자. 시간 사용 데이터, 즉 사람들이 다양한 활동에 얼마나 많은 시간을 소비하는지를 보면 평균적으로 여성들이 남성들보다 가사와 육아에 더 많은 시간을 소비하는 것을 알 수 있다. 정규직 여성들과 정규직 남성들을 비교해도, 여성은 아이를 돌보고 집안일을 하고 장을 보는 시간이 하루에 한 시간 반 정도 더 많다.[6]

여성이 가사 활동에 보내는 시간은 세월이 흐르면서 많이 줄었지만(세탁기, 식기 세척기, 전자레인지 덕분에!) 여전히 차이가 있다.[7] 그리고 여성들이 돈을 더 벌어도 집안일을 더 많이 한다는 사실도 주목할 만하다. 여성들이 가구 소득의 90퍼센트 이상을 버는 경우에도 집안일을 남편과 거의 비슷한 수준으로 한다. 이와는 대조적으로, 가구 소득의 90퍼센트 이상을 버는 남성의 경우 집안일을 훨씬 덜 한다.[8]

한 가지 흥미로운 주제는(적어도 경제학자에게는) 이러한 불평등이 불가피하냐는 것이다. 한 가지 가설은 집안일은 부부가 절반씩 나누어서 할 수 없는 일이 많고 일부는 가사 능력의 차이 때문에 결국 여자가 더 많이 하게 된다는 것이다. 예를 들어 여자들은 어릴 때부터 요리를 더 많이 했기 때문에 성인이 되어서도 남성보다 요리를 더 잘할 것이라는 인식이 있다. 이것은 일종의 비교 우위에 대한 경제 이론이다. 무엇보다 주어진 일을 똑같이 나누는 것은 가능하지도, 효율적이지도 않다고 가정하는 것이다.

하지만 이 경우는 좀 다른 것 같다. 국가와 시대에 따른 차이를 비교한 데이터를 보면 스웨덴에서는 가사 분담이 좀 더 공평하다.[9] 그리고 시간이 지나면서 미국에서도 사람들이 전통적인 성 역할에서 벗어나면서 가사 분담이 좀 더 공평해졌다. 또 미국 내에서 동성 커플에 대한 (제한적인) 증거들이 있는데, 이성 커플보다 동성 커플이 가사 분담을 좀 더 공평하게 한다는 것을 보여 준다.[10] 이런 연구들의 표본은 소규모인 경향이 있으므로 그 결과에 대해 에누리를 해서 들어야 하지만 그래도 시사하는 바가 있다.

물론 가사 분담이 공평하지 않다고 해서 반드시 불만이 있다고 해석할 수는 없다. 하지만 여성들에게 불만과 부담을 느끼게 한다는 것을 보여 주는 설문 조사 데이터도 있다.[11] 실제로 가사가 '두 번째 근무'라는 생각이 들어서 화가 난다는 여성들의 이야기를 상당히 자주 듣는다. 결국 여자들은 쉬는 시간이 부족하고 남자들은 쉬는 시간이 좀 더 많다. 이러한 역학 관계와 그로 인한 문제점에 대해 쓴 책들도 있다.[12] 따라서 집안일에 문제가 있는 것은 사실이다. 그러면 성관계의 부족은 어떨까?

부모가 되면 성관계 횟수가 적어진다는 사실 역시 많은 자료에서 확인할 수 있다.[13] 특히 출산 후 몇 개월에서 1년 동안은 확실히 줄어든다. 그리고 데이터를 보면 일반적으로 그 후에도 전보다 성관계를 적게 하는 것을 알 수 있다. 그 이유는 짐작하기 쉽다. 시간은 없고 피곤하고 옆에는 아이가 있기 때문이다.

가사 노동 시간과 마찬가지로, 이것이 사실이라고 해도 반드시 문제가 되는 것은 아니다. 만일 두 사람 모두 성관계를 적게 하고 싶다면 이러한 변화는 괜찮을 것이다. 그러나 이런 부부는 많지 않은 것으로 보이는데 일화 외에 체계적인 데이터는 별로 없다. 일화를 들어 보면, 남자가 좀 더 많이 원하기는 하지만 어쨌든 남녀 모두 성관계를 더 자주 갖기를 원하며 성관계 횟수가 감소하면 부부 관계가 멀어진다고 한다.

믿거나 말거나, 그 2가지 원인이 서로 관련이 있을 거라는 추측이 있다(적어도 인터넷에서). 그렇다면 남자들이 집안일을 더 많이 하면 성관계도 더 많이 하게 될까? 이러한 관련성에 대해서는 특별히 훌륭하지는 않더라도 의외로 견실한 학문적 문헌이 있다. 하지만 연구 결과는 서로 반대로 나온다. 어떤 연구에서는 남자들이 집안일을 많이 할수록 부부가 성관계를 적게 갖는 것으로 나타났다. 어떤 연구에서는 반대로 성관계를 더 자주하는 것으로 나타났다.[14] 일반적으로, 이런 데이터는 가사 분담과 성관계의 빈도에 대해 질문하는 설문 조사에서 나온 것이다.

2가지가 어떤 관련이 있는지에 대한 이론들을 보자. '남자가 가사를 많이 할수록 성관계 횟수가 줄어든다'는 이론은 설거지하는 남자의 모습이 남자답지 않아서 여자가 매력을 느끼지 못한다고 주장한다. '남자가 가사를 많이 할수록 성관계 횟수가 늘어난다'는 이론은 설거지하는 남자의 모습이 여자에게 매력적이고, 또 남자가 더 많은 일을 하면 여자에게 자유 시간이 늘어나고 성관계를 위한 시간도 많아진다고 주장한다.

사실 나는 이 이론들은 모두 인과 관계가 없으며 어떤 연구에서 연관성을 발견했다면 누락된 변수 때문이 혼동이 생겼을 것이라고 생각한다. 행복한 결혼 생활을 하는 부부일수록 아마 성관계를 더 많이 할 뿐 아니라 가사 부담은 더 공평할 것이다. 이런 부부의 경우 성관계와 가사 분담이 긍정적인 관계인 것처럼 보일 수 있지만, 사실은 그저 전반적으로 행복한 결혼 생활을 하는 것이다. 반면 맞벌이를 하는 부부는 시간이 적기 때문에 성관계를 적게 할 수 있지만 가사 분담은 좀 더 공평할 수 있다. 이런 부부의 경우 성관계와 가사 분담이 부정적인 관계처럼 보일 수 있지만, 사실은 단지 각자 일을 하고 있기 때문일 뿐이다. 양쪽 모두 이런 편견이 작용하므로 사실상 배울 수 있는 것은 없다.

배우자가 설거지를 하게 만드는 것은 좋지만 그 목적은 설거지를 끝내는 것이지, 닦던 접시를 집어던지고 비누 거품을 날리면서 옷을 벗는 상상을 하는 게 아니다.

어디서 어떤 도움을 받을 수 있을까

데이터에 의하면 아이가 생기면 결혼 생활이 없다는 말은 옳다. 그럼 손주가 생겨서 다시 행복해질 때까지 기다리는 것 외에 다른 해결책은 없을까? 해결책은 아니지만, 아이가 생기기 전에 행복한 결혼 생활을 했고 계획한 임신으로 아이를 낳은 부부는 행복감이 줄어드는 폭이 적고 더 빨리 회복하는 경향이 있음을 주목할 필요가 있다.

두 번째는 이 책에서 반복해 말하지만, 수면 부족이 가장 큰 문제다.[15] 아이가 잠을 적게 잘수록 부부의 결혼 생활 만족도는 크게 떨어진다. 수면 부족은 우울증을 불러오고 그에 상응해서 결혼 생활도 불행해진다. 우리가 제대로 기능하려면 수면이 필요하고, 수면 부족은 기분에 영향을 미친다. 짜증이 나면 배우자에게 화풀이를 한다. 배우자도 피곤하면 같이 짜증을 낸다. 짜증 나고, 슬프고, 화가 난다.

이런 상황을 해결할 수 있을까? 초기에는 어렵겠지만, 앞에서 설명한 수면 훈련에서 해결책을 찾아보자. 꼭 수면 훈련이 아니더라도 수면 부족을 해결할 방법을 신중하게 고민할 필요가 있다. 수면 부족에서 벗어나는 것 외에 어떻게 하면 결혼 생활을 개선할 수 있는지에 대한 증거는 많지 않다. 만일 이와 관련해서 더 나은 증거가 나온다면 나는 또 다른 책을 쓸 수 있을 것이다.

일부 소규모 무작위 연구에서 어느 정도 효과가 확인된 방법들이 있다. 하나는 '결혼 생활 점검하기'다.[16] 1년에 한 번 결혼 생활에 대해 토론하는 자리를 마련하는 것이다. 이때 전문가의 도움을 받을 수도 있다. 잘하고 있다고 느끼는 부분은 어디인가? 어떤 문제가 있는가? 특별히 걱정스럽거나 불행하게 느껴지는 부분이 있는가? 이러한 결혼 생활 점검은 친밀감(대표적으로 성관계)과 부부 만족도를 향상시키는 효과가 있는 것 같다. 중립적인 제3자의 도움을 받아서 대화해 보면 문제를 이해하고 풀어가는 데 도움이 된다.

특별한 개입 외에도 그룹으로 하는 부부 심리 치료와 출산 전후에 하는 상담 프로그램처럼 보다 일반적인 심리 치료 역시 관계 개선 효과가 있음을 알 수 있는 증거들이 있다.[17] 이런 방법들은 대체로 의사소통과 갈등을 긍정적으로 해결하는 데 초점을 맞춘다. 이런 방법들이 효과가 있는 이유는 배우자가 가족을 위한 일에 대해 다시 한번 생각하게 만들기 때문일 것이다. 우리는 보통 자신이 무엇을 하고 있는지 분명하게 알지만 배우자가 하는 일에 대해서는 잘 모를 수 있다.

우리 남편이 하는 집안일 중 하나는 쓰레기를 모아서 밖에 내놓고, 월요일마다 쓰레기를 도로변에 가져다 놓는 것이다. 나는 항상 그 일이 단순 작업이라고 생각해서 대수롭지 않게 여기고 있었다. 그러던 어느 월요일, 남편이 집에 비우게 되었는데 그는 나에게 다음과 같은 이메일을 보냈다.

발신: 제시

수신: 에밀리

제목: 쓰레기 수거 방법

쓰레기통 밖에 내놓기

- 쓰레기통 안의 쓰레기 봉지를 묶는다.
- 쓰레기를 밖에 내놓고 재활용 쓰레기를 둘 공간을 남겨 둔다.
- 재활용 쓰레기를 밖에 내놓는다.
- 하나씩 들어 올릴 수 있도록 2개의 쓰레기통 사이에 공간을 둔다.

쓰레기통 다시 가져오기

- 쓰레기통을 제자리에 가져다 놓을 때 순서가 있다.
- 재활용 쓰레기통을 먼저 가져와서 차고 바로 옆에 놓는다.
- 그다음에 일반 쓰레기통을 가져와서 놓는다.
- 일반 쓰레기통과 재활용 쓰레기통에 규조토를 넣는다.
- 냄새가 나면 베이킹 소다를 좀 뿌린다.
- 머드룸Mudroom 벽장에 있는 새 쓰레기봉투를 꺼내서 쓰레기통에 넣는다(재활용 통에는 넣지 않음).

무사히 끝낸 것을 축하해!

남편은 분명 구더기와 파리가 생기지 않도록(나는 벌레를 질색하면서도 쓰레기봉투를 제대로 묶지 않아서 벌레가 생기게 만드는 경향이 있다) 규조토라나 뭔가를 넣어서 쓰레기통을 건조하게 유지하는 여러 단계를 거쳤다. 그날은 내가 어쩔 수 없이 그 복잡한 절차를 모두 거쳐야 했지만, 남편이 월요일마다 그 일을 해 주는 것에 대해 감사하는 마음을 갖게 되었다.

◆ Bottom Line ◆

- ㅁ 아이가 생기면 보통 결혼 만족도가 하락한다.
- ㅁ 아이가 생기기 전에 행복할수록, 그리고 아이들을 계획해서 낳는다면, 결혼 만족도의 하락은 더 적고 회복이 빨라진다.
- ㅁ 가사 분담이 공평하지 않고 성관계를 적게 하는 것이 결혼 만족도에 영향을 주지만, 그 영향이 어느 정도인지는 알기 어렵다.
- ㅁ 부부 상담과 '결혼 생활 점검하기' 프로그램이 행복을 증진시킬 수 있음을 보여 주는 일부 소규모 증거가 있다.

20
가족계획을 세울 때 고려해야 할 것들

어떤 부부는 분만실에서 나오자마자 다시 아기를 가질 준비가 되었다고 말한다. 또 어떤 부부는 내키지 않아 하다가 몇 년이 지나서 다시 시도한다. 어떤 부부는 더 이상 아이를 원하지 않는다. 어떤 부부는 아이를 언제 낳을 것인지 해와 달까지 정확하게 계획한다. 또 어떤 부부는 그저 생기면 낳겠다면서 느긋하게 생각한다.

이 장에서는 아이를 둘 이상 낳을 것인지, 아이를 더 갖기로 결정한다면 언제 낳을 것인지의 선택에 대해 이야기하겠다. '최적'의 자녀 수가 있을까? 또는 이상적인 형제 터울이 있을까? 결론부터 말하면, 이런 질문들에 대해 과학에 기초한 답을 찾기는 어렵다. 다만 우리 가족에게 맞는 것이 무엇인지 고민해서 결정한다면 작은 부작용은 얼마든지 극복할 수 있다.

예를 들어 38세에 첫아이를 낳은 사람이 자녀 셋을 원한다면 다음 아이를 상당히 빨리 가져야 할 것이다. 만일 의사로 일하면서 레지던트 근무를 하는 동안 아이들을 낳을 계획이라면 그 기간에 맞추어야 할 것이다. 물론 그 모든 것이 마음대로 되지 않는다. 원하는 시기에 맞추어 임신을 할 수 있는 것은 아니다. 출산 휴가가 없었던 시절에 우리 어머니는 내 남동생을 크리스마스 시즌에 낳게 되기를 기대했지만 결국 1월 11일에 출산했다.

때로 예기치 못한 일이 생긴다. 나는 우리 아이들을 4년이 아니라 3년 터울로 낳을 생각이었다. 하지만 둘째 아이를 가져야 할 즈음 뜻하지 않게 직장 문제로 차질이 생겼다. 그로 인해 아이 한 명도 간신히 돌보고 있는 마당에 둘째를 낳는 것이 엄두가 나지 않았다. 그래서 우리는 더 기다리기로 했다.

자녀를 몇 명 낳을 것인지에 대한 선택은 훨씬 더 개인적인 문제다. 한 명으로 충분하다고 느끼는가? 한 명 더 낳을 것인가? 물론 때로는 둘째 아이가 생기지 않을 수도 있고, 때로는 우연히 생길 수도 있다. 그렇다면 이 문제와 관련해 개인적으로 도움이 될 만한 데이터는 거의 없을 것 같다. 그래도 자녀 수와 관련된 데이터를 먼저 보고 나서 그다음에 형제 터울에 대한 데이터를 보기로 하겠다.

자녀가 많을수록
육아의 질은 떨어질까

경제학자들은 자녀의 수에 많은 관심을 갖는다. 우선 게리 베커Gary Becker의 '양과 질의 상충 관계'에 대한 중요한 연구부터 시작하자. 이 연구는 자녀의 수와 육아의 질이 서로 반비례하는 관계에 있다고 가정한다. 자녀가 많으면 각각의 아이에게 많은 투자를 할 수 없으므로 '육아의 질'이 떨어진다는 것이다. 육아의 질이란 학교 성적 같은 것을 의미하는 경향이 있다. 즉, 부모는 자녀의 교육이나 아이큐 등에 '투자'를 한다. 이런 면에서 육아에 대한 경제학자들의 토론이 비현실적이라는 말은 터무니없다.

이 문제에 대해 많은 경제학 논문이 소위 '인구 변천Demographic Transition', 즉 국가가 발전할수록 출산율이 6~8명에서 2~3명으로 낮아지는 현상을 이해하는 데 초점을 맞추고 있다. 국가가 부강해짐에 따라 부모들은 자녀의 수보다 육아의 질에 초점을 맞추고 싶어 하는데 그로 인해 출산율이 저하된다는 것이다.

기본적으로 양과 질이 서로 상충 관계에 있다는 이론은 자녀가 많을수록 인적 자본의 측면에서 더 불리하고 교육을 적게 받게 되므로, 아마 아이의 아이큐도 더 낮아질 것임을 의미한다. 하지만 이는 하나의 이론일 뿐이다. 그러면 데이터는 무슨 말을 하고 있을까?

지금까지 이야기한 다른 문제들과 마찬가지로, 자녀를 많이 낳는 부모들과 자녀를 적게 낳는 부모들의 조건이 서로 다르기 때문에 연구하기가 어렵다. 그러나 이 문제에 대해 '깜짝 출산'을 활용한 연구들이 있다. 그 연구들은 쌍둥이 출산을 부모가 원하는 자녀 수와는 관계 없이 가족이 늘어난 것으로 보았다.[1] 그 결과 일반적으로 자녀 수가 학교 성적이나 아이큐에 비교적 영향을 미치지 않는 것으로 나타났다.[2] 그보다는 출생 순서가 중요하다. 나중에 태어난 아이들은 먼저 태어난 형제보다 아이큐 검사와 학교 성적이 낮은 편이다. 이것은 아마도 부모가 아이에게 투자하는 시간과 자원이 적기 때문일 것이다. 하지만 자녀 수와는 관계가 없는 것으로 보인다. 두 형제 중 첫째 아이는 외동아이와 같은 결과가 나왔다.[3]

(일반적으로 경제학자가 아닌) 사람들이 종종 묻는 두 번째 질문은 외동아이에게 어떤 불리한 점이 있는가 하는 것이다. 외동아이는 사회성이 부족할까? 이 역시 가족 간에 차이가 있으므로 연구하기 어렵다. 지금까지의 증거에 의하면, 이런 우려는 근거가 없는 것 같다. 이 질문에 대한 140개의 연구를 요약한 리뷰 기사는 외동아이들이 대체로 '학문적 동기'가 좀 더 높다는 일부 증거가 있지만 외향성과 같은 성격 특성에서는 차이가 발견되지 않는다.[4] 학문적 동기의 경우도, 형제가 있든 없든 상관없이 첫째 아이가 더 높은 점수를 받는 것으로 보아 외동아이라는 것보다 출생 순서와 좀 더 관련이 있는 것 같다.

이렇게 빈약한 데이터로는 자녀 수가 어떤 영향도 주지 않는다고 자신 있게 말하기는 어렵다. 그리고 형제 관계(형제를 갖기로 선택한다면)에 따라 많은 것이 좋든 나쁘든 어떤 식으로 영향을 받을 것이다. 그러나 데이터상으로 어떤 선택이 반드시 더 낫다고 보여 주는 증거는 없다.

최적의 자녀 터울을 알려 주는 데이터가 있을까

아이를 한 명 더 원한다고 하자. 데이터를 보면 언제가 좋은지 알 수 있을까? 이 문제에 대해서도 역시 데이터가 별로 없다. '최적의 형제 터울'에 관한 연구들은 2가지에 초점을 맞추는 경향이 있다. 하나는 형제 터울과 유아기 건강의 관계이고, 또 하나는 학교 성적이나 아이큐와 같은 장기적인 결과와의 관계다.

대부분의 논의는 좀 더 일반적인 터울(2~4년)을 아주 짧은 터울(18개월 미만)이나 매우 긴 터울(5년 이상)로 구분하는 것에 초점을 맞추고 있다. 하지만 그 결과와 상관없이, 여기에는 데이터 자체에 문제가 있다. 문제는 터울이 매우 짧은 경우와 매우 긴 경우가 둘 다 이례적이라는 것이다.

두 아이의 터울을 아주 가깝게 계획하는 사람들도 일부 있지만, 보통은 1년 이내에 태어난 둘째는 부모가 계획해서 낳은 아기일 가능성이 낮다. 터울은 제쳐두고라도, 계획하지 않은 출산은 계획적인 출산과 다르다. 반대로 터울이 매우 긴 경우도 역시 다소 이례적이다. 터울이 매우 긴 경우 불임 문제가 있었을 가능성이 좀 더 많은데, 이는 특히 아기의 건강과 관련이 있을 수 있다. 이런 이유들 때문에 대부분의 증거는 한 꼬집이나 한 움큼 정도 가감해서 생각할 필요가 있다.

터울이 건강에 미치는 영향

유아기 건강과 형제 터울에 대한 연구들은 출생 시에 측정할 수 있는 결과, 예를 들어 미숙아로 태어났거나 재태 기간에 비해 저체중이거나 작게 태어난 경우에 초점을 맞추는 경향이 있다. 상관관계에 대한 연구들은 형제 터울이 짧은 경우와 긴 경우, 각각의 결과에 대해 보여준다. 2017년 캐나다에서 태어난 거의 20만 건의 출산을 조사한 연구에서는 출산 후 6개월 이내에 다시 임신하는 경우 조산 위험률이 83퍼센트 증가하는 것으로 나타났다.[5] 캘리포니아와 네덜란드에서 실시한 반복적인 조산에 대한 연구에서도 역시 위험률이 크게 증가하는 것으로 나타났다(이 연구는 조산 경험이 있는 여성들만을 대상으로 실시했다).[6]

그러나 이렇게 큰 증가는 모든 연구에서 동일하게 나타나지는 않으므로, 엄마들 간의 차이에서 오는 문제일 수 있다는 의문이 생긴다. 스웨덴의 한 연구는 이러한 문제점을 고려해서 조산을 한 여성들을 가족 내 다른 여성(형제나 사촌)과 비교했다. 가족 차원의 차이가 그러한 결과를 유발할 수 있다는 우려를 해소한 것이다. 또 형제들을 비교할 때 같은 엄마에게서 태어난 두 아이가 터울에 따라 다른 결과를 보이는지도 알아보았다. 그렇게 해서 엄마들 간의 차이 문제도 해결했다.[7]

스웨덴의 연구원들은 가족들을 비교한 결과에서 출산 주기가 짧을

수록 조산이 증가한다는 동일한 결과를 얻었지만, 형제들을 비교한 결과에서는 조산율이 그보다 훨씬 적게 나타났다(80퍼센트가 아닌 20퍼센트 정도). 사촌들을 비교한 결과는 그 중간쯤에 있었다. 형제들을 비교한 결과에서는 짧은 터울과 저체중이나 다른 결과들 사이의 연관성이 밝혀지지 않았다.

어떤 숫자를 믿어야 하는가에 대해 활발한 논의가 이루어지고 있다. 나는 형제간의 비교 결과에서 터울이 아주 짧으면 조산의 위험이 다소 높다는 주장은 충분히 일리가 있지만 그 위험성이 아주 크지는 않다고 생각한다. 이 스웨덴의 연구에서는 형제 터울이 5년 이상으로 아주 큰 경우 그 결과가 나쁜 쪽으로 기울어졌다. 그리고 캐나다의 연구에서도 어느 정도 유사한 증거가 보인다. 하지만 형제 터울이 아주 긴 경우는 흔하지 않으며 노산이나 불임 문제와 좀 더 관련이 있을 수 있다. 따라서 터울을 길게 선택할 때 어떤 문제가 있는지에 대해서는 알 수 있는 게 많지 않다.

터울이 아주 짧거나 길면

유아기 건강은 중요하지만 단기적인 문제다. 형제 터울과 관련해서 장기적인 결과는 어떨까? 형제 터울이 가까운 아이들은 시험 성적이 더 낮을까? 이러한 분석이 힘든 이유는 형제 터울이 어느 정도 부모의 선택에 의한 것이기 때문이다. 그러나 적어도 한 연구는 부모가 계획한 것과 다른 터울로(유산 같은 이유로) 태어난 아이들을 비교했다.[8] 그 연구에서는 동생과 터울이 큰 아이들의 시험 성적이 더 높은 것으로 나타났다. 그 이유는 어릴 때 부모가 책을 많이 읽어 주었거나 다른 능력 개발에 투자했기 때문일 수 있다. 하지만 어쨌든 그 효과는 미미했다.

작은아이의 자폐증이 큰아이와 터울이 짧은 것과 관련이 있을지도 모른다는 우려가 있다. 다수의 연구가 이러한 연관성을 어느 정도 보여준다. 하지만 가족 간의 차이가 충분히 반영되지 못하기 때문에 그 증거 역시 확실하지는 않다.[9] 전반적으로, 이 모든 내용에서 무엇을 알 수 있을까? 나는 연구 결과에서 나타나는 어떤 연관성도 개인의 선택보다 중요하게 여길 만큼 일관적이거나 크지 않다고 주장하겠다.

형제 터울에 대한 개인적 취향을 고려하지 않는다면, 형제 터울이 아주 짧으면 단기적으로나 장기적으로 다소 불리한 점들이 있는 것 같다. 따라서 큰 아이가 적어도 한 살이 될 때까지는 다시 임신하지 않는 것이 바람직할 수 있다. 그리고 갓난아이는 돌보기 힘들다는 점을 생각하면 어느 정도 터울을 두어야 부모가 좀 더 수월할 것이다.

◆ Bottom Line ◆

- 이상적인 자녀 수나 형제 터울에 대해 알려 주는 데이터는 많지 않다.
- 출산 간격이 너무 짧으면 조산이나 자폐증 발병 확률이 높아질 수 있는 등 일부 위험 요인들이 있다.

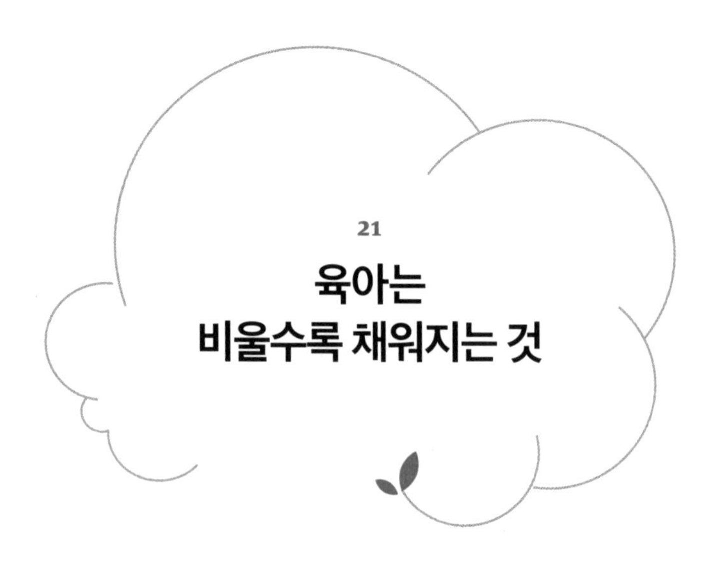

21

육아는 비울수록 채워지는 것

퍼넬러피가 세 살이 되어 가면서 둘째를 가질 생각을 했을 때, 남편과 나는 2곳의 교수직을 알아보고 있었다. 당시 미시간에 사는, 우리보다 나이가 좀 더 많은 경제학자 부부의 집에 초대를 받은 적이 있다. 그들에게는 열다섯 살과 열여덟 살인 두 자녀가 있었다. 경제학에 대한 이야기가 지루해져서 우리는 아이들에 대한 이야기로 화제를 돌렸다.

"그런데 말이죠." 그들 부부가 말했다. "우리 아이들이 네 살과 한 살이었을 때 우리 부부는 서로를 바라보며 '아이들이 빨리 고등학생이 되면 좋겠다. 그러면 모든 것이 쉬울 것 같다'고 말하곤 했죠. 그러다가 마침내 작년에 둘 다 고등학생이 되고 나니, 아이들의 학교생활에 대해 자세히 상의하자면 매일 밤 네 시간씩을 토론해도 모자라는 거예요."

처음에 아이를 낳고 키우면서 쩔쩔매고 있을 때는 모든 것이 힘들고 불확실하다. 아이가 혼자 화장실에 가고, 옷을 입고, 식사를 하게 되는 날이 언제쯤 올지 앞날이 캄캄하게 느껴진다. 나는 우리 아들이 처음으로 화장실에서 나와 혼자 쉬를 했다고 말했을 때 말 그대로 자리에서 일어나 덩실덩실 춤을 추었다.

하지만 그와는 반대되는 측면이 있다. 어린아이들의 문제는 대부분 사소하다. 아이가 자랄수록 우리가 걱정해야 할 문제의 가짓수는 줄어들지만 더 중요해진다. 학교에서 공부를 잘하고 있을까? 사회적으로 적응을 잘하고 있을까? 무엇보다 우리 아이는 행복한가?

특히 나 같은 사람에게 더 힘든 이유는 아이가 커 갈수록 문제가 다양해지면서 데이터 분석이 점점 더 어려워지기 때문이다. '새로운 수학'이 '오래된 수학'보다 더 나은지에 대한 데이터는 볼 수 있지만, 어떻게 해야 사회성이 좋은 아이로 자라게 할 수 있는지, 그리고 사회성이 얼마나 중요한지에 대한 문제는 경험을 바탕으로 분석할 수 있는 차원 너머에 있다. 우리는 어둠 속을 더듬거리며 아이에게 귀를 기울이고 무엇이 아이에게 맞는 방법인지 찾아야 한다. 만일 부부가 4시간 동안 머리를 맞대고 대화해야 한다면, 다른 일정을 정리하고라도 그렇게 해야 한다.

우리가 이렇게 계속 노력하는 이유는 훨씬 더 큰 보상이 돌아오기 때문이기도 하다. 부모에게는 아이가 자신이 좋아하는 것을 잘하고, 새로운 것을 배우면서 즐거워하고, 도전을 이겨 내는 모습을 지켜보는 것만큼 행복한 게 없다. 이를 증명해 주는 데이터는 필요하지 않다. 부모가 되면 언제나 힘들겠지만 또한 기쁨도 많다.

믿기 힘들겠지만, 아이를 어느 어린이집에 보내야 할지 고민하는 부모의 모험은 이제 시작일 뿐이다. 하지만 분만실에 있을 때보다는 분명 더 많이 알고 있다. 계속 전진하자! 알다시피 처음 부모가 되면 여기저기서 조언을 한다. 이 책도 조언으로 가득 차 있다(적어도 결정 과정에 대해서 말이다). 나는 집필을 마무리하면서 "내가 들은 최고의 육아 조언은 무엇인가?"라는 질문에 대해 생각했다.

이제 그 답을 이야기하겠다.

퍼넬러피가 두 살이었을 때 우리는 몇몇 친구와 함께 프랑스에서 휴가를 보내기로 계획했다. 전에도 가 본 적이 있는 곳이어서 그 지역에 벌이 많다는 것을 알고 있었다. 나는 아이를 데리고 정기 건강 검진을 받으러 가서 리 박사에게 질문했다.

"걱정이 있어요. 우리가 휴가 여행을 가는 곳에 벌이 많아요. 좀 외진 곳이라서요. 퍼넬러피가 벌에 쏘이면 어떻게 하죠? 아직 한 번도 벌에 쏘인 적이 없는데 알레르기가 있으면 어쩌죠? 제시간에 의사에게 데려갈 수 있을까요? 뭔가 대비할 만한 것을 가져가야 할까요? 미리 검사를 해 볼까요? 에피펜이 필요할까요?"

리 박사는 잠시 침묵했다. 그러고는 나를 쳐다보더니 아주 차분하게 말했다. "음, 저라면 아마 그런 생각은 하지 않겠어요."

그게 다였다. "그런 생각은 하지 마라." 분명 그녀가 옳았다. 나는 머

릿속에서 현실로 일어날 가능성이 거의 없는 정교한 시나리오를 쓰고 있었다. 만에 하나 그런 일이 일어날 수는 있다. 하지만 우리에게 일어날 수 있는 일은 그 외에도 수만 가지가 있다. 부모 노릇은 아직 일어나지 않은 그 모든 우연과 실수를 걱정하는 것이 아니다. 가끔은 그냥 내버려 두자.

물론 육아 문제에 대해 신중하게 생각하고, 아이를 위해서나 우리 자신을 위해서 최선을 결정하기를 바라는 것은 당연하다. 하지만 최선을 다하고 있다면 그것이 우리가 할 수 있는 전부라고 믿어야 할 때가 종종 있다. 이를테면 벌에 대해 걱정하기보다 아이 옆에 있어 주고 함께 행복한 시간을 보내는 것이 더 중요하다.

마지막으로, 이제부터 데이터를 유용하게 사용해서 가족 모두를 위해 적절한 결정을 하고 자녀 양육에 최선을 다하되 때로는 걱정을 접어둘 줄도 아는 부모가 되자.

감사의 말

먼저 나의 유능한 에이전트 수잰 글럭과 뛰어난 편집장 기니 스미스에게 감사드립니다. 두 사람이 없었으면 이 책은 결코 세상에 나오지 못했을 거예요. 나의 첫 책을 훌륭하게 만들어 주었고 다시 이 책을 위해 기꺼이 함께해 준 앤 고도프와 펭귄 출판사의 모든 팀원들에게 감사합니다.

애덤 데이비스는 놀라운 재능과 인내심을 가진 의학 담당 편집자예요. 그의 조언과 지도가 없었다면 이 책의 완성을 보지 못했을 겁니다. 찰스 우드, 던 리, 로런 워드, 그리고 애슐리 라킨 또한 매우 귀중한 의학적 평가를 제공해 주었습니다.

에밀리아 루지카와 스벤 오스르타그는 멋진 그래픽 디자인을 구현했습니다. 자나 장, 루비 스틸, 로런 토, 그리고 제프리 콕스는 문헌 검토에서부터 사실 확인, 교정과 논문 수집에 이르기까지 꼭 필요한 연구 지원을 해 주었습니다.

이 책을 구상할 때 많은 이의 아이디어에서 영감을 받았어요. 브루클린 포커스 그룹의 메건 와이들, 메리웨더 샤스, 에밀리 번, 리아넌 굴

릭, 한나 글래스타인, 마리사 로버트슨-텍스터, 잭스 줌모, 샐마 압델누어, 멜리사 웰스, 로라 볼, 레나 버거, 에밀리 호크, 브룩 루이스, 알렉산드라 소와, 바린 포르자, 레이철 프리드먼, 리베카 영거먼, 그리고 특히 레슬리 뒤발이 바로 그들입니다. 또 트위터 사용자들과 페이스북의 '아카데믹 맘스'도 있습니다.

원고를 읽고 소중한 의견을 들려준 엠마 번트, 에릭 부디시, 하이디 윌리엄스, 미셸 맥클로스키, 켈리 조셉, 조시 고틀립, 캐럴라인 프루거, 댄 벤저민, 서맨사 체르니, 에밀리 샤피로, 로라 휘어리 등 모든 분께 감사드려요.

또 본인의 이야기를 이 책에 사용하도록 허락해 준 제인 라이즈, 제나 로빈스, 트리샤 패트릭, 디브야 마투르, 엘레나 진첸코, 힐러리 프리드먼, 헤더 카루소, 케이티 킨즐러, 앨릭스 모스에게 감사해요. 그리고 무엇보다 좋은 내용은 칭찬해 주고 부족한 점을 짚어 준 게 큰 도움이 되었습니다. 여러분 모두 사랑합니다.

많은 직장 동료와 친구들이 각 단계마다 이 책의 아이디어와 현실적인 면을 지지해 주었습니다. 주디 슈발리에, 애나 아이저, 데이비드 웨일, 맷 노토비딕도, 데이브 누스바움, 낸시 로즈, 에이미 핀켈스타인, 안드레이 쉴레이퍼, 낸시 짐머먼 외에도 많은 친구가 도움을 주었습니다.

특히 두 번째 책을 쓰고 싶다는 나의 바람을 진지하게 받아 준 맷 겐츠코에게 감사를 전합니다. 그는 내 생각을 함께 고민해 주고 훌륭한 편집을 선사해 주었어요. 우리 남편이 이 책에서 가장 좋아하는 문장을 맷이 쓴 것이라는 사실은 놀랍지 않습니다.

시카고와 로드아일랜드의 훌륭한 소아과 의사 던 리와 로런 워드가 있어서 우리 가족에게 무척이나 다행입니다. 그들이 없었다면 아이들을 키우기가 훨씬 더 힘들었을 거예요. 또 마들레 카스텔, 리베카 셜리, 사라 허드슨, 그리고 링컨에 있는 모제스 브라운과 리틀 스쿨의 선생님들은 우리 아이들을 정성껏 보살펴 주었습니다.

나에게 정말 큰 힘이 되어 주는 시댁 식구인 샤피로 조이스, 아빈, 에밀리에게 감사합니다. 친정 식구인 페어와 오스터 가족, 스티브, 리베카, 존, 안드레아에게도 감사를 전합니다. 그리고 나의 부모님, 정말 감사합니다. 어머니, 쑥스러우시겠지만 어쨌든 응원해 주셔서 감사해요.

퍼넬로피와 핀이 없었다면 당연히 이 책을 쓸 일은 없었을 겁니다. 이 책을 읽어 준 퍼넬로피와 내가 엄마가 되는 법을 가르쳐 준 두 아이에게 감사를 전합니다.

여보, 육아는 힘들지만 그래도 당신과 함께해서 즐거워요. 못 말리는 나를 지지해 줘서 고마워요. 당신은 훌륭한 남편이고 훌륭한 아빠입니다. 그리고 분리수거를 아주 잘해 줘서 고마워요. 사랑합니다!

주

1 | 출산 후 3일 동안 무슨 일이 벌어질까?

1. Preer G, Pisegna JM, Cook JT, Henri AM, Philipp BL. Delaying the bath and in-hospital breastfeeding rates. *Breastfeed Med* 2013;8(6): 485-90.
2. Nako Y, Harigaya A, Tomomasa T, et al. Effects of bathing immediately after birth on early neonatal adaptation and morbidity: A prospective randomized comparative study. *Pediatr Int* 2000;42(5): 517-22.
3. Loring C, Gregory K, Gargan B, et al. Tub bathing improves thermoregulation of the late preterm infant. *J Obstet Gynecol Neonatal Nurs* 2012;41(2): 171-79.
4. Weiss HA, Larke N, Halperin D, Schenker I. Complications of circumcision in male neonates, infants and children: A systematic review. *BMC Urol* 2010;10: 2.
5. Weiss HA et al. Complications of circumcision in male neonates, infants and children.
6. an Howe RS. Incidence of meatal stenosis following neonatal circumcision in a primary care setting. *Clin Pediatr (Phila)* 2006;45(1): 49-54.
7. Bazmamoun H, Ghorbanpour M, Mousavi-Bahar SH. Lubrication of circumcision site for prevention of meatal stenosis in children younger than 2 years old. *Urol J* 2008;5(4): 233-36.
8. Bossio JA, Pukall CF, Steele S. A review of the current state of the male circumcision literature. *J Sex Med* 2014;11(12): 2847-64.
9. Singh-Grewal D, Macdessi J, Craig J. Circumcision for the prevention of urinary tract infection in boys: A systematic review of randomised trials and observational studies. *Arch Dis Child* 2005;90(8): 853-58.
10. Sorokan ST, Finlay JC, Jefferies AL. Newborn male circumcision. *Paediatr Child Health* 2015;20(6): 311-20.
11. Bossio JA et al. A review of the current state of the male circumcision literature.
12. Daling JR, Madeleine MM, Johnson LG, et al. Penile cancer: Importance of circumcision, human papillomavirus and smoking in in situ and invasive disease. *Int J Cancer* 2005;116(4): 606-16.
13. Taddio A, Katz J, Ilersich AL, Koren G. Effect of neonatal circumcision on pain response during subsequent routine vaccination. *Lancet* 1997;349(9052): 599-603.

14. Brady-Fryer B, Wiebe N, Lander JA. Pain relief for neonatal circumcision. *Cochrane Database Syst Rev* 2004;(4): CD004217.
15. Wroblewska-Seniuk KE, Dabrowski P, Szyfter W, Mazela J. Universal newborn hearing screening: Methods and results, obstacles, and benefits. *Pediatr Res* 2017;81(3): 415-22.
16. Merten S, Dratva J, Ackermann-Liebrich U. Do baby-friendly hospitals influence breastfeeding duration on a national level? *Pediatrics* 2005;116(5): e702-8.
17. Jaafar SH, Ho JJ, Lee KS. Rooming-in for new mother and infant versus separate care for increasing the duration of breastfeeding. *Cochrane Database Syst Rev* 2016;(8): CD006641.
18. Lipke B, Gilbert G, Shimer H, et al. Newborn safety bundle to prevent falls and promote safe sleep. *MCN Am J Matern Child Nurs* 2018;43(1): 32-37.
19. Thach BT. Deaths and near deaths of healthy newborn infants while bed sharing on maternity wards. *J Perinatol* 2014;34(4): 275-79.
20. Lipke B et al. Newborn safety bundle to prevent falls.
21. Flaherman VJ, Schaefer EW, Kuzniewicz MW, Li SX, Walsh EM, Paul IM. Early weight loss nomograms for exclusively breastfed newborns. *Pediatrics* 2015;135(1): e16-23.
22. Smith HA, Becker GE. Early additional food and fluids for healthy breastfed full-term infants. *Cochrane Database Syst Rev* 2016;(8): CD006462.
23. Committee on Hyperbilirubinemia. Management of hyperbilirubinemia in the newborn infant 35 or more weeks of gestation. *Pediatrics* 2004;114(1): 297-316.
24. Chapman J, Marfurt S, Reid J. Effectiveness of delayed cord clamping in reducing postdelivery complications in preterm infants: A systematic review. *J Perinat Neonatal Nurs* 2016;30(4): 372-78.
25. McDonald SJ, Middleton P, Dowswell T, Morris PS. Effect of timing of umbilical cord clamping of term infants on maternal and neonatal outcomes. *Cochrane Database Syst Rev* 2013;(7): CD004074.
26. American Academy of Pediatrics Committee on Fetus and Newborn. Controversies concerning vitamin K and the newborn. *Pediatrics* 2003;112(1 Pt 1): 191-92.
27. American Academy of Pediatrics Committee on Fetus and Newborn. Controversies concering vitamin K.

2 | 산부인과 퇴원 후 집에서 잘할 수 있을까?

1. Sun KK, Choi KY, Chow YY. Injury by mittens in neonates: A report of an unusual presentation of this easily overlooked problem and literature review. *Pediatr Emerg Care* 2007;23(10): 731-34.
2. Gerard CM, Harris KA, Thach BT. Spontaneous arousals in supine infants while swaddled and unswaddled during rapid eye movement and quiet sleep. *Pediatrics* 2002;110(6): e70.
3. Van Sleuwen BE, Engelberts AC, Boere- Boonekamp MM, Kuis W, Schulpen TW, L'hoir MP. Swaddling: A systematic review. *Pediatrics* 2007;120(4): e1097-106.

4. Ohgi S, Akiyama T, Arisawa K, Shigemori K. Randomised controlled trial of swaddling versus massage in the management of excessive crying in infants with cerebral injuries. *Arch Dis Child* 2004;89(3): 212-26.
5. Short MA, Brooks-Brunn JA, Reeves DS, Yeager J, Thorpe JA. The effects of swaddling versus standard positioning on neuromuscular development in very low birth weight infants. *Neonatal Netw* 1996;15(4): 25-31.
6. Short MA et al. The effects of swaddling versus standard positioning.
7. Reijneveld SA, Brugman E, Hirasing RA. Excessive infant crying: The impact of varying definitions. *Pediatrics* 2001;108(4): 893-97.
8. Biagioli E, Tarasco V, Lingua C, Moja L, Savino F. Pain-relieving agents for infantile colic. *Cochrane Database Syst Rev* 2016;9: CD009999.
9. Sung V, Collett S, De Gooyer T, Hiscock H, Tang M, Wake M. Probiotics to prevent or treat excessive infant crying: Systematic review and meta-analysis. *JAMA Pediatr* 2013;167(12): 1150-57.
10. Iacovou M, Ralston RA, Muir J, Walker KZ, Truby H. Dietary management of infantile colic: A systematic review. *Matern Child Health J* 2012;16(6): 1319-31.
11. Hill DJ, Hudson IL, Sheffield LJ, Shelton MJ, Menahem S, Hosking CS. A low allergen diet is a significant intervention in infantile colic: Results of a community-based study. *J Allergy Clin Immunol* 1995;96(6 Pt 1): 886-92. Iacovou M et al. Dietary management of infantile colic.
12. Hill DJ et al. A low allergen diet is a significant intervention in infantile colic.
13. Available at https://en.wikipedia.org/wiki/Hygiene_hypothesis.
14. Hui C, Neto G, Tsertsvadze A, et al. Diagnosis and management of febrile infants (0-3 months). *Evid Rep Technol Assess (Full Rep)* 2012;(205): 1-297. Maniaci V, Dauber A, Weiss S, Nylen E, Becker KL, Bachur R. Procalcitonin in young febrile infants for the detection of serious bacterial infections. *Pediatrics* 2008;122(4): 701-10. Kadish HA, Loveridge B, Tobey J, Bolte RG, Corneli HM. Applying outpatient protocols in febrile infants 1-28 days of age: Can the threshold be lowered? *Clin Pediatr (Phila)* 2000;39(2): 81-88. Baker MD, Bell LM. Unpredictability of serious bacterial illness in febrile infants from birth to 1 month of age. *Arch Pediatr Adolesc Med* 1999;153(5): 508-11. Bachur RG, Harper MB. Predictive model for serious bacterial infections among infants younger than 3 months of age. *Pediatrics* 2001;108(2): 311-16.
15. Chua KP, Neuman MI, McWilliams JM, Aronson PL. Association between clinical outcomes and hospital guidelines for cerebrospinal fluid testing in febrile infants aged 29-56 days. *J Pediatr* 2015;167(6): 1340-46.e9.

3 | 출산 후 엄마의 몸은 어떻게 달라질까?

1. Frigerio M, Manodoro S, Bernasconi DP, Verri D, Milani R, Vergani P. Incidence and risk factors of third-and fourth-degree perineal tears in a single Italian scenario. *Eur J Obstet*

Gynecol Reprod Biol 2017;221: 139-43. Bodner-Adler B, Bodner K, Kaider A, et al. Risk factors for third- degree perineal tears in vaginal delivery, with an analysis of episiotomy types. *J Reprod Med* 2001;46(8): 752-56. Ramm O, Woo VG, Hung YY, Chen HC, Ritterman Weintraub ML. Risk factors for the development of obstetric anal sphincter injuries in modern obstetric practice. *Obstet Gynecol* 2018;131(2): 290-96.
2. Berens P. Overview of the postpartum period: Physiology, complications, and maternal care. *UpTo-Date*. Accessed 2017. Available at https://www.uptodate.com/contents/overview-of-the-postpartum-period-physiology- complications-and-maternal-care.
3. Raul A. Exercise during pregnancy and the postpartum period. *UpToDate*. Accessed 2017. Available at https://www.uptodate.com/contents/exercise-during-pregnancy-and-the-postpartum-period.
4. Jawed-Wessel S, Sevick E. The impact of pregnancy and childbirth on sexual behaviors: A systematic review. *J Sex Res* 2017;54(4-5): 411-23. Lurie S, Aizenberg M, Sulema V, et al. Sexual function after childbirth by the mode of delivery: A prospective study. *Arch Gynecol Obstet* 2013;288(4): 785-92.
5. Viguera A. Postpartum unipolar major depression: *Epidemiology*, clinical features, assessment, and diagnosis. *UpToDate*. Accessed 2017. Available at https:// www.uptodate.com/ contents/ postpartum- unipolar- major- depression- *epidemiology*- clinical- features- assessment- and-diagnosis.
6. O'Connor E, Rossom RC, Henninger M, Groom HC, Burda BU. Primary care screening for and treatment of depression in pregnant and postpartum women: Evidence report and systematic review for the US Preventive Services Task Force. *JAMA* 2016;315(4): 388-406.
7. Payne J. Postpartum psychosis: *Epidemiology*, pathogenesis, clinical manifestations, course, assessment, and diagnosis. *UpToDate*. Accessed 2017. Available at https://www.uptodate.com/contents/postpartum-psychosis-*epidemiology*-pathogenesis-clinical-manifestations-course-assessment-and-diagnosis.

4 | 아이에게 모유를 먹이는 게 좋을까?

1. La Leche League International. Available at http://www.llli.org/resources. Fit Pregnancy and Baby. *Fit Pregnancy and Baby-Prenatal & Postnatal Guidance on Health, Exercise, Baby Care, Sex & More*. https://www.fitpregnancy.com, https://www.fitpregnancy.com/baby/breastfeeding/20-breastfeeding-benefits-mom-baby.
2. Fomon S. Infant feeding in the 20th century: Formula and beikost. *J Nutr* 2001;131(2): 409S-20S.
3. Angelsen N, Vik T, Jacobsen G, Bakketeig L. Breast feeding and cognitive development at age 1 and 5 years. *Arch Dis Child* 2001;85(3): 183-88.
4. Der G, Batty GD, Deary IJ. Effect of breast feeding on intelligence in children: Prospective study, sibling pairs analysis, and meta-analysis. *BMJ* 2006;333(7575): 945.

5. Der G et al. Effect of breast feeding on intelligence in children.
6. Kramer MS, Chalmers B, Hodnett ED, Sevkovskaya Z, Dzikovich I, Shapiro S, Collet J, Vanilovich I, Mezen I, Ducruet T, Shishko G, Zubovich V, Mknuik D, Gluchanina E, Dombrovskiy V, Ustinovitch A, Kot T, Bogdanovich N, Ovchinikova L, Helsing E, for the PROBIT Study Group. Promotion of Breastfeeding Intervention Trial (PROBIT): A randomized trial in the Republic of Belarus. *JAMA* 2001;285(4): 413-20.
7. Kramer MS et al. PROBIT.
8. 통계를 잘 이해하는 사람들은 효과를 계산할 때 단순히 곱하기하는 것은 맞지 않다고 생각해서, 치료의 특성에 대한 그 이상의 가정을 필요로 한다. 따라서 이러한 효과는 보통 '치료 의도(intent to treat)' 라거나 치료군과 대조군의 차이라고 보고한다.
9. Quigley M, McGuire W. Formula versus donor breast milk for feeding preterm or low birth weight infants. *Cochrane Database Syst Rev* 2014;(4): CD002971.
10. Bowatte G, Tham R, Allen K, Tan D, Lau M, Dai X, Lodge C. Breastfeeding and childhood acute otitis media: A systematic review and meta-analysis. *Acta Paediatr* 2015;104(467): 85-95.
11. Kørvel-Hanquist A, Koch A, Niclasen J, et al. Risk factors of early otitis media in the Danish National Birth Cohort. Torrens C, ed. *PLoS ONE* 2016;11(11): e0166465.
12. Quigley MA, Carson C, Sacker A, Kelly Y. Exclusive breastfeeding duration and infant infection. *Eur J Clin Nutr* 2016;70(12): 1420-27.
13. Carpenter R, McGarvey C, Mitchell EA, et al. Bed sharing when parents do not smoke: Is there a risk of SIDS? An individual level analysis of five major case-control studies. *BMJ Open* 2013;3: e002299.
14. Hauck FR, Thompson JMD, Tanabe KO, Moon RY, Mechtild MV. Breastfeeding and reduced risk of sudden infant death syndrome: A meta-analysis. *Pediatrics* 2011;128(1): 103-10.
15. Thompson JMD, Tanabe K, Moon RY, et al. Duration of breastfeeding and risk of SIDS: An individual participant data meta-analysis. *Pediatrics* 2017;140(5).
16. Vennemann MM, Bajanowski T, Brinkmann B, Jorch G, Yücesan K, Sauerland C, Mitchell EA. Does breastfeeding reduce the risk of sudden infant death syndrome? *Pediatrics* 2009;123(3): e406-e410.
17. Fleming PJ, Blair PS, Bacon C, et al. Environment of infants during sleep and risk of the sudden infant death syndrome: Results of 1993-5 case-control study for confidential inquiry into stillbirths and deaths in infancy. Confidential enquiry into stillbirths and deaths regional coordinators and researchers. *BMJ* 1996;313(7051): 191-95.
18. Kramer MS et al. PROBIT.
19. Martin RM, Patel R, Kramer MS, et al. Effects of promoting longer-term and exclusive breastfeeding on cardiometabolic risk factors at age 11.5 years: A cluster-randomized, controlled trial. *Circulation* 2014;129(3): 321-29.
20. Colen CG, Ramey DM. Is breast truly best? Estimating the effects of breastfeeding on long-term child health and wellbeing in the United States using sibling comparisons. *Soc Sci Med* 2014;109: 55-65. Nelson MC, Gordon-Larsen P, Adair LS. Are adolescents who were breast-

fed less likely to be overweight? Analyses of sibling pairs to reduce confounding. *Epidemiology* 2005;16(2): 247-53.

21. Owen CG, Martin RM, Whincup PH, Davey-Smith G, Gillman MW, Cook DG. The effect of breastfeeding on mean body mass index throughout life: A quantitative review of published and unpublished observational evidence. *Am J Clin Nutr* 2005;82(6): 1298-307.
22. Kindgren E, Fredrikson M, Ludvigsson J. Early feeding and risk of juvenile idiopathic arthritis: A case control study in a prospective birth cohort. *Pediatr Rheumatol Online J* 2017;15: 46. Rosenberg AM. Evaluation of associations between breast feeding and subsequent development of juvenile rheumatoid arthritis. *J Rheumatol* 1996;23(6): 1080-82. Silfverdal SA, Bodin L, Olcén P. Protective effect of breastfeeding: An ecologic study of Haemophilus influenzae meningitis and breastfeeding in a Swedish population. *Int J Epidemiol* 1999;28(1): 152-56. Lamberti LM, Zakarija-Grkovi I, Fischer Walker CL, et al. Breastfeeding for reducing the risk of pneumonia morbidity and mortality in children under two: A systematic literature review and meta- analysis. *BMC Public Health* 2013;13(Suppl 3):S18. Li R, Dee D, Li C-M, Hoffman HJ, Grummer-Strawn LM. Breastfeeding and risk of infections at 6 years. *Pediatrics* 2014;134(Suppl 1): S13-S20. Niewiadomski O, Studd C, Wilson J, et al. Influence of food and lifestyle on the risk of developing inflammatory bowel disease. *Intern Med J* 2016;46(6): 669-76. Hansen TS, Jess T, Vind I, et al. Environmental factors in inflammatory bowel disease: A case-control study based on a Danish inception cohort. *J Crohns Colitis* 2011;5(6): 577-84.
23. 소아 당뇨라고도 불리는 제1형 당뇨병은 유년기에 발병하며 인슐린 주사를 맞아야 하는 유형이다. 2017년 북유럽의 연구원들은 두 나라의 방대한 데이터를 사용해서 모유를 먹지 않은 아이들이 이 병에 걸릴 가능성이 더 높다고 주장하는 논문을 발표했다.(Lund-Blix NA, Dydensborg Sander S, Størdal K, et al. Infant feeding and risk of type 1 diabetes in two large Scandinavian birth cohorts. *Diabetes Care* 2017;40[7]: 920-27). 이 연구는 유사한 효과를 보인 일련의 소규모 사례 대조 연구들로부터 촉발되었다. 저자들은 모유를 전혀 먹지 않은 아기는 조금이라도 먹은 아기보다 제1형 당뇨병에 걸릴 확률이 높다는 것을 보여 주었다.
이 연구는 데이터가 훌륭하고 표본이 크긴 하지만, 나는 그 결론에 대해 회의적이다. 주된 문제점은 모유 수유를 전혀 해 보지 않은 산모가 매우 드물어서 1~2퍼센트에 불과했다는 것이다. 그렇다면 드문 선택을 하는 이유가 무엇인지 알아야 한다. 모유 수유를 하는 산모들과 전혀 하지 않는 산모들은 여러 면에서 다를 수 있다(산모에게 당뇨가 있을 가능성을 포함해서). 하지만 이 연구에서는 그들이 어떤 점에서 다른지 알 수 없다. 이 연구의 결론은 맞을 수도 있지만 확실하게 하기 위해서는 더 많은 데이터(모유 수유를 전혀 하지 않는 것이 좀 더 일반적인 환경에서 나온 데이터)가 필요하다.
백혈병은 소아암 중에서 가장 흔한 유형이며, 모유 수유를 하지 않는 것과 관련이 있다는 가설이 제기되어 왔다. SIDS와 마찬가지로 백혈병에 걸리는 아이는 드물고, 연구자들은 보통 사례 대조 연구를 사용한다. 다시 말해, 백혈병에 걸린 아이들의 가족과 암 진단을 받는 적이 없는 아이들의 가족과 비교하는 것이다. 2015년, 한 리뷰 논문은 이러한 소규모 연구들을 살펴본 결과 모유를 먹은 아이들의 암 발병 위험이 현저하게 낮은 것으로 나타났다고 주장했다.(Amitay EL, Keinan-Boker L. Breastfeeding and hildhood leukemia incidence: A meta-analysis and systematic review.

JAMA Pediatr 2015;169[6]: e151025). 그러나 이 결론은, 다른 논문의 저자들이 지적하듯 허술한 면들이 있다.(Ojha RP, Asdahl PH. Breastfeeding and childhood leukemia incidence duplicate data inadvertently included in the meta-analysis and consideration of possible confounders. *JAMA Pediatr* 2015;169[11]: 1070). 연구자들은 백혈병에 걸린 아이들과 걸리지 않은 아이들을 비교하면서 암 진단 외에 다른 어떤 차이도 고려하지 않았다. 그러나 두 집단은 그 외에도 여러 면에서 서로 다르다. 산모의 나이 차이만 고려해도 그 효과는 훨씬 작아져서 통계적으로 무의미해진다. 더 많은 차이점을 조정하면 그 효과는 더욱 작아질 수 있다.

24. Der G, Batty GD, Deary IJ. Effect of breast feeding on intelligence in children: Prospective study, sibling pairs analysis, and meta-analysis. *BMJ* 2006;333(7575): 945.
25. 특히 독립적인 평가자들로부터 나온 결과를 보면 언어 아이큐에서 차이가 없으며, 연구진이 수행한 평가에서만 차이가 있는 것으로 나온다. 이것은 평가에 편향성이 반영되었음을 암시한다.
26. Der G, Batty GD, Deary IJ. Results from the PROBIT breastfeeding trial may have been overinterpreted. *Arch Gen Psychiatry* 2008;65(12): 1456-57.
27. Krause KM, Lovelady CA, Peterson BL, Chowdhury N, Østbye T. Effect of breast-feeding on weight retention at 3 and 6 months postpartum: Data from the North Carolina WIC Programme. *Public Health Nutr* 2010;13(12): 2019-26.
28. Woolhouse H, James J, Gartland D, McDonald E, Brown SJ. Maternal depressive symptoms at three months postpartum and breastfeeding rates at six months postpartum: Implications for primary care in a prospective cohort study of primiparous women in Australia. *Women Birth* 2016;29(4): 381-87.
29. Crandall CJ, Liu J, Cauley J, et al. Associations of parity, breastfeeding, and fractures in the Women's Health Observational Study. *Obstet Gynecol* 2017;130(1): 171-80.

5 | 엄마도 아기도 행복한 모유 수유 하기

1. Sharma A. Efficacy of early skin-to-skin contact on the rate of exclusive breastfeeding in term neonates: A randomized controlled trial. *Afr Health Sci* 2016;16(3): 790-97.
2. Moore ER, Bergman N, Anderson GC, Medley N. Early skin-to-skin contact for mothers and their healthy newborn infants. *Cochrane Database Syst Rev* 2016;11: CD003519.
3. Balogun OO, O'Sullivan EJ, McFadden A, et al. Interventions for promoting the initiation of breastfeeding. *Cochrane Database Syst Rev* 2016;11: CD001688.
4. McKeever P, Stevens B, Miller KL, et al. Home versus hospital breastfeeding support for newborns: A randomized controlled trial. *Birth* 2002;29(4): 258-65.
5. Jaafar SH, Ho JJ, Lee KS. Rooming-in for new mother and infant versus separate care for increasing the duration of breastfeeding. *Cochrane Database Syst Rev* 2016;(8): CD006641.
6. Chow S, Chow R, Popovic M, et al. The use of nipple shields: A review. *Front Public Health* 2015;3: 236.
7. Meier PP, Brown LP, Hurst NM, et al. Nipple shields for preterm infants: Effect on milk transfer and duration of breastfeeding. *J Hum Lact* 2000;16(2): 106-14.

8. Meier PP et al. Nipple shields for preterm infants.
9. Walsh J, Tunkel D. Diagnosis and treatment of ankyloglossia in newborns and infants: A review. *JAMA Otolaryngol Head Neck Surg* 2017;143(10): 1032-39.
10. O'Shea JE, Foster JP, O'Donnell CP, et al. Frenotomy for tongue-tie in newborn infants. *Cochrane Database Syst Rev* 2017;3: CD011065.
11. Dennis CL, Jackson K, Watson J. Interventions for treating painful nipples among breastfeeding women. *Cochrane Database Syst Rev* 2014;(12): CD007366.
12. Mohammadzadeh A, Farhat A, Esmaeily H. The effect of breast milk and lanolin on sore nipples. *Saudi Med J* 2005;26(8): 1231-34.
13. Dennis CL et al. Interventions for treating painful nipples.
14. Jaafar SH, Ho JJ, Jahanfar S, Angolkar M. Effect of restricted pacifier use in breastfeeding term infants for increasing duration of breastfeeding. *Cochrane Database Syst Rev* 2016;(8): CD007202.
15. Kramer MS, Barr RG, Dagenais S, Yang H, Jones P, Ciofani L, Jané F. Pacifier use, early weaning, and cry/fuss behavior: A randomized controlled trial. *JAMA* 2001;286(3): 322-26.
16. Howard CR, Howard FR, Lanphear B, Eberly S, DeBlieck EA, Oakes D, Lawrence RA. Randomized clinical trial of pacifier use and bottle-feeding or cupfeeding and their effect on breastfeeding. *Pediatrics* 2003;111(3): 511-18.
17. 또 이 연구는 모유 수유 시 고무젖꼭지 사용에 대해 평가하고 있다. 대부분의 결과와 항목에서 초기 고무젖꼭지 사용이 모유 수유에 도움이 된다는 사실은 발견되지 않았다. 한 항목에서는 몇 가지 유의미한 효과가 보였지만 그 정도가 미미하고 여러 번의 가설 시험으로 조정하자 효과가 사라졌다.
18. Brownell E, Howard CR, Lawrence RA, Dozier AM. Delayed onset lactogenesis II predicts the cessation of any or exclusive breastfeeding. *J Pediatr* 2012;161(4): 608-14.
19. Brownell E et al. Delayed onset lactogenesis II.
20. Brownell E et al. Delayed onset lactogenesis II. Garcia AH, Voortman T, Baena CP, et al. Maternal weight status, diet, and supplement use as determinants of breastfeeding and complementary feeding: A systematic review and meta-analysis. *Nutr Rev* 2016;74(8): 490-516. Zhu P, Hao J, Jiang X, Huang K, Tao F. New insight into onset of lactation: Mediating the negative effect of multiple perinatal biopsychosocial stress on breastfeeding duration. *Breastfeed Med* 2013;8: 151-58.
21. Ndikom CM, Fawole B, Ilesanmi RE. Extra fluids for breastfeeding mothers for increasing milk production. *Cochrane Database Syst Rev* 2014;(6): CD008758.
22. Bazzano AN, Hofer R, Thibeau S, Gillispie V, Jacobs M, Theall KP. A review of herbal and pharmaceutical galactagogues for breast-feeding. *Ochsner J* 2016;16(4): 511-24.
23. Bazzano AN et al. A review of herbal and pharmaceutical galactagogues for breast-feeding. Donovan TJ, Buchanan K. Medications for increasing milk supply in mothers expressing breastmilk for their preterm hospitalised infants. *Cochrane Database Syst Rev* 2012;(3): CD005544.

24. Spencer J. Common problems of breastfeeding and weaning. *UpToDate*. Accessed 2017. Available at https://www.uptodate.com/contents/common-problems-of-breastfeeding-and-weaning.
25. Mangesi L, Zakarija-Grkovic I. Treatments for breast engorgement during lactation. *Cochrane Database Syst Rev* 2016;(6): CD006946.
26. Butte N, Stuebe A. Maternal nutrition during lactation. *UpToDate*. Accessed 2018. Available at https://www.uptodate.com/contents/maternal-nutrition-during-lactation.
27. Lust KD, Brown J, Thomas W. Maternal intake of cruciferous vegetables and other foods and colic symptoms in exclusively breast-fed infants. *J Acad Nutr Diet* 1996;96(1): 46-48.
28. Haastrup MB, Pottegård A, Damkier P. Alcohol and breastfeeding. *Basic Clin Pharmacol Toxicol* 2014;114(2): 168-73.
29. Haastrup MB et al. Alcohol and breastfeeding.
30. https://www.beststart.org/resources/alc_reduction/pdf/brstfd_alc_deskref_eng.pdf.
31. Haastrup MB et al. Alcohol and breastfeeding.
32. Be Safe: Have an Alcohol Free Pregnancy. Revised 2012. https://www.toxnet.nlm.nih.gov/newtoxnet/lactmed.htm.
33. Lazaryan M, Shasha Zigelman C, Dagan Z, Berkovitch M. Codeine should not be prescribed for breastfeeding mothers or children under the age of 12. *Acta paediatri*ca 2015;104(6): 550-56.
34. Lam J, Kelly L, Ciszkowski C, Landsmeer ML, Nauta M, Carleton BC, et al. Central nervous system depression of neonates breastfed by mothers receiving oxycodone for postpartum analgesia. *J Pediatr* 2012;160(1): 33-37.
35. Kimmel M, Meltzer-Brody S. Safety of infant exposure to antidepressants and benzodiazepines through breastfeeding. *UpToDate*. Accessed 2018. Available at https://www.uptodate.com/contents/safety-of-infant-exposure-to-antidepressants-and-benzodiazepines-through-breastfeeding.
36. Acuña-Muga J, Ureta-Velasco N, De la Cruz-Bértolo J, et al. Volume of milk obtained in relation to location and circumstances of expression in mothers of very low birth weight infants. *J Hum Lact* 2014;30(1): 41-46.

6 | 아기를 어디서 어떻게 재울 것인가?

1. Horne RS, Ferens D, Watts AM, et al. The prone sleeping position impairs arousability in term infants. *J Pediatr* 2001;138(6): 811-16.
2. Dwyer T, Ponsonby AL. Sudden infant death syndrome and prone sleeping position. *Ann Epidemiol* 2009;19(4): 245-49.
3. Spock B, Rothenberg M. *Dr. Spock's Baby and Child Care*. New York: Simon and Schuster, 1977.
4. 1990년대 연구에 좋은 예가 있다. (Dwyer T, Ponsonby AL, Newman NM, Gibbons LE. Prospective

cohort study of prone sleeping position and sudden infant death syndrome. *Lancet* 1991; 337[8752]: 1244-47). 이 연구는 한 코호트를 계속 추적해서 SIDS의 원인을 연구했다. 그들은 3110명을 추적했고 그중 23명에게 SIDS가 발생했다. 그중 15명의 수면 자세에 대한 정보를 얻을 수 있었는데, 이 숫자는 통계학적 결론을 내리기에는 충분하지 않다.

5. Fleming PJ, Gilbert R, Azaz Y, et al. Interaction between bedding and sleeping position in the sudden infant death syndrome: A population based case-control study. *BMJ* 1990;301(6743): 85-89.
6. Ponsonby AL, Dwyer T, Gibbons LE, Cochrane JA, Wang YG. Factors potentiating the risk of sudden infant death syndrome associated with the prone position. *N Engl J Med* 1993;329(6): 377-82. Dwyer T et al. Prospective cohort study of prone sleeping position.
7. Engelberts AC, De Jonge GA, Kostense PJ. An analysis of trends in the incidence of sudden infant death in the Netherlands 1969-89. *J Paediatr Child Health* 1991;27(6): 329-33.
8. Guntheroth WG, Spiers PS. Sleeping prone and the risk of sudden infant death syndrome. *JAMA* 1992;267(17): 2359-62.
9. Willinger M, Hoffman HJ, Wu K, Hou J, Kessler RC, Ward SL, Keens TG, Corwin MJ. Factors associated with the transition to nonprone sleep positions of infants in the United States: The National Infant Sleep Position Study. *JAMA* 1998;280(4): 329-35.
10. Branch LG, Kesty K, Krebs E, Wright L, Leger S, David LR. Deformational plagiocephaly and craniosynostosis: Trends in diagnosis and treatment after the "Back to Sleep" campaign. *J Craniofac Surg* 2015;26(1): 147-50. Peitsch WK, Keefer CH, Labrie RA, Mulliken JB. Incidence of cranial asymmetry in healthy newborns. *Pediatrics* 2002;110(6): e72.
11. Peitsch WK et al. Incidence of cranial asymmetry in healthy newborns. *Pediatrics* 2002;110(6): e72.
12. Van Wijk RM, Van Vlimmeren LA, Groothuis-Oudshoorn CG, Van der Ploeg CP, Ijzerman MJ, Boere-Boonekamp MM. Helmet therapy in infants with positional skull deformation: Randomised controlled trial. *BMJ* 2014;348: g2741.
13. Carpenter R et al. Bed sharing when parents do not smoke.
14. Vennemann MM, Hense HW, Bajanowski T, et al. Bed sharing and the risk of sudden infant death syndrome: Can we resolve the debate? *J Pediatr* 2012;160(1): 44-48.e2.
15. CDC Fact Sheets, "Health Effects of Secondhand Smoke." Updated January 2017. https://www.cdc.gov/tobacco/data_statistics/fact_sheets/secondhand_smoke/health_effects/index.htm.
16. Scragg R, Mitchell EA, Taylor BJ, et al. Bed sharing, smoking, and alcohol in the sudden infant death syndrome. New Zealand Cot Death Study Group. *BMJ* 1993;307(6915): 1312-18.
17. Horsley T, Clifford T, Barrowman N, Bennett S, Yazdi F, Sampson M, Moher D, Dingwall O, Schachter H, Côté A. Benefits and harms associated with the practice of bed sharing: A systematic review. *Arch Pediatr Adolesc Med* 2007;161(3): 237-45. doi:10.1001/archpedi.161.3.237.
18. Ball HL, Howel D, Bryant A, Best E, Russell C, Ward-Platt M. Bed-sharing by breastfeeding mothers: Who bed-shares and what is the relationship with breastfeeding duration?. *Acta*

Paediatr 2016;105(6): 628-34.
19. Ball HL, Ward-Platt MP, Howel D, Russell C. Randomised trial of sidecar crib use on breastfeeding duration (NECOT). *Arch Dis Child* 2011;96(7): 630-34.
20. Blair PS, Fleming PJ, Smith IJ, et al. Babies sleeping with parents: Case-control study of factors influencing the risk of the sudden infant death syndrome. *BMJ* 1999;319(7223): 1457-62.
21. Carpenter RG, Irgens LM, Blair PS, et al. Sudden unexplained infant death in 20 regions in Europe: Case control study. *Lancet* 2004;363(9404): 185-91.
22. Tappin D, Ecob R, Brooke H. Bedsharing, roomsharing, and sudden infant death syndrome in Scotland: A case-control study. *J Pediatr* 2005;147(1): 32-37. Scragg RK, Mitchell EA, Stewart AW, et al. Infant room-sharing and prone sleep position in sudden infant death syndrome. New Zealand Cot Death Study Group. *Lancet* 1996;347(8993): 7-12.
23. Tappin D et al. Bedsharing, roomsharing, and sudden infant death syndrome in Scotland.
24. Tappin D et al. Bedsharing, roomsharing, and sudden infant death syndrome in Scotland. Carpenter RG et al. Sudden unexplained infant death in 20 regions in Europe.
25. Scheers NJ, Woodard DW, Thach BT. Crib bumpers continue to cause infant deaths: A need for a new preventive approach. *J Pediatr* 2016;169: 93-97.e1.

7 | 영아에게 규칙적인 생활이 꼭 필요할까?

1. Weissbluth M. *Healthy Sleep Habits, Happy Child*. New York: Ballantine Books, 2015.
2. Galland BC, Taylor BJ, Elder DE, Herbison P. Normal sleep patterns in infants and children: A systematic review of observational studies. *Sleep Med Rev* 2012;16(3): 213-22.
3. Mindell JA, Leichman ES, Composto J, Lee C, Bhullar B, Walters RM. Development of infant and toddler sleep patterns: Real-world data from a mobile application. *J Sleep Res* 2016;25(5): 508-16.

8 | 예방 접종은 무조건, 반드시 해야 할까?

1. CDC. *Measles (Rubeola)*. Available at https://www.cdc.gov/measles/about/history.html.
2. Oster E. Does disease cause vaccination? Disease outbreaks and vaccination response. *J Health Econ* 2017;57: 90-101.
3. 앤드루 웨이크필드의의 이야기와 그가 예방 접종률에 미친 영향은 세스 누킨(Seth Mnookin)의 명저 《Panic Virus》(New York: Simon & Schuster, 2012)에 보다 자세하게 서술되어 있다. 브라이언 디어(Brian Deer) 역시 문제점을 요약해서 《영국의학저널》에 일련의 훌륭한 논문들을 발표했다.(Deer B. Secrets of the MMR scare: How the vaccine crisis was meant to make money. *BMJ* 2011;342: c5258).
4. Wakefield AJ, Murch SH, Anthony A, Linnell J, Casson DM, Malik M, Berelowitz M, Dhillon AP, Thomson MA, Harvey P, Valentine A, Davies SE, Walker-Smith JA. Retracted: Ileal-lymphoidnodular hyperplasia, non-specific colitis, and pervasive developmental disorder in

children. *Lancet* 1998;351(9103): 637-41.
5. Committee to Review Adverse Effects of Vaccines. Adverse effects of vaccines: Evidence and causality. National Academies Press, 2012.
6. 보고서에는 독감 백신이 포함되어 있지만 그중 다수의 연관성은 성인에게 초점이 맞춰져 있으며, 나는 여기서 소아 예방 접종에 초점을 맞출 것이다.
7. Verity CM, Butler NR, Golding J. Febrile convulsions in a national cohort followed up from birth. I-Prevalence and recurrence in the first five years of life. *Br Med J (Clin Res Ed)* 1985;290(6478): 1307-10.
8. Chen RT, Glasser JW, Rhodes PH, et al. Vaccine Safety Datalink project: A new tool for improving vaccine safety monitoring in the United States. The Vaccine Safety Datalink Team. *Pediatrics* 1997;99(6): 765-73.
9. Madsen KM, Hviid A, Vestergaard M, et al. A population-based study of measles, mumps, and rubella vaccination and autism. *N Engl J Med* 2002;347(19): 1477-82.
10. Jain A, Marshall J, Buikema A, Bancroft T, Kelly JP, Newschaffer CJ. Autism occurrence by MMR vaccine status among US children with older siblings with and without autism. *JAMA* 2015;313(15): 1534-40.
11. Gadad BS, Li W, Yazdani U, et al. Administration of thimerosal-containing vaccines to infant rhesus macaques does not result in autism-like behavior or neuropathology. *Proc Natl Acad Sci USA* 2015;112(40): 12498-503.
12. 간혹 이런 주장을 되풀이하는 학술 논문이 나오고 있다. 한 예로 2014년 학술지 《Translational Neurodegeneration》에 실린 논문이 있다(Hooker BS. Measles-mumpsrubella vaccination timing and autism among young African American boys: A reanalysis of CDC data. *Transl Neurodegener* 2014;3:16). 이 논문의 저자는 소규모 표본과 사례 대조군 설계를 사용해서 자폐증 아이들을 자폐증이 없는 아이들과 비교했다. 그는 특히 흑인 소년들이 MMR 백신을 36개월 전에 맞으면 자폐증 위험이 더 높아진다고 주장한다.
    이 논문은 거의 우스꽝스러울 정도로 잘못된 통계 방법의 예다. 저자는 전반적으로 어떤 효과도 발견하지 못하자 소그룹에서 효과를 찾아보려고 했다. 이것은 승인된 연구 방법이 아니다. 실제로는 아무런 관계가 없다고 해도 어쩌다가 효과가 나타난 작은 그룹을 발견할 수 있기 때문이다. 이 관계는 18개월이나 24개월 이전이 아니라 36개월 이전에 예방 접종을 한 저체중 흑인 남자아이들에게서만 확실하게 나타났다. 표본 크기에 대한 정보는 없지만(이것은 논문 작성에서 금지하는 사항이기도 하다) 일부 표본은 다 합쳐야 5명이나 10명을 기준으로 한 것으로 보인다.
    게다가 이 논문의 저자 브라이언 후커(Brian Hooker)가 백신에 반대하는 관점을 유포하는 이유는 웨이크필드처럼 전문가 소송 업무에 도움이 되기 때문이다. 이러한 정보는 그의 논문에서 충분히 공개되지 않았고, 따라서 갈등과 통계 문제 때문에 이 논문은 웨이크필드의 논문과 마찬가지로 철회되었으나 이미 언론을 통해 많은 기사와 유언비어가 퍼진 후였다. 안타깝게도 이 논문이 완전히 과장되었다는 것을 보여 주는 훌륭한 대규모 연구에 대해서는 언론이 별 관심을 갖지 않는다.
13. Omer SB, Pan WKY, Halsey NA, Stokley S, Moulton LH, Navar AM, Pierce M, Salmon DA. Nonmedical exemptions to school immunization requirements: Secular trends and association

of state policies with pertussis incidence. *JAMA* 2006;296(14): 1757-63.
14. Verity CM et al. Febrile convulsions in a national cohort followed up from birth.
15. Pesco P, Bergero P, Fabricius G, Hozbor D. Mathematical modeling of delayed pertussis vaccination in infants. *Vaccine* 2015;33(41): 5475-80.

9 | 워킹 맘은 어떻게 태어나는가?

1. For a review, see http://web.stanford.edu/~mrossin/RossinSlater_maternity_family_ leave.pdf.
2. Goldberg WA, Prause J, Lucas-Thompson R, Himsel A. Maternal employment and children's achievement in context: A meta-analysis of four decades of research. *Psychol Bull* 2008;134(1): 77-108.
3. Goldberg WA et al. Maternal employment and children's achievement in context.
4. 또한 이 연구들은 연도별 시험 성적의 변화를 보면 엄마가 일하는 것과 상관이 없으며 따라서 중요한 근본적 차이가 없을 수 있음을 시사한다.
5. Ruhm CJ. Maternal employment and adolescent development. *Labour Econ* 2008;15(5): 958-83.
6. Marantz S, Mansfield A. Maternal employment and the development of sex-role stereotyping in fiveto eleven-year-old girls. *Child Dev* 1997;48(2): 668-73. McGinn KL, Castro MR, Lingo EL. Mums the word! Cross-national effects of maternal employment on gender inequalities at work and at home. *Harvard Business School* 2015;15(194).
7. Rossin-Slater M. The effects of maternity leave on children's birth and infant health outcomes in the United States. *J Health Econ* 2011;30(2): 221-39.
8. Rossin-Slater M. Maternity and Family Leave Policy. *Natl Bureau Econ Res* 2017.
9. Rossin-Slater M. Maternity and Family Leave Policy.
10. Carneiro P, Loken KV, Kjell GS. A flying start? Maternity leave benefits and long-run outcomes of children. *J Pol Econ* 2015;123(2): 365-412.
11. 이것은 소득 수준이 중간인 주를 기초로 해서 대략 계산한 것이다.

10 | 어린이집과 보모는 어떻게 고르는 게 좋을까?

1. NICHD Early Childcare Research Network. Early childcare and children's development prior to school entry: Results from the NICHD Study of Early Childcare. *AERJ* 2002;39(1): 133-64.
2. Belsky J, Vandell DL, Burchinal M, et al. Are there long-term effects of early childcare?. *Child Dev* 2007;78(2): 681-701.
3. NICHD. Type of childcare and children's development at 54 months. *Early Childhood Res Q* 2004;19(2): 203-30.
4. NICHD. Early childcare and children's development prior to school entry.
5. Belsky J et al. Are there long-term effects of early childcare?
6. Broberg AG, Wessels H, Lamb ME, Hwang CP. Effects of day care on the development of

cognitive abilities in 8-year-olds: A longitudinal study. *Dev Psychol* 1997;33(1): 62-69.
7. Huston AC, Bobbitt KC, Bentley A. Time spent in childcare: How and why does it affect social development? *Dev Psychol* 2015;51(5): 621-34.
8. NICHD. The effects of infant childcare on infant-mother attachment security: Results of the NICHD Study of Early Childcare. *Child Dev* 1997;68(5): 860-79.
9. Augustine JM, Crosnoe RL, Gordon R. Early childcare and illness among preschoolers. *J Health Soc Behav* 2013;54(3): 315-34. Enserink R, Lugnér A, Suijkerbuijk A, Bruijning-Verhagen P, Smit HA, Van Pelt W. Gastrointestinal and respiratory illness in children that do and do not attend child day care centers: A cost-of-illness study. *PLoS ONE* 2014;9(8): e104940. Morrissey TW. Multiple childcare arrangements and common communicable illnesses in children aged 3 to 54 months. *Matern Child Health J* 2013;17(7): 1175-84. Bradley RH, Vandell DL. Childcare and the well-being of children. *Arch Pediatr Adolesc Med* 2007;161(7): 669-76.
10. Ball TM, Holberg CJ, Aldous MB, Martinez FD, Wright AL. Influence of attendance at day care on the common cold from birth through 13 years of age. *Arch Pediatr Adolesc Med* 2002;156(2): 121-26.

11 | 수면 습관 들이기는 정말 효과가 있을까?

1. Ramos KD, Youngclarke DM. Parenting advice books about child sleep: Cosleeping and crying it out. *Sleep* 2006;29(12): 1616-23.
2. Narvaez D. Dangers of "Crying It Out." *Psychology Today*. December 11, 2011. https://www.psychologytoday.com/blog/moral-landscapes/201112/dangers-crying-it-out.
3. 이 리뷰는 다 합해서 2500명 이상의 아이가 받은 다양한 수면 훈련 방식에 대한 52건의 연구를 검토했다. 그 연구들 중 일부는 다른 연구들보다 더 낫기는 하지만, 울다가 잠들게 하는 방법에 대한 무작위 배정 실험이 적어도 13건이나 된다. Mindell JA, Kuhn B, Lewin DS, Meltzer LJ, Sadeh A. Behavioral treatment of bedtime problems and night wakings in infants and young children. *Sleep* 2006;29(10): 1263-76.
4. Kerr SM, Jowett SA, Smith LN. Preventing sleep problems in infants: A randomized controlled trial. *J Adv Nurs* 1996;24(5): 938-42.
5. Hiscock H, Bayer J, Gold L, Hampton A, Ukoumunne OC, Wake M. Improving infant sleep and maternal mental health: A cluster randomised trial. *Arch Dis Child* 2007;92(11): 952-58.
6. Mindell JA et al. Behavioral treatment of bedtime problems and night wakings.
7. Leeson R, Barbour J, Romaniuk D, Warr R. Management of infant sleep problems in a residential unit. *Childcare Health Dev* 1994;20(2): 89-100.
8. Eckerberg, B. Treatment of sleep problems in families with young children: Effects of treatment on family well-being. *Acta Pædiatrica* 2004;93: 126-34.
9. Mindell JA et al. Behavioral treatment of bedtime problems and night wakings.
10. Gradisar M, Jackson K, Spurrier NJ, et al. Behavioral interventions for infant sleep problems: A randomized controlled trial. *Pediatrics* 2016;137(6).

11. Hiscock H et al. Improving infant sleep and maternal mental health.
12. Price AM, Wake M, Ukoumunne OC, Hiscock H. Five-year follow-up of harms and benefits of behavioral infant sleep intervention: Randomized trial. *Pediatrics* 2012;130(4): 643-51.
13. Blunden SL, Thompson KR, Dawson D. Behavioural sleep treatments and night time crying in infants: Challenging the status quo. *Sleep Med Rev* 2011;15(5): 327-34.
14. Blunden SL et al. Behavioural sleep treatments and night time crying in infants.
15. Middlemiss W, Granger DA, Goldberg WA, Nathans L. Asynchrony of mother-infant hypothalamicpituitary-adrenal axis activity following extinction of infant crying responses induced during the transition to sleep. *Early Hum Dev* 2012;88(4): 227-32.
16. Kuhn BR, Elliott AJ. Treatment efficacy in behavioral pediatric sleep medicine. *J Psychosom Res* 2003;54(6): 587-97.

12 | 이유식은 언제 어떻게 시작해야 할까?

1. Du Toit G, Katz Y, Sasieni P, et al. Early consumption of peanuts in infancy is associated with a low prevalence of peanut allergy. *J Allergy Clin Immunol* 2008;122(5): 984-91.
2. Du Toit G, Roberts G, Sayre PH, et al. Randomized trial of peanut consumption in infants at risk for peanut allergy. *N Engl J Med* 2015;372(9): 803-13.
3. For a discussion of updated and older guidelines, see Togias A, Cooper SF, Acebal ML, et al. Addendum guidelines for the prevention of peanut allergy in the United States: Report of the National Institute of Allergy and Infectious Diseases-sponsored expert panel. *J Allergy Clin Immunol* 2017;139(1): 29-44.
4. Brown A, Jones SW, Rowan H. Baby-led weaning: The evidence to date. *Curr Nutr Rep* 2017;6(2): 148-56.
5. Taylor RW, Williams SM, Fangupo LJ, et al. Effect of a baby-led approach to complementary feeding on infant growth and overweight: A randomized clinical trial. *JAMA Pediatr* 2017;171(9): 838-46.
6. Moorcroft KE, Marshall JL, Mccormick FM. Association between timing of introducing solid foods and obesity in infancy and childhood: A systematic review. *Matern Child Nutr* 2011;7(1): 3-26.
7. Rose CM, Birch LL, Savage JS. Dietary patterns in infancy are associated with child diet and weight outcomes at 6 years. *Int J Obes (Lond)* 2017;41(5): 783-88.
8. Mennella JA, Trabulsi JC. Complementary foods and flavor experiences: Setting the foundation. *Ann Nutr Metab* 2012;60 (Suppl 2): 40-50.
9. Mennella JA, Nicklaus S, Jagolino AL, Yourshaw LM. Variety is the spice of life: Strategies for promoting fruit and vegetable acceptance during infancy. *Physiol Behav* 2008;94(1): 29-38. Mennella JA, Trabulsi JC. Complementary foods and flavor experiences.
10. Atkin D. The caloric costs of culture: Evidence from Indian migrants. *Amer Econ Rev* 2016;106(4): 1144-81.

11. Leung AK, Marchand V, Sauve RS. The "picky eater": The toddler or preschooler who does not eat. *Paediatr Child Health* 2012;17(8): 455-60.
12. Fries LR, Martin N, Van der Horst K. Parent-child mealtime interactions associated with toddlers' refusals of novel and familiar foods. *Physiol Behav* 2017;176: 93-100.
13. Birch LL, Fisher JO. Development of eating behaviors among children and adolescents. *Pediatrics* 1998;101(3 Pt 2): 539-49. Lafraire J, Rioux C, Giboreau A, Picard D. Food rejections in children: Cognitive and social/environmental factors involved in food neophobia and picky/fussy eating behavior. *Appetite* 2016;96: 347-57.
14. Perkin MR, Logan K, Tseng A, Raji B, Ayis S, Peacock J, et al. Randomized trial of introduction of allergenic foods in breast-fed infants. *N Engl J Med* 2016;374(18): 1733-43. Natsume O, Kabashima S, Nakazato J, Yamamoto-Hanada K, Narita M, Kondo M, et al. Two-step egg introduction for prevention of egg allergy in high-risk infants with eczema (PETIT): A randomised, double-blind, placebo-controlled trial. *Lancet* 2017;389(10066): 276-86. Katz Y, Rajuan N, Goldberg MR, Eisenberg E, Heyman E, Cohen A, Leshno M. Early exposure to cow's milk protein is protective against IgE-mediated cow's milk protein allergy. *J Allergy Clin Immunol* 2010;126(1): 77-82.
15. Hopkins D, Emmett P, Steer C, Rogers I, Noble S, Emond A. Infant feeding in the second 6 months of life related to iron status: An observational study. *Arch Dis Child* 2007;92(10): 850-54.
16. Pegram PS, Stone SM. Botulism. *UpToDate*. Accessed 2017. Available at http://www.uptodate.com/contents/botulism.
17. Emmerson AJB, Dockery KE, Mughal MZ, Roberts SA, Tower CL, Berry JL. Vitamin D status of white pregnant women and infants at birth and 4 months in North West England: A cohort study. *Matern Child Nutr* 2018;14(1).
18. Greer FR, Marshall S. Bone mineral content, serum vitamin D metabolite concentrations, and ultraviolet B light exposure in infants fed human milk with and without vitamin D2 supplements. *J Pediatr* 1989;114(2): 204-12. Naik P, Faridi MMA, Batra P, Madhu SV. Oral supplementation of parturient mothers with vitamin D and its effect on 25OHD status of exclusively breastfed infants at 6 months of age: A double-blind randomized placebo controlled trial. *Breastfeed Med* 2017;12(10): 621-28.
19. Naik P et al. Oral supplementation of parturient mothers with vitamin D. Thiele DK, Ralph J, El-Masri M, Anderson CM. Vitamin D3 supplementation during pregnancy and lactation improves vitamin D status of the mother-infant dyad. *J Obstet Gynecol Neonatal Nurs* 2017;46(1): 135-47.

13 | 걸음마로 우리 아이 신체 발달 알아보기

1. Serdarevic F, Van Batenburg-Eddes T, Mous SE, et al. Relation of infant motor development with nonverbal intelligence, language comprehension and neuropsychological functioning in

childhood: A population-based study. *Dev Sci* 2016;19(5): 790-802.

2. Murray GK, Jones PB, Kuh D, Richards M. Infant developmental milestones and subsequent cognitive function. *Ann Neurol* 2007;62(2): 128-36.
3. 여기서 많은 논의가 Voigt RG. *Developmental and behavioral pediatrics*에서 비롯되었다. Eds. Macias MM and Myers SM. American Academy of Pediatrics, 2011.
4. Barkoudah E, Glader L. *Epidemiology*, etiology and prevention of cerebral palsy. *UpToDate*. Accessed 2018. Available at https://www.uptodate.com.revproxy.brown.edu/contents/*epidemiology*-etiology-and-prevention-of-cerebral-palsy.
5. WHO Motor Development Study: Windows of achievement for six gross motor development milestones. *Acta Paediatr Suppl* 2006;450: 86-95.
6. WHO의 운동 발달 연구.
7. Pappas D. The common cold in children: Clinical features and diagnosis. *UpToDate*. Accessed 2018. Available at https://www.uptodate.com/contents/the-common-cold-in-children-clinical-features-and-diagnosis.
8. Pappas D. The common cold in children.
9. Klein J, Pelton S. Acute otitis media in children: *Epidemiology*, microbiology, clinical manifestations, and complications. *UpToDate*. Accessed 2018. Available at https://www.uptodate.com/contents/acute-otitis-media-in-children-*epidemiology*-microbiology-clinical-manifestations-and-complications.

14 | 동영상 시청, 어디까지 허용해야 할까?

1. Barr R, Hayne H. Developmental changes in imitation from television during infancy. *Child Dev* 1999;70(5): 1067-81.
2. Kuhl PK, Tsao FM, Liu HM. Foreign-language experience in infancy: Effects of short-term exposure and social interaction on phonetic learning. *Proc Natl Acad Sci USA* 2003;100(15): 9096-101.
3. DeLoache JS, Chiong C. Babies and baby media. *Am Behav Scientist* 2009;52(8): 1115-35.
4. Robb MB, Richert RA, Wartella EA. Just a talking book? Word learning from watching baby videos. Br J *Dev Psychol* 2009;27(Pt 1): 27-45.
5. Richert RA, Robb MB, Fender JG, Wartella E. Word learning from baby videos. *Arch Pediatr Adolesc Med* 2010;164(5): 432-37.
6. Rice ML, Woodsmall L. Lessons from television: Children's word learning when viewing. *Child Dev* 1988;59(2): 420-29.
7. Bogatz GA, Ball S. *The Second Year of Sesame Street: A Continuing Evaluation*, vol. 1. Princeton, NJ: Educational Testing Service, 1971.
8. Kearney MS, Levine PB. Early childhood education by MOOC: Lessons from Sesame Street. *Natl Bureau Econ Res* working paper no. 21229, June 2016.
9. Nathanson AI, Aladé F, Sharp ML, Rasmussen EE, Christy K. The relation between television

exposure and executive function among preschoolers. *Dev Psychol* 2014;50(5): 1497-506.
10. Crespo CJ, Smit E, Troiano RP, Bartlett SJ, Macera CA, Andersen RE. Television watching, energy intake, and obesity in US children: Results from the third National Health and Nutrition Examination Survey, 1988-1994. *Arch Pediatr Adolesc Med* 2001;155(3): 360-65.
11. Zimmerman FJ, Christakis DA. Children's television viewing and cognitive outcomes: A longitudinal analysis of national data. *Arch Pediatr Adolesc Med* 2005;159(7): 619-25.
12. Gentzkow M, Shapiro JM. Preschool television viewing and adolescent test scores: Historical evidence from the Coleman Study. *Quart J Econ* 2008;123(1): 279-323.
13. Handheld screen time linked with speech delays in young children. Abstract presented at American Academy of Pediatrics, PAS meeting, 2017.

15 | 말문으로 우리 아이 언어 발달 알아보기

1. Nelson K. *Narratives from the Crib*. Cambridge, MA: Harvard University Press, 2006.
2. "The MacArthur-Bates Communicative Development Inventory: Words and sentences." https://www.region10.org/r10website/assets/File/Mac%20WS_English.pdf.
3. Available at http://wordbank.stanford.edu/analyses?name=vocab_norms.
4. Rescorla L, Bascome A, Lampard J, Feeny N. Conversational patterns and later talkers at age three. *Appl Psycholinguist* 2001;22: 235-51.
5. Rescorla L. Age 17 language and reading outcomes in late-talking toddlers: Support for a dimensional perspective on language delay. *J Speech Lang Hear Res* 2009;52(1): 16-30. Rescorla L. Language and reading outcomes to age 9 in late-talking toddlers. *J Speech Lang Hear Res* 2002;45(2): 360-71. Rescorla L, Roberts J, Dahlsgaard K. Late talkers at 2: Outcome at age 3. *J Speech Lang Hear Res* 1997;40(3): 556-66.
6. Hammer CS, Morgan P, Farkas G, Hillemeier M, Bitetti D, Maczuga S. Late talkers: A population-based study of risk factors and school readiness consequences. *J Speech Lang Hear Res* 2017;60(3): 607-26.
7. Lee J. Size matters: Early vocabulary as a predictor of language and literacy competence. *Appl Psycholinguist* 2011;32(1): 69-92.
8. 이 그래프는 논문에서 제공한 평균 표준 편차를 기초로 표본 데이터를 추출해서 만들어졌다.
9. Thal DJ et al. Continuity of language abilities: An exploratory study of late and early talking toddlers. *Developmental Neuropsychol* 1997;13(3): 239-73.
10. Crain-Thoreson C, Dale PS. Do early talkers become early readers? Linguistic precocity, preschool language, and emergent literacy. *Dev Psychol* 1992;28(3):421.

16 | 시원하고 수월하게 용변 습관 들이기

1. 2013년 이후에 태어나서 2017년에 용변을 마친 그룹은 제외시켰다. 대부분은 그 시간 안에 용변을 가린다.

2. Blum NJ, Taubman B, Nemeth N. Why is toilet training occurring at older ages? A study of factors associated with later training. *J Pediatr* 2004;145(1): 107-11.
3. Blum NJ et al. Why is toilet training occurring at older ages?
4. Gilson D, Butler K. A Brief History of the Disposable Diaper. *Mother Jones*. May/ June 2008. https://www.motherjones.com/environment/2008/04/brief-history-disposable-diaper.
5. Blum NJ, Taubman B, Nemeth N. Relationship between age at initiation of toilet training and duration of training: A prospective study. *Pediatrics* 2003;111(4):810-14.
6. Vermandel A, Van Kampen M, Van Gorp C, Wyndaele JJ. How to toilet train healthy children? A review of the literature. *Neurourol Urodyn* 2008;27(3): 162-66.
7. Vermandel A et al. How to toilet train healthy children?
8. Greer BD, Neidert PL, Dozier CL. A component analysis of toilet-training procedures recommended for young children. *J Appl Behav Anal* 2016;49(1): 69-84.
9. Russell K. Among healthy children, what toilet-training strategy is most effective and prevents fewer adverse events (stool withholding and dysfunctional voiding)?: Part A: Evidence-based answer and summary. *Paediatr Child Health* 2008;13(3): 201-2.
10. Flensborg-Madsen T, Mortensen EL. Associations of early developmental milestones with adult intelligence. *Child Dev* 2018;89(2): 638-48.
11. Taubman B. Toilet training and toileting refusal for stool only: A prospective study. *Pediatrics* 1997;99(1): 54-58.
12. Brooks RC, Copen RM, Cox DJ, Morris J, Borowitz S, Sutphen J. Review of the treatment literature for encopresis, functional constipation, and stool-toileting refusal. *Ann Behav Med* 2000;22(3): 260-67.
13. Taubman B, Blum NJ, Nemeth N. Stool toileting refusal: A prospective intervention targeting parental behavior. *Arch Pediatr Adolesc Med* 2003;157(12): 1193-96.
14. Taubman B. Toilet training and toileting refusal for stool only.
15. Kliegman R, Nelson WE. *Nelson Textbook of Pediatrics*. Philadelphia: W. B. Saunders Company, 2007.
16. Rugolotto S, Sun M, Boucke L, Calò DG, Tatò L. Toilet training started during the first year of life: A report on elimination signals, stool toileting refusal and completion age. *Minerva Pediatr* 2008;60(1): 27-35.

17 | 떼를 쓰기 시작한 아이를 어떻게 대해야 할까?

1. Bradley SJ, Jadaa DA, Brody J, et al. Brief psychoeducational parenting program: An evaluation and 1-year follow-up. *J Am Acad Child Adolesc Psychiatry* 2003;42(10): 1171-78.
2. Porzig-Drummond R, Stevenson RJ, Stevenson C. The 1-2-3 Magic parenting program and its effect on child problem behaviors and dysfunctional parenting: A randomized controlled trial. *Behav Res Ther* 2014;58: 52-64.
3. McGilloway S, Bywater T, Ni Mhaille G, Furlong M, Leckey Y, Kelly P, et al. Proving the power

of positive parenting: A randomised controlled trial to investigate the effectiveness of the Incredible Years BASIC Parent Training Programme in an Irish context (short-term outcomes). Archways Department of Psychology, NUI Maynooth. 2009.
4. Haroon M. Commentary on "Behavioural and cognitive-behavioural group-based parenting programmes for early-onset conduct problems in children aged 3 to 12 years." *Evid Based Child Health* 2013;8(2): 693-94.
5. MacKenzie MJ, Nicklas E, Brooks-Gunn J, Waldfogel J. Who spanks infants and toddlers? Evidence from the fragile families and child well-being study. *Child Youth Serv Rev* 2011;33(8): 1364-73.
6. Maguire-Jack K, Gromoske AN, Berger LM. Spanking and *child dev*elopment during the first 5 years of life. *Child Dev* 2012;83(6): 1960-77.
7. Gershoff ET, Sattler KMP, Ansari A. Strengthening causal estimates for links between spanking and children's externalizing behavior problems. *Psychol Sci* 2018;29(1): 110-20.
8. Ferguson CJ. Spanking, corporal punishment and negative long-term outcomes: A meta-analytic review of longitudinal studies. *Clin Psychol Rev* 2013;33(1): 196-208. Gershoff ET, Grogan-Kaylor A. Spanking and child outcomes: Old controversies and new meta-analyses. *J Fam Psychol* 2016;30(4): 453-69.
9. Afifi TO, Ford D, Gershoff ET, et al. Spanking and adult mental health impairment: The case for the designation of spanking as an adverse childhood experience. *Child Abuse Negl* 2017;71: 24-31.

18 | 우리 아이의 공부 그릇, 어떻게 키워 줄까?

1. For a review of this literature, see Price J, Kalil A. The effect of parental time investments on children's cognitive achievement: Evidence from natural within-family variation. *Child Dev*, forthcoming.
2. Bus AG, Van IJzendoorn MH, Pelligrini AD. Joint book reading makes for success in learning to read: A meta-analysis on intergenerational transmission of literacy. *Rev Educ Res* 1995;65(1): 1-21. Sloat EA, Letourneau NL, Joschko JR, Schryer EA, Colpitts JE. Parent-mediated reading interventions with children up to four years old: A systematic review. *Issues Compr Pediatr Nurs* 2015;38(1): 39-56.
3. Mendelsohn AL, Cates CB, Weisleder A, Johnson SB, Seery AM, Canfield CF, et al. Reading aloud, play, and social-emotional development. *Pediatrics* 2018;e20173393.
4. Price J, Kalil A. The effect of parental time investments on children's cognitive achievement.
5. Hutton JS, Horowitz-Kraus T, Mendelsohn AL, Dewitt T, Holland SK. Home reading environment and brain activation in preschool children listening to stories. *Pediatrics* 2015;136(3): 466-78.
6. Whitehurst GJ, Falco FL, Lonigan CJ, Fischel JE, DeBaryshe BD, Valdez-Menchaca MC, Caulfield M. Accelerating language development through picture book reading. *Dev Psych*

1988;24(4): 552-59.
7. Available at http://www.intellbaby.com/teach-your-baby-to-read.
8. Neuman SB, Kaefer T, Pinkham A, Strouse G. Can babies learn to read? A randomized trial of baby media. *J Educ Psych* 2014;106(3): 815-30.
9. Wolf GM. Letter-sound reading: Teaching preschool children print-to-sound processing. *Early Child Educ J* 2016;44(1): 11-19.
10. Pennington BF, Johnson C, Welsh MC. Unexpected reading precocity in a normal preschooler: Implications for hyperlexia. *Brain Lang* 1987;30(1): 165-80. Fletcher-Flinn CM, Thompson GB. Learning to read with underdeveloped phonemic awareness but lexicalized phonological recoding: A case study of a 3-year-old. *Cognition* 2000;74(2): 177-208.
11. Welsh MC, Pennington BF, Rogers S. Word recognition and comprehension skills in hyperlexic children. *Brain Lang* 1987;32(1): 76-96.
12. Lillard AS. Preschool children's development in classic Montessori, supplemented Montessori, and conventional programs. *J Sch Psychol* 2012;50(3): 379-401. Miller LB, Bizzell RP. Long-term effects of four preschool programs: Sixth, seventh, and eighth grades. *Child Dev* 1983;54(3): 727-41.
13. Suggate SP, Schaughency EA, Reese E. Children learning to read later catch up to children reading earlier. *Early Child Res Q* 2013;28(1): 33-48. Elben J, Nicholson T. Does learning the alphabet in kindergarten give children a head start in the first year of school? A comparison of children's reading progress in two first grade classes in state and Montessori schools in Switzerland. *Aust J Learn Diffic* 2017;22(2): 95-108.

19 | 우리 부부는 괜찮을 거라는 착각

1. Dunn J. You will hate your husband after your kid is born. Available at http://www.slate.com/articles/life/family/2017/05/happy_mother_s_day_you_will_hate_your_husband_after_having_a_baby.html.
2. 이 장에서는 결혼의 문제점에 대해 표면적으로만 다룬다. 보다 완전하고 자세한 설명은 http://www.brigidschulte.com/books/overhelmed을 참조할 것.
3. Rollins B, Feldman H. Marital satisfaction over the family life cycle. *J Marriage Fam* 1970;32(1): 23.
4. Lawrence E, Rothman AD, Cobb RJ, Rothman MT, Bradbury TN. Marital satisfaction across the transition to parenthood. *J Fam Psychol* 2008;22(1): 41-50. Twenge JM, Campbell WK, Foster CA. Parenthood and marital satisfaction: A meta-analytic review. *J Marriage Fam* 2003;65: 574-83.
5. Lawrence E et al. Marital satisfaction across the transition to parenthood.
6. Available at https://www.bls.gov/news.release/atus2.t01.htm.
7. Archer E, Shook RP, Thomas DM, et al. 45-year trends in women's use of time and household management energy expenditure. *PLoS ONE* 2013;8(2): e56620.

8. Schneider D. Market earnings and household work: New tests of gender performance theory. *J Marriage Fam* 2011;73(4): 845-60.
9. Dribe M, Stanfors M. Does parenthood strengthen a traditional household division of labor? Evidence from Sweden. *J Marriage Fam* 2009;71: 33-45.
10. Chan RW, Brooks RC, Raboy B, Patterson CJ. Division of labor among lesbian and heterosexual parents: Associations with children's adjustment. *J Fam Psychol* 1998;12(3): 402-19. Goldberg AE, Smith JZ, Perry-Jenkins M. The division of labor in lesbian, gay, and heterosexual new adoptive parents. *J Marriage Fam* 2012;74: 812-28.
11. Wheatley D, Wu Z. Dual careers, time-use and satisfaction levels: Evidence from the British Household Panel Survey. *Indus Rel J* 2014;45: 443-64.
12. Available at http://www.brigidschulte.com/books/overwhelmed.
13. Schneidewind-Skibbe A, Hayes RD, Koochaki PE, Meyer J, Dennerstein L. The frequency of sexual intercourse reported by women: A review of community-based studies and factors limiting their conclusions. *J Sex Med* 2008;5(2): 301-35. McDonald E, Woolhouse H, Brown SJ. Consultation about sexual health issues in the year after childbirth: A cohort study. *Birth* 2015;42(4): 354-61.
14. Johnson MD, Galambos NL, Anderson JR. Skip the dishes? Not so fast! Sex and housework revisited. *J Fam Psychol* 2016;30(2): 203-13.
15. Medina AM, Lederhos CL, Lillis TA. Sleep disruption and decline in marital satisfaction across the transition to parenthood. *Fam Syst Health* 2009;27(2): 153-60.
16. Cordova JV, Fleming CJ, Morrill MI, et al. The Marriage Checkup: A randomized controlled trial of annual relationship health checkups. *J Consult Clin Psychol* 2014;82(4): 592-604.
17. Cordova JV et al. The Marriage Checkup. Schulz MS, Cowan CP, Cowan PA. Promoting healthy beginnings: A randomized controlled trial of a preventive intervention to preserve marital quality during the transition to parenthood. *J Consult Clin Psychol* 2006;74(1): 20-31. Cowan CP, Cowan PA, Barry J. Couples' groups for parents of preschoolers: Ten-year outcomes of a randomized trial. *J Fam Psychol* 2011;25(2): 240-50.

20 | 가족계획을 세울 때 고려해야 할 것들

1. 이때 흔히 사용하는 또 다른 방법은 성별을 이용하는 것이다. 먼저 같은 성별의 두 아이가 있다면 셋째 아이 임신을 시도할 가능성이 높다. 예를 들어 가족 수를 더 늘릴 형편이 되는, 남매가 있는 가정과 남자 형제 둘이 있는 가정 중에서는 남자 형제 가정이 셋째 아이를 가질 가능성이 더 높다.
2. Black SE, Devereux PJ, Salvanes KG. The more the merrier? The effect of family size and birth order on children's education. *Q J Econ* 2005;120(2): 669-700; Black SE, Devereux PJ, Salvanes KG. Small family, smart family? Family size and the IQ scores of young men. *J Hum Resourc* 2010;45(1): 33-58.
3. 두 번째 논문에서 저자들은 쌍둥이가 태어나서 형제가 많아진 경우 아이들의 아이큐 점수가 떨

어지지만, 먼저 태어난 아이들의 성별 때문에 자녀를 더 가진 경우에는 그렇지 않다는 것을 발견했다. 이것은 예상과 달리 자녀의 수는 상관이 없음을 의미한다.

4. Polit DF, Falbo T. Only children and personality development: A quantitative review. *J Marriage Fam* 1987; 309-25.
5. Coo H, Brownell MD, Ruth C, Flavin M, Au W, Day AG. Interpregnancy interval and adverse perinatal outcomes: A record-linkage study using the Manitoba Population Research Data Repository. *J Obstet Gynaecol Can* 2017;39(6): 420-33.
6. Shachar BZ, Mayo JA, Lyell DJ, et al. Interpregnancy interval after live birth or pregnancy termination and estimated risk of preterm birth: A retrospective cohort study. *BJOG* 2016;123(12): 2009-17. Koullali B, Kamphuis EI, Hof MH, et al. The effect of interpregnancy interval on the recurrence rate of spontaneous preterm birth: A retrospective cohort study. *Am J Perinatol* 2017;34(2): 174-82.
7. Class QA, Rickert ME, Oberg AS, et al. Within-family analysis of interpregnancy interval and adverse birth outcomes. *Obstet Gynecol* 2017;130(6): 1304-11.
8. Buckles KS, Munnich EL. Birth spacing and sibling outcomes. *J Human Res* 2012;47: 613-42.
9. Conde-Agudelo A, Rosas-Bermudez A, Norton MH. Birth spacing and risk of autism and other neurodevelopmental disabilities: A systematic review. *Pediatrics* 2016;137(5).

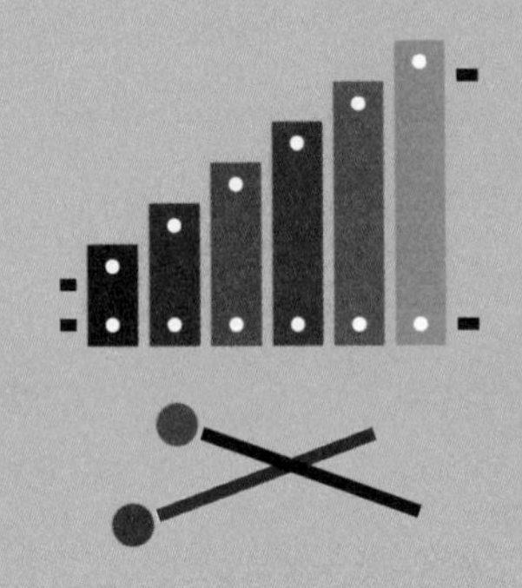